W0257638

Kernobst

Diagnose von
Krankheiten und Beschädigungen
an Kulturpflanzen

Akademie der Landwirtschaftswissenschaften
der Deutschen Demokratischen Republik
Institut für Phytopathologie Aschersleben

Kernobst

Prof. Dr. Dr. h. c. Dieter Spaar
Prof. Dr. sc. Helmut Kleinhempel
Prof. Dr. sc. Rolf Fritzsche

Mit 76 Farbtafeln sowie 28 Zeichnungen,
gestaltet von Horst Thiele, Aschersleben

Springer Verlag
Berlin Heidelberg NewYork London Paris Tokyo

Unter Mitarbeit von:

Prof. Dr. sc. R. Fritzsche (Koordination, Bestimmungstabellen,
abiotische Schäden, tierische Schädlinge)

Prof. Dr. sc. H. Kleinhempel (Bakteriosen)

Prof. Dr. sc. H. Kegler (Virosen, Mykoplasmosen)

Dr. sc. W. Ficke (Mykosen)
Institut für Phytopathologie Aschersleben der Akademie
der Landwirtschaftswissenschaften der DDR

Dr. W. Wrazidlo (Ernährungsstörungen)
Institut für Pflanzenernährung Jena der Akademie
der Landwirtschaftswissenschaften der DDR

Prof. Dr. sc. H. Decker (Nematoden)
Wilhelm-Pieck-Universität Rostock
Sektion Meliorationswesen und Pflanzenproduktion
Wissenschaftsbereich Phytopathologie und Pflanzenschutz

Vertriebsrechte für die nichtsozialistischen Länder
Springer-Verlag Berlin Heidelberg New York London Paris Tokyo

ISBN-13:978-3-642-73438-0   e-ISBN-13:978-3-642-73437-3
DOI: 10.1007/978-3-642-73437-3

Lektor: K. Rohloff
Graphische Gestaltung: Sieghard Hawemann
Gesamtherstellung: IV / 10 / 5 Druckhaus Freiheit Halle
2131/3140-543210

Vorwort

Mit dem vorliegenden Band „Kernobst" setzen wir die nach Kulturarten geordnete Buchreihe fort, die sich sowohl an die Praktiker als auch Wissenschaftler auf dem Gebiet des Pflanzenschutzes wendet. Wir hoffen, damit zur Lösung der vor dem Pflanzenschutz stehenden Aufgaben beitragen zu können.

Für die Auswahl der aufgenommenen Schadursachen und -erreger war in erster Linie deren wirtschaftliche Bedeutung ausschlaggebend. Darüber hinaus wird auf weiterführende Literatur verwiesen.

Wir haben uns im wesentlichen auf die mitteleuropäischen Verhältnisse beschränkt, aber auch Schaderreger einbezogen, die unter bestimmten Bedingungen in Mitteleuropa Bedeutung gewinnen könnten bzw. unter dem Gesichtspunkt der Quarantäne von wirtschaftlichem Interesse sind.

Für die Diagnose der behandelten Krankheitserreger und -ursachen von Beschädigungen verweisen wir auf den bereits erschienenen Band „Diagnosemethoden" der Reihe. Darin werden die Arbeitsmethoden beschrieben, die unter Praxisbedingungen bzw. in Pflanzenschutzdienststellen anwendbar sind. In wenigen Fällen sind Spezialmethoden, besonders spezifische serologische Methoden, einbezogen, die zunehmend auch in der Pflanzenschutzpraxis Anwendung finden. Auf elektronenoptische Methoden und DNA-Sondentechnik wurde verzichtet.

Grundlage für die Diagnose ist auch in diesem Band eine Bestimmungstabelle, die auf Text und Bildtafeln verweist. Schaderreger sind jeweils in dem Entwicklungsstadium der Bäume aufgenommen, in welchem die Diagnose und die danach einzuleitenden Maßnahmen (einschließlich Pflanzenquarantäne) von Interesse sind.

Die verwendeten wissenschaftlichen Namen sind der angeführten Standardliteratur entnommen und bedeuten keine Stellungnahme zu Nomenklaturfragen.

Für die bessere Orientierung ist am Kopf jeder Seite die Kernobstart bzw. die Schaderregergruppe genannt.

Die seltenen Kernobstarten werden im Band „Beerenobst und seltene Obstarten" in der vorliegenden Buchreihe behandelt.

Aus der Impressumseite geht hervor, welcher Fachwissenschaftler für welches bearbeitete Gebiet die Verantwortung übernommen hat.

Die Aquarelltafeln und Schwarz-Weiß-Zeichnungen wurden nach Vorlagen der Autoren und unter Benutzung von Vergleichsmaterial von Herrn Horst Thiele, Aschersleben, angefertigt.

Besonderen Dank gebührt dem Verlag, der unserem Vorhaben von der Planung bis zur endgültigen Gestaltung jede Unterstützung gewährt und mit uns gemeinsam bemüht ist, den Anforderungen der angesprochenen Interessentengruppen gerecht zu werden.

Für jede Anregung und fördernde Kritik werden wir dankbar sein.

D. Spaar, H. Kleinhempel, R. Fritzsche

Inhaltsübersicht

Bestimmungstabelle

Krankheiten und Beschädigungen an Apfel

I. Krankheiten und Beschädigungen mit besonderer Bedeutung in der Baumschule, an Jungbäumen sowie importiertem Pflanzenmaterial

(Weitere Ursachen für Krankheiten und Beschädigungen, besonders für Ernährungsstörungen und die zur Erzeugung virusfreien Baumschulmaterials wichtigen pflanzenpathogenen Viren und mykoplasmaähnlichen Organismen siehe Abschnitt II und folgende).

MECHANISCHE BESCHÄDIGUNGEN

- Blätter und Blüten abgeschlagen, liegen auf dem Boden, Löcher und Risse in den Blättern und Blütenblättern.

Hagelschaden 2

- Blätter und Blüten abgerissen, mit Einrissen, Randverbräunungen bzw. oberflächlichen Verbräunungen an Reibflächen. Schadbild tritt nach Sturm oder in ausgesprochenen Windlagen auf.

Windschaden 1

AUSTRIEBSSCHÄDEN

- Nach ein- oder mehrmaligem Nachbau einer Obstart auf dem gleichen Standort treiben Baumschulgehölze sowie Jungbäume ungenügend aus, die Länge des Jahrestriebes ist gemindert, die Blattentfaltung beeinträchtigt. Die Blattrosetten sind gedrungen und gestaucht. Schadbild betrifft in der Regel den gesamten Bestand, der auf bereits mit gleicher Obstart bepflanzter Fläche aufgepflanzt wurde.

Bodenmüdigkeit, verursacht durch verschiedene biologische und / oder abiotische Schadfaktoren, einzeln und / oder im Komplex wirkend. Zur Diagnose: Anwendung des in die Obstbaupraxis eingeführten Bodenmüdigkeitstestes. Rat des Obstbauspezialisten einholen.

- Nach Einwirkung von Frosttemperaturen, besonders Kahlfrösten, aber auch während des Transports vor dem Pflanzen spärlicher oder kein Austrieb. Knospen im Inneren verbräunt. Wurzeln zum Teil oder ganz abgestorben, Rinde mitunter abblätternd. Bei Anschnitt Gewebe unter der Rinde braun, äußerlich zum Teil sekundär mit Pilzmyzel überzogen.

Frostschaden 1

- Nach Einwirkung von Hitze oder Trockenheit auf Pflanzenmaterial vor dem Auspflanzen bzw. nach langanhaltender Dürre nach dem Pflanzen spärlicher oder kein Austrieb. Knospen abgestorben, innen braun. Bei Anschnitt von Stamm und Wurzeln Verbräunungen unter der Rinde erkennbar.

Trockenheitsschaden 2

- Nach langanhaltender Bodennässe, in Bodensenken sowie nach Überschwemmungen spärlicher oder kein Austrieb. Wurzeln abgestorben, Rinde zum Teil abblätternd (ähnlich wie Frostschaden).

Stauende Nässe 1

- Zur Zeit des Austriebes bleiben runzelige und aufgelockerte Knospen in der Entwicklung zurück und treiben gegenüber anderen Knospen bzw. Bäumen verspätet aus. Blätter steil aufrecht stehend, mit weißem Belag überzogen.

Apfelmehltau (*Podosphaera leucotricha* [Ell. et Ev.] Salm.) 21

- Triebspitzen bleiben bei bestimmten Apfelsorten beim Austrieb trocken (Spitzendürre, Zweiggrind).

Apfelschorf (*Venturia inaequalis* [Cooke] Winter) 22

- Austrieb verzögert, mitunter Pflanzen zur Zeit des Austriebes absterbend, im Baumschulbestand oft nesterweise. An den Wurzeln punktförmige Verbräunungen bzw. Schwarzverfärbungen, Faserwurzeln abgestorben. Im umgebenden Boden bzw. an / in den Wurzeln ektoparasitisch bzw. endoparasitisch lebende

wandernde **Wurzelnematoden** 40

- An Pflanzen, die im Frühjahr nicht oder stark verzögert austreiben, finden sich an den Wurzeln mehr oder weniger ausgedehnte Fraßbeschädigungen an der Wurzelrinde.

Engerlinge 61
Erdraupen 61
Maulwurfsgrille 76
Große Wühlmaus 76
Mäuse, verschiedene Arten 76

- Mehr oder weniger zahlreiche Knospen treiben nicht aus bzw. entwickeln sich nicht weiter und sterben ab. Im Inneren der betroffenen Triebe eine bis 8 mm lange, gelbliche Schmetterlingslarve mit rötlichen Segmenteinschnitten.

Apfelmarkschabe (*Blastodacna atra* Haw.) . . 75

WACHSTUMSHEMMUNGEN AN TRIEBEN

- Wachstumshemmungen besonders bei langanhaltender Trockenheit oder Hitze. Meist ist der gesamte Bestand betroffen.

Trockenheitsschaden, Hitzeschaden 2

- Meist nesterweise im Bestand Wuchshemmungen. Krankheitserreger bzw. tierische Schädlinge nicht nachweisbar. Betroffen sind vor allem Bodensenken oder Lagen mit hohem Grundwasserstand sowie Überschwemmungslagen.

Stauende Nässe 1

- Gehölze in Baumschulen bzw. Jungbäume bleiben im Wachstum zurück. Oberirdisch sind Schaderreger nicht erkennbar. Im Wurzelbereich, besonders unmittelbar unter der Bodenoberfläche, zahlreiche

dünne Wurzeln mit dichtem Besatz an Haarwurzeln, ebenso an verholzten Wurzeltumoren.

Haarwurzelkrankheit (*Agrobacterium rhizogenes* [Riker et al.] Conn.) 20

- Triebe im Wuchs gegenüber anderen Trieben gehemmt. Blätter steil aufrecht stehend, mit weißem Belag überzogen.

Apfelmehltau (*Podosphaera leucotricha* [Ell. et Ev.] Salm.) 21

- Triebe mit erheblich vermindertem Längenwachstum, oft nesterweise vor allem im Baumschulbestand. Wurzeln mit punktförmigen Verbräunungen bzw. Schwarzverfärbungen, Faserwurzeln abgestorben. Im umgebenden Boden bzw. an / in den Wurzeln ektoparasitisch bzw. endoparasitisch lebende

wandernde **Wurzelnematoden** 40

- Mehr oder weniger zahlreiche Gehölze im Baumschulbestand bzw. in Neuanpflanzungen zeigen verminderten Wuchs. Oberirdisch Krankheitserreger nicht nachweisbar. An der Wurzelrinde mehr oder weniger ausgedehnte Fraßbeschädigungen.

Engerlinge 61
Erdraupen 61
Maulwurfsgrille 76
Große Wühlmaus 76
Mäuse, verschiedene Arten 76

MISSBILDUNGEN BZW. VERÄNDERUNGEN DES WUCHSHABITUS AN STAMM UND TRIEBEN

- Verkrümmungen der Triebspitzen können in Zusammenhang stehen mit Befall durch

Feuerbrand (*Erwinia amylovora* [Burr.] Winslow et al.) 16
(weitere Symptome beachten)

- Rindengewebe beulig bzw. krebsartig verändert, vielfach aufgeworfen. Im Bereich der geschädigten Gewebepartien bis 2 mm lange, dicht mit weißen Wachsfäden besetzte, rotbraune Tiere.

Blutlaus (*Eriosoma lanigerum* Hausm.) 47

- Triebe verkrümmt, zum Teil verdreht und mitunter gegenüber anderen Trieben verdickt, vielfach mit schwärzlichem Überzug („Rußtau"). Eigentliche Schaderreger außerhalb der Vegetationszeit nicht mehr nachweisbar.

FRASSSCHÄDEN AN STAMM UND TRIEBEN

- Mehr oder weniger ausgedehnter Schabefraß an der Rinde, vielfach in Bodennähe, wird verursacht durch

- Die Rinde von Stämmen und Trieben ist vollständig abgefressen. Die betroffenen Pflanzenteile erscheinen wie abgeschält. Spuren der Einwirkung von Zähnen erkennbar. Auftreten vor allem im Winter, bsd. nach geschlossener Schneedecke.

ABSTERBEERSCHEINUNGEN
AN KNOSPEN

- Gegen Ende des Winters und bis zum Beginn des Austriebes bleiben Knospen trocken und erscheinen aufgelockert. Sie sind innen verbräunt, kein Hohlraum im Inneren.

- In der Baumschule vertrocknen nach der Okulation die Edelaugen und sterben ab. Das Gewebe zwischen Unterlage und Edelauge ist durch rötliche, etwa 2,5 mm lange Fliegenlarven zerstört.

- Möglicherweise an Apfel:
Mehr oder weniger lange, dünne Fraßgänge zwischen Rinde und Splintholz durch eine 15 mm lange, weißliche bis weißlich-gelbe Fliegenlarve.

FRASSSCHÄDEN AN KNOSPEN
UND BLÄTTERN

(Siehe hierzu besonders Abschnitt VII „Krankheiten und Beschädigungen an Blättern“).

- Ab Ende April werden die Knospen anoder ausgefressen. Betroffen werden auch Veredelungen in Baumschulen. Später unregelmäßige Fraßschäden an Blättern.

- Blatt- und Blütenbüschel entfalten sich nicht, sind zusammengesponnen. Im Inneren frißt eine bis 20 mm lang werdende graugrüne oder rote Larve.

- An den Blättern, vor allem in feuchter Lage, unregelmäßig geformte Fraßstellen. Mitunter auch Fraßschäden an Triebspitzen. Im Bereich der Fraßbeschädigungen Schleimspuren.

- Knospen werden vor allem im Winter abgefressen durch
Vögel, verschiedene Arten.

VERFÄRBUNGEN, WELKE- UND
ABSTERBEERSCHEINUNGEN AN
BLÄTTERN, BLÜTEN, UND TRIEBEN,
RINDENNEKROSEN

(Symptome für Ernährungsstörungen sowie durch pflanzenpathogene Viren und mykoplasmaähnliche Organismen siehe im Abschnitt VII „Krankheiten und Beschädigungen an Blättern").

- Nach Einwirkung von Frosttemperaturen zeigen die Blätter Schwarzverfärbungen, meist an den Betträndern beginnend. Sie werden knitterig oder erscheinen blasig deformiert. Vorzeitiger Blattfall.

Frostschaden 1

- Nach langanhaltender Trockenheit Vergilben der Blätter. Vorzeitiger Blattfall.

Trockenheitsschaden 2

- Nach langanhaltender Bodennässe, in Bodensenken, oft nesterweise im Bestand, sowie nach Überschwemmungen Vergilben der Blätter, Absterben und vorzeitiger Blattfall.

Stauende Nässe 1

- Blätter mit grauen bis schwarzgrauen, unregelmäßigen Flecken, oft das gesamte Blatt vertrocknet, vorzeitiger Blattfall. Weniger geschädigte Blätter bleiben klein. Krankheitserreger nicht nachweisbar.

Spritzmittelschaden 3
Herbizidschaden 3

- Ähnliche Schäden verursacht die Einwirkung von Industrieabgasen (SO_2 u. a.).

Rauchschaden 2

- Blätter rötlich-braun verfärbt, wirken wie verbrannt, später auch der Blattstiel verbräunt. Holz der Triebe unter der Rinde rotbraun verfärbt, Triebspitze krummstabähnlich gekrümmt. Bei hoher Luftfeuchte Ausbildung von milchig weißen bis bernsteinfarbigen, später braunschwarzen Exsudattropfen.

Feuerbrand (*Erwinia amylovora* [Burr.] Winslow et al.) 16

- Verfärbungen der Blütenblätter, Nachlassen ihrer Turgeszenz können im Zusammenhang stehen mit dem Befall durch

Feuerbrand (*Erwinia amylovora* [Burr.] Winslow et al.) 16

- Von Infektionsstelle ausgehend auf der Rinde kleine, rundovale, dunkelfarbene Nekrosen, dehnen sich schnell aus, eingesunken. Darauf Pyknidien des Erregers. Abgestorbene Rinde löst sich pergamentartig vom Holz. Bei Umgürtung Absterben der Triebe.

Schwarzer Krebs, *Sphaeropsis*-**Rindenbrand** (*Botryosphaeria obtusa* [Schw.] Schoemaker) . . . 33

- Blätter mit weißem Belag, meist an der Triebspitze beginnend. Blattwuchs steil aufrechtstehend. Blätter verfärben sich später bräunlich, fallen vorzeitig ab.

Apfelmehltau (*Podosphaera leucotricha* [Ell. et Ev.] Salm.) 21

- Auf den Blättern oberseits rundliche, matt olivgrüne, ineinander laufende, etwas eingesunkene Flecke, später schwärzlich oder braun werdend. Vorzeitiger Blattfall.

Apfelschorf (*Venturia inaequalis* [Cooke] Winter) 22

- Blattoberseite silbrig-weiß verfärbt. Die Blätter selbst mehr oder weniger verkümmert. Schadbild kann schon in Baumschulen auftreten. Später werden die Blätter nekrotisch, fallen ab.

Milchglanz (Bleiglanz) (*Stereum purpureum* [Pers. ex Fr.] Fr.) 38

- An der Rinde von abgestorbenen Trieben (auch in der Baumschule) treten rote bis rotbraune, pustelförmige Erhebungen auf (Fruchtkörper).

Rotpustelkrankheit (*Nectria cinnabarina* [Tode] Fr.) 27

- Blätter zunächst mit kleinen, gelblich-weißen bis braunen, punktförmigen Flecken, vor allem im Bereich der Blattadern, später auf die gesamte Blattspreite übergehend. In der Folge Verfärbung der gesamten Blätter bronzefarben. Vorzeitiger Blattfall. Vor allem auf der Blattunterseite etwa 0,26 bis 0,7 mm lange Milben sowie deren Eier, Larven- und Nymphenstadien.

Spinnmilben, verschiedene Arten aus den Familien der *Tetranychidae* und *Tenuipalpidae* . . . 44

- Triebe, Äste und Zweige (auch in der Baumschule) sterben ab. Auf der Rinde etwa 1,1 bis 2 mm große, rundliche, graue bis schwarzgraue Schildchen, oft ganze Krusten bildend.

Zitronenfarbige Austernschildlaus (*Quadraspidiotus ostreaeformis* Curt.) 51
San-José-Schildlaus (*Quadraspidiotus perniciosus* Comst.) 51

Nördliche Gelbe Austernschildlaus (*Quadraspidiotus pyri* Licht.) 51
Südliche Gelbe Austernschildlaus (*Quadraspidiotus maŕani* Zahradnik) 51
und andere Schildlaus-Arten 50, 51

- Triebe, Äste und Zweige (auch in der Baumschule) sterben ab. Auf der Rinde etwa 3,5 mm lange, kommaförmige, bräunliche bis schwarzbraune Schildchen, vielfach krustenartigen Belag auf der Rinde bildend.

Kommaschildlaus (*Lepidosaphis ulmi* L.) . . . 50

- Blätter gelblich-rötlich verfärbt, stark gekräuselt (mitunter ohne Verfärbung), eingerollt und verdreht. Auf der Blattunterseite

Blattläuse, verschiedene Arten 48

- Jüngere Bäume sterben ab. Im Bereich von Adventivwurzeln, aber auch von Wunden verschiedener Art ist das Rindengewebe bis etwa 5 mm unter der Oberfläche mit etwa 0,5 mm im Durchmesser betragenden Fraßgängen durchzogen. Darin bis etwa 25 mm lange, weißlich-gelbe Larve mit brauner Kopfkapsel.

Apfelbaumglasflügler (*Aegeria myopaeformis* Brkh.) 75

- Blätter verwelken, vergilben und fallen ab. Knospen treiben zum Teil nicht aus. Im Inneren der befallenen Triebe eine bis 8 mm lange, gelbliche Schmetterlingslarve mit rötlichen Segmenteinschnitten.

Apfelmarkschabe (*Blastodacna atra* Haw.) . . 75

- Blätter vergilben und fallen vorzeitig ab. Krankheitserreger und tierische Schädlinge oberirdisch nicht nachweisbar. An den Wurzeln Fraßbeschädigungen.

Engerlinge 61
Erdraupen 61
Maulwurfsgrille 76
Große Wühlmaus 76
Mäuse, verschiedene Arten 76

MISSBILDUNGEN AN BLÄTTERN

(Siehe auch unter Abschnitt VII „Krankheiten und Beschädigungen an Blättern").

- Blätter und Triebspitzen verdreht und verkrümmt, Blattspreiten gekräuselt. In der Regel sind in solchen Fällen zahlreiche nebeneinanderstehende Baumschulpflanzen bzw. Jungbäume im Bestand betroffen. Krankhei-

ten und tierische Schädlinge nicht nachweisbar.

Schaden durch **Wuchsstoffherbizide** bzw. **Wachstumsregulatoren** 3

- Steil aufrecht wachsende Blätter, vor allem an der Triebspitze, mit weißem Belag und von den Blatträndern her eingerollt.

Apfelmehltau (*Podosphaera leucotricha* [Ell. et Ev.] Salm.) 21

- Blatt- und Blütenbüschel entfalten sich nicht, sind zusammengesponnen. Im Inneren frißt eine bis 20 mm lang werdende, graugrüne oder rote Larve. Die Leittriebbildung ist beeinträchtigt.

Grauer Knospenwickler (*Hedya nubiferana* Haw.) 73
Roter Knospenwickler (*Spilonota ocellana* F.) 73

- Blätter stark gekräuselt, eingerollt und verdreht, mitunter gelblich-rötlich verfärbt. Auf der Blattunterseite

Blattläuse, verschiedene Arten 48

ABSTERBEERSCHEINUNGEN
AN WURZELN

- Nach Einwirkung von Frosttemperaturen an Knospen, Blättern und Trieben typische Symptome. Wurzeln sind zum Teil oder ganz abgestorben, die Wurzelrinde blättert mitunter ab. Bei Anschnitt der Rinde zeigen sich darunter Verbräunungen. Äußerlich ist die Rinde mitunter sekundär mit Pilzmyzel überzogen.

Frostschaden 1

- Nach langanhaltender Trockenheit Wurzeln abgestorben. Unter der Wurzelrinde Verbräunungen. Oberirdische Pflanzenteile zeigen Welke- und Absterbeerscheinungen.

Trockenheitsschaden 2

- Nach langanhaltender Bodennässe, in Bodensenken sowie nach Überschwemmungen Absterben der Pflanzen. Wurzeln abgestorben, unter der Wurzelrinde Verbräunungen, Wurzelrinde zum Teil abblätternd.

Stauende Nässe 1

MISSBILDUNGEN AN WURZELN

- Vor allem am Wurzelhals, aber auch an den Wurzeln mehr oder weniger große, zer-

klüftete, anfangs weiche, später verholzende
Tumoren.
Wurzelkropf (*Agrobacterium tumefaciens* [Smith
et Townsend] Conn.) 20

– Im Wurzelbereich, besonders unter der
Bodenoberfläche und am Stammgrund, zahl-
reiche dünne Wurzeln mit dichtem Besatz
an Haarwurzeln.
Haarwurzelkrankheit (*Agrobacterium rhizogenes*
[Riker et al.] Conn.) 20

– An Wurzeln in der Nähe der Bodenoberfläche Rindengewebe beulig bzw. krebsartig
verändert, vielfach aufgeworfen. Im Bereich
der geschädigten Gewebepartien bis zu
2 mm lange, dicht mit weißen Wachsfäden
besetzte, rotbraune Läuse.
Blutlaus (*Eriosoma lanigerum* Hausm.) 47

SAUG- UND FRASSSCHÄDEN
AN WURZELN

– Vor allem im Baumschulbestand nesterweise absterbende bzw. im Wuchs gehemmte
Pflanzen zeigen an den Wurzeln punktförmige Verbräunungen und Schwarzverfärbungen. Faserwurzeln abgestorben durch Saugtätigkeit von im Boden lebenden
wandernden **Wurzelnematoden** 40

– An den Wurzeln in der Nähe der Bodenoberfläche Rindengewebe beulig bzw. krebsartig verändert, vielfach aufgeworfen. Im Bereich der geschädigten Gewebepartien bis zu

2 mm lange, dicht mit weißen Wachsfäden
besetzte, rotbraune Läuse.
Blutlaus (*Eriosoma lanigerum* Hausm.) 47

– An Baumschulmaterial bzw. an Jungbäumen, die im Frühjahr nicht oder stark verzögert austreiben, finden sich an den Wurzeln
bzw. am Stammgrund Stellen mit Nagefraß
an der Wurzelrinde. Zum Teil werden die
Wurzeln entrindet.
Engerlinge, Erdraupen 61
Maulwurfsgrille 76
mitunter Larven verschiedener **Rüsselkäfer-Arten** 58

– Jüngere Bäume sterben ab. Im Bereich
von Adventivwurzeln ist das Rindengewebe
mit Bohrgängen durchzogen. Darin bis
25 mm lange, weißlich-gelbe Larve. Aus
Bohrgängen dringt Bohrmehl nach außen.
Apfelbaumglasflügler (*Aegeria myopaeformis*
Brkh.) 75

– An Wurzeln sowie an Stammbasis starke
Fraßbeschädigungen, zum Teil Wurzeln
vollständig abgenagt, Spuren von Nagezähnen erkennbar. Bäume lassen sich leicht aus
dem Boden ziehen oder fallen bei Wind
um.
Große Wühlmaus (*Arvicola terrestris* L.) . . . 76

– An Stammbasis, aber auch an Wurzeln
mehr oder weniger ausgedehnter Schälfraß
mit Spuren von Nagezähnen.
Mäuse, verschiedene Arten 76

II. An Stamm, Ästen, Zweigen und Trieben überwinternde und visuell während der Winterruhe diagnostisch erfaßbare Entwicklungsstadien von Schaderregern sowie Schmarotzerpflanzen

(ohne tierische Schädlinge, die im Holz leben)
(Siehe auch Abschnitt III „Krankheiten und
Beschädigungen, die den Austrieb beeinträchtigen", IV „Krankheiten und Beschädigungen an Stamm, Ästen, Zweigen und Trieben", sowie V „Krankheiten und Beschädigungen an Knospen").

SCHMAROTZERPFLANZEN

– Auf Ästen, vielfach in Astgabeln, im Winter grünbleibende Pflanzen mit annähernd

kugeligem Wuchshabitus, längsovalen, glatt-
randigen und gegenständigen Blättern.
Triebe ebenfalls grün.
Mistel (*Viscum album* L.) 40

BAKTERIELLE KRANKHEITSERREGER

– Vor allem am Wurzelhals, aber auch an
den Wurzeln mehr oder weniger große, zerklüftete, anfangs weiche, später verholzende
Tumoren.
Wurzelkropf (*Agrobacterium tumefaciens* [Smith
et Townsend] Conn.) 20

- Im Wurzelbereich, besonders unter der Bodenoberfläche, zahlreiche dünne Wurzeln mit dichtem Besatz an Haarwurzeln, ebenso an verholzten Tumoren.

Haarwurzelkrankheit (*Agrobacterium rhizogenes* [Riker et al.] Conn.) 20

PILZLICHE KRANKHEITSERREGER

- Während des Winters hängen an den Bäumen mumifizierte Früchte, trocken und eingeschrumpft, dunkelbraun (Fruchtmumien).

Monilia-**Fruchtfäule** (*Monilinia* spp.) 24

- In Astgabeln, an Zweigansatzstellen, aber auch an Trieben sowie am Stamm, vielfach von Wunden bzw. Schnittflächen ausgehende, krebsartige Wucherungen. Ränder zeigen Überwallungen, Wunde schließt sich jedoch nicht, sondern wird größer (offener Krebs). Es kann jedoch auch zur Ausbildung krebsartiger Knollen kommen (geschlossener Krebs).

Obstbaumkrebs (*Nectria galligena* Bres.) . . . 26

- An der Rinde von abgestorbenen Trieben, auch an Schnittholz, rote bis rotbraune, pustelförmige Erhebungen (Fruchtkörper).

Rotpustelkrankheit (*Nectria cinnabarina* [Tode ex Fr.] Fr.) 27

- An Stämmen und größeren Ästen dachförmige, meist halbkreisförmige, unterschiedlich gefärbte und vielfach relativ groß werdende Fruchtkörper.

Baumpilze (Baumschwämme), verschiedene Arten 39

TIERISCHE SCHADERREGER IM EISTADIUM

- Vor allem in Zweig- und Astgabeln, aber auch am Fruchtholz, finden sich in Massen etwa 0,1 mm große, dunkelrote Eier mit feinen Längsfurchen und einem kleinen Stielchen in der Mitte oben.

Obstbaumspinnmilbe (Rote Spinne) (*Panonychus ulmi* Koch) 44

- An der gleichen Stelle überwintern die etwa 0,1 mm großen, roten, runden und glatten Eier der

Braunen Spinnmilbe (*Bryobia rubrioculus* Scheut.),
Grasmilbe (*Bryobia cristata* Dugès.) 44

- Vor allem am Fruchtholz, aber auch an den Triebspitzen etwa 0,5 mm lange, ovale, schwarz glänzende Eier, mitunter auch mit Wachs überpudert.

Blattläuse, verschiedene Arten 48

- An den Knospenschuppen finden sich etwa 0,4 mm lange, ovale, hellgelbe bis orangefarbene Eier, die mit einem kleinen Fortsatz im Rindengewebe befestigt sind.

Frühjahrsapfelblattsauger (*Psylla mali* Schmidb.) 47

- In von den adulten Weibchen angefertigten kleinen Einschnitten in der Rinde überwintern die meist dunkel gefärbten, etwa 1 mm langen, ovalen Eier von

Wanzen, verschiedene Arten 45

- Unter etwa 3,5 mm langen, kommaförmigen, bräunlichen bis schwarzbraunen Schildchen, die vielfach krustenartig die Rinde bedecken, überwintern die Eier der

Kommaschildlaus (*Lepidosaphis ulmi* L.) . . . 50

- Am jüngeren Holz der Baumkrone, vor allem in Rindenritzen zum Teil mehrere Hundert etwa mohnkorngroße, hellgrüne, später rötliche Eier.

Kleiner Frostspanner (*Operophthera brumata* L.) 71, 74
Großer Frostspanner (*Hibernia defoliaria* [Cl.]) 71, 74

- An Stamm oder Ästen etwa 1 bis 2 cm große, dicht mit gelbbraunen bis bräunlichen, kurzen Härchen bedeckte „Eispiegel", in denen bis zu 600 Eier gefunden werden können.

Schwammspinner (*Lymantria dispar* L.) . . . 64

- Um dünnere Äste herum in dichten Ringen und mit einer Kittsubstanz überzogene Eigelege, die bis zu 300 graubraune Eier enthalten können.

Ringelspinner (*Malacosoma neustria* L.) . . . 63

- An Knospen, Zweig- und Astgabeln sowie am Fruchtholz finden sich eng beieinanderliegende, graugelbe, kugelige Eier in unregelmäßigen Gelegen. Die Eier haben eine kleine Delle sowie eine Querrinne an der Oberseite.

Schlehenspinner (Aprikosenspinner) (*Orgyia antiqua* L.) 64

- An Ästen von mehr als 2 cm Durchmesser finden sich graugrüne bis grünliche, runde bis ovale Eigelege mit flachen Eiern, die sich dachziegelartig überlappen (Verwechselungsmöglichkeit mit Apfelbaumgespinstmotte) und mit einer Schutzschicht überzogen sind.

- An der Rinde einzelne oder in kleinen Gruppen liegende, halbkugelige, grauweiße bis grünliche Eier, die mit feinen Härchen bedeckt sind (Afterwolle).

TIERISCHE SCHADERREGER IM LARVENSTADIUM

- Unter Rindenschuppen, vor allem im Knospenbereich überwintern etwa 0,2 mm lange, ovale, gelbliche Deutonymphen der

- An den Triebspitzen, vor allem in der Baumkrone, auffällige, grauweiße „Raupennester". In dichtem Gespinst etwa 1 cm lange, graue und mit rotbraunen Haarbüscheln besetzte Larven in großer Zahl.

- An den Zweigen und Ästen hängen an Spinnfäden abgestorbene, versponnene und eingerollte Blätter. Darin leben bis etwa 1 cm lange, gelbgrüne bis rötliche Larven mit schwarzer und roter Färbung auf Rükken, Bauch und an den Seiten („Kleine Raupennester").

- Unter Rindenschuppen überwintern die Larven von

- Unter etwa 1,5 bis 2 mm langen, rundlichen, grauen Schildchen, die auf der Rinde oft ganze Krusten bilden, überwintern die Larven von

- Im Bereich von beulig bzw. krebsartig verändertem und vielfach aufgeworfenem Rindengewebe (auch am Wurzelhals) finden sich zum Teil mit weißen Wachsausscheidungen bedeckte, rotbraune und bis etwa 2 mm lang werdende Tiere (meist Larven, zum Teil auch erwachsene Tiere).

- Vor allem in Zweig- und Astgabeln, am Fruchtholz und an Knospen finden sich bis etwa 5 mm lang werdende, zigarrenförmige oder pistolenartige Gebilde. In diesen überwintert eine gelbliche Larve.

- An dünneren Zweigen finden sich braungraue Eigelege. Sie bestehen aus bis zu 80 flachen, sich dachziegelartig überlappenden Eihüllen (Verwechslungsmöglichkeit mit Wickler-Arten der Gattung *Archips*), in denen gelbliche bis gelblich-graue und schwarz gepunktete Räupchen überwintern.

- In Knospen überwintern bräunlich-rosafarbene Larven.

- Unter Knospen- und Rindenschuppen, am Stamm sowie an Zweigen und Ästen überwintern, teils in Kokons, die Larven verschiedener

- In den Fraßgängen in der Rinde finden sich gelbgrüne bis fleischrote, bis 20 mm lange Larven.

TIERISCHE SCHADERREGER IM PUPPENSTADIUM

- Unter Rindenschuppen überwintert in einem Gespinst die Puppe der

Fleckenminiermotte (Pfennigminiermotte)
(*Leucoptera malifoliella* Costa) 68
sowie (zum Teil) von
Apfelwickler (*Laspeyresia pomonella* L.) 70

TIERISCHE SCHADERREGER,
DIE ALS ERWACHSENE TIERE
(ADULTE, IMAGINES)
AN APFELBÄUMEN ÜBERWINTERN

– Unter Rindenschuppen und in anderen Verstecken am Baum überwintern etwa 0,3 bis 0,6 mm lange, gelborange bis rubinrot gefärbte Weibchen von Milben-Arten aus den Familien der *Tetranychidae* (Spinnmilben), vor allem aus den Gattungen

Eotetranychus **44**
Tetranychus **44**
Cenopalpus **44**

ebenso aus der Unterordnung der *Tetrapodili* (Gallmilben), vor allem der Gattung

Eriophyes **42**

mit einer Länge des langgestreckten, geringelten und spindelförmigen, weißlichen Körpers von etwa 0,1 bis 0,2 mm und nur zwei Beinpaaren.

– Unter Rindenschuppen sowie in anderen Verstecken am Baum überwintern dunkelbraune, etwa 2,6 bis 3 mm lange, länglichovale Insekten mit glasigen, dachförmig über dem Hinterleib liegenden Flügeln.

Sommerapfelblattsauger (*Psylla costalis* Flor.) **47**

– Während der Winterruhe finden sich an der Rinde etwa 1,5 bis 2 mm lange, rundliche, graue Schildchen sowie etwa 3,5 mm lange, kommaförmige, bräunliche bis schwarzbraune Schildchen. Beide bedecken die Rinde vielfach krustenartig. Es sind die Schilde der abgestorbenen adulten Weibchen verschiedener

Schildlaus-Arten **50, 51**
sowie der
Kommaschildlaus (*Lepidosaphis ulmi* L.) . . . **50**

unter denen die Eier bzw. Larven überwintern.

– In den verschiedensten Verstecken am Baum überwintern 3,4 bis 4,3 mm lange, dunkel schwarzbraune Rüsselkäfer mit hellerer, schräger Querbinde hinter der Mitte der Flügeldecken.

Apfelblütenstecher (*Anthonomus pomorum* [L.]) **54**

sowie 4,5 bis 6,5 mm lange, dunkel goldrot oder purpurfarbig behaarte Rüsselkäfer mit erzblauen Tarsen.

Rotbrauner Apfelfruchtstecher (*Coenorhinus aequatus* [L.]),
Purpurroter Apfelfruchtstecher (*Rhynchites bacchus* [L.]) **56**

– Unter Rindenschuppen oder in Rindenritzen finden sich etwa 3 bis 3,5 mm lange Kleinschmetterlinge mit milchweißen bis bleigrauen, am Innenrand befransten Vorderflügeln und einer Flügelspannweite von etwa 6 bis 8 mm. An den Spitzen sind die Vorderflügel braun gezeichnet.

Schlangenminiermotte (*Lyonetia clerkella* L.) **67**

III. Krankheiten und Beschädigungen, die den Austrieb beeinträchtigen

(Siehe auch Abschnitt IV „Krankheiten und Beschädigungen an Stamm, Ästen, Zweigen und Trieben" sowie V „Krankheiten und Beschädigungen an Knospen").

BODENMÜDIGKEIT

– Nach ein- oder mehrmaligem Nachbau einer Obstart auf dem gleichen Standort treiben Baumschulgehölze sowie Jungbäume ungenügend aus. Die Länge des Jahrestriebes ist gemindert, die Blattentfaltung beeinträchtigt, Blattrosetten sind gedrungen und gestaucht. Schadbild betrifft in der Regel den gesamten Bestand, der in der Fruchtfolge auf bereits vorher mit gleicher Obstart bepflanzter Fläche aufgepflanzt wurde.

Bodenmüdigkeit, verursacht durch verschiedene biotische und / oder abiotische Schadfaktoren, einzeln und / oder im Komplex wirkend. Zur Diagnose: Anwendung des in die Obstbaupraxis eingeführten Bodenmüdigkeitstestes. Rat des Obstbauspezialisten einholen.

ABIOTISCHE SCHÄDEN

- Nach Einwirkung von Frosttemperaturen, besonders Kahlfrösten, auch während des Transportes vor dem Pflanzen, spärlicher oder kein Austrieb. Knospen im Inneren verbräunt. Wurzeln zum Teil oder ganz abgestorben. Rinde mitunter abblätternd. Bei Anschnitt Gewebe unter der Rinde braun, äußerlich zum Teil sekundär mit Pilzmyzel überzogen.

- Nach Einwirkung von Hitze oder Trockenheit auf Pflanzenmaterial vor dem Auspflanzen bzw. nach langanhaltender Dürre nach dem Pflanzen spärlicher oder kein Austrieb. Knospen abgestorben, innen braun. Bei Anschnitt von Stamm und Wurzeln Verbräunungen unter der Rinde erkennbar.

- Nach langanhaltender Bodennässe, in Bodensenken sowie nach Überschwemmungen spärlicher oder kein Austrieb. Wurzeln abgestorben, Rinde zum Teil abblätternd (ähnlich wie Frostschaden).

- Blütenbildung und Fruchtansatz nur spärlich. Junge Triebe meist verkürzt, Blätter klein und schmal mit hellgrüner bis gelblicher Verfärbung.

- Blütenknospenanlagen vermindert, Blätter klein, dunkelgrün und lederartig mit bronzenen bis purpurfarbenen Farbtönen.

- Austrieb zahlreicher tiefer gelegener Knospen zur buschartigen Seitentriebbildung mit nachfolgenden Absterbeerscheinungen, Terminaltriebe verkahlen.

VIROSEN

- Blatt- und Blütenaustrieb an bestimmten Trieben verzögert. In der Nähe der Augen Quer- und Längsrisse, die zum Absterben benachbarter Gewebe und schließlich zur Spitzendürre führen. Rindenschäden, die denen durch Frost (Tafel 1) oder Obstbaumkrebs (*Nectria galligena* Bres.) (Tafel 26) ähn-

neln. (Zur Diagnose auch Fruchtsymptome beachten).

- Beeinträchtigung des Austriebes durch Absterben der Blatt- und Blütenknospen. Beginn der Krankheitserscheinung vom 6. Standjahr an zu beobachten. Kleine spärliche, hellgrüne bis gelbliche Blätter, neugebildete Triebe verkürzt, oberhalb der Veredelungsstelle Stamm angeschwollen, Rinde in diesem Bereich verdickt, schwammig, an der Innenseite feine braune Linie.

BAKTERIOSEN

- Bäume mit Austriebs- bzw. Wachstumshemmungen weisen im Wurzelbereich, besonders unmittelbar unter der Bodenoberfläche, zahlreiche dünne Wurzeln mit dichtem Besatz an Haarwurzeln auf, ebenso an verholzten Tumoren in diesem Bereich.

MYKOSEN

- Zur Zeit des Austriebs bleiben runzelige und aufgelockerte Knospen in der Entwicklung zurück und treiben gegenüber anderen Knospen bzw. Bäumen verspätet aus. Blätter später steil aufrecht stehend, mit weißem Belag überzogen.

- Triebspitzen bleiben bei bestimmten Apfelsorten beim Austrieb trocken (Spitzendürre, Zweiggrind). (Verwechselungsmöglichkeit mit virusbedingter Rauhschaligkeit, Tafel 12).

- Austrieb im Frühjahr beeinträchtigt, gelbe Laubfärbung zum Vegetationsbeginn. An jungen, wüchsigen Trieben Rindenbrandsymptome, Spitzendürre, Pilzfruchtkörper auf der Rinde, brand- und krebsartige Veränderungen der Rinde zwischen den Astgabeln.

- Geschwächter und verzögerter Frühjahrsaustrieb, im Sommer plötzliche Welke der Triebe, schwache, braune bis violette Verfärbung der Rinde, Parenchym unter der Rinde schokoladenbraun, später großflächiger Rindenbrand oder kleinere Schildnekrosen. Auf diesen die Pyknidien des Erregers.

TIERISCHE SCHADERREGER

- Bei jungen Bäumen im Baumschulbestand Austrieb verzögert, oft nesterweise im Bestand. An den Wurzeln punktförmige Verbräunungen bzw. Schwarzverfärbungen, Faserwurzeln abgestorben. Im umgebenden Boden bzw. an / in den Wurzeln ektoparasitisch bzw. endoparasitisch lebende

- Blatt- und Blütenknospenbüschel entfalten sich nicht, sind mit Honigtau verklebt, welken, vertrocknen. An den Knospenbüscheln 2 mm lange, flache, gelbliche bis gelbgrüne Larven und etwa 3 mm lange, gelbbraune bis rotbraune, springende Insekten mit glasartig durchscheinenden, dachartig über dem Körper liegenden Flügeln.

- An Stamm, Ästen und Zweigen, deren Austrieb beeinträchtigt ist, finden sich weißliche, wattebauschähnliche Wachsbeläge, vor allem im Bereich krebsartig veränderten und aufgeworfenen Rindengewebes. In diesen Belägen rotbraune, bis etwa 2 mm lange Insekten, zum Teil mit weißen Wachsausscheidungen bedeckt.

- Triebe mit Wuchsdeformationen treiben nicht oder spärlich und vielfach verzögert aus. Am Fruchtholz und an den Trieben, zur Zeit des Austriebs noch erkennbar, 0,5 mm lange, ovale, schwarz glänzende Eier, evtl. auch nur Eihüllen. Folgeschaden eines vorjährigen, starken Auftretens von

- Austrieb und Triebwachstum sind beeinträchtigt, auf der Rinde der betroffenen Triebe 1,5 bis 3,5 mm große, unterschiedlich geformte Schildchen, oft krustenartig.

- Bäume treiben schwach aus, Triebe im Wachstum gehemmt. Blätter bleiben klein, Früchte fallen vorzeitig ab, Wipfeldürre. Rinde zeigt Risse und Sprünge, unter der Rinde Zickzackgänge.

- Blatt- und Blütenbüschel entfalten sich nicht, sind von feinen Gespinstfäden zusammengehalten. In den Büscheln eine etwa 12 bis 20 mm lange, grüngraue oder rotbraune Schmetterlingslarve.

- Mehr oder weniger zahlreiche Knospen treiben nicht aus bzw. entwickeln sich nicht weiter und sterben ab. Im Inneren der Triebe eine etwa 8 mm lange, gelbliche Schmetterlingslarve mit rötlichen Segmenteinschnitten.

- An Jungbäumen bzw. an Baumschulpflanzen, die im Frühjahr nicht oder stark verzögert austreiben, finden sich an den Wurzeln mehr oder weniger ausgedehnte Fraßbeschädigungen an der Wurzelrinde.

- Bäume, deren Rinde an Stamm bzw. Ästen und Zweigen mehr oder weniger vollständig abgefressen ist, treiben nicht oder nur spärlich aus. Spuren der Einwirkung von Nagezähnen sind erkennbar.

IV. Krankheiten und Beschädigungen an Stamm, Ästen, Zweigen und Trieben

(Siehe auch Abschnitt III „Krankheiten und Beschädigungen, die den Austrieb beeinträchtigen").

WACHSTUMSHEMMUNGEN

- Nach Einwirkung von Frosttemperaturen, besonders Kahlfrösten, auch während des Transportes vor dem Pflanzen, ist das Triebwachstum deutlich gehemmt oder unterbleibt vollständig, ebenso der Austrieb. Knospen im Innern verbräunt. Wurzeln zum Teil oder ganz abgestorben. Rinde mitunter abblätternd. Bei Anschnitt Gewebe unter der Rinde braun, äußerlich zum Teil sekundär mit Pilzmyzel überzogen. Krankheitserreger bzw. tierische Schädlinge nicht nachweisbar.

- Nach langanhaltender Trockenheit kein oder nur geringes Triebwachstum. In der Regel sämtliche Bäume auf gleichem Standort gleichmäßig betroffen.

- In Lagen mit hohem Grundwasserstand sowie in Überschwemmungslagen, vor allem in Bodensenken meist nesterweise im Bestand Wachstumshemmungen.

- Junge Triebe meist verkürzt, Blätter klein und schmal mit hellgrüner bis gelblicher Verfärbung. Ältere Blätter vorwiegend rötlich bis gelb mit vorzeitigem Blattfall. Blütenbildung und Fruchtansatz nur spärlich.

- Wachstum der Triebspitzen gestaucht, rosettenartig angeordnete kleine, verdickte Blätter an Triebenden. Blätter rollen sich unter rostroter bis bronzener Randfärbung, vorzeitiger Blattfall (auch Fruchtsymptome beachten).

- Triebwachstum und Blattgröße vermindert, frühzeitiger Laubfall. Interkostalfelder der jüngeren bis älteren Blätter vom Rande her blaßgrün bis stumpfgelb, Blattnervatur mit angrenzendem Saum normal grün.

- Vermindertes Triebwachstum, an der Triebspitze dicht zusammengedrängte, büschelförmige Blattanordnung der fast blattlosen Zweige. Blätter chlorotisch gefleckt, klein und schmal, starr aufrechtstehend, teilweise zusammengefaltet, spröde mit gewelltem Rand.

- An den zweijährigen Trieben von Bäumen, die im Wachstum zurückbleiben, finden sich zunächst feine, später tiefere Rindenrisse. Mit zunehmendem Alter rauht die Rinde auf. Pilzliche Erreger von Rindenkrankheiten nicht nachweisbar (falls keine Mischinfektionen vorliegen!).

- An Bäumen mit deutlichen Wachstumshemmungen weisen die etwa 1 bis 2 cm großen Früchte kleine Einsenkungen auf, später zeigen sich tiefe Eindellungen und buckelartige Wülste. Früchte bleiben kleiner als gesunde.

- Bei bestimmten Sorten zeigen Stamm, Äste und Triebe eine erhöhte Biegsamkeit. Holz läßt sich mitunter leicht eindrücken. Kronengerüst des Baumes weidenartig. Deutliche Wuchshemmung.

- Bäume, die im Wuchs gehemmt sind, weisen im Wurzelbereich, besonders unmittelbar unter der Bodenoberfläche, zahlreiche dünne Wurzeln mit dichtem Besatz an Haarwurzeln auf, ebenso an verholzten Tumoren in diesem Bereich.

- Triebe mit deutlichen Wuchshemmungen weisen steil aufrecht stehende Blätter mit weißem Belag auf.

- Nesterweise in Baumschulen bzw. in Junganlagen deutliche Wachstumshemmungen der Triebe. Wurzeln mit punktförmigen Verbräunungen bzw. Schwarzverfärbungen, Faserwurzeln abgestorben. Im umgebenden Boden bzw. an / in den Wurzeln ektoparasitisch bzw. endoparasitisch lebende

- Mehr oder weniger zahlreiche Gehölze in Baumschulen bzw. in Neuanpflanzungen zeigen verminderten Wuchs. Oberirdisch Krankheitserreger nicht nachweisbar. An den Wurzeln, besonders der Wurzelrinde, ausgedehnte Fraßbeschädigungen.

- Eine Hemmung des Triebwachstums kann weiterhin als Folge des Befalls mit weiteren tierischen Schaderregern auftreten, vor allem:

ABSTERBEN VON BÄUMEN BZW. VON ÄSTEN, ZWEIGEN ODER TRIEBEN, IN DEN MEISTEN FÄLLEN VERBUNDEN MIT WELKEN, VERFÄRBUNGEN UND ABSTERBEN DER BLÄTTER U. A.

(Siehe auch Abschnitt I „Krankheiten und Beschädigungen mit besonderer Bedeutung in der Baumschule, an Jungbäumen sowie importiertem Pflanzenmaterial").
Dieses Krankheitsbild kann die Folge der unterschiedlichsten Schadursachen sein. Für die Diagnose sind daher noch weitere Merkmale heranzuziehen, auf die in den Beschreibungen vor den ausgewiesenen Tafeln eingegangen wird.

- Größere Astpartien oder ganze Bäume sterben ab. Parasitäre Ursachen bzw. tierische Schaderreger nicht nachweisbar.

- Frühzeitige Entlaubung der Langtriebe. Blätter klein, dunkelgrün und lederartig mit bronzenen bis purpurfarbenen Farbtönen, Blattstiele rötlich, Blütenknospenanlagen und Fruchtansatz vermindert.

- Verkahlen der Langtriebe mit rosettenartiger Anordnung von wenigen Spitzenblättern. Ältere Blätter der Langtriebe mit Chlorosen in den Interkostalfeldern, zum Teil auch in den Randzonen, allmählich in braune bis rötlichbraune Nekrosen übergehend.

- Terminaltriebe verkahlen oder sterben völlig ab. Austrieb zahlreicher, tiefer gelegener Knospen zur buschartigen Seitentriebbildung mit nachfolgenden Absterbeerscheinungen. Endständige Blätter welk, aufgewölbt mit zunehmender Interkostalchlorose, unter Bildung brauner Nekrosen sterben die jüngsten Blätter ab.

- Absterbende Bäume zeigen Loslösung verdickter und gelblich verfärbter Rinde vom Holzkörper mit unterschiedlich tiefen und langen Rillen oder narbenförmigen Einsenkungen.

- Absterben der Bäume (Verfall) kann in Zusammenhang stehen mit dem Vorliegen von:

- Absterben größerer Astpartien oder ganzer Bäume in Verbindung mit mehr oder weniger typischen Verfärbungen und Absterbeerscheinungen an der Rinde kann verursacht werden durch

(Siehe hierzu Abschnitt „Verfärbungen und Absterbeerscheinungen an der Rinde, Rindennekrosen").

- Größere Astpartien oder ganze Bäume sterben ab. Auf den Wurzeln Überzüge mit einem luftigen, weißen Myzel.

Wurzelfäule (*Rosellinia necatrix* Prill.) 38

- Gefäße in Stamm und Ästen braun verfärbt, später auch Holz schwarzbraun verfärbt. An diesen Bäumen Blätter anfangs graugelb, welken im Sommer schlagartig, manchmal am Baum nur halbseitig, sterben ab.

Verticillium-**Welke** (*Verticillium albo-atrum* Reinke et Berth., *Verticillium dahliae* Kleb.) 23

- Größere Astpartien an älteren Bäumen bzw. ganze Bäume sterben ab. Am Stamm oder am Wurzelansatz charakteristische Fruchtkörper von Pilzen.

Milchglanz (Bleiglanz) (*Stereum purpureum* [Pers. ex Fr.] Fr.) 38
Hallimasch (*Armillariella mellea* [Vahl. ex Fr.] Karst.) 38
Schmetterlings-Tramete (*Trametes versicolor* [L. ex Fr.] Pilát) 39
Apfelbaum-Saftporling (*Tyromyces fissilis* [Berk. et Curt] Donk.) 39
Schwefelporling (*Laetiporus sulphureus* [Bull. ex Fr.] Bond et Singer) 39
Falscher Zunderschwamm (*Phellinus igniarius* [L. ex Fr.] Quél.) 39
sowie weitere Arten 39

- Mehr oder weniger zahlreiche Trieb- oder Zweigspitzen sterben ab, verkahlen durch vorzeitigen Laubfall oder treiben gar nicht aus. Mitunter bleiben abgestorbene Blätter verbräunt an den abgestorbenen Trieben hängen (Triebspitzennekrose, Spitzendürre). Dieses Schadbild steht in Zusammenhang mit zahlreichen Schadursachen. Differentialdiagnostische Merkmale beachten (siehe Beschreibungen zu den Tafeln).

Abtiotische Schäden

Virosen, Mykoplasmosen

Bakteriosen

Mykosen

Tierische Schaderreger

(ohne Fraßschäden mit Kahlfraß an den Trieben).

- Unter der Rinde von vorzeitig absterbenden Bäumen fressen 40 bis 50 mm lange, fußlose und gelbliche Larven unregelmäßige Gänge in das Holz hinein.

Obstbaumbockkäfer (*Cerambyx scopoli* Füssl.) 59

- Bäume sterben ab. Unter der Wurzelrinde

legen bis zu 70 mm lange, abgeflachte Larven vom Wurzelhals aus Längsgänge in den Wurzeln an.

Schwarzer Obstbaumprachtkäfer (*Capnodis tenebrionis* L.) 59

- Bäume mit Wipfeldürre sterben ab. Unter der Rinde Zickzackgänge durch 25 mm lange, weißlich-gelbe Larven.

Birnbaumprachtkäfer (*Agrilus sinuatus* [Oliv.]) 59

- Unter der Rinde im Holz geschlängelte Gänge, ebenso im Holz.

Buchenprachtkäfer (*Agrilus viridis* L.) 59

- Große Astpartien, aber auch ganze Bäume sterben ab. Äußerlich auf der Rinde Bohrlöcher mit Bohrmehl erkennbar. Unter der Rinde charakteristische Fraßgänge von 3 bis 4 mm langen, rundlichen und weißlichen, fußlosen Larven.

Großer Obstbaumsplintkäfer (*Scolytus mali* [Bechst.]) 60
Kleiner Obstbaumsplintkäfer (*Scolytus rugulosus* [Ratzeb.]) 60

- Bäume kümmern und sterben ab. Unter der Rinde und im Holz lange, gewundene Gänge (im Schnitt erkennbar). Auf der Rinde 2 mm große Einbohrlöcher.

Ungleicher Holzbohrer (*Xyleborus dispar* [F.]) 60
Kleiner Holzbohrer (*Xyleborus saxeseni* [Ratzeb.]) 60

- Triebe, Zweige, Äste, aber auch junge Bäume sterben ab. Im Holz Fraßgänge bis zu 1 cm Durchmesser. Darin gelbliche, 50 bis 60 mm lange Larve mit schwarzen, beborsteten Punkten. Am befallenen Holzteil Ausbohrloch.

Blausieb (*Zeuzera pyrina* [L.]) 75

- Schadbild ähnlich. In den Fraßgängen bis 100 mm lange, fleischfarbene, bis fingerdicke Larve.

Weidenbohrer (*Cossus cossus* [L.]) 75

- Jüngere Bäume sterben ab. Im Bereich der Adventivwurzeln, aber auch von Wunden durch Schnitt u. a. ist das Rindengewebe mit Bohrgängen durchzogen. Darin bis 25 mm lange, weißlich-gelbe Larve. Aus Bohrgängen dringt Bohrmehl nach außen.

Apfelbaumglasflügler (*Aegeria myopaeformis* Brkh.) 75

- Bäume, deren Rinde an Stamm bzw. Trieben vollständig abgefressen ist, sterben ab. An den Fraßstellen Spuren von Nagezähnen erkennbar.

Mäuse, Hasen, Kaninchen, Schalenwild . . 76

- Bäume sterben ab und fallen leicht um. Wurzeln vollständig abgefressen.

Große Wühlmaus 76

VERFÄRBUNGEN UND ABSTERBEERSCHEINUNGEN DER RINDE, RINDENNEKROSEN

(Siehe hierzu auch Abschnitt „Deformationen und Mißbildungen an der Rinde und des Holzes einschließlich Pilzfruchtkörper und Schmarotzerpflanzen").

Verfärbungen, Absterbeerscheinungen der Rinde sowie Rindennekrosen werden durch zahlreiche Schadfaktoren verursacht. Die betreffenden Schadbilder sind vielfach zum Verwechseln ähnlich. Zur Ursachenermittlung ist eine entsprechende Differentialdiagnose erforderlich. Im Falle der bakteriell und pilzlich bedingten Rindennekrosen wird die zusätzliche Benutzung von Spezialliteratur bzw. der Rat eines Spezialisten empfohlen. Verwiesen wird auf FICKE, W., SCHAEFER, H.-J., SENULA, A. „Anleitung zur Diagnose pilzlicher und bakterieller Erreger von Rindennekrosen an Obstgehölzen". igaRatgeber, herausgegeben von: Internationale Gartenbauausstellung der DDR, Erfurt, und Akademie der Landwirtschaftswissenschaften der DDR, Berlin 1980, sowie FICKE, W., KLEINHEMPEL, H.: „Rindenkrankheiten bei Obstgehölzen". agrabuch. Landwirtschaftsausstellung der DDR, 7113 Markkleeberg, 1984.

- Auf der der Sonnenseite zugewandten Stammseite sterben größere Rindenpartien plattenförmig ab (Frostplatten) und blättern später ab.

Frostschaden 1

- Äußerliche Verbräunungen auf der Rinde. Bei Anschneiden ist im Kambiumbereich eine Verbräunung festzustellen. Parasitäre Ursachen bzw. tierische Schaderreger nicht nachweisbar.

Trockenheitsschaden, Hitzeschaden, starke Sonneneinstrahlung 2

- An älteren Ästen an der Rinde Absterbeerscheinungen (rauhes Aussehen). Endständige Blätter welk, aufgewölbt mit zunehmender Interkostalchlorose, unter Bildung brauner Nekrosen sterben die jüngsten Blätter ab. Terminaltriebe verkahlen oder sterben völlig ab. Austrieb zahlreicher, tiefer gelegener Knospen zur buschartigen Seitentriebbildung mit nachfolgenden Absterbeerscheinungen.

- Auf der Rinde der zweijährigen Triebe feine, später tiefere Rindenrisse, später rauht die Rinde auf. Es bildet sich eine für Apfelbäume ungewöhnliche Borke (Rindennekrose).

- Rinde rot bis dunkelbraun verfärbt, eingesunken, brand- und krebsartig verändert, stirbt ab (ähnlich wie bei *Nectria galligena* Bres., Tafel 26). Bakterielle und pilzliche Krankheitserreger nicht nachweisbar.

- Bei bestimmten Sorten oder Unterlagen an der Stammbasis bzw. bei der Unterlage unterhalb der Veredelungsstelle Rinde eingedellt, verdickt, spröde und gelblich verfärbt. Darunter im Holzkörper Rillen oder narbenförmige Einsenkungen.

- Dunkelbraune bis schwarze Nekrosen auf der Rinde unmittelbar über der Veredelungsstelle. Rinde verdickt. Am Holzkörper darunter breite, lange und tiefe Furchen.

- Rindenpartien braun verfärbt und schwammig-weich. Epidermis reißt auf. Treten diese Nekrosen am Stamm auf und umgürten ihn, kommt es zum Absterben des Baumes.

- Rinde schwammig aufgetrieben, verfärbt sich später braun bis schwarz und sinkt unter scharfer Trennung zum gesunden Rindengewebe ein. Austritt von milchig-weißem bis bernsteinfarbigem Bakterienschleim

(Symptome an Blättern, Blüten und Trieben beachten).

- An Trieben mit Spitzendürre wird die Rinde grindig (Zweiggrind). An aufbrechender Rinde schwarzbraune Konidienlager sichtbar (weitere Symptome an Blättern und Früchten beachten).

- Rot- bis Dunkelbraunverfärbung der Rinde bei gleichzeitigem schwachem Einsinken. An jungen Trieben längliche, ausgedehnte Rindenbrandsymptome. Bei Umgürten des Triebes stirbt dieser ab. Mitunter brand- bzw. krebsartige Veränderungen der Rinde zwischen den Astgabeln. Auf den abgestorbenen Rindenteilen finden sich die Fruchtkörper des Erregers.

- Oberhalb der Infektionsstelle stirbt der Trieb ab. Befallener Holzteil verfärbt sich grünlich bis braun. Nach Absterben des Triebes oder Astes Ausbildung von hellgelben und hellroten (bei Trockenheit) sowie zinnoberroten (bei Feuchtigkeit) Sporodochien unterschiedlicher Größe. Daneben rotbraune, in Gruppen stehende Hauptfruchtkörper (Perithecien).

- Rinde bräunlich verfärbt, leicht eingesunken, an der Übergangsstelle vom kranken zum gesunden Gewebe reißt die Rinde ein und löst sich an der Rißstelle ab. Auf abgestorbener Rinde Sporenlager. Später wird der nackte Holzkörper sichtbar.

- Im Bereich des Stammgrundes kleine, violette Faulstellen. Rinde wird feucht und bricht auseinander. An den Rißstellen Kallusgewebe. Frische Befallsstellen im Anschnitt schokoladenbraun. Stamm kann umgürtet werden. Absterben des Baumes.

- Rinde anfangs an der Infektionsstelle rotbraun bis braun, eingesunken. Schwarze Zonierung auf der Rinde. Diese reißt an Übergangsstelle zum gesunden Gewebe ein, mitunter die gesunde Rinde blasig aufgetrieben. Bei Umgürtung Absterben der Zweig- oder Astteile. Durch die abgestorbene Rinde brechen die Stromata der Fruchtkörper des Erregers (Pyknidien) heraus. Rinde erscheint wie die Haut einer Kröte mit Warzen bedeckt.

Krötenhautkrankheit (*Leucostoma* spp., Nebenfruchtform *Cytospora* spp.) 30

- An der Rinde entstehen Schäden, die denen durch Frost ähnlich sind. An den Trieben Spitzendürre. Auf der geschädigten Rinde (Rindenbrand) mitunter Sporenlager der Nebenfruchtform des Erregers.

Monilia-**Rindenbrand** (*Monilinia* spp.) 24

- Einzelne Zweige oder Äste bzw. die ganze Krone zeigen Nekrosen auf der Rinde und sterben ab. Im unteren Stammbereich konsolenförmige Fruchtkörper.

Milchglanz (Bleiglanz) (*Stereum purpureum* [Pers. ex Fr.] Fr.) 38

- Größere, nicht scharf abgesetzte, flächenförmige Verfärbungen der Rinde von Grau bis Hellbraun und Rötlichbraun, leicht eingesunken. Zwischen krankem und gesundem Gewebe ein etwa 0,5 bis 1 cm breiter Riß. Nekrotisiertes Gewebe wird schuppenförmig abgestoßen, darauf ab August die ersten Acervuli des Erregers, bei feuchtem Wetter weiße Sporenmassen.

Oberflächlicher Rindenbrand (*Pezicula corticola* [Jørg.] Nannf.) 31

- Schwache braune bis violette Verfärbung der Rinde, Parenchym unter der Epidermis schokoladenbraun. Rindenbrand geht vielfach in großflächige Rindenfäule über, oder es bleiben kleinere Rindenschildnekrosen. Auf diesen die Pyknidien des Erregers.

Phomopsis-**Rindenbrand** (*Diaporthe perniciosa* Marchal). 32

- Von Infektionsstelle ausgehend auf der Rinde kleine, rundovale, dunkelfarbene Nekrosen, dehnen sich schnell aus, eingesunken. Darauf die Pyknidien des Erregers. Abgestorbene Rinde löst sich pergamentartig

vom Holz. Bei Umgürtung Absterben der Triebe und Äste.

Schwarzer Krebs, Sphaeropsis-Rindenbrand (*Botryosphaeria obtusa* [Schw.] Schoemaker) . . . 33

- Vor allem auf der Rinde jüngerer Bäume oder an Veredelungsmaterial sehr kleine, bräunliche Flecke, die nekrotisieren und schuppig, rissig abgestoßen werden. Auf alten Nekrosen schwarze Sklerotien und Konidienrasen.

Botrytis-**Rindenbrand** (*Botrytis cinerea* Pers.) . 34

- Runde bis längsovale, fleckenartige, rötliche bis graubraune Verfärbungen auf der Rinde, eingesunken, lösen sich vom gebildeten Wundkallus ab. Rinde trocknet aus, zerfasert, löst sich in Fetzen ab. Holzkörper liegt frei. Bei Umgürtung Absterben von Ästen und Bäumen. Auf abgestoßener Rinde Pyknidien des Erregers.

Phacidiella-**Rindenbrand** (*Phacidiella discolor* Poteb.) 35

- Stark eingesunkene, dunkel verfärbte Nekrosen auf der Rinde im Ast- und Stammbereich, scharf geradlinig vom gesunden Gewebe getrennt. Bei Umgürtung Absterben der Äste und Triebe.

Fusarium-**Rindenbrand** (*Fusarium lateritium* Nes.) 24

- Die Symptome des Rindenbrandes können weiterhin verursacht werden durch

Pestalotia-**Rindenbrand** (*Pestalotia malorum* Elenk. et Ohl.) 35
sowie
Coryneum-**Rindenbrand** (*Coryneum microstictum* Berk. et Br.) 35

DEFORMATIONEN UND MISSBILDUNGEN
AN RINDE UND HOLZ
EINSCHLIESSLICH PILZFRUCHTKÖRPER
UND SCHMAROTZERPFLANZEN

(Siehe auch Abschnitt „Verfärbungen und Absterbeerscheinungen der Rinde, Rindennekrosen").

- Längs verlaufende Rindenrisse am Stamm, die bis in das Holz hineinreichen und im späteren Wachstumsverlauf durch neu gebildete Rinde überwallt werden, können zurückgeführt werden auf

Frostschaden 1

- Feine, später tiefe Rindenrisse an zweijährigen Trieben, später rauht die Rinde auf. Es bildet sich eine für Apfelbäume ungewöhnliche Borke (Rindennekrose).

- Stamm oberhalb der Veredelungsstelle angeschwollen, Veredelungszone bricht auf. Rinde in diesem Bereich abnorm verdickt und schwammig. An der Innenseite feine braune Linien.

- In der Nähe der Augen Quer- und Längsrisse auf der Rinde, die zum Absterben benachbarter Gewebe und zur Spitzendürre führen. Rindenschäden ähneln denen durch *Nectria galligena* Bres. (Tafel 26), breiten sich aber nicht aus.

- An zwei- und mehrjährigen Trieben Abflachungen oder Rillen, später vertiefte Eindellungen. Es bilden sich Einklüftungen, Verdrehungen und Wülste, Rinde platzt auf.

- An Stammbasis bzw. bei der Unterlage unterhalb der Veredelungsstelle längliche Eindellungen. Nach Loslösung der verdickten, spröden und gelblich gefärbten Rinde vom Holzkörper zeigen sich schmale, unterschiedlich tiefe und lange Rillen oder narbenförmige Einsenkungen. Deformation des Holzkörpers, Überwallung der Veredelungsstelle.

- Breite, lange und tiefe Furchen am Holzkörper des Stammes, bereits äußerlich erkennbar. Rinde verdickt. Schwellung des Stammes unmittelbar über der Veredelungsstelle mit dunkelbraunen bis schwarzen Nekrosen.

- Rindenpartien schwammig-weich, braun verfärbt. Epidermis reißt auf (weitere Symptome beachten).

- Rinde schwammig aufgetrieben, verfärbt sich später braun bis schwarz und sinkt unter scharfer Trennung zum gesunden Rindengewebe ein. Austritt von milchig-weißem bis bernsteinfarbigem Bakterienschleim (weitere Symptome beachten).

- An Trieben mit Spitzendürre wird die Rinde grindig (Zweiggrind). An aufbrechender Rinde schwarzbraune Konidienlager sichtbar (weitere Symptome an Blättern und Früchten beachten).

- Krebsartige Veränderungen der Rinde und zum Teil des Holzkörpers können verursacht werden durch

- Nach Absterben von Ästen und Trieben Ausbildung von hellgelben und hellroten (bei Trockenheit) sowie zinnoberroten (bei Feuchtigkeit) Sporodochien unterschiedlicher Größe. Daneben rotbraune, in Gruppen stehende Hauptfruchtkörper (Perithecien).

- Im Bereich des Stammgrundes kleine, violette Faulstellen. Rinde wird feucht und bricht auseinander. An den Rißstellen Kallusgewebe. Frische Befallsstellen im Anschnitt schokoladenbraun.

- Rinde an Infektionsstelle rotbraun bis braun, eingesunken. Schwarze Zonierung auf der Rinde. Diese reißt an Übergangsstelle zum gesunden Gewebe ein, mitunter die gesunde Rinde blasig aufgetrieben. Durch abgestorbene Rinde brechen die Stromata der Fruchtkörper des Erregers (Pyknidien) heraus. Rinde erscheint wie die Haut einer Kröte mit Warzen bedeckt.

- Konsolenförmige Pilzfruchtkörper am Stamm bzw. Ästen werden verursacht durch

Milchglanz (Bleiglanz) (*Stereum purpureum* [Pers. ex Fr.] Fr.) 38
Schmetterlings-Tramete (*Trametes versicolor* [L. ex Fr.] Pilát) 39
Apfelbaum-Saftporling (*Tyromyces fissilis* [Berk. et Curt] Donk.) 39
Schwefelporling (*Laetiporus sulphureus* [Bull. ex Fr.] Bond et Singer) 39
Falscher Zunderschwamm (*Phellinus igniarius* [L. ex Fr.] Quél.) 39
und andere Arten 39

- Am Stammgrund bzw. an oberflächlich liegenden Wurzeln braune Pilzfruchtkörper.

Hallimasch (*Armillariella mellea* [Vahl ex. Fr.] Karst.) 38

- Auf Ästen, vielfach in Astgabeln, im Winter grünbleibende Pflanzen mit annähernd kugeligem Wuchshabitus und ungestielten, längsovalen, glattrandigen, gegenständigen Blättern.

Mistel (*Viscum album* L.) 40

- Dellen- und Rißbildungen auf der Rinde. In diesem Bereich 1,2 bis 1,6 mm große, runde, weiche, schmutzig gelblich-weiße bis bräunliche Schilde.

Rote Austernschildlaus (*Epidiaspis lepèrei* Sign.) 51

- Risse und Sprünge in der Rinde können in Verbindung stehen mit einem Schadauftreten des

Birnbaumprachtkäfers (*Agrilus sinuatus* [Oliv.]) 59

VERÄNDERUNGEN DES WUCHS-
HABITUS

- Durch Abdrift von Wuchsstoffherbiziden bei Behandlung von Nachbarkulturen bzw. nach Anwendung von Wachstumsregulatoren in bestimmten Entwicklungsstadien der Bäume kann es zu Verdrehungen der Triebe (ähnlich wie Blattlausschaden (Tafel 48)) kommen.

Herbizidschaden, Schaden durch **Wuchsstoffherbizide, Wachstumsregulatoren** 3

- Vorzeitiges Austreiben der Achselknospen im oberen Drittel der Langtriebe. Es entwikkeln sich zahlreiche dünne, steil aufwärts gerichtete Triebe, deren Spitzen oft absterben. An der Basis von Langtrieben und an Kurz-

trieben vergrößerte Nebenblättchen, ihre Ränder scharf gezähnt.

Besenwuchs, wahrscheinlich verursacht durch mykoplasmaähnliche Organismen 9

- An zwei- und mehrjährigen Trieben Abflachungen oder Rillen, später vertiefte Eindellungen. Es bilden sich Einklüftungen, Verdrehungen und Wülste, Rinde platzt auf.

Flachästigkeit, virusbedingt 13

- An der gesamten Baumkrone oder auch nur an einzelnen Astpartien Blätter rosettenartig angeordnet, Spreiten spröde, gewellt, Ränder scharf gezähnt.

Rosettenkrankheit, virusbedingt 10

- Einjährige Okulanten wachsen nicht aufrecht, neigen sich nach unten. Später gebildete Seitenäste biegen sich herab, brechen bei Fruchtbehang aus. Holz kann so weich sein, daß es sich leicht eindrücken läßt. Durch herabhängende Äste und geneigten Stamm erhält Krone ein weidenartiges Aussehen.

Gummiholzkrankheit, wahrscheinlich verursacht durch mykoplasmaähnliche Organismen 10

- Bäume wachsen steiler und aufrechter als gesunde. Ihre Früchte bleiben kleiner, färben sich nicht rot und zeigen gelegentlich dunkelgrüne, runde Flecken auf der Schale, Ränder rötlich verfärbt.

Kleinfrüchtigkeit, wahrscheinlich verursacht durch mykoplasmaähnliche Organismen . . . 11

- Triebe verfärben sich schwarz und krümmen sich hakenförmig (krummstabähnlich). Schadbild besonders wichtig für die Erfassung von Feuerbrandverdacht außerhalb der Vegetationsperiode. Weitere diagnostische Merkmale beachten!

Feuerbrand (*Erwinia amylovora* [Burr.] Winslow et al.) 16

- Junge Triebe sind verkrümmt und gebogen, bleiben im Wachstum zurück. An den Trieben während der Vegetationszeit Blattlauskolonien. Schadbild auch außerhalb der Vegetationszeit erkennbar. Schaderreger dann nicht mehr nachweisbar.

Blattläuse, verschiedene Arten 48

26

EXSUDATBILDUNGEN
BZW. BELÄGE AUF DER RINDE
- Rinde schwammig aufgetrieben, verfärbt sich später braun bis schwarz und sinkt unter scharfer Trennung zum gesunden Rindengewebe ein. Bei mäßig warmer und feuchter Witterung tritt aus erkranktem Pflanzengewebe milchig-weißer bis bernsteinfarbiger Bakterienschleim (Exsudat) aus (weitere Symptome beachten).

Feuerbrand (*Erwinia amylovora* [Burr.] Winslow et al.) **16**

- Auf absterbenden Ästen und Trieben Ausbildung von hellgelben bis hellroten (bei Trockenheit) sowie zinnoberroten (bei Feuchtigkeit) Belägen von Sporodochien unterschiedlicher Größe. Daneben rotbraune, in Gruppen stehende Hauptfruchtkörper (Perithecien).

Rotpustelkrankheit (*Nectria cinnabarina* [Tode ex Fr.] Fr.) **27**

- Rinde an Infektionsstelle rotbraun bis braun, eingesunken. Schwarze Zonierung auf der Rinde. Die abgestorbene Rinde mit einem Belag von Fruchtkörpern des Erregers (Pyknidien). Rinde erscheint wie die Haut einer Kröte mit Warzen bedeckt.

Krötenhautkrankheit (*Leucostoma* spp., Nebenfruchtform *Cytospora* spp.) **30**

Am Stamm bzw. an Ästen und Zweigen krustenförmiger Belag mit kaum differenziert ausgebildeten Fruchtkörpern bzw. mit konsolenförmigen Fruchtkörpern.

Milchglanz (Bleiglanz) (*Stereum purpureum* [Pers. ex Fr.] Fr.) **38**

- An Trieben klebriger, schwarzer Belag, verbunden mit gleichzeitigem Befall durch Blattläuse (Tafel 48), Blattsauger (Tafel 47).

Rußtaupilze, angesiedelt auf Honigtau, der von tierischen Schaderregern abgesondert wird **47, 48**

- In Zweig- und Astgabeln, aber auch an anderen Stellen auf der Rinde dichte Beläge mit etwa 0,1 mm großen, roten Eiern, vor allem in der vegetationslosen Zeit erkennbar.

Eier von **Spinnmilben**, verschiedene Arten . . **44**

- An Trieben, aber auch am Fruchtholz sowie an anderen Rindenteilen wattebausch-

ähnliche, weißliche Beläge, unter denen etwa 2 mm lange, rotbraune Insekten leben.

Blutlaus (*Eriosoma lanigerum* Hausm.) **47**

- Auf der Rinde an Stamm, Ästen, Zweigen und Trieben dichte Beläge unterschiedlich geformter, wenige Millimeter großer Schildchen (rundlich, kommaförmig).

Schildläuse, verschiedene Arten **50, 51**

FRASSSCHÄDEN SOWIE BOHRLÖCHER

- An Triebspitzen, vor allem in der Baumschule und in feuchten Lagen, unregelmäßige Fraßbeschädigungen an der Rinde. Im Bereich der Fraßbeschädigungen Schleimspuren.

Schnecken, verschiedene Arten **41**

- Unregelmäßige Fraßbeschädigungen an der Rinde junger Triebe, vor allem in der Baumschule werden verursacht durch

Rüsselkäfer, verschiedene Arten **58**

- An der Stammbasis mehr oder weniger ausgedehnter Rindenfraß (Schälfraß), Spuren von Nagezähnen erkennbar.

Große Wühlmaus (*Arvicola terrestris* L.) . . . **76**
Feldmaus (*Microtus arvalis* Pall.) **76**
Erdmaus (*Microtus agrestis* L.) **76**

- Mehr oder weniger große Rindenpartien am Stamm, mitunter auch an den unteren Ästen, abgeschält. Betroffene Gehölzteile erscheinen fast weiß.

Hasen, Kaninchen, Schalenwild **76**

- Triebe und dünnere Äste verbissen. Verbißstelle schräg, wie mit dem Messer geschnitten.

Hasen, Kaninchen **76**

- Verbißstelle horizontal und gequetscht mit faserigem Rand.

Schalenwild **76**

- Von Schnittstellen an dünneren Ästen ausgehend etwa 1,8 bis 2 mm breite Bohrgänge in das Mark des Zweiges bis zu 11 mm tief hineinreichend. Darin Bohrmehl und Puppe.

Ampferblattwespe (*Ametastegia glabrata* [Fall.]) **52**

- Junge Triebe welken, knicken um und fallen zum Teil ab. Unterhalb der Knickstelle ringförmig in horizontaler Reihe angeordnete Fraß- bzw. Eiablagestellen. Im Mark der Triebe frißt weißlich-gelbe Käferlarve.

Obstbaumtriebstecher (*Rhynchites coeruleus* [Deg.]) 58

- Spitzendürre. Dünnere Äste vielfach geringelt. Unter der Rinde Zickzackgänge. Rinde zeigt Risse und Sprünge.

Birnbaumprachtkäfer (*Agrilus sinuatus* [Oliv.]) 59

- Ein ähnliches Schadbild, aber unter der Rinde geschlängelte Gänge.

Buchenprachtkäfer (*Agrilus viridis* L.) 59

- Im unteren Stammteil unter der Rinde vorzeitig absterbender Bäume 40 bis 50 mm lange, gelbliche, fußlose Larven in unregelmäßigen Gängen, die bis in das Holz hineinreichen. Gänge bis fingerdick.

Obstbaumbockkäfer (*Cerambyx scopoli* Füssl.) 59

- Spitzendürre. In den Trieben frißt eine 8 mm lange, gelbliche bis bräunlich-rosafarbene Larve mit rötlichen Segmentabschnitten von der Triebbasis zur Spitze fortschreitend im Mark.

Apfelmarkschabe (*Blastodacna atra* Haw.) . . 75

- Auf der Rinde kleine, rotbraune, krümelige, bis 1 cm lange Kothäufchen, zu Säckchen versponnen. Aus ihnen ragt mitunter eine 7 bis 8 mm lange Puppe heraus. Im Rindengewebe Fraßgänge mit fleischroter bis

gelbgrüner, 11 bis 20 mm langer Larve.

Rindenwickler (*Enarmonia formosana* Scop.) . 73

- Auf der Rinde Bohrlöcher. Unter der Rinde unterschiedlich geformte Fraßgänge. Darin gelblich-weiße Larven bzw. braunschwarze Käfer.

Großer Obstbaumsplintkäfer (*Scolytus mali* [Bechst.]) 60
Kleiner Obstbaumsplintkäfer (*Scolytus rugulosus* [Ratzeb.]) 60
Ungleicher Holzbohrer (*Xyleborus dispar* [F.]) 60
Kleiner Holzbohrer (*Xyleborus saxeseni* [Ratzeb.]) 60

- Jüngere Bäume sterben ab. Im Bereich von Schnittwunden und anderen Wunden Rindengewebe bis etwa 5 mm unter der Oberfläche von Bohrgängen bis zu einer Länge von 6 cm durchzogen. Darin etwa 25 mm lange, gelblich-weiße Larven.

Apfelbaumglasflügler (*Aegeria myopaeformis* Brkh.) 75

- In Stamm, Zweigen bzw. Ästen welkender Bäume im Holz Fraßgänge bis zu 1 cm Durchmesser. Darin 50 bis 60 mm lange, gelbliche Larve mit schwarzen, beborsteten Punkten.

Blausieb (*Zeuzera pyrina* [L.]) 75

- Ähnliches Schadbild. In den Fraßgängen bis 100 mm lange, oberseits fleischfarbene, sonst gelbliche, fingerdicke Larve.

Weidenbohrer (*Cossus cossus* [L.]) 75

V. Krankheiten und Beschädigungen an Knospen

(Siehe auch Abschnitt IV „Absterben von Bäumen bzw. von Ästen, Zweigen oder Trieben ...“).

AUSTRIEBSSCHÄDEN

(Siehe Abschnitt III „Krankheiten und Beschädigungen, die den Austrieb beeinträchtigen“).

ABSTERBEERSCHEINUNGEN

(Siehe auch unter „Fraßschäden“ und „Saugschäden“)

- Bei Beginn des Austriebes bleiben die Knospen trocken und erscheinen aufgelok-

kert. Sie sind innen verbräunt, besonders im Bereich der Markbrücke. Eine Höhlung ist in der Knospe nicht nachweisbar.

Frostschaden 1

- Ähnliches Schadbild

Trockenheitsschaden 2

- Blatt- und Blütenknospen abgestorben, neugebildete Triebe verkürzt, spärliche, hellgrüne bis gelbliche Blätter, Stamm über der Veredelungsstelle angeschwollen, Rinde dort verdickt, schwammig.

Apfelverfall, verursacht durch das Tomatenringflecken-Virus 8

- Knospen zur Zeit des Austriebes runzelig und aufgelockert, bleiben in der Entwicklung zurück, vielfach bereits über Winter abgestorben.

Apfelmehltau (*Podosphaera leucotricha* [Ell. et Ev.] Salm.) 21

- Knospen und Triebe abgestorben oder treiben nur schwach aus, kümmern. Blätter mit gelblich-weißen, später nekrotischen Flecken. Spitzendürre. Blatt- und Blütenknospen zum Teil mit Honigtau verklebt.

Grüne Futterwanze (*Exolygus pabulinus* L.) und andere **Wanzen-Arten**
(keine Honigtaubildung) 45
Frühjahrsapfelblattsauger (*Psylla mali* Schmidb.) (mit Honigtaubildung) 47

- Bei Beginn des Schwellens der Blütenknospen tritt aus feinen Einstichlöchern Saft aus. Blütenknospen öffnen sich nicht, sterben ab, Blütenblätter braun, kappenförmig, vertrocknen. In den Knospen gelblich-weiße, fußlose Käferlarve.

Apfelblütenstecher (*Anthonomus pomorum* L.) 54

- Mehr oder weniger zahlreiche Knospen, vor allem in Junganlagen, treiben nicht aus, entwickeln sich nicht weiter und sterben ab. Im Inneren der betroffenen Triebe frißt eine 8 mm lange, gelbliche bis bräunlich-rosafarbene Larve mit rötlichen Segmenteinschnitten.

Apfelmarkschabe (*Blastodacna atra* Haw.) . . 75

VERÄNDERUNG DES WUCHSHABITUS

- Knospen beim Austrieb aufgelockert und trocken, im Inneren verbräunt, besonders im Bereich der Markbrücke. Eine Höhlung nicht nachweisbar.

Frostschaden 1

- Knospen an der Basis von Trieben treiben mit vergrößerten Nebenblättchen aus, deren Ränder scharf gezähnt sind.

Besenwuchs, wahrscheinlich verursacht durch mykoplasmaähnliche Organismen 9
(weitere Symptome beachten)

- Knospen zur Zeit des Austriebs runzelig und aufgelockert, bleiben in der Entwicklung zurück, vielfach bereits über Winter abgestorben.

Apfelmehltau (*Podosphaera leucotricha* [Ell. et Ev.] Salm.) 21

- Blatt- und Blütenknospen bzw. -büschel entfalten sich nicht, sind von feinen Gespinstfäden zusammengehalten. Blattbüschel an Triebspitzen nehmen kuppelförmige Gestalt an. Im Inneren der Büschel fressen unterschiedlich gefärbte Larven.

Grauer Knospenwickler (*Hedya nubiferana* Haw.) 73
Roter Knospenwickler (*Spilonota ocellana* F.) 73
Pflaumenknospenwickler (*Hedya pruniana* [Hbn.]) 73
Rosenknospenwickler (*Hedya ochroleucana* [Hbn.]) 73
Cnephasia longana Haw. 73

FRASSSCHÄDEN

- Vor dem Austrieb oder beim Austrieb fressen an Blatt- und Blütenknospen verschiedene Schadinsekten-Arten, vor allem:

Apfelblütenstecher (*Anthonomus pomorum* L.) 54
Rotbrauner Apfelfruchtstecher (*Coenorhinus aequatus* [L.]) 56
Purpurroter Apfelfruchtstecher (*Rhynchites bacchus* [L.]) 56
Kirschfruchtstecher (*Rhynchites auratus* [Scop.]) 56
und andere **Rüsselkäfer-Arten** 58
Sackträgermotten, verschiedene Arten 69
Weißdornwickler (*Archips crataegana* Hbn.) und andere **Wickler-Arten** 72
Grauer Knospenwickler (*Hedya nubiferana* Haw.) 73
Roter Knospenwickler (*Spilonota ocellana* F.) 73
Rosenknospenwickler (*Hedya ochroleucana* [Hbn.]) 73
Pflaumenknospenwickler (*Hedya pruniana* [Hbn.]) 73
Cnephasia longana Haw. 73
Wickler-Arten der Gattung *Archips* 72
Kleiner Frostspanner (*Operophthera brumata* L.) 74
und andere **Spanner-Arten** 74
Weitere **Schmetterlings-Arten,** die im Larvenstadium an Knospen fressen können, siehe Abschnitt VII „Krankheiten und Beschädigungen an Blättern".

- Rinde nahe der Knospe blasig aufgetrieben, darunter frißt eine 8 mm lange, gelbliche bis bräunlich-rosafarbene Larve mit rötlichen Segmenteinschnitten.

Apfelmarkschabe (*Blastodacna atra* Haw.) . . 75

- Nach der Okulation sterben Edelaugen ab, Gewebe zwischen Unterlage und Edelauge ist durch rötliche, etwa 2,5 mm lange Fliegenlarve zerstört.

Okuliermade (*Thomasiniana oculiperda* Rübs.) 41

- Knospen werden vor allem im Winter an-

gefressen bzw. abgebissen, liegen am Boden, Inhalt ist leergefressen.

Vögel, verschiedene Arten.

SAUGSCHÄDEN

(Siehe unter „Absterbeerscheinungen")

werden verursacht durch

Wanzen, verschiedene Arten 45
Frühjahrsapfelblattsauger (*Psylla mali* Schmidb.) 47

VI. Krankheiten und Beschädigungen an Blüten

MECHANISCHE BESCHÄDIGUNGEN

- Blüten abgeschlagen, liegen auf dem Boden, mitunter auch Löcher und Risse in Blütenblättern.

Hagelschaden 2

- Blüten abgerissen, liegen auf dem Boden, Blütenblätter mit Einrissen und Randverbräunungen. Nach starken Stürmen.

Windschaden 1

VERKÜMMERN DER BLÜTENKNOSPEN, BEEINTRÄCHTIGUNG DER BLÜTEN-AUSBILDUNG

(Siehe auch unter „Verfärbungen, Welke- und Absterbeerscheinungen")

- Aufgelockerte Blütenknospen bleiben beim Austrieb trocken, sind innen verbräunt, besonders im Bereich der Markbrücke.

Frostschaden 1

- Spärliche Blütenbildung. Junge Triebe meist verkürzt, Blätter klein, schmal, mit hellgrüner bis gelblicher Verfärbung, ältere Blätter vorwiegend rötlich bis gelb, vorzeitiger Blattfall, Fruchtansatz spärlich.

Stickstoff-Mangel 6

- Blütenknospenanlagen deutlich vermindert, Blätter klein, dunkelgrün, lederartig, bronze- bis purpurfarbig. Frühzeitige Entlaubung der Langtriebe, Fruchtansatz vermindert.

Phosphor-Mangel 6

- Bereits im Frühjahr Verkümmern der Blüten und Blätter. Blattoberseite silbrig-weiß

verfärbt. Blätter werden später nekrotisch und fallen ab.

Milchglanz (Bleiglanz) (*Stereum purpureum* [Pers. ex. Fr.] Fr.) 38

- Aufgelockerte Blütenknospen sind runzelig und schmaler als gesunde Blütenknospen. Sterben entweder über Winter ab oder treiben im Frühjahr verspätet aus. Blüten vergrünen, Blütenblätter verschmälert, weiß bestäubt.

Apfelmehltau (*Podosphaera leucotricha* [Ell. et Ev.] Salm.) 21

- Verkümmerte, mit Honigtau verklebte Blütenknospen, Blütenbüschel entfalten sich nicht. An den Befallsstellen 2 mm lange, flache, gelbliche bis gelbgrüne Larven und 3 mm lange, gelbbraune bis rotbraune Insekten mit glasartig durchscheinenden, dachförmig über dem Körper liegenden Flügeln.

Frühjahrsapfelblattsauger (*Psylla mali* Schmidb.) 47

- Schwellende Blütenknospen verkümmern und öffnen sich nicht. In den Knospen gelblich-weiße, fußlose Käferlarve.

Apfelblütenstecher (*Anthonomus pomorum* L.) 54

VERFÄRBUNGEN, WELKE- UND ABSTERBEERSCHEINUNGEN

- An aufbrechenden Blütenknospen verbräunen die Blütenblätter. Geöffnete Blüten weisen verbräunten oder geschwärzten Stempel sowie braune Blütenblätter auf.

Frostschaden 1

- Blüten und Blätter verfärben sich rotbraun bis schwarz, verbleiben am Trieb, wirken wie verbrannt. Holz der Triebe unter der Rinde rotbraun verfärbt. Bei hoher Luftfeuchte Ausbildung von milchig-weißen bis bernsteinfarbigen, später braunschwarzen Exsudattropfen.

- Blüten an den Blütentrieben welken, vertrocknen, bleiben am Trieb hängen.

- Blüten vergrünen, Blütenblätter verschmälert, weiß bestäubt.

- An Kelchblättern, vereinzelt auch an Blütenblättern, etwas eingesunkene Flecke, werden später schwärzlich.

- Verfärbungen, Absterbeerscheinungen, zum Teil verbunden mit Kräuselungen an Kelch- und Blütenblättern, vorzeitiges Abfallen, können verursacht werden durch die Saugtätigkeit von

- Blüten sterben ab, sind mit Honigtau verklebt, Blütenbüschel entfalten sich nicht. An den Befallsstellen 2 mm lange, flache, gelbliche bis gelbgrüne Larven und 3 mm lange, gelbbraune bis rotbraune Insekten mit glasartig durchscheinenden, dachförmig über dem Körper liegenden Flügeln.

- Bei Beginn des Schwellens der Blüten-

knospen öffnen diese sich nicht, Blütenblätter braun, kappenförmig, vertrocknen und sterben ab. In den Knospen gelblich-weiße, fußlose Käferlarve.

FRASSSCHÄDEN

- An den schwellenden oder sich öffnenden Blüten bzw. an den geöffneten Blüten fressen an Kelch- und Blütenblättern verschiedene Insektenarten im Larvenstadium oder als erwachsene Insekten (Adulte, Imagines), vor allem

SAUGSCHÄDEN

- An schwellenden Blütenknospen sowie an Kelch- und Blütenblättern können saugen

VII. Krankheiten und Beschädigungen an Blättern

LATENTE VIREN

- Von symptomlosen Blättern von Edelsorten und Unterlagen können nach mechanischer Übertragung auf Testpflanzen, zum Teil erst nach mehreren Passagen, einige latente Viren nachgewiesen werden.

MECHANISCHE BESCHÄDIGUNGEN

- Blätter abgeschlagen, liegen auf dem Boden, Löcher und Risse in den Blättern.

- Blätter abgerissen, zeigen Einrisse und oberflächliche Verbräunungen an Reibflächen. Schadbild tritt nach Sturm oder in ausgesprochenen Windlagen auf.
Windschaden 1

VERFÄRBUNGEN, FLECKENBILDUNGEN, WELKE- UND ABSTERBEERSCHEINUNGEN, VORZEITIGER BLATTFALL

Da die Verfärbung, das Welken und Absterben der Blätter sowie vorzeitiger Blattfall die Folge der verschiedensten Schadursachen sein können, sind für die Diagnose alle vorhandenen Schadsymptome zu beachten. (Siehe hierzu vor allem Abschnitt IV „Krankheiten und Beschädigungen an Stamm, Ästen, Zweigen und Trieben" sowie IX „Krankheiten und Beschädigungen an Wurzeln").

Abiotische Schäden,
Ernährungsstörungen
- Nach Einwirkung von Frosttemperaturen zeigen die Blätter Schwarzverfärbungen, meist an den Blatträndern beginnend. Sie werden knitterig oder erscheinen blasig deformiert. Vorzeitiger Blattfall.
Frostschaden 1

- Nach langanhaltender Trockenheit Vergilben der Blätter. Vorzeitiger Blattfall.
Trockenheitsschaden 2

- Nach langanhaltender Bodennässe, in Bodensenken, oft nesterweise im Bestand, sowie nach Überschwemmungen Vergilben der Blätter, Absterben und vorzeitiger Blattfall.
Stauende Nässe 1

- Blätter zeigen oberflächliche Verbräunungen an Reibflächen mit Ästen und Zweigen, Einrisse, sind zum Teil abgerissen. Schaderreger nicht nachweisbar. Auftreten nach starkem Wind oder Stürmen.
Windschaden 1

- Blätter mit grauen bis schwarzgrauen, unregelmäßigen Flecken, oft das gesamte Blatt vertrocknet, vorzeitiger Blattfall. Weniger geschädigte Blätter bleiben klein.
Spritzmittelschaden 3
Herbizidschaden 3

- Ähnliche Schäden verursacht die Einwirkung von Industrieabgasen (SO_2 u. a.).
Rauchschaden 2

- Einzelne Blätter weisen scharf gegen das grüne Blattgewebe abgegrenzte, fleckenartige Vergilbung, mitunter sogar Weißverfärbung auf (Verwechselungsmöglichkeit mit virusbedingtem Apfelmosaik (Tafel 8)).
Panaschierung 3

- Bei der Sorte 'Gelber Köstlicher' ab Ende Juni auf den Blättern gelbe, oft auch grünlich-braune, runde oder kantige Flecke. Ältere Blätter fallen bald nach Erscheinen der Symptome ab.
Physiologisch bedingter Blattfall, verursacht durch einen Komplex abiotischer und biotischer Faktoren.

- Blätter hellgrün bis gelblich verfärbt, klein und schmal. Ältere Blätter rötlich bis gelb, vorzeitiger Blattfall. Junge Triebe verkürzt, Blütenbildung und Fruchtansatz spärlich.
Stickstoff-Mangel 6

- Blätter klein, dunkelgrün und lederartig mit bronzenen bis purpurfarbenen Farbtönen, Blattstiele rötlich. Frühzeitige Entlaubung der Langtriebe. Blütenknospenanlagen und Fruchtansatz vermindert.
Phosphor-Mangel 6

- Blätter relativ klein, blaugrün, chlorotische Aufhellungen im Blattrand- und Interkostalbereich von älteren und mittleren Blättern, von braunen bis graubraunen Randnekrosen überdeckt. Die teilweise vertrockneten Blätter verbleiben noch längere Zeit am Baum.
Kalium-Mangel 6

- Ältere Blätter der Langtriebe mit Chlorosen in den Interkostalfeldern, zum Teil auch in den Randzonen. Chlorosen allmählich in braune bis rötlich-braune Nekrosen übergehend. Geschädigte Blätter trocknen ein, fallen vorzeitig ab. Verkahlen der Langtriebe mit rosettenartiger Anordnung von wenigen Spitzenblättern.
Magnesium-Mangel 6

- An aufgehellten jungen Blättern nekrotische Flecke im Bereich der Blattränder und

Blattspindel. Hauptnervatur rötlich verfärbt (später Stippigkeit der Früchte).

Calcium-Mangel 7

- Blätter rollen sich unter rostroter bis bronzener Randfärbung ein. Wachstum der Triebspitzen gestaucht, rosettenartig angeordnete kleine, verdickte Blätter an den Triebenden, vorzeitiger Blattfall. (Fruchtsymptome siehe Abschnitt VIII).

Bor-Mangel 7

- Endständige Blätter welk, aufgewölbt mit zunehmender Interkostalchlorose, unter Bildung brauner Nekrosen Absterben der jüngsten Blätter. Triebspitzen verkahlen, tiefer liegende Knospen bilden buschartige Seitentriebe aus.

Kupfer-Mangel 6

- Interkostalfelder der jüngeren bis älteren Blätter vom Rande her blaßgrün bis stumpfgelb, Blattnervatur mit angrenzendem Saum normal grün. Sproßwachstum und Blattgröße vermindert. Vorzeitiger Blattfall.

Mangan-Mangel 6

- An den jüngsten Blättern zitronengelbe Verfärbung der Interkostalfelder. Nervatur vorerst scharf grün abgesetzt. In schweren Fällen Blattnerven gelblich, jüngste Blätter gelbweiß, sterben unter gelbbrauner bis dunkelbrauner Verfärbung ab. Entlaubung der Zweige von der Triebspitze her.

Eisen-Mangel 7

- Blätter chlorotisch gefleckt, klein und schmal, starr aufrecht stehend, teilweise zusammengefaltet, spröde, mit gewelltem Rand. Vermindertes Triebwachstum, an der Triebspitze dicht zusammengedrängte, büschelförmige Blattanordnung der fast blattlosen Zweige.

Zink-Mangel 6

- An älteren Blättern anfänglich braune, später bis graue Randnekrosen, nach der Blattmitte fortschreitend, Blätter sterben vorzeitig ab, bleiben längere Zeit am Baum hängen, Verwechselung mit Kalium-Mangel (Tafel 6) möglich. Pflanzenanalyse!

Chlor-Überschuß 6

Virosen, Mykoplasmosen

- Blätter mit gelbgrünen oder leuchtend gelben, scharf begrenzten, flecken-, sprenkeloder linienartigen Verfärbungen. Bestimmte Sorten zeigen an fast allen Blättern deutlich vergilbte Flecke, Bänder oder Adern. Später verbräunen die gelben Bereiche und sterben ab. Vorzeitiger Blattfall.

Apfelmosaik, verursacht durch das Apfelmosaik-Virus 8

- An *Malus*-Wildformen sowie der Unterlage 'Spy 227' Blätter mit hellgrünen, unregelmäßigen, spritzerartigen oder ringförmigen Flecken oder hellgrünen Linien.

Chlorotische Blattfleckung, verursacht durch das Chlorotische Blattfleckungs-Virus des Apfels 8

- Vom 6. Standjahr an kleine, spärliche, hellgrüne bis gelbliche Blätter. Abnorm starker Blüten- und Fruchtansatz. Früchte klein, neu gebildete Triebe verkürzt, Blatt- und Blütenknospen sterben ab.

Apfelverfall, verursacht durch das Tomatenringflecken-Virus . . . . .8 (zur Differentialdiagnose weitere Symptome beachten).

- An den Blättern hellgrüne, unregelmäßige, vereinzelt auch ringförmige Flecke, Geschädigte Blätter leicht deformiert und gewellt. Fruchtsymptome beachten!

Fruchtringberostung, wahrscheinlich verursacht durch das Chlorotische Blattfleckungs-Virus des Apfels 11

- Eine hellere oder chlorotische Verfärbung der Blätter kann verbunden sein mit dem **Besenwuchs,** wahrscheinlich verursacht durch mykoplasmaähnliche Organismen 9

Bakteriosen

- Blätter rötlich-braun verfärbt, wirken wie verbrannt. Später auch der Blattstiel verbräunt (Gegensatz: *Cytospora*-Befall (Tafel 30)). Holz der Triebe unter der Rinde rotbraun verfärbt. Triebspitze krummstabähnlich gekrümmt. Bei hoher Luftfeuchte Ausbildung von milchig-weißen bis bernsteinfarbigen, später braunschwarzen Exsudattropfen.

Feuerbrand (*Erwinia amylovora* [Burr.] Winslow et al.) 16

Mykosen

- Blätter mit weißem Belag, meist an der

Triebspitze beginnend. Blattwuchs steil aufrechtstehend. Blätter verfärben sich später bräunlich, fallen vorzeitig ab.

Apfelmehltau (*Podosphaera leucotricha* [Ell. et Ev.] Salm.) 21

– Auf den Blättern oberseits rundliche, matt olivgrüne, ineinander laufende, etwas eingesunkene Flecke, später schwärzlich oder braun werdend. Vorzeitiger Blattfall.

Apfelschorf (*Venturia inaequalis* [Cooke] Winter) 22

– Blätter welken schlagartig, verfärben sich grau bis braun, vertrocknen, vor allem an Trieb- und Zweigspitzen (Monilia-Spitzendürre), bleiben am Trieb hängen.

Monilia-**Spitzendürre** (*Monilinia* spp.) 24

– Blattoberseite silbrig-weiß verfärbt. Die Blätter selbst mehr oder weniger verkümmert, werden später nekrotisch und fallen ab.

Milchglanz (Bleiglanz) (*Stereum purpureum* [Pers. ex Fr.] Fr.) 38

– Die Blätter an Zweigen und Ästen, die über Rindennekrosen liegen, welken und sterben ab. Die Triebspitze ist gekrümmt (Flaggenbildung). Im Gegensatz zum Feuerbrand (Tafel 16) bleiben die Stiele der abgestorbenen Blätter grün.

Krötenhautkrankheit (*Leucostoma* spp., Nebenfruchtform *Cytospora* spp.) 30

– Auf den Blättern fleckenförmige Chlorosen („Geisterflecke"). Fruchtsymptome beachten.

Alternaria-**Fäule** (*Alternaria alternata* [Fr.] Ell.) 32

– Auf den Blättern runde, deutlich abgesetzte, kleine Flecke („Froschaugenkrankheit") oder diffuse, rötliche Verfärbung. Rinden- und Fruchtsymptome beachten.

Schwarzer Krebs (*Sphaeropsis*-**Rindenbrand**) (*Botryosphaeria obtusa* [Schw.] Schoemaker) . 33

– Blätter verfärben sich rötlich-violett, welken und vertrocknen. Vorzeitiger Blattfall. Spitzentriebe rollen sich ein. Rinden- und Fruchtsymptome beachten.

Kragenfäule (*Phytophthora cactorum* [Leb. et Cohn] Schroet.) 29

– Blätter verfärben sich anfangs graugelb,

welken im Sommer schlagartig, manchmal am Baum nur halbseitig, sterben ab. Gefäße in Stamm und Ästen braun verfärbt, später auch Holz braunschwarz verfärbt.

Verticillium-**Welke** (*Verticillium albo-atrum* Reinke et Berth., *Verticillium dahliae* Kleb.) 23

– Auf den Blättern kleine, rundliche bis längliche, dunkelbraun umrandete Flecke. Später hierauf schwärzliche, punktförmige Pyknidien. Fruchtsymptome beachten.

Apfelblattfleckenkrankheit (*Phoma*-**Fäule**) (*Phoma limitata* [Peck.] Boerema) 37

– Blattflecken können weiterhin in Verbindung stehen mit dem Auftreten von

Obstbaumkrebs (*Nectria galligena* Bres.) . . . 26
Gloeosporium-**Rindenbrand** (verschiedene pilzliche Krankheitserreger) 28
Alternaria-**Fäule** (*Alternaria alternata* [Fr.] Ell.) 32

– Unspezifisches Vergilben, Verbräunen, Einrollen und vorzeitiger Blattfall können in Verbindung stehen mit

Coryneum-**Rindenbrand** (*Coryneum microstictum* Berk.) 35

– Unspezifische Vergilbung der Blätter, vorzeitiger Blattfall in Verbindung mit Rindenverfärbungen. Wurzeln weisen Überzüge von weißem Pilzmyzel auf, sterben ab. Differentialdiagnose erforderlich.

Wurzelfäule, Wurzelschimmel (*Rosellinia necatrix* Prill) 38

– In Verbindung mit starkem Blattlaus- bzw. Blattsaugerbefall (Tafeln 47, 48) treten auf den Blättern schwärzliche, abwischbare Überzüge auf, oft klebrig. Jüngere Blätter sterben ab.

Rußtau, verursacht durch Pilze aus der Familie der *Capnodiaceae*.
(Formen aus der Ascomyceten-Familie *Capnodiaceae* mit kugeligen oder flaschenförmigen Ascomata (Pseudothecien), Asci mit mauerförmig geteilten Ascosporen, dunkle Myzelien, oft kettenförmig in Teilstücke (Sporen) zerfallend, außerdem Konidien in Pyknidien oder an Sporenträgerbüscheln (Koremien).

Tierische Schaderreger

– Blätter graugrün, später braun verfärbt, mitunter auch mit hellgrünen bis rötlichen Pocken besetzt, Blattspreite unterschiedlich deformiert, an der Unterseite mit dichtem

Haarfilz besetzt. In den Deformationen bzw. auf der Blattunterseite wurmförmige, etwa 0,1 bis 0,27 mm lange, meist weißlich-gelbe Gallmilben mit zwei Beinpaaren.

- Blätter zunächst mit kleinen, gelblich-weißen bis braunen, punktförmigen Flecken, vor allem im Bereich der Blattadern, später auf die gesamte Blattspreite übergehend. In der Folge Verfärbung der gesamten Blätter bronzefarben. Vorzeitiger Blattfall. Vor allem auf der Blattunterseite etwa 0,26 bis 0,7 mm lange Milben sowie deren Eier, Larven und Nymphenstadien.

- Etwa ab Juni erscheinen die Blätter weißlich bis gelblich gesprenkelt. Auf der Blattunterseite etwa 3,5 mm lange, ungeflügelte und geflügelte, gelblich-weiße bis grünliche Insekten, zum Teil mit Sprungvermögen.

- Auf den Blättern gelblich-weiße, später nekrotische Flecke, die herausbrechen. Blätter erscheinen durchlöchert. Mitunter Kräuselungen der Blattspreite.

- Blätter vergilben, bleiben klein und kräuseln. Auf den Blättern Honigtau, auf dem sich Rußtaupilze (siehe unter „Mykosen" in diesem Abschnitt) ansiedeln. An der Blattunterseite 2 mm lange, flache, gelbliche bis gelbgrüne Larven und etwa 3 mm lange, gelbbraune bis rotbraune Insekten mit glasartig durchscheinenden, dachförmig über dem Körper liegenden Flügeln.

- Blätter gelblich-rötlich verfärbt, stark gekräuselt (mitunter ohne Verfärbung), eingerollt und verdreht. Auf der Blattunterseite

- Auf den Blättern mehr oder weniger ausgedehnte, braune bis schwarzbraune Flecke, in deren Bereich sich 1,1 bis 2 mm große,

rundliche, graue bis schwarzgraue Schildchen befinden.

- Blattfläche angeschwollen, brüchig, knorpelig, Blattränder mitunter eingerollt und schwach gerötet. In den Rollungen 1,5 bis 3 mm lange, weißliche bis orangerote Larven.

- Verfärbungen, Welken und Absterben von Blättern als Folge von Minierfraß bzw. Fraß siehe in den entsprechenden nachfolgenden Abschnitten.

- Unspezifisches Vergilben, Verbräunen, Welken und Absterben der Blätter kann verursacht werden durch

MISSBILDUNGEN, KÜMMERWUCHS, VERÄNDERUNG DES WUCHSHABITUS

- Nach Einwirkung von Frosttemperaturen Blätter knitterig oder blasig deformiert, Blattränder mit Schwarzverfärbungen, vorzeitiger Blattfall.

- Verdrehungen und Kräuselungen der Blattspreite, vielfach im Bereich des Blattrandes, Wellungen, Verdrehungen der Triebspitze durch Einwirkung von Wuchsstoffherbiziden bzw. Wachstumsregulatoren.

- Rosetten- oder büschelartige Anordnung der Blätter an der Triebspitze kann in Zusammenhang stehen mit

(weitere spezifische Symptome beachten).

- An der Basis von Langtrieben und an Kurztrieben vergrößerte Nebenblättchen, ihre Ränder scharf gezähnt. Vorzeitiges Austreiben der Achselknospen im oberen Drittel der Langtriebe. Zahlreiche dünne, steil aufwärts gerichtete Triebe, deren Spitzen oft absterben.

Besenwuchs, wahrscheinlich verursacht durch mykoplasmaähnliche Organismen 9

- An der gesamten Baumkrone oder auch nur an einzelnen Astpartien Blätter rosettenartig angeordnet, Spreiten spröde, gewellt, Ränder scharf gezähnt.

Rosettenkrankheit, virusbedingt 9

- Steil aufrecht wachsende Blätter, vor allem an der Triebspitze, mit weißem Belag und von den Blatträndern her eingerollt.

Apfelmehltau (*Podosphaera leucotricha* [Ell. et Ev.] Salm.) 21

- Verkümmern der Blätter bereits im Frühjahr. In der Größe zurückbleibende Blätter einzelner Zweige oder des ganzen Baumes mit silbrigem Glanz, nekrotisieren später, fallen vorzeitig ab.

Milchglanz (Bleiglanz) (*Stereum purpureum* [Pers. ex Fr.] Fr.) 38

- Blätter mit hellgrünen bis rötlichen Pokken besetzt, Blattspreite unterschiedlich deformiert, zum Teil Blattränder eingerollt, an der Unterseite mit dichtem Haarfilz besetzt, Blattspreite graugrün, später braun verfärbt. In den Deformationen bzw. auf der Blattunterseite wurmförmige, etwa 0,1 bis 0,27 mm lange, meist weißlich-gelbe Gallmilben mit zwei Beinpaaren.

Verschiedene Arten aus der Unterordnung *Tetrapodili* **(Gallmilben)** 42

- Blattspreite gekräuselt, mit gelblich-weißen, später nekrotischen Flecken, die herausbrechen. Blätter erscheinen durchlöchert.

Wanzen, verschiedene Arten 45

- Blätter kräuseln, bleiben klein und vergilben. Auf den Blättern Honigtau, auf dem sich Rußtaupilze ansiedeln. An der Blattunterseite 2 mm lange, flache, gelbliche bis gelbgrüne Larven und etwa 3 mm lange, gelbbraune bis rotbraune Insekten mit glas-

artig durchscheinenden, dachförmig über dem Körper liegenden Flügeln.

Frühjahrsapfelblattsauger (*Psylla mali* Schmidb.) 47

Sommerapfelblattsauger (*Psylla costalis* Flor.) 47

- Blätter stark gekräuselt, eingerollt und verdreht, mitunter gelblich-rötlich verfärbt. Auf der Blattunterseite

Blattläuse, verschiedene Arten 48

- Blattfläche angeschwollen, t‑üchig, knorpelig, Blattränder eingerollt und schwach gerötet. In den Rollungen 1,5 bis 3 mm lange, weißliche bis orangerote Larven.

Apfelblattgallmücke (*Dasyneura mali* Kieff.) 56

- Blatt- und Blütenbüschel entfalten sich nicht, sind zusammengesponnen. Im Inneren frißt eine bis 20 mm lang werdende, graugrüne oder rote Larve. Die Leittriebbildung ist beeinträchtigt.

Grauer Knospenwickler (*Hedya nubiferana* Haw.) 73

Roter Knospenwickler (*Spilonota ocellana* F.) 73

- Blätter krümmen sich am Blattgrund, rollen sich mehr oder weniger stark ein und fallen vorzeitig ab. Die Mittelrippe der Blätter ist in der Nähe des Blattgrundes angenagt, in der Mittelrippe miniert eine gelblich-weiße Käferlarve.

Blattrippenstecher (*Coenorhinus pauxillus* [Germ.]) 58

- Auf der Ober- oder Unterseite des Blattes finden sich ein bis mehrere, etwa 5 mm lange, meist senkrecht stehende, grau- bis schwarzbraune Säckchen mit länglich-zigarrenförmiger oder am Ende abgebogener Gestalt. Darin eine gelbliche bis rötlich-braune Larve, darunter im Blattgewebe Fraßmine mit Skelettierfraß.

Sackträgermotten (verschiedene *Coleophora*-Arten) 69

- Weitere Mißbildungen, Kümmerwuchs und Veränderungen des Wuchshabitus an Blättern als Folge von Minierfraß bzw. Fraß siehe in den entsprechenden nachfolgenden Abschnitten.

MINIERFRASS, BLATTMINEN

- Minierfraß bzw. Blattminen, zum Teil verbunden mit Verfärbungen, Welken oder Absterben der Blätter bzw. mit Mißbildungen, Faltungen der Blattspreite, feiner Gespinstbildung, werden verursacht durch

(Weitere deutsche Namen sowie Synonyma siehe Beschreibungen).

FRASSSCHÄDEN AN DEN BLÄTTERN, VERBUNDEN MIT MEHR ODER WENIGER STARKER GESPINSTBILDUNG

(Siehe auch „Minierfraß, Blattminen")

- Schmetterlingslarven fressen an den Blättern in auffallenden Gespinsten. Bei Massenauftreten Kahlfraß möglich.

- Blätter mit feinen Gespinstfäden zusammengezogen, zum Teil kahnförmig oder tütenförmig bzw. Blattbüschel versponnen, auch einzelne Blätter an Frucht angesponnen. In den Gespinsten bzw. darunter fressen unterschiedlich gefärbte Schmetterlingslarven (Rand-, Loch-, Schabe- oder Skelettierfraß). Mitunter ist Kahlfraß möglich.

FRASSSCHÄDEN AN DEN BLÄTTERN, KEINE GESPINSTBILDUNG VORHANDEN, MITUNTER NUR FEINE GESPINSTFÄDEN

(Siehe auch „Minierfraß, Blattminen")

- Unterschiedliche, wenig spezifische Fraßbeschädigungen an den Blättern (Rand-, Loch-, Nage- und Skelettierfraß) werden verursacht durch

- Die Mittelrippe der Blätter ist in der Nähe des Blattgrundes angenagt. In der Mittelrippe miniert eine gelblich-weiße Käferlarve. Blätter krümmen sich am Blattgrund, rollen sich ein und fallen vorzeitig ab.

SAUGSCHÄDEN

- Schäden durch pflanzensaftsaugende Milben- und Insekten-Arten an Blättern können sich in Verfärbungen, Fleckenbildungen, Welke- und Absterbeerscheinungen, vorzeitigem Blattfall bzw. in Mißbildungen, Kümmerwuchs sowie Veränderung des Wuchshabitus äußern. (Siehe deshalb diese Abschnitte unter VII „Krankheiten und Beschädigungen an Blättern"). Sie werden verursacht durch

VIII. Krankheiten und Beschädigungen an Früchten während der Vegetationszeit

(Siehe auch Abschnitt X „Krankheiten und Beschädigungen an Früchten im Lager").

VORZEITIGER FRUCHTFALL,
VORZEITIGE REIFE BZW. NICHT-
AUSREIFEN DER FRÜCHTE

Dieses unspezifische Symptom für Krankheiten und Beschädigungen an Früchten kann mit verschiedenen Schadursachen in Beziehung stehen, von denen an dieser Stelle nur die wichtigsten genannt werden können. Für die Diagnose sind stets noch weitere Krankheits- bzw. Schadsymptome zu beachten, wobei auf die vor den ausgewiesenen Tafeln stehenden Beschreibungen verwiesen wird.

Abiotische Schäden, Ernährungsstörungen

Virosen

Mykosen

Tierische Schaderreger

ÄUSSERLICHE VERFÄRBUNGEN,
FLECKENBILDUNGEN, VERKORKUNGEN
SOWIE FÄULEN

(Siehe hierzu auch unter „Äußerliche Fraßschäden sowie im Inneren der Frucht, Bohrlöcher")

In diesem Abschnitt werden vor allem solche
Krankheiten berücksichtigt, deren Symptome in der Regel oder in bestimmten Fällen bereits am Baum bis zur Ernte an den
Früchten beobachtet werden können. Da jedoch (vor allem bei Mykosen) die Krankheitssymptome in zahlreichen Fällen erst im
Lager erkennbar werden, obwohl die Infektionen bereits während der Vegetationszeit
erfolgten, wird auf den Abschnitt X „Krankheiten und Beschädigungen an Früchten im
Lager" verwiesen.

Abiotische Schäden, Ernährungsstörungen
- Auf der Schale mehr oder weniger breite
und tiefe Eindellungen. Sie erscheinen
dunkler als das umgebende Schalengewebe,
mitunter auch rötlich. Das darunter liegende
Fruchtfleischgewebe erscheint verbräunt. Besonders nach starkem Wind im Stadium der
Fruchtreife.

Druck- und Schlagbeschädigungen 3

- Nach Einwirkung von Frosttemperaturen
werden die Früchte äußerlich diffus fleckig.
Beim Aufschneiden erscheint das Fruchtfleisch nesterweise glasig durchscheinend.
Nach Auftauen vielfach Faulen der Früchte.
Junge Früchte mit Korkband (Frostgürtel),
besonders in der Kelchregion.

Frostschaden 1

- Früchte äußerlich diffus fleckig. Beim
Aufschneiden erscheint das Fruchtfleisch
nesterweise glasig durchscheinend.

Glasigkeit 4

- Früchte bestimmter Sorten zeigen nach
starker Sonneneinstrahlung rötlich umrandete Flecke auf der Schale, darunter im
Fruchtfleisch Verbräunungen. Geschmack
und Qualität gemindert.

Sonnenbrand 2

- An Früchten unterschiedlicher Entwicklungsstadien mehr oder weniger große, flache Anschlagstellen, gleichmäßig an den

meisten Früchten der Bäume an der gleichen Seite.

Hagelschaden 2

- Auf der Fruchtschale mehr oder weniger
stark ausgeprägte, netzartige Verbräunung,
Rissigkeit oder Rauhschaligkeit, Fruchtberostung.

Rauchschaden (Immissionsschaden) 2
Fruchtberostung, Spritzmittelschaden . . 2, 3
(Verwechselungsmöglichkeit mit
virusbedingter **Fruchtringberostung**, Tafel 11),
Apfelmehltau (Mehltauberostung), Tafel 21,
Apfelschorf, Tafel 22.

- Mitunter kommt es bei einigen Sorten
noch während der Vegetationszeit zum Auftreten kleiner, braunschwarzer Flecken auf
der Fruchtschale um die Lentizellen herum.
Sie können etwa 2 mm oder maximal 5 bis
6 mm im Durchmesser betragen. Geringfügig eingesunken. Keine Nekrosen im Fruchtfleisch darunter.

Jonathanflecken 5

- Bei bestimmten Sorten auf der Fruchtschale mehrere Millimeter große, dunkelgrüne oder dunkelrote und etwas eingesunkene Flecke, später braun. Im Fruchtfleisch
darunter braun verfärbtes Gewebe, nekrotisch. Bitterer Geschmack.

Stippfleckenkrankheit, Stippigkeit 7

- Die deformierten Früchte mit braunen bis
schwarzen Flecken, oft schalenrissig, im Inneren der Früchte braune, korkartige Stellen
in der Nähe des Kernhauses und in Schalennähe.

Bor-Mangel 7

Virosen, Mykoplasmosen
- Ab Mitte Juli auf der Fruchtschale kleine,
runde, helle Flecke. Ränder erscheinen als
hellgrüne bis gelbliche Ringe. Flecke werden
später größer. Früchte etwas flacher und
schwächer gewachst als gesunde.

Fruchtscheckung, virusbedingt 12

- Fruchtschale fleckenartig, bräunlich, korkartig berostet, unscharfe Begrenzung zur
normalen Fruchtschale. Fruchtflecken platzen bei bestimmten Sorten sternförmig auf.

Rauhschaligkeit, virusbedingt 12

- An jungen Früchten in der Nähe des Kelches blasse Flecke, später korkartig, bandartig oder großflächig. Auf diesen Stellen pustelartige Höcker. Schädigung nur auf die Schale beschränkt.

Korkschaligkeit, virusbedingt 12

- Auf der Schale unregelmäßige, leicht eingesunkene, olivgrüne Flecke, Fruchtfleisch darunter verbräunt. Flecke später zum Teil dunkelviolett.

Grüne Fruchtscheckung, virusbedingt 12

- Früchte mit hellen, bräunlichen oder rötlichen, teilweise konzentrischen Ringen. Früchte mitunter deformiert und kleiner. Unterhalb der Ringe Fruchtfleisch bräunlich.

Fruchtringberostung, wahrscheinlich verursacht durch das Chlorotische Blattfleckungs-Virus . 11

- Fruchtschale mit bräunlichen oder olivgrünen Flecken mit rauher Oberfläche. Mit zunehmender Reife um diese Flecke bräunliche Ringe, Halbkreise oder Linien, gezont. Mitunter reißt Fruchtschale auf. Früchte kleiner und leicht deformiert.

Fruchtringfleckigkeit, virusbedingt 11

- Nach dem „Junifall" bleiben Früchte kleiner, färben sich nicht rot, zeigen mitunter dunkelgrüne, runde Flecken, deren Ränder sich etwas rötlich verfärben.

Kleinfrüchtigkeit, wahrscheinlich verursacht durch mykoplasmaähnliche Organismen . . . 11

- Früchte um ein Drittel verkleinert, flacher, hängen an langen Stielen, sind intensiv gefärbt, schmecken fade. Weitere Symptome beachten.

Besenwuchs, wahrscheinlich verursacht durch mykoplasmaähnliche Organismen 9

Bakteriosen
- Früchte mit braunen Verfärbungen und unter Umständen mit charakteristischer Ausbildung von Exsudattropfen auf der Schale. Weitere Symptome beachten.

Feuerbrand (*Erwinia amylovora* [Burr.] Winslow et al.) 16

Mykosen
- Früchte mit netzartiger Berostung (Verwechselungsmöglichkeit mit abiotischen Schäden, siehe oben), bleiben kleiner als gesunde.

Apfelmehltau (Mehltauberostung) (*Podosphaera leucotricha* [Ell. et Ev.] Salm.) 21

- Auf der Fruchtschale einige Millimeter große von silbrigweißem Rand umgebene, mattschwarze Flecke, zusammenfließend, später tiefschwarz. Zum Teil Früchte mit tiefen Rissen, Verunstaltungen. (Verwechselungsmöglichkeit mit abiotischen Schäden, siehe oben).

Apfelschorf (*Venturia inaequalis* [Cooke] Winter) 22

- Unter braunschwarzer Verfärbung faulen die Früchte bis zur völligen Mumifizierung. Auf den Früchten massenhaft Pyknidien.

Schwarzer Krebs, *Sphaeropsis*-**Rindenbrand** (*Botryosphaeria obtusa* [Schw.] Schoemaker) . . . 33
Phomopsis-**Rindenbrand** (*Diaporthe perniciosa* Marchal) 32

- Scharf umrandete, vielfach von Schorfwunden ausgehende, braune bis dunkelbraune Verfärbungen (Faulstellen), reichen bis tief in das Fruchtfleisch hinein. Beginn der Faulstellen vielfach an Stiel- oder Kelchgrube (Kelchfäule). Später Verfaulen der gesamten Frucht. Ausbildung von weißen, später gelbbraunen Sporenlagern auf der Schale.

Nectria-**Fäule** (*Nectria galligena* Bres.) 26

- Unregelmäßige Faulstellen auf der Fruchtschale, die nur etwas dunkler erscheint als die gesunde Fruchtschale und die von dieser deutlich abgegrenzt ist. Fäule erstreckt sich später über die ganze Frucht. Fruchtschale verfärbt sich bei gelbschaligen Früchten braun bis braunrot, bei grünschaligen Früchten nur wenig dunkler als die gesunde Schale. Fruchtfleisch verbräunt, zunächst fest. Gefäßverbräunung, auf der Fruchtschale helle Sporenlager.

Phytophthora-**Fruchtfäule** (*Phytophthora cactorum* [Leb. et Cohn] Schroet.) 29

- Zunächst braune, dunkelbraune bis dunkelrotbraune, wenig eingesunkene und etwas runzelige Faulstelle auf der Fruchtschale. Darunter liegendes Gewebe braunfaul. Faulstelle breitet sich aus, darauf mausgraues, watteartiges Pilzmyzel mit Sporenlagern, stäubend.

Botrytis-**Fäule** (*Botrytis cinerea* Pers.) 34

- Große, braune, sich ausdehnende Faulstellen mit konzentrisch angeordneten, grauen bis bräunlichen Sporenlagern (Polsterschimmel). Fruchtschale wird lederartig, schwarz glänzend (Schwarzfäule), Früchte mumifizieren, bleiben mitunter lange am Baum hängen.

- Auf der Fruchtschale scharf begrenzte, dunkle und sehr kleine Flecke (wie Fliegenschmutz), zum Teil in kleinen Gruppen, abreibbar.

- Auf der Fruchtschale unregelmäßige, ineinander übergehende, verwaschene, grünlich schwarze Flecke mit kleinen Pünktchen. Belag abreibbar.

- Auf der Fruchtschale leicht eingesunkene, dunkelbraune bis schwarze, vom gesunden Gewebe deutlich abgesetzte Flecke (Faulstellen), dunkelbraun umrandet. Schadstellen trocknen ein, darauf schwärzliche Punkte (Pyknidien).

Tierische Schaderreger
- Früchte mit leichter Fleckung. Blätter verfärben sich graugrün bis braun. An der Blattunterseite starke Haarfilzbildung, dazwischen hunderte von wurmförmigen, winzigen Gallmilben mit zwei Beinpaaren.

- Früchte zunächst mit kleinen, rötlichen Flecken, nehmen später narbiges Aussehen an bzw. verkrüppeln stark.

- Auf Früchten klebriger Belag, auf dem sich Rußtaupilze (abwischbar) ansiedeln. Früchte verkrüppeln zum Teil. Für die Diagnose vor allem Untersuchung der Blätter von Bedeutung.

- Auf den Früchten kleine, rötliche, hofartige Flecke, vielfach im Bereich des Stielansatzes und der Kelchhöhle gehäuft. In der Mitte der Flecke ein kleines Schildchen.

- Auf ganz jungen Früchten zunächst unter der Schale Minengang erkennbar. Später an ausgereifter Frucht unregelmäßiger Korkstreifen („Adamsbiß").

- Auf der Schale reifender Früchte gelbe, später rote bis braune Einstichstellen, die später vernarben bzw. absterben, etwas eingesunken. In den Früchten Fliegenlarven.

- Weitere Verfärbungen der Fruchtschale mit Einbohrlöchern sowie vernarbte Fraßstellen auf der Schale siehe unter „Äußerliche Fraßschäden sowie im Inneren der Frucht, Bohrlöcher".

KRANKHEITEN UND BESCHÄDIGUNGEN IN DER ÄUSSERLICH GESUND ERSCHEINENDEN FRUCHT AM BAUM

- Beim Aufschneiden der Frucht Samen und Kernhaus spinnwebartig mit Pilzmyzel umgeben, später von hier aus Fäule ausgehend. Bei einigen Sorten deutet Frühreife auf Befall hin.

- In den Kernen von jungen Äpfeln von einer Größe von etwa 1,5 cm an frißt eine wenige Millimeter lange, gelblichweiße Larve.

MISSBILDUNGEN, WUCHSVERÄNDERUNGEN, RISSBILDUNGEN

- Mehr oder weniger ausgeprägte Rißbildung an Früchten, oft verbunden mit Verschorfungen, Mißbildungen und zum Teil Verfärbungen können verursacht werden bzw. in Zusammenhang stehen mit

- Mißbildungen an Früchten, Verkleinerungen, Wuchsveränderungen bzw. Verkrüppelungen, die nicht in ursächlichem Zusammenhang mit Fraß durch tierische Schaderreger stehen, können in Zusammenhang stehen mit

Abiotischen Schäden, Ernährungsstörungen

Virosen, Mykoplasmosen

Mykosen

Saugschäden durch tierische Schaderreger

- Mißbildungen an Früchten, Wuchsveränderungen bzw. Verkrüppelungen als Folge von Fraß durch tierische Schaderreger (siehe auch „Äußerliche Fraßschäden sowie im Inneren der Frucht, Bohrlöcher").

EXSUDATBILDUNG AUF DER FRUCHTSCHALE

- Auf den Früchten äußerlich erkennbare Braunfärbung. Unter bestimmten Witterungsbedingungen darauf anfangs helle schleimige, bakterienhaltige Exsudattropfen, die sich unter Lufteinwirkung braun verfärben.

ÄUSSERLICHE FRASSSCHÄDEN SOWIE IM INNEREN DER FRUCHT, BOHRLÖCHER

- Oberflächliche, flache Fraßbeschädigungen, mehr oder weniger ausgedehnt, im Bereich der Fraßstellen bzw. auf der Frucht Schleimspuren.

- Besonders an reifen Früchten, aber auch an unreifen Früchten ähnliche Fraßbeschädigungen, jedoch ohne Schleimspuren. Mehr oder weniger tiefe Fraßgruben.

- Löffelförmiger oder muldenförmiger Fraß an jüngeren, aber auch an älteren Früchten wird verursacht durch

- Auf der Fruchtschale oberflächlicher Schabefraß durch verschieden gefärbte Larven, mehr oder weniger ausgedehnt, vielfach unter einem an der geschädigten Stelle angesponnenen Blatt oder zwischen nebeneinanderhängenden, zusammengesponnenen Früchten. Zur Erntezeit großflächige, muldenförmige, vernarbte Stellen auf der Schale.

- An jungen Früchten unter der Fruchtschale zunächst bogig verlaufender Minengang, später am reifen Apfel als Korkstreif erkennbar. Bis zum Kerngehäuse frißt sich eine gelblich-weiße, wenige Millimeter lange Larve hindurch und höhlt diese aus. Auf der Fruchtschale kreisrundes Bohrloch erkennbar, mit bräunlichem Kot und Fruchtmus gefüllt, tritt nach außen heraus.

- In fast reifen Früchten 1,8 bis 2 mm breiter Bohrgang, äußerlich an Einbohrloch erkennbar. Schalengewebe um das Bohrloch rötlich. Im Gang, der etwa 2 bis 11 mm tief ist, eine wenige Millimeter lange Puppe.

- Junge Früchte siebartig von außen befressen. Fraßstellen schorfartig vernarbt. Früchte fallen vorzeitig ab. In diesen fressen sich weißliche, fußlose Larven bis zum Kerngehäuse hinein, befressen die Samen.

- An jungen Früchten ein mehr oder weniger starker und ausgebreiteter, flacher Loch- bzw. Nagefraß, der später vernarbt.

- Ab Juni Früchte mit äußerlichen Nageschäden auf der Schale und Bohrlöchern,

aus welchem krümeliger, brauner, feuchter Kot quillt. In der Frucht verbräunter Gang zum Kerngehäuse mit rötlicher Larve. Vorzeitiger Fruchtfall. Schadbild auch später an älteren Früchten nachweisbar (zweite Generation).

- Ähnliche Fraßgänge verursacht auch, jedoch früher

- Unter der Fruchtschale flache, geschlängelte Gänge, die nicht bis zum Kerngehäuse verlaufen, kotfrei. Kot wird durch besonderen Gang nach außen geschafft.

- Nach anfänglichem Minierfraß unter der Fruchtschale frißt eine bis 8 mm lange, gelbliche Larve sich zum Kernhaus durch und frißt an den Kernen. Einbohrloch in der Nähe der Stielgrube mit Kothäufchen.

- Auf der Schale reifender Früchte grüne, später braune bis schwarze Flecke mit Einbohrlöchern, etwas eingesunken. Das Fruchtfleisch von mehreren, etwa 1 mm breiten, dunkleren Bohrgängen durchzogen, darin bis 7 mm lang werdende, rötliche Larven.

- In den Früchten mit gelben, später roten bis braunen Einstichstellen, die später vernarben bzw. absterben und eingesunken sind, fressen Fliegenlarven.

- Früchte, vor allem reife Früchte, mehr oder weniger stark angehackt durch

IX. Krankheiten und Beschädigungen an Wurzeln

Krankheiten und Beschädigungen an Wurzeln sind vielfach verbunden mit Krankheits- bzw. Schadsymptomen an oberirdischen Pflanzenorganen, auf welche an dieser Stelle nicht eingegangen wird. Es wird in diesem Zusammenhang verwiesen vor allem auf die Abschnitte I, III, IV und VII.

ABSTERBEERSCHEINUNGEN

- Die Rinde von absterbenden Wurzeln, besonders das Kambium, braun verfärbt, Rinde älterer Wurzeln blättert ab, zum Teil sekundär mit Pilzmyzel überzogen.

Frostschaden 1
Trockenheitsschaden 2
Stauende Nässe 1

- Die Gefäße in den Wurzeln, aber auch in Stamm, Ästen und Zweigen schlagartig und oft nur einseitig welkender und absterbender Bäume braun verfärbt. Holz verfärbt sich später schwarzbraun.

Verticillium-**Welke** (*Verticillium* spp.) 23

- Auf den Wurzeln absterbender Bäume Überzüge aus luftigem, weißem Myzel, später auf den abgestorbenen Wurzeln schwarze Sklerotien von etwa 1 bis 1,5 mm Durchmesser.

Wurzelfäule, Wurzelschimmel (*Rosellinia necatrix* Prill) 38

- Auf flach liegenden Wurzeln sowie am Stammgrund von abgestorbenen Bäumen wachsen die braunen Fruchtkörper mit einem Hutdurchmesser von 4 bis 15 cm des

Hallimasch (*Armillariella mellea* [Vahl. ex Fr.] Karst.) 38

- Vor allem im Baumschulbestand nesterweise absterbende bzw. im Wuchs gehemmte Pflanzen zeigen an den Wurzeln punktförmige Verbräunungen und Schwarzverfärbungen sowie Absterben der Faserwurzeln.

Wandernde **Wurzelnematoden** 40

MISSBILDUNGEN, WUCHSVERÄNDERUNGEN

- An der Unterlage zahlreiche stark verkürzte, gedrungene und gekrümmte, büschelartig angeordnete Faserwurzeln. Im Phloem der Wurzeln fluoreszenzmikroskopisch mykoplasmaähnliche Organismen erkennbar.

Besenwuchs, verursacht durch mykoplasmaähnliche Organismen 9

- Vor allem am Wurzelhals, aber auch an den Wurzeln mehr oder weniger große, zerklüftete, anfangs weiche, später verholzende Tumore.

Wurzelkropf (*Agrobacterium tumefaciens* [Smith et Townsend] Conn.) 20

- Im Wurzelbereich, besonders unter der Bodenoberfläche und am Stammgrund, dünne Wurzeln mit dichtem Besatz an Haarwurzeln.

Haarwurzelkrankheit (*Agrobacterium rhizogenes* [Riker et al.] Conn.) 20

- An Wurzeln in der Nähe der Bodenoberfläche Rindengewebe beulig bzw. krebsartig verändert, vielfach aufgeworfen. Im Bereich der geschädigten Gewebepartien bis zu 2 mm lange, dicht mit weißen Wachsfäden besetzte, rotbraune Tiere.

Blutlaus (*Eriosoma lanigerum* Hausm.) 47

SAUG- UND FRASSSCHÄDEN

- Vor allem im Baumschulbestand nesterweise absterbende bzw. im Wuchs gehemmte Pflanzen zeigen an den Wurzeln punktförmige Verbräunungen und Schwarzverfärbungen sowie Absterben der Faserwurzeln infolge der Saugtätigkeit von im Boden bzw. in den Wurzeln lebenden

wandernden **Wurzelnematoden** 40

- An den Wurzeln in der Nähe der Bodenoberfläche Rindengewebe beulig bzw. krebsartig verändert, vielfach aufgeworfen. Im Bereich der geschädigten Gewebepartien bis zu 2 mm lange, dicht mit weißen Wachsfäden besetzte, rotbraune Tiere.

Blutlaus (*Eriosoma lanigerum* Hausm.) 47

- An Baumschulmaterial bzw. an Jungbäumen, die im Frühjahr nicht oder stark verzögert austreiben, finden sich an den Wurzeln bzw. am Stammgrund mehr oder weniger ausgedehnte Fraßstellen an der Wurzelrinde. Zum Teil werden die Wurzeln entrindet.

Engerlinge 61
Erdraupen 61
Maulwurfsgrille 76
mitunter Larven verschiedener **Rüsselkäfer-Arten** 58

- Jüngere Bäume sterben ab. Im Bereich von Adventivwurzeln ist das Rindengewebe mit Bohrgängen durchzogen. Darin bis 25 mm lange, weißlich-gelbe Larve. Aus Bohrgängen dringt Bohrmehl nach außen.

Apfelbaumglasflügler (*Aegeria myopaeformis* Brkh.) 75

- An Wurzeln sowie an Stammbasis starke Fraßbeschädigungen, zum Teil Wurzeln vollständig abgenagt, Spuren von Nagezähnen erkennbar. Bäume lassen sich leicht aus dem Boden ziehen oder fallen bei Wind um.

Große Wühlmaus (*Arvicola terrestris* L.) . . . **76**

- An Stammbasis, aber auch an Wurzeln mehr oder weniger ausgedehnter Schälfraß mit Spuren von Nagezähnen.

Mäuse, verschiedene Arten **76**

X. Krankheiten und Beschädigungen an Früchten im Lager

In diesem Abschnitt werden vor allem solche Krankheiten und Beschädigungen an Früchten berücksichtigt, welche in der Regel erst während der Lagerung sichtbar werden. Da jedoch eine Reihe von Krankheiten und Beschädigungen bereits während der Vegetationszeit vor der Ernte an den Früchten auftreten und die betroffenen Früchte bereits befallen in das Lager gelangen können (vor allem bei Befall mit bestimmten pilzlichen und tierischen Schaderregern), siehe deshalb auch Abschnitt VIII „Krankheiten und Beschädigungen an Früchten während der Vegetationszeit".

ÄUSSERLICHE VERFÄRBUNGEN,
FLECKENBILDUNGEN,
PILZLICHE KRANKHEITSERREGER BZW.
TIERISCHE SCHADERREGER NICHT
NACHWEISBAR

- Nach der Ernte weisen die Früchte auf der Schale mehr oder weniger breite und tiefe Eindellungen auf. Sie erscheinen dunkler als das umgebende Schalengewebe, mitunter auch rötlich. Das darunter liegende Fruchtfleisch erscheint verbräunt.

Druck- und Schlagbeschädigungen **3**

- Nach Einwirkung von Frosttemperaturen werden die Früchte äußerlich diffus fleckig. Beim Aufschneiden erscheint das Fruchtfleisch nesterweise glasig durchscheinend. Nach dem Auftauen vielfach Faulen der Früchte.

Frostschaden **1**

- Ein ähnliches Schadbild ist charakteristisch für

Glasigkeit **4**

- Auf der Fruchtschale finden sich einige Millimeter im Durchmesser betragende, braune oder rote Flecke. In der Mitte der Flecke Lentizelle als helle Pustel. Keine Nekrosen im Fruchtfleisch.

Lentizellenfleckenkrankheit (Rotfleckigkeit) . **5**

- Auf der Schale der Sorte 'Jonathan' und anderer Sorten nach etwa 4 Wochen Lagerungszeit braunschwarze Flecke mit einem Durchmesser von etwa 2 bis 6 mm, geringfügig eingesunken, keine Nekrosen im Fruchtfleisch.

Jonathanflecken **5**

- Auf der Schale bestimmter Sorten mehrere Millimeter große, dunkelgrüne oder dunkelrote und etwas eingesunkene Flecke, später braun. Im Fruchtfleisch darunter braun verfärbtes Gewebe, nekrotisch. Bitterer Geschmack.

Stippfleckenkrankheit, Stippigkeit **7**

- Farbe der Fruchtschale blaß, gesamte Schale mit unregelmäßigen, bräunlichen Flecken überzogen, etwas eingesunken. Fruchtfleisch darunter nicht geschädigt.

Gewöhnliche Schalenbräune (Hautbräune) . . **4**

- Ähnliches Schadbild, Schalenverbräunung intensiver, aber erst nach längerer Lagerung, dann aber darunter liegendes Fruchtfleisch stark geschädigt, braun verfärbt.

Altersschalenbräune (Überalterungsschalenbräune) **4**

- Bei zu hohem Gehalt der Lageratmosphäre an CO_2 blaugrüne Verfärbungen unter der Fruchtschale, später auch äußerlich auf der Schale erkennbar.

CO_2-Schalenbräune, Sauerstoffmangel-Schaden **5**

- Die zunächst äußerlich noch ungeschädigt erscheinende Frucht weist schlierenartige, diffuse Verbräunung des Fruchtfleisches auf. Später Schale verbräunt, mit äußerlich scharf umgrenzten, braunen Bezirken.

Fleischbräune (Kältefleischbräune) **4**

DURCH PILZLICHE KRANKHEITS-
ERREGER VERURSACHTE ÄUSSERLICHE
VERFÄRBUNGEN, FLECKENBILDUNGEN

(Siehe auch unter „Welken, Fäulen")

- Auf der Fruchtschale bestimmter Sorten schwärzliche, punktförmige, zum Teil auch größere, mattglänzende Flecke. Hiervon ausgehend: Schrumpfen der Früchte.

    Lagerschorf (*Venturia inaequalis* [Cooke] Winter) 22

- Nach längerer Lagerzeit auf der Fruchtschale eine bis mehrere, hell- bis dunkelbraune, kreisförmige Faulstellen, in der Mitte Lentizelle. Faulstelle reicht kegelförmig in das Fruchtfleisch hinein. Später Ausdehnung der Faulstelle.

    Gloeosporium-**Fruchtfäule**, verursacht durch verschiedene pilzliche Krankheitserreger . . . 28

- Hellbraun verfärbte Faulstelle, eingesunken, weich, von Verletzung ausgehend. Weitet sich später aus, darauf weißliches, später grünlich-blaues Pilzmyzel.

    Penicillium-**Fäule, Grünfäule** (*Penicillium* spp.) 31

- Auf der Fruchtschale zunächst scharf vom umgebenden Gewebe abgegrenzte, dunkelbraune bis schwarze Faulstelle, etwas eingesunken und fest, weitet sich später aus, schwarze Sporenlager.

    Phoma-**Fäule** (*Phoma limitata* [Peck.] Boerema) 37

- Dunkelbraune bis schwarze, jedoch nicht eingesunkene Faulflecke auf der Schale. Darauf später schwarzgrünes Pilzmyzel.

    Stemphylium-**Fäule** (*Stemphylium botryosum* Wallr.) 34

- An der Kelch- oder Stielgrube beginnender, brauner bis schwärzlicher Faulfleck, etwas eingesunken und nur wenig in das Fruchtfleisch hineinreichend. Fäule weitet sich später aus, dunkelbraunes Pilzmyzel.

    Alternaria-**Fäule** (*Alternaria alternata* [Fr.] Kreissler) 32

- Auf der Fruchtschale anfangs kleine, braune, stark eingesunkene Faulstellen, oval und weich. Sie sind scharf vom gesunden Gewebe abgegrenzt. Fäule breitet sich schnell aus, Faulstellen dann unregelmäßig

und mitunter schwarz verfärbt. Braune Sporenlager.

    Cladosporium-**Fruchtfäule** (*Cladosporium herbarum* Link.) 29

- Zunächst braune, dunkelbraune bis dunkelrotbraune, wenig eingesunkene und etwas runzlige Faulstelle auf der Fruchtschale. Darunter liegendes Gewebe braunfaul. Faulstelle breitet sich schnell aus, darauf ein mausgraues, watteartiges Pilzmyzel mit Sporenlagern, stäubend.

    Botrytis-**Fäule** (*Botrytis cinerea* Pers.) 34

- Auf der Fruchtschale zunächst grünbraune oder braune Faulstelle, die sich schnell vergrößert. Frucht schrumpft und wird weich. Später auf der Faulstelle graue, behaarte und später schwarz werdende Sporenlager.

    Phacidiella-**Fruchtfäule** (*Phacidiella discolor* [Ment. et Sacc.] Poteb.) 35

- Faulstelle auf der Schale zunächst klein und mit rosafarbenem, flockigem Pilzmyzel, breitet sich später aus, reicht anfangs nicht tief in das Fruchtfleisch hinein. Später wird das Fruchtfleisch trockenfaul und verfärbt sich bräunlich. Fäule ergreift die gesamte Frucht.

    Trichothecium-**Fäule** (*Trichothecium roseum* Link.) 27

- Unregelmäßige Faulstelle auf der Fruchtschale, die nur etwas dunkler erscheint als die gesunde Fruchtschale und die von dieser deutlich abgegrenzt ist, erstreckt sich später über die ganze Frucht. Fruchtschale verfärbt sich bei gelbschaligen Früchten braun bis braunrot, bei grünschaligen Früchten nur wenig dunkler als die gesunde Schale. Fruchtfleisch verbräunt, bleibt zunächst fest. Deutliche Gefäßverbräunung. Auf der Fruchtschale helle Sporenlager.

    Phytophthora-**Fruchtfäule** (*Phytophthora cactorum* [Leb. et Cohn] Schroet.) 29

- Scharf umrandete, vielfach von Schorfwunden ausgehend, braune bis dunkelbraune Verfärbungen (Faulstelle), reichen bis tief in das Fruchtfleisch hinein. Beginn der Faulstelle vielfach an Stiel- oder Kelchgrube. Später Verfaulen der gesamten Frucht. Ausbildung von anfangs weißen, später gelbbraunen Sporenlagern auf der Schale.

- Die ganze Frucht wird blauschwarz-glänzend mit konzentrisch angeordneten, grauen bis bräunlichen Sporenlagern (Polsterschimmel). Fruchtschale lederartig. Fruchtfleisch insgesamt braun verfärbt.

- Unter braunschwarzer Verfärbung faulen die Früchte bis zur völligen Mumifizierung. Auf den Früchten massenhaft Pyknidien.

- ähnlich:

- Auf der Frucht braune bis dunkelbraune und etwas eingesunkene Faulstellen, die sich schnell ausbreiten. Auf den verbräunten Gewebepartien weißes, watteartiges Pilzmyzel, unter welchem sich rote Sporenlager befinden. Vielfach geht die Fäule von einer Kernhausfäule (Tafel 22) aus.

INNERE VERFÄRBUNGEN

Der überwiegende Teil der Krankheiten und Beschädigungen an Früchten im Lager, der zu inneren Verfärbungen führt, äußert sich zunächst in äußerlichen Verfärbungen und Fleckenbildungen auf der Fruchtschale sowie in Fäulen der Frucht. Es wird deshalb zunächst auf diese beiden Abschnitte der Bestimmungstabelle verwiesen.

An dieser Stelle werden spezifische Verfärbungen im Bereich des Kernhauses und der umgebenden Gewebeteile berücksichtigt.

- Vom Kernhaus ausgehend verbräunt das Fruchtfleisch. Pilzliche Krankheitserreger sind nicht nachweisbar. Das Schadbild tritt zu einem bestimmten Zeitpunkt der Lagerung gleichmäßig an allen Früchten einer Sorte auf.

- Kernhaus und angrenzendes Fruchtfleisch verbräunt, im Kernhaus Pilzmyzel. Später wird das gesamte Fruchtfleisch von einer Fäule erfaßt.

WELKEN, FÄULEN

- Welkeerscheinungen und Fäulen an Früchten im Lager nehmen in den meisten Fällen ihren Ausgang von äußerlichen Verfärbungen und Fleckenbildungen sowie von inneren Verfärbungen, zum Teil auch von Fraßschäden. Hinsichtlich der Bestimmungsmerkmale wird deshalb auf diese Abschnitte der Bestimmungstabelle verwiesen.

Welken und Fäulen können als Folge folgender Krankheiten und Beschädigungen auftreten:

FRASSSCHÄDEN

- Ungleichmäßiger, oberflächlicher Fraß auf der Fruchtschale, mitunter etwas tiefer in das Fruchtfleisch hineinreichend. Auf der betroffenen Frucht Schleimspuren (vor allem bei feuchter Lagerung in Kellern). Fraßstellen als Eintrittspforten für Krankheitserreger (Fäuleerreger).

Schnecken, verschiedene Arten 41

– Früchte in unterschiedlicher Form angefressen, zum Teil große Löcher in die Früchte gefressen, Spuren von Nagezähnen erkennbar. Fraßstellen sind Eintrittspforten für pilzliche Krankheitserreger (Fäuleerreger).
Mäuse,
Ratten.

Krankheiten und Beschädigungen an Birne und Quitte

I. Krankheiten und Beschädigungen mit besonderer Bedeutung in der Baumschule, an Jungbäumen sowie importiertem Pflanzenmaterial

Da ein wesentlicher Teil der hierzu zu rechnenden Krankheiten und Beschädigungen auch an Apfel auftritt, wird zunächst auf den Abschnitt I der Bestimmungstabelle „Krankheiten und Beschädigungen an Apfel" verwiesen. In dem vorliegenden Abschnitt werden deshalb nur die für Birne und Quitte typischen Schadursachen aufgenommen. Weitere Ursachen für Krankheiten und Beschädigungen, besonders für Ernährungsstörungen und die zur Erzeugung virusfreier Baumschulmaterials wichtigen pflanzenpathogenen Viren und mykoplasmaähnlichen Organismen siehe Abschnitt II und folgende.

AUSTRIEBSSCHADEN

(Siehe Bestimmungstabelle „Krankheiten und Beschädigungen an Apfel").
Spezifisch:

- Nach ein- oder mehrmaligem Nachbau einer Obstart auf dem gleichen Standort treiben Baumschulgehölze sowie Jungbäume ungenügend aus. Die Länge des Jahrestriebes ist gemindert, die Blatt und Triebentfaltung beeinträchtigt, Blattrosetten sind gedrungen und gestaucht. Schadbild betrifft in der Regel den gesamten Bestand, der in der Fruchtfolge auf bereits vorher mit gleicher Obstart bepflanzter Fläche aufgepflanzt wurde.

Bodenmüdigkeit, verursacht durch verschiedene biotische und / oder abiotische Schadfaktoren, einzeln und / oder im Komplex wirkend. Zur Diagnose: Anwendung des in die Obstbaupraxis eingeführten Bodenmüdigkeitstestes. Rat des Obstbauspezialisten einholen.

- Triebspitzen bleiben bei bestimmten Birnensorten beim Austrieb trocken (Spitzendürre, Zweiggrind).
Birnenschorf (*Venturia pirina* Aderh.) 23

- Knospen öffnen sich nicht bzw. nur wenige Blätter treiben aus. Im Inneren frißt eine 3 bis 4 mm lange, fußlose, weißliche bis weißlich-gelbe Larve mit brauner Kopfkapsel.
Birnenknospenstecher (*Anthonomus piri* Kollar) 55

WACHSTUMSHEMMUNGEN AN TRIEBEN

(Siehe Bestimmungstabelle „Krankheiten und Beschädigungen an Apfel").
Spezifisch:

- Triebe im Wachstum gegenüber anderen Trieben gehemmt. Blätter zum Teil steil aufrechtstehend, mit weißem Belag überzogen, meist fleckenartig.
Quittenmehltau (*Podosphaera oxyacanthae* de By.) 21
Apfelmehltau (*Podosphaera leucotricha* [Ell. et Ev.] Salm.) 21

- Triebspitzen welken, sind im Wuchs gehemmt (meist einjährige Triebe). Blätter welk herabhängend, später schwarz verfärbt, jüngste Blätter eingerollt. 4 bis 5 cm unterhalb der Triebspitze bräunliche Einstiche, die den Trieb spiralig umgeben. Im Trieb 10 mm lange, gelblich-weiße Larve.
Birnentriebwespe (*Janus compressus* F.) 53

MISSBILDUNGEN BZW. VERÄNDERUNGEN
DES WUCHSHABITUS AN STAMM
UND TRIEBEN

(Siehe Bestimmungstabelle „Krankheiten
und Beschädigungen an Apfel").
Spezifisch:

- Verkrümmungen der Triebspitzen können
in Zusammenhang stehen mit dem Befall
durch

Feuerbrand (*Erwinia amylovora* [Burr.] Winslow
et al.) **17, 18**
(weitere Symptome beachten).

- Triebe verkrümmt, zum Teil verdreht und
mitunter gegenüber anderen Trieben verdickt, vielfach mit schwärzlichem Überzug
(Rußtau). Eigentliche Schaderreger außerhalb der Vegetationsperiode nicht mehr
nachweisbar.

Blattläuse, verschiedene Arten, vor allem
Mehlige Birnenlaus (*Dysaphis piri* [B. de F.]) . **49**
Braune Birnengraslaus (*Geotapia pyraria*
[Pass.]) **49**
Birnentaschengallenblattlaus (*Anuraphis farfa-
rae* [Koch]) **49**
und andere Arten **49**

FRASSSCHÄDEN AN STAMM UND TRIEBEN

(Siehe Bestimmungstabelle „Krankheiten
und Beschädigungen an Apfel").

ABSTERBEERSCHEINUNGEN AN KNOSPEN

(Siehe Bestimmungstabelle „Krankheiten
und Beschädigungen an Apfel").

FRASSSCHÄDEN AN KNOSPEN UND
BLÄTTERN

(Siehe Bestimmungstabelle „Krankheiten
und Beschädigungen an Apfel").
Spezifisch:

- Blätter werden von der Oberseite her
durch etwa 10 mm lange, keulenförmige, wie
schwarze Nacktschnecken aussehende Larven skelettiert.

Schwarze Kirschblattwespe (*Caliroa cerasi*
[L.]) **53**

- Blätter werden in lockeren Gespinsten von
etwa 20 mm langen, schmutzig-dunkelgel-
ben Larven befressen. Mitunter Kahlfraß.

Gesellige Birnblattwespe (*Neurotoma saltuum*
[L.]) **53**

VERFÄRBUNGEN, WELKE- UND
ABSTERBEERSCHEINUNGEN AN
BLÄTTERN, BLÜTEN UND TRIEBEN,
RINDENNEKROSEN

(Siehe Bestimmungstabelle „Krankheiten
und Beschädigungen an Apfel").

Symptome für Ernährungsstörungen sowie
durch pflanzenpathogene Viren und mykoplasmaähnliche Organismen an Birne und
Quitte siehe Abschnitt VIi „Krankheiten
und Beschädigungen an Blättern".

- Verfärbungen der Blütenblätter, Nachlassen ihrer Turgeszenz können in Zusammenhang stehen mit dem Befall durch

Feuerbrand (*Erwinia amylovora* [Burr.] Winslow
et al.) **17, 18**
Bakterienbrand (*Pseudomonas syringae* pv. *syringae* van Hall) **19**
(weitere Symptome beachten).

- Schwarzverfärbung der Blätter, verbunden
mit Nekrotisierung können in Zusammenhang stehen mit Befall durch

Bakterienbrand (*Pseudomonas syringae* pv. *syringae* van Hall) **19**
(weitere Symptome beachten).

- Blätter rötlich-braun verfärbt, wirken wie
verbrannt, später auch der Blattstiel verbräunt. Holz der Triebe unter der Rinde rotbraun verfärbt, Triebspitze krummstabähnlich gekrümmt. Bei hoher Luftfeuchte
Ausbildung von milchig-weißen bis bernsteinfarbigen, später braunschwarzen Exsudattropfen.

Feuerbrand (*Erwinia amylovora* [Burr.] Winslow
et al.) **17, 18**

- Auf den Blättern weißer Belag, meist flek-
kenartig.

Quittenmehltau (*Podosphaera oxyacanthae* de
By.) **21**
Apfelmehltau (*Podosphaera leucotricha* [Ell. et
Ev.] Salm.) **21**

- Auf den Blättern entlang der Mittelrippe
dunkle, später schwarze Schorfflecke. Gewebe reißt später auf. Vorzeitiger Blattfall.

Birnenschorf (*Venturia pirina* Aderh.) **23**

- Auf den Blättern kleine, rötlich-braune
Flecke, werden später schwarz, darauf krustenartige, schwarze Konidienlager in Form
schwarzer Punkte. Vorzeitiger Blattfall.

Blattbräune (*Diplocarpon* spp.) **25, 36**

- Auf der Blattoberseite unterschiedlich große, orangerote, leuchtende Flecke. Darauf schwarze Pyknidien.
  Birnengitterrost (*Gymnosporangium fuscum* D.C.) **36**

- In wärmeren Klimagebieten: An den Blättern zahlreiche weiße, kleine Saugflecke. Blatt erscheint weiß gesprenkelt. Auf der Blattunterseite rötlich-schwarze Kottröpfchen sowie etwa 3 bis 5 mm lange, grünliche bis dunkelgrüne, flache Wanzen mit flach ausgebreiteten, glashellen Flügeln mit Netzstruktur.
  Birnbaumnetzwanze (*Stephanitis piri* Geoffr.) **46**

- Spiralig eingerollte, gekräuselte Blätter verfärben sich weißlich-gelb bis bräunlich, werden später schwarz, vertrocknen und fallen ab. Es können auch beulige Deformationen mit gelblicher Verfärbung auftreten. Meist an den Blattunterseiten
  Blattläuse, verschiedene Arten **49**

- Jüngste Blätter welken, hängen herab, eingerollt, zunächst an der Spitze, später gänzlich geschwärzt. Etwa 4 bis 5 cm unterhalb der Triebspitze bräunliche Einstiche, den Trieb spiralig umgebend. Im Trieb eine bis 10 mm lange, gelblich-weiße Larve.
  Birnentriebwespe (*Janus compressus* F.) **53**

MISSBILDUNGEN AN BLÄTTERN

(Siehe Bestimmungstabelle „Krankheiten und Beschädigungen an Apfel").
Spezifisch:

- Bereits beim Austrieb an den Blättern hellgrüne bis rötliche Blattpocken, können sich über die gesamte Blattspreite erstrekken. Blattfläche stark gekräuselt. An der Blattunterseite weist jede Pocke eine kleine

Öffnung auf, darin 0,14 bis 0,2 mm lange, gelbliche, wurmförmige Gallmilben.
  Birnenpockenmilbe (*Eriophyes pyri* Pagst.) . . **43**

- Spiralig eingerollte, gekräuselte Blätter, mitunter auch mit beuligen Deformationen und weißlich-gelber bis bräunlicher, mitunter auch gelblicher Verfärbung, werden schwarz, vertrocknen und fallen ab. Meist an den Blattunterseiten
  Blattläuse, verschiedene Arten **49**

- Blätter entfalten sich an den Triebenden nicht bzw. bereits entfaltete Blätter sind von den Rändern her eingerollt und in diesem Bereich knorpelig verdickt sowie gelblich-rötlich verfärbt. In den Rollungen leben zahlreiche weißlich-gelbliche bis rötliche oder ockergelbe, etwa 2 mm lange Gallmükkenlarven.
  Birnenblattgallmücke (*Dasyneura pyri* Bché.) **57**

- Jüngste Blätter eingerollt, welken, hängen herab, zunächst an der Spitze, später gänzlich geschwärzt. Etwa 4 bis 5 cm unterhalb der Triebspitze bräunliche Einstiche, den Trieb spiralig umgebend. Im Trieb eine bis 10 mm lange, gelblich-weiße Larve.
  Birnentriebwespe (*Janus compressus* F.) **53**

ABSTERBEERSCHEINUNGEN AN WURZELN
(Siehe Bestimmungstabelle „Krankheiten und Beschädigungen an Apfel").

MISSBILDUNGEN AN WURZELN
(Siehe Bestimmungstabelle „Krankheiten und Beschädigungen an Apfel").

SAUG- UND FRASSSCHÄDEN AN WURZELN
(Siehe Bestimmungstabelle „Krankheiten und Beschädigungen an Apfel").

II. An Stamm, Ästen, Zweigen und Trieben überwinternde und visuell während der Winterruhe diagnostisch erfaßbare Entwicklungsstadien von Schaderregern sowie Schmarotzerpflanzen

(ohne tierische Schaderreger, die im Holz leben)

Da ein wesentlicher Teil der hierzu zu rechnenden Schaderreger auch an Apfel auftritt, wird zunächst auf den Abschnitt II der Bestimmungstabelle „Krankheiten und Beschädigungen an Apfel" verwiesen. In dem vorliegenden Abschnitt werden deshalb nur die für Birne und Quitte typischen Schaderreger aufgenommen.

(Siehe auch Abschnitte III „Krankheiten und Beschädigungen, die den Austrieb beeinträchtigen", IV „Krankheiten und Beschädigungen an Stamm, Ästen, Zweigen und Trieben" sowie V „Krankheiten und Beschädigungen an Knospen").

TIERISCHE SCHADERREGER IM
EISTADIUM

(Siehe Bestimmungstabelle „Krankheiten und Beschädigungen an Apfel").
Spezifisch:

- Vor allem am Fruchtholz, aber auch an den Triebspitzen sowie unter Rindenschuppen etwa 0,5 mm lange, ovale, schwarz glänzende Eier.

Blattläuse, verschiedene Arten 49

- In angebohrten Blütenstandsknospen (Eiablagestelle dunkel gefärbt) überwintern die Eier des

Birnenknospenstechers (*Anthonomus piri* Kollar) 55

TIERISCHE SCHADERREGER IM
LARVENSTADIUM

(Siehe Bestimmungstabelle „Krankheiten und Beschädigungen an Apfel").
Spezifisch:

- Unter Rindenschuppen, am Stamm sowie

an Zweigen und Ästen, teils in Kokons, etwa 22 bis 25 mm lange, schmutzig-weiße Larven mit schwarzbraunem bis schwarzem Kopf.

Marlinger Birnenwurm (*Laspeyresia dannehli* Obr.) 71

TIERISCHE SCHADERREGER, DIE ALS
ERWACHSENE TIERE (ADULTE,
IMAGINES) AN BIRNENBÄUMEN UND
QUITTEN ÜBERWINTERN

(Siehe Bestimmungstabelle „Krankheiten und Beschädigungen an Apfel").
Spezifisch:

- Unter Rinden- und Knospenschuppen und in anderen Verstecken überwintern langgestreckte, geringelte und spindelförmige, weißliche, etwa 0,1 bis 0,2 mm lange Gallmilben mit nur zwei Beinpaaren.

Gallmilben, verschiedene Arten 43

- Unter Rindenschuppen oder in Rindenritzen überwintern dunkle, rotbraune, etwa 4 mm lange, geflügelte und springende Insekten mit dachförmig über dem Körper liegenden, glasklaren Flügeln.

Blattsauger, verschiedene Arten der Gattung *Psylla* 46, 47

- Unter Rindenschuppen (in wärmeren Gebieten) 3 bis 5 mm lange, grünliche bis dunkelgrüne, flache Wanzen mit flach ausgebreiteten, glashellen Flügeln mit Netzstruktur.

Birnbaumnetzwanze (*Stephanitis piri* Geoffr.) 46

III. Krankheiten und Beschädigungen, die den Austrieb beeinträchtigen

(Siehe auch Abschnitte IV „Krankheiten und Beschädigungen an Stamm, Ästen, Zweigen und Trieben" sowie V „Krankheiten und Beschädigungen an Knospen").

BODENMÜDIGKEIT

- Nach ein- oder mehrmaligem Nachbau einer Obstart auf dem gleichen Standort treiben Baumschulgehölze sowie Jungbäume ungenügend aus. Die Länge des Jahrestriebes ist gemindert, die Blattentfaltung beeinträchtigt. Blattrosetten sind gedrungen und gestaucht. Schadbild betrifft in der Regel den gesamten Bestand, der auf der bereits

mit gleicher Obstart bepflanzten Fläche aufgepflanzt wurde.

Bodenmüdigkeit, verursacht durch verschiedene biotische und / oder abiotische Schadfaktoren, einzeln und / oder im Komplex wirkend. Zur Diagnose: Anwendung des in die Obstbaupraxis eingeführten Bodenmüdigkeitstests. Rat des Obstbauspezialisten einholen.

ABIOTISCHE SCHÄDEN, ERNÄHRUNGS-
STÖRUNGEN

- Nach Einwirkung von Frosttemperaturen, besonders Kahlfrösten, auch während des Transportes vor dem Pflanzen, spärlicher oder kein Austrieb. Knospen im Inneren verbräunt. Wurzeln zum Teil oder ganz abgestorben. Wurzelrinde mitunter abblätternd. Bei Anschnitt Gewebe unter der Rinde braun, äußerlich zum Teil sekundär mit Pilzmyzel überzogen.

Frostschaden 1

- Nach Einwirkung von Hitze oder Trockenheit auf Pflanzenmaterial vor dem Auspflanzen bzw. nach langanhaltender Dürre nach dem Pflanzen spärlicher oder kein Austrieb. Knospen abgestorben, innen braun. Bei Anschnitt von Stamm und Wurzeln Verbräunungen unter der Rinde erkennbar.

Trockenheitsschaden, Hitzeschaden 2

- Nach langanhaltender Bodennässe, in Bodensenken sowie nach Überschwemmungen spärlicher oder kein Austrieb. Wurzeln abgestorben, Wurzelrinde zum Teil abblätternd (ähnlich wie Frostschaden).

Stauende Nässe 1

- Blütenbildung und Fruchtansatz nur spärlich. Junge Triebe meist verkürzt, Blätter klein und schmal mit hellgrüner bis gelblicher Verfärbung.

Stickstoff-Mangel 6

- Blütenknospenanlagen vermindert, Blätter klein, dunkelgrün und lederartig mit bronzenen bis purpurfarbenen Farbtönen.

Phosphor-Mangel 6

- Austrieb zahlreicher tiefer gelegener Knospen zur buschartigen Seitentriebbildung mit nachfolgenden Absterbeerscheinungen, Terminaltriebe verkahlen.

Kupfer-Mangel 6

VIROSEN, MYKOPLASMOSEN

- Austrieb spärlich, die gebildeten Blätter klein, blaßgrün und leicht gerollt, verfärben sich später rötlich oder verbräunen, vertrocknen. Trieb schließt vorzeitig ab (weitere Symptome beachten).

Birnenverfall, wahrscheinlich verursacht durch mykoplasmaähnliche Organismen 14

- Ältere Bäume treiben im Frühjahr verzögert aus, blühen spärlich, Triebwachstum gehemmt. An den Trieben kleine, von dünnem Häutchen überzogene, blasige Auftreibun-

gen, platzen später auf (krebsartige Rindenrisse und -einsenkungen.)

Blasiger Rindenkrebs, virusbedingt 14

- Bei Beginn des Austriebes Abfallen der meisten der im Vorjahr gebildeten Knospen. Verbliebene Knospen treiben verspätet aus (weitere Symptome beachten).

Birnenknospenfall, virusbedingt 15

BAKTERIOSEN

- Bäume mit Austriebs- bzw. Wachstumshemmungen weisen im Wurzelbereich, besonders unmittelbar unter der Bodenoberfläche zahlreiche dünne Wurzeln mit dichtem Besatz an Haarwurzeln auf, ebenso an verholzten Tumoren in diesem Bereich.

Haarwurzelkrankheit (*Agrobacterium rhizogenes* [Riker et al.] Conn.) 20

MYKOSEN

- Bei bestimmten Sorten ist der Austrieb beeinträchtigt, die Triebspitzen bleiben beim Austrieb trocken (Spitzendürre, Zweiggrind).

Birnenschorf (*Venturia pirina* Aderh.) 23
Monilia-**Spitzendürre** (*Monilinia* spp.) 24
Quitten-Monilia (*Monilinia linhartiana* [Sacc.] Honey) 25

- Austrieb im Frühjahr beeinträchtigt, gelbe Laubfärbung zum Vegetationsbeginn. An jungen, wüchsigen Trieben Rindenbrandsymptome, Spitzendürre, Pilzfruchtkörper auf der Rinde, brand- und krebsartige Veränderungen der Rinde zwischen den Astgabeln.

Obstbaumkrebs (*Nectria galligena* Bres.) . . . 26

- Geschwächter und verzögerter Frühjahrsaustrieb, im Sommer plötzliche Welke der Triebe, schwache braune bis violette Verfärbung der Rinde, Parenchym unter der Rinde schokoladenbraun, später großflächiger Rindenbrand oder kleinere Schildnekrosen. Auf diesen die Pyknidien des Erregers.

Phomopsis-**Rindenbrand** (*Diaporthe perniciosa* Marchal) 32

TIERISCHE SCHADERREGER

- Bei jungen Bäumen bzw. Pflanzen im Baumschulbestand Austrieb verzögert, oft nesterweise im Bestand. An den Wurzeln punktförmige Verbräunungen bzw. Schwarzverfärbungen, Faserwurzeln abgestorben. Im umgebenden Boden bzw. in den Wurzeln ektoparasitisch bzw. endoparasitisch lebende wandernde **Wurzelnematoden** **40**

- Blatt- und Blütenbüschel entfalten sich nicht, sind mit Honigtau verklebt, welken, vertrocknen. An den Knospenbüscheln 2 mm lange, flache, gelbliche bis gelbgrüne Larven und etwa 3 mm lange, gelbbraune bis rotbraune, springende Insekten mit glasartig durchscheinenden, dachartig über dem Körper liegenden Flügeln.

Großer Birnenblattsauger (*Psylla pirisuga* Först.) **46**
Brauner Birnenblattsauger (*Psylla melanoneura* Först.) **46**
Frühjahrsapfelblattsauger (*Psylla mali* Schmidb.) **46, 47**
und andere Arten der Gattung *Psylla* . . . **46, 47**

- An Stamm, Ästen und Zweigen, deren Austrieb beeinträchtigt ist, finden sich weißliche, wattebauschähnliche Wachsbeläge, vor allem im Bereich krebsartig veränderten und aufgeworfenen Rindengewebes. In diesen Belägen rotbraune, bis etwa 2 mm lange Insekten, zum Teil mit weißen Wachsausscheidungen bedeckt.

Blutlaus (*Eriosoma lanigerum* Hausm.) **47**

- Triebe mit Wuchsdeformationen treiben nicht oder spärlich und vielfach verzögert aus. Am Fruchtholz und an den Trieben, zur Zeit des Austriebs noch erkennbar, 0,5 mm lange, ovale, schwarz glänzende Eier. Folgeschaden eines vorjährigen, starken Auftretens von

Blattläusen, verschiedene Arten **49**

- Austrieb und Triebwachstum sind beeinträchtigt, auf der Rinde der betroffenen

Triebe 1,5 bis 3,5 mm große, unterschiedlich geformte Schildchen, oft krustenartig.

Schildläuse, verschiedene Arten **50, 51**

- Knospen öffnen sich nicht bzw. nur wenige Blätter treiben aus. Im Inneren frißt eine 3 bis 4 mm lange, fußlose, weißliche bis weißlich-gelbe Larve mit brauner Kopfkapsel.

Birnenknospenstecher (*Anthonomus piri* Kollar) **55**

- Bäume treiben schwach aus, Trieb im Wuchs gehemmt. Blätter bleiben klein, Früchte fallen vorzeitig ab, Wipfeldürre. Rinde zeigt Risse und Sprünge, unter der Rinde Zickzackgänge.

Birnbaumprachtkäfer (*Agrilus sinuatus* [Oliv.]) **59**

- Blatt- und Blütenbüschel entfalten sich nicht, sind von feinen Gespinstfäden zusammengehalten. In den Büscheln eine etwa 12 bis 20 mm lange, grüngraue oder rotbraune Schmetterlingslarve.

Grauer Knospenwickler (*Hedya nubiferana* Haw.) **73**
Roter Knospenwickler (*Spilonota ocellana* F.) **73**

- An Jungbäumen bzw. an Baumschulpflanzen, die im Frühjahr nicht oder stark verzögert austreiben, finden sich an den Wurzeln mehr oder weniger ausgedehnte Fraßbeschädigungen an der Wurzelrinde.

Engerlinge, Erdraupen **61**
Maulwurfsgrille **76**
Große Wühlmaus **76**
Mäuse, verschiedene Arten **76**

- Bäume, deren Rinde an Stamm bzw. Ästen und Zweigen mehr oder weniger vollständig abgefressen ist, treiben nicht oder nur spärlich aus. Spuren der Einwirkung von Nagezähnen sind erkennbar.

Mäuse, Hasen, Kaninchen, Schalenwild . . **76**

IV. Krankheiten und Beschädigungen an Stamm, Ästen, Zweigen und Trieben

(Siehe auch Abschnitt III „Krankheiten und Beschädigungen, die den Austrieb beeinträchtigen").

WACHSTUMSHEMMUNGEN
- Nach Einwirkung von Frosttemperaturen, besonders Kahlfrösten, auch während des Transportes vor dem Pflanzen ist das Triebwachstum deutlich gehemmt oder unterbleibt vollständig, ebenso der Austrieb. Knospen im Inneren verbräunt. Wurzeln zum Teil oder ganz abgestorben. Wurzel-

rinde mitunter abblätternd. Bei Anschnitt Gewebe unter der Rinde braun, äußerlich zum Teil sekundär mit Pilzmyzel überzogen. Krankheitserreger bzw. tierische Schaderreger nicht nachweisbar.

Frostschaden 1

- Nach langanhaltender Trockenheit kein oder nur geringes Triebwachstum. In der Regel sämtliche Bäume auf gleichem Standort gleichmäßig betroffen.

Trockenheitsschaden 2

- In Lagen mit hohem Grundwasserstand sowie in Überschwemmungslagen, vor allem in Bodensenken, meist nesterweise im Bestand Wachstumshemmungen.

Stauende Nässe 1

- Junge Triebe meist verkürzt, Blätter klein und schmal mit hellgrüner bis gelblicher Verfärbung. Ältere Blätter vorwiegend rötlich bis gelb mit vorzeitigem Blattfall. Blütenbildung und Fruchtansatz nur spärlich.

Stickstoff-Mangel 6

- Wachstum der Triebspitzen gestaucht, rosettenartig angeordnete kleine, verdickte Blätter an Triebenden. Blätter rollen sich unter rostroter bis bronzener Randfärbung, vorzeitiger Blattfall (auch Fruchtsymptome beachten).

Bor-Mangel 7

- Triebwachstum und Blattgröße vermindert, frühzeitiger Blattfall. Interkostalfelder der jüngeren bis älteren Blätter vom Rande her blaßgrün bis stumpfgelb, Blattnervatur mit angrenzendem Saum normal grün.

Mangan-Mangel 6

- Vermindertes Triebwachstum, an der Triebspitze dicht zusammengedrängte, büschelförmige Blattanordnung der fast blattlosen Zweige. Blätter chlorotisch gefleckt, klein und schmal, starr aufrechtstehend, teilweise zusammengefaltet, spröde mit gewelltem Rand.

Zink-Mangel 6

- Ältere Bäume erheblich im Wuchs gehemmt. Am basalen Teil der Triebe unregelmäßige Rindenrisse, vertiefen sich mit zunehmendem Dickenwachstum. Rinde wird borkig und rauh. Im inneren und äußeren

Rindenperiderm Nekrosen, die an schwarzbraunen Flecken erkennbar sind. Jungbäume empfindlicher Sorten sterben ab.

Rindenrissigkeit, virusbedingt 14

- Triebwachstum gehemmt. An den Trieben zunächst von dünnem Häutchen überzogene, blasige Auftreibungen, platzen später auf und führen zu krebsartigen Rindenrissen und -einsenkungen. Zweige und jüngere Bäume sterben ab. Geschädigte Rindenbereiche verdickt mit braunschwarzen Nekrosen.

Blasiger Rindenkrebs, virusbedingt 14

- An im Wuchs gehemmten Jungbäumen fallen die meisten der im Vorjahr gebildeten Knospen ab. Verbliebene Knospen treiben verspätet aus. Aus „Beiknospen" treiben dünne, kurze Triebe. Blätter mit Epinastie.

Birnenknospenfall, virusbedingt 15

- Bäume, die im Wachstum gehemmt sind, weisen im Wurzelbereich, besonders unmittelbar unter der Bodenoberfläche zahlreiche dünne Wurzeln mit dichtem Besatz an Haarwurzeln auf, ebenso an verholzten Tumoren in diesem Bereich.

Haarwurzelkrankheit (*Agrobacterium rhizogenes* [Riker et al.] Conn.) 20

- Triebe mit deutlichen Wachstumshemmungen weisen steil aufrechtstehende Blätter mit weißem Belag auf. Auch auf anderen Blättern weißer Belag.

Quittenmehltau (*Podosphaera oxyacanthae* de By.) 21
Apfelmehltau (*Podosphaera leucotricha* [Ell. et Ev.] Salm.) 21

- Nesterweise in Baumschulen bzw. in Junganlagen deutliche Wachstumshemmungen der Triebe. Wurzeln mit punktförmigen Verbräunungen bzw. Schwarzverfärbungen, Faserwurzeln abgestorben. Im umgebenden Boden bzw. in den Wurzeln ektoparasitisch bzw. endoparasitisch lebende

wandernde **Wurzelnematoden** 40

- Mehr oder weniger zahlreiche Gehölze in Baumschulen bzw. in Neuanpflanzungen zeigen verminderten Wuchs. Oberirdisch Krankheitserreger nicht nachweisbar. An den Wurzeln, besonders der Wurzelrinde mehr oder weniger ausgedehnte Fraßbeschädigungen.

– Eine Hemmung des Triebwachstums kann weiterhin als Folge des Befalls mit weiteren tierischen Schaderregern auftreten, vor allem:

ABSTERBEN VON BÄUMEN BZW. VON
ÄSTEN, ZWEIGEN ODER TRIEBEN,
IN DEN MEISTEN FÄLLEN VERBUNDEN
MIT WELKEN, VERFÄRBEN UND
ABSTERBEN DER BLÄTTER U. A.

(Siehe auch Abschnitt I „Krankheiten und Beschädigungen mit besonderer Bedeutung in der Baumschule, an Jungbäumen sowie importiertem Pflanzenmaterial“).

Dieses Krankheitsbild kann die Folge der unterschiedlichsten Schadursachen sein. Für die Diagnose sind daher noch weitere Merkmale heranzuziehen, auf die in den Beschreibungen vor den ausgewiesen Tafeln eingegangen wird.

– Größere Astpartien oder ganze Bäume sterben ab. Parasitäre Ursachen bzw. tierische Schaderreger nicht nachweisbar.

– Frühzeitige Entlaubung der Langtriebe. Blätter klein, dunkelgrün und lederartig mit bronzenen bis purpurfarbenen Farbtönen, Blattstiele rötlich, Blütenknospenanlagen und Fruchtansatz vermindert.

– Im Spätsommer verfrühter Laubfall, beginnend am unteren Ende der Triebe. Von älteren, relativ dunkelgrünen Blättern ausgehende, schwarzbraune Nekrosen im Bereich der Spreitenränder und Interkostalfelder.

– Terminaltriebe verkahlen oder sterben völlig ab. Austrieb zahlreicher tiefer gelegener Knospen zur buschartigen Seitentriebbildung mit nachfolgenden Absterbeerscheinungen. Endständige Blätter welk, aufgewölbt mit zunehmender Interkostalchlorose, unter Bildung brauner Nekrosen sterben die jüngsten Blätter ab.

– Normal entwickelte Bäume können innerhalb weniger Stunden oder Tage welken und absterben. Der Verfall kann sich auch über mehrere Monate oder mehr als ein Jahr hinziehen. Austrieb spärlich, Blätter klein, leicht eingerollt, blaßgrün, oft rötlich oder verbräunt, vertrocknen. An der Veredelungsstelle an der Rindeninnenseite der Unterlage braune Linie (Phloemnekrose).

– Mit Rindennekrosen, Rindenverfärbungen und Rindenveränderungen (borkig, krebsartig verändert, rissig u. a.) verbunden sind

(Vergleiche auch Abschnitt „Verfärbungen und Absterbeerscheinungen der Rinde, Rindennekrosen“)

– Absterben größerer Astpartien oder ganzer Bäume in Verbindung mit mehr oder weniger typischen Verfärbungen und Absterbeerscheinungen an der Rinde kann verursacht werden durch

(weitere Symptome beachten).

(Siehe hierzu Abschnitt „Verfärbungen und Absterbeerscheinungen an der Rinde, Rindennekrosen“).

– Größere Astpartien oder ganze Bäume

sterben ab. Auf den Wurzeln Überzüge aus einem luftigen, weißen Myzel.

- Gefäße in Stamm und Ästen braun verfärbt, später auch Holz schwarzbraun verfärbt. An diesen Bäumen Blätter anfangs graugelb, welken im Sommer schlagartig, manchmal am Baum nur halbseitig. Sterben ab.

- Größere Astpartien an älteren Bäumen bzw. ganze Bäume sterben ab. Am Stamm oder am Wurzelansatz charakteristische Fruchtkörper von Pilzen.

- Mehr oder weniger zahlreiche Trieb- oder Zweigspitzen sterben ab, verkahlen durch vorzeitigen Laubfall oder treiben gar nicht aus. Mitunter bleiben abgestorbene Blätter verbräunt an den abgestorbenen Trieben hängen (Triebspitzennekrose, Spitzendürre). Dieses Schadbild steht in Zusammenhang mit zahlreichen Schadursachen. Differentialdiagnostische Merkmale beachten (siehe Beschreibungen zu den Tafeln).

Abiotische Schäden, Ernährungsstörungen

Virosen, Mykoplasmosen

Bakteriosen

Mykosen

Tierische Schaderreger
(Ohne Kahlfraß an den Trieben)

- Triebspitzen welken, sind im Wuchs gehemmt, später schwarz verfärbt, jüngste Blätter eingerollt. 4 bis 5 cm unterhalb der Triebspitze bräunliche Einstiche, die den Trieb spiralig umgeben. Im Trieb bis 10 cm lange, gelblich-weiße Larve.

- Unter der Rinde von vorzeitig absterbenden Bäumen fressen 40 bis 50 mm lange, fußlose und gelbliche Larven unregelmäßige Gänge in das Holz hinein.

- Bäume welken und sterben ab. Unter der Wurzelrinde legen bis zu 70 mm lange, abgeflachte Larven vom Wurzelhals aus Längsgänge in den Wurzeln an.

Schwarzer Obstbaumprachtkäfer (*Capnodis tenebrionis* L.) 59

- Bäume mit Wipfeldürre sterben ab. Unter der Rinde Zickzackgänge durch 25 mm lange, weißlich-gelbe Larven.

Birnbaumprachtkäfer (*Agrilus sinuatus* [Oliv.]) 59

- Unter der Rinde und im Holz geschlängelte Gänge.

Buchenprachtkäfer (*Agrilus viridis* L.) 59

- Große Astpartien, aber auch ganze Bäume welken und sterben ab. Äußerlich auf der Rinde Bohrlöcher mit Bohrmehl erkennbar. Unter der Rinde charakteristische Fraßgänge von 3 bis 4 mm langen, rundlichen und weißlichen, fußlosen Larven.

Großer Obstbaumsplintkäfer (*Scolytus mali* [Bechst.]) 60
Kleiner Obstbaumsplintkäfer (*Scolytus rugulosus* [Ratzeb.]) 60

- Bäume kümmern und sterben ab. Unter der Rinde und im Holz lange, gewundene Gänge (im Schnitt erkennbar). Auf der Rinde 2 mm große Einbohrlöcher.

Ungleicher Holzbohrer (*Xyleborus dispar* [F.]) 60
Kleiner Holzbohrer (*Xyleborus saxeseni* [Ratzeb.]) 60

- Triebe, Zweige, Äste, aber auch junge Bäume welken und sterben ab. Im Holz Fraßgänge bis zu 1 cm Durchmesser. Darin gelbliche, 50 bis 60 mm lange Larve mit schwarzen, beborsteten Punkten. Am befallenen Holzteil Ausbohrloch.

Blausieb (*Zeuzera pyrina* [L.]) 75

- Schadbild ähnlich. In den Fraßgängen bis 100 mm lange, fleischfarbene, bis fingerdicke Larve.

Weidenbohrer (*Cossus cossus* [L.]) 75

- Jüngere Bäume sterben ab. Im Bereich von Adventivwurzeln, aber auch von Wunden durch Schnitt u. a. ist das Rindengewebe mit Bohrgängen durchzogen. Darin bis 25 mm lange, weißlich-gelbe Larve. Aus Bohrgängen dringt Bohrmehl nach außen.

Apfelbaumglasflügler (*Aegeria myopaeformis* Brkh.) 75

- Bäume, deren Rinde an Stamm bzw. Trieben vollständig abgefressen ist, sterben ab. An den Fraßstellen Spuren von Nagezähnen erkennbar.

Mäuse, Hasen, Kaninchen, Schalenwild . . 76

- Bäume sterben ab und fallen leicht um. Wurzeln vollständig abgefressen. Spuren von Nagezähnen.

Große Wühlmaus 76

VERFÄRBUNGEN UND ABSTERBE-ERSCHEINUNGEN DER RINDE, RINDENNEKROSEN

(Siehe hierzu auch unter „Deformationen und Mißbildungen an der Rinde und des Holzes einschließlich Pilzfruchtkörper und Schmarotzerpflanzen").

Verfärbungen, Absterbeerscheinungen der Rinde sowie Rindennekrosen werden durch zahlreiche Schadfaktoren verursacht. Die betreffenden Schadbilder sind vielfach zum Verwechseln ähnlich.

Zur Ursachenermittlung ist eine entsprechende Differentialdiagnose erforderlich. Im Falle der bakteriell und pilzlich bedingten Rindennekrosen wird die zusätzliche Benutzung von Spezialliteratur bzw. der Rat eines Spezialisten empfohlen. Verwiesen wird auf FICKE, W., SCHAEFER, H.-J., SENULA, A. „Anleitung zur Diagnose pilzlicher und bakterieller Erreger von Rindennekrosen an Obstgehölzen". iga-Ratgeber, herausgegeben von Internationale Gartenbauausstellung der DDR, Erfurt und Akademie der Landwirtschaftswissenschaften der DDR, Berlin 1980 sowie FICKE, W., KLEINHEMPEL, H. „Rindenkrankheiten bei Obstgehölzen". agrabuch. Landwirtschaftsausstellung der DDR, 7113 Markkleeberg 1984.

- Auf der der Sonnenseite zugewandten Stammseite sterben größere Rindenpartien plattenförmig ab (Frostplatten) und blättern später ab. Parasitäre Ursachen bzw. tierische Schaderreger nicht nachweisbar.

Frostschaden 1

- Äußerliche Verbräunungen auf der Rinde. Bei Anschneiden ist im Kambiumbereich eine Verbräunung festzustellen. Parasitäre

Ursachen bzw. tierische Schaderreger nicht nachweisbar.

– An älteren Ästen an der Rinde Absterbeerscheinungen (rauhes Aussehen). Endständige Blätter welk, aufgewölbt mit zunehmender Interkostalchlorose, unter Bildung brauner Nekrosen sterben die jüngsten Blätter ab. Terminaltriebe verkahlen oder sterben völlig ab. Austrieb zahlreicher tiefer gelegener Knospen zur buschartigen Seitentriebbildung mit nachfolgenden Absterbeerscheinungen.

– An Bäumen, die innerhalb weniger Stunden oder Tage welken und absterben, ist der Austrieb spärlich, Blätter sind klein, eingerollt und blaßgrün bis rötlich oder verbräunt. An der Veredelungsstelle an der Rindeninnenseite der Unterlage eine braune Linie (Phloemnekrose). Absterben der Bäume mitunter auch über mehrere Monate oder mehr als ein Jahr.

– Auf der Rinde zahlreiche, eng nebeneinander verlaufende, ring- oder bogenartige Risse, die sich schnell ausbreiten. Rinde nekrotisiert, befallene Zweige sterben ab. Mitunter verbräunen auch größere Flächen ein- und mehrjähriger Rindenbereiche, die sich später violett färben und einsinken.

– Gegen Ende des Sommers im basalen Bereich der Triebe unregelmäßige Rindenrisse, die sich vertiefen und auf alle Bereiche des Holzes ausweiten. Die normalerweise glatte Rinde wird borkig und rauh. Im inneren und äußeren Rindenperiderm schwarzbraune Flecke.

– Auf der Rinde zunächst kleine, von einem dünnen Häutchen überzogene, blasige Auftreibungen, die später aufplatzen und zu krebsartigen Rindenrissen und -einsenkungen führen. Geschädigte Rindenbereiche verdickt mit braunschwarzen Nekrosen.

– An der Stammbasis äußerlich längliche Eindellungen. Nach Ablösen der Rinde am Holzkörper lange, tiefe Rillen oder Furchungen erkennbar. Pfropf- oder stippenartige Auswüchse auf der Rinde, die in das Holz hineinreichen.

– An jüngeren Trieben zunächst feine Risse und Furchen. Sie vertiefen und verbreitern sich mit zunehmendem Dickenwachstum. Es entsteht eine rauhe Borke.

– Rindenpartien braun verfärbt und schwammig-weich. Epidermis reißt auf. Treten diese Nekrosen am Stamm auf und umgürten ihn, kommt es zum Absterben des Baumes.

– Rinde schwammig aufgetrieben, verfärbt sich später braun bis schwarz und sinkt unter scharfer Trennung zum gesunden Rindengewebe ein. Austritt von milchig-weißem bis bernsteinfarbigem Bakterienschleim (Symptome an Blättern, Blüten und Trieben beachten).

– An Trieben mit Spitzendürre wird die Rinde grindig (Zweiggrind). An aufbrechender Rinde schwarzbraune Konidienlager sichtbar. (Weitere Symptome an Blättern und Früchten beachten).

– Rot- bis Dunkelbraunverfärbung der Rinde bei gleichzeitigem schwachem Einsinken. An jungen Trieben längliche, ausgedehnte Rindenbrandsymptome. Bei Umgürten des Triebes stirbt dieser ab. Mitunter brand- bzw. krebsartige Veränderungen der Rinde zwischen den Astgabeln. Auf den abgestorbenen Rindenteilen finden sich Fruchtkörper des Erregers.

– Oberhalb der Infektionsstelle welkt der Trieb und stirbt ab. Befallener Holzteil verfärbt sich grünlich bis braun. Nach Absterben des Triebes oder Astes Ausbildung von hellgelben und hellroten (bei Trockenheit) sowie zinnoberroten (bei Feuchtigkeit) Sporodochien unterschiedlicher Größe. Daneben rotbraune, in Gruppen stehende Hauptfruchtkörper (Perithecien).

– Rinde bräunlich verfärbt, leicht eingesunken, reißt an der Übergangsstelle von krankem zu gesundem Gewebe ein und löst sich an den Rißstellen ab. Auf abgestorbener Rinde Sporenlager. Später wird der nackte Holzkörper sichtbar.

– Im Bereich des Stammgrundes kleine, violette Faulstellen. Rinde wird feucht und bricht auseinander. An den Rißstellen Kallusgewebe. Frische Befallsstellen im Anschnitt schokoladenbraun. Stamm kann umgürtet werden. Absterben des Baumes.

– Rinde anfangs an der Infektionsstelle rotbraun bis braun, eingesunken. Schwarze Zonierung auf der Rinde. Diese reißt an der Übergangsstelle zum gesunden Gewebe ein, mitunter die gesunde Rinde blasig aufgetrieben. Bei Umgürtung Absterben der Zweig- oder Astteile. Durch abgestorbene Rinde brechen die Stromata der Fruchtkörper des Erregers (Pyknidien) heraus. Rinde erscheint wie die Haut einer Kröte mit Warzen bedeckt.

– An der Rinde entstehen Schäden, die denen durch Frost ähnlich sind. An den Trieben Spitzendürre. Auf der geschädigten Rinde (Rindenbrand) mitunter Sporenlager der Nebenfruchtform des Erregers.

– Einzelne Zweige oder Äste bzw. die ganze Krone welken, zeigen Nekrosen auf der Rinde und sterben ab. Im unteren Stammbereich konsolenförmige Fruchtkörper.

– Größere, nicht scharf abgesetzte, flächenförmige Verfärbungen der Rinde von grau bis hellbraun und rötlichbraun, leicht eingesunken. Zwischen krankem und gesundem Gewebe ein etwa 0,5 bis 1 cm breiter Riß. Nekrotisiertes Gewebe wird schuppenförmig abgestoßen, darauf ab August die ersten Acervuli des Erregers, bei feuchtem Wetter weiße Sporenmassen.

– Schwache braune bis violette Verfärbung der Rinde, Parenchym darunter schokoladenbraun. Rindenbrand geht vielfach in großflächige Rindenfäule über, oder es bleiben kleinere Rindenschildnekrosen. Auf diesen die Pyknidien des Erregers.

– Von Infektionsstelle ausgehend auf der Rinde kleine, rundovale, dunkelfarbene Nekrosen, dehnen sich schnell aus, eingesunken. Darauf die Pyknidien des Erregers. Abgestorbene Rinde löst sich pergamentartig vom Holz. Bei Umgürtung Absterben der Triebe und Äste.

– Vor allem auf der Rinde jüngerer Bäume oder an Veredelungsmaterial sehr kleine, bräunliche Flecke, die nekrotisieren und schuppig, rissig abgestoßen werden. Auf alten Nekrosen schwarze Sklerotien und Konidienrasen.

– Runde bis längsovale, fleckenartige, rötliche bis graubraune Verfärbungen auf der Rinde, eingesunken, lösen sich vom gebildeten Wundkallus ab. Rinde trocknet aus, zerfasert, löst sich in Fetzen ab. Holzkörper liegt frei. Bei Umgürtung Absterben von Ästen und Bäumen. Auf abgestoßener Rinde Pyknidien des Erregers.

– Stark eingesunkene, dunkel verfärbte Nekrosen auf der Rinde im Ast- und Stammbereich, scharf geradlinig vom gesunden Gewebe getrennt. Bei Umgürtung Absterben der Äste und Triebe.

- Die Symptome des Rindenbrandes können weiterhin verursacht werden durch

Pestalotia-**Rindenbrand** (*Pestalotia malorum* Elenk. et Ohl.) 35

sowie

Coryneum-**Rindenbrand** (*Coryneum microstictum* Berk. et Br.) 35

DEFORMATIONEN
UND MISSBILDUNGEN
AN RINDE UND HOLZ EINSCHLIESSLICH
PILZFRUCHTKÖRPER
UND SCHMAROTZERPFLANZEN

(Siehe auch Abschnitt „Verfärbungen und Absterbeerscheinungen der Rinde, Rindennekrosen").

- Längs verlaufende Rindenrisse am Stamm, die bis in das Holz hineinreichen und im späteren Wachstumsverlauf durch neu gebildete Rinde überwallt werden, können zurückgeführt werden auf

Frostschaden 1

- Auf der Rinde zahlreiche, eng nebeneinander verlaufende ring- oder bogenartige Risse, die sich schnell ausbreiten. Rinde nekrotisiert, befallene Zweige sterben ab. Mitunter verbräunen auch größere Flächen ein- oder mehrjähriger Rindenbereiche, die sich später violett färben und einsinken.

Rindennekrose, virusbedingt 14

- Gegen Ende des Sommers im basalen Bereich der Triebe unregelmäßige Rindenrisse, die sich vertiefen und auf alle Bereiche des Holzes ausweiten. Die normalerweise glatte Rinde wird borkig und rauh. Im inneren und äußeren Rindenperiderm schwarzbraune Flecke.

Rindenrissigkeit, virusbedingt 14

- Auf der Rinde zunächst kleine, von einem dünnen Häutchen überzogene, blasige Auftreibungen, die später aufplatzen und zu krebsartigen Rindenrissen und -einsenkungen führen. Geschädigte Rindenbereiche verdickt mit braunschwarzen Nekrosen.

Blasiger Rindenkrebs, virusbedingt 14

- An der Stammbasis äußerlich längliche Eindellungen. Nach Ablösen der Rinde am Holzkörper lange, tiefe Rillen oder Furchungen erkennbar. Pfropf- oder stippenartige

Auswüchse auf der Rinde, die in das Holz hineinreichen.

Stammnarbung, virusbedingt 15

- An jüngeren Trieben zunächst feine Risse und Furchen. Sie vertiefen und verbreitern sich mit zunehmendem Dickenwachstum. Es entsteht eine rauhe Borke.

Rauhrindigkeit, virusbedingt 15

- Rindenpartien schwammig-weich, braun verfärbt. Epidermis reißt auf (weitere Symptome beachten).

Bakterienbrand (*Pseudomonas syringae* pv. *syringae* van Hall) 19

- Rinde schwammig aufgetrieben, verfärbt sich später braun bis schwarz und sinkt unter scharfer Trennung zum gesunden Rindengewebe ein. Austritt von milchig-weißem bis bernsteinfarbigem Bakterienschleim (weitere Symptome beachten).

Feuerbrand (*Erwinia amylovora* [Burr.] Winslow et al.) 17, 18

- An Trieben mit Spitzendürre wird die Rinde grindig (Zweiggrind). An aufbrechender Rinde schwarzbraune Konidienlager sichtbar (weitere Symptome an Blättern und Früchten beachten).

Birnenschorf (*Venturia pirina* Aderh.) 23

- Krebsartige Veränderungen der Rinde und zum Teil des Holzkörpers können verursacht werden durch

Obstbaumkrebs (*Nectria galligena* Bres.) . . . 26
Blutlaus (*Eriosoma lanigerum* Hausm.) 47

- Nach Absterben von Ästen oder Trieben Ausbildung von hellgelben und hellroten (bei Trockenheit) sowie zinnoberroten (bei Feuchtigkeit) Sporodochien unterschiedlicher Größe. Daneben rotbraune, in Gruppen stehende Hauptfruchtkörper (Perithecien).

Rotpustelkrankheit (*Nectria cinnabarina* [Tode ex Fr.] Fr.) 27

- Im Bereich des Stammgrundes kleine, violette Faulstellen. Rinde wird feucht und bricht auseinander. An den Rißstellen Kallusgewebe. Frische Befallsstellen im Anschnitt schokoladenbraun.

Kragenfäule (*Phytophthora cactorum* [Leb. et Cohn] Schroet.) 29

- Rinde an Infektionsstelle rotbraun bis

braun, eingesunken. Schwarze Zonierung auf der Rinde. Diese reißt an Übergangsstelle zum gesunden Gewebe ein, mitunter die gesunde Rinde blasig aufgetrieben. Durch abgestorbene Rinde brechen die Stromata der Fruchtkörper des Erregers (Pyknidien) heraus. Rinde erscheint wie die Haut einer Kröte mit Warzen bedeckt.

Krötenhautkrankheit (*Leucostoma* spp., Nebenfruchtform *Cytospora* spp.) **30**

– Konsolenförmige Pilzfruchtkörper an Stamm bzw. Ästen werden verursacht durch

Milchglanz (Bleiglanz) (*Stereum purpureum* [Pers. ex Fr.] Fr.) **38**
Schmetterlings-Tramete (*Trametes versicolor* [L. ex Fr.] Pilat) **39**
Schwefelporling (*Laetiporus sulphureus* [Bull. ex Fr.] Bond et Singer) **39**
Falschen Zunderschwamm (*Phellinus igniarius* [L. ex Fr.] Quél.) **39**
und andere Arten **39**

– Am Stammgrund bzw. an oberflächlich liegenden Wurzeln braune Pilzfruchtkörper.

Hallimasch (*Armillariella mellea* [Vahl ex Fr.] Karst.) **38**

– Auf Ästen, vielfach in Astgabeln, im Winter grünbleibende Pflanzen mit annähernd kugeligem Wuchshabitus und ungestielten, längsovalen, glattrandigen, gegenständigen Blättern.

Mistel (*Viscum album* L.) **40**

– Dellen- und Rißbildungen auf der Rinde. In diesem Bereich 1,2 bis 1,6 mm große, runde, weiche, schmutzig gelblich-weiße bis bräunliche Schilde.

Rote Austernschildlaus (*Epidiaspis lepèrei* Sign.) **51**

– Risse und Sprünge in der Rinde können in Verbindung stehen mit einem Schadauftreten des

Birnbaumprachtkäfer (*Agrilus sinuatus* [Oliv.]) **59**

VERÄNDERUNG DES WUCHSHABITUS

– Durch Abdrift von Wuchsstoffherbiziden bei Behandlung von Nachbarkulturen bzw. nach Anwendung von Wachstumsregulatoren in bestimmten Entwicklungsstadien der Bäume kann es zu Verdrehungen der Triebe (ähnlich wie Blattlausschaden (Tafel 49)) kommen.

Herbizidschaden, Schaden durch **Wuchsstoffherbizide,** Schaden durch **Wachstumsregulatoren** **3**

– An den Narben abgefallener Knospen entstehen „Beiknospen", die nur dünne, kurze Triebe bilden. Zu Beginn des Austriebes sind die meisten der im Vorjahr gebildeten Knospen abgefallen.

Birnenknospenfall, virusbedingt **15**

– Einjährige Triebe, aber auch ältere Äste biegen sich herab. Der typische aufrechte Kronenaufbau der Birne bleibt aus. In Verbindung mit den Gerüstanomalien können Blattchlorosen auftreten.

Gummiholzkrankheit, wahrscheinlich verursacht durch mykoplasmaähnliche Organismen (Gummiholzkrankheit des Apfels) **15**

– Triebe verfärben sich schwarz und krümmen sich hakenförmig (krummstabähnlich). Schadbild besonders wichtig für die Erfassung von Feuerbrandverdacht außerhalb der Vegetationsperiode. Weitere diagnostische Merkmale beachten!

Feuerbrand (*Erwinia amylovora* [Burr.] Winslow et al.) **17, 18**

– Junge Triebe sind verkrümmt und gebogen, bleiben im Wachstum zurück. An den Trieben während der Vegetationszeit Blattlauskolonien. Schadbild außerhalb der Vegetationszeit erkennbar. Schaderreger dann nicht mehr nachweisbar.

Blattläuse, verschiedene Arten **49**

EXSUDATBILDUNGEN BZW. BELÄGE AUF DER RINDE

– Rinde schwammig aufgetrieben, verfärbt sich später braun bis schwarz und sinkt unter scharfer Trennung zum gesunden Rindengewebe ein. Bei mäßig warmer und feuchter Witterung tritt aus erkranktem Pflanzengewebe milchig-weißer bis bernsteinfarbiger Bakterienschleim (Exsudat) aus. (Weitere Symptome beachten).

Feuerbrand (*Erwinia amylovora* [Burr.] Winslow et al.) **17, 18**

– Auf abgestorbenen Ästen und Trieben

Ausbildung von hellgelben und hellroten (bei Trockenheit) sowie zinnoberroten (bei Feuchtigkeit) Belägen von Sporodochien unterschiedlicher Größe. Daneben rotbraune, in Gruppen stehende Hauptfruchtkörper (Perithecien).

Rotpustelkrankheit (*Nectria cinnabarina* [Tode ex Fr.] Fr.) 27

– Rinde an Infektionsstelle rotbraun bis braun, eingesunken. Schwarze Zonierung auf der Rinde. Die abgestorbene Rinde mit einem Belag von Fruchtkörpern des Erregers (Pyknidien). Rinde erscheint wie die Haut einer Kröte mit Warzen bedeckt.

Krötenhautkrankheit (*Leucostoma* spp., Nebenfruchtform *Cytospora* spp.) 30

– Am Stamm bzw. an Ästen und Zweigen krustenförmiger Belag mit kaum differenziert ausgebildeten Fruchtkörpern bzw. mit konsolenförmigen Fruchtkörpern.

Milchglanz (Bleiglanz) (*Stereum purpureum* [Pers. ex Fr.] Fr.) 38

– An Trieben klebriger, schwarzer Belag, verbunden mit gleichzeitigem Befall mit Blattläusen (Tafel 49), Blattsaugern (Tafel 46, 47).

Rußtaupilze, angesiedelt auf Honigtau, der von tierischen Schaderregern abgesondert wird. 46, 47, 49

– In Zweig- und Astgabeln, aber auch an anderen Stellen auf der Rinde dichte Beläge mit etwa 0,1 mm großen, roten Eiern, vor allem in der vegetationslosen Zeit erkennbar.

Eier von **Spinnmilben**, verschiedene Arten . . 44

– An Trieben, aber auch am Fruchtholz sowie an anderen Rindenteilen wattebausch-ähnliche, weißliche Beläge, unter denen etwa 2 mm lange, rotbraune Insekten leben.

Blutlaus (*Eriosoma lanigerum* Hausm.) 47

– Auf der Rinde von Stamm, Ästen, Zweigen und Trieben dichte Beläge unterschiedlich geformter, wenige Millimeter großer Schildchen (rundlich, kommaförmig).

Schildläuse, verschiedene Arten 50, 51

FRASSSCHÄDEN SOWIE BOHRLÖCHER

– An Triebspitzen, vor allem in der Baum-

schule und in feuchten Lagen, unregelmäßige Fraßbeschädigungen an der Rinde. Im Bereich der Fraßbeschädigungen Schleimspuren.

Schnecken, verschiedene Arten 41

– Unregelmäßige Fraßbeschädigungen an der Rinde junger Triebe, vor allem in der Baumschule werden verursacht durch

Rüsselkäfer, verschiedene Arten 58

– An der Stammbasis mehr oder weniger ausgedehnter Rindenfraß (Schälfraß), Spuren von Nagezähnen erkennbar.

Große Wühlmaus (*Arvicola terrestris* L.) . . . 76
Feldmaus (*Microtus arvalis* Pall.) 76
Erdmaus (*Microtus agrestis* L.) 76

– Mehr oder weniger große Rindenpartien am Stamm, mitunter auch an den unteren Ästen, abgeschält. Betroffene Gehölzteile erscheinen fast weiß.

Hasen, Kaninchen, Schalenwild 76

– Triebe und dünnere Äste verbissen. Verbißstelle schräg, wie mit dem Messer geschnitten.

Hasen, Kaninchen 76

– Verbißstelle horizontal und gequetscht mit faserigem Rand.

Schalenwild 76

– Von Schnittstelle an dünneren Ästen ausgehend etwa 1,8 bis 2 mm breite Bohrgänge in das Mark des Zweiges bis zu 11 mm tief hineinreichend, darin Bohrmehl und Puppe.

Ampferblattwespe (*Ametastegia glabrata* [Fall.]) 52

– 4 bis 5 cm unterhalb der Triebspitze bräunliche Einstiche, die den Trieb spiralig umgeben, Triebspitzen welken, sind im Wuchs gehemmt (meist einjährige Triebe). Blätter welk herabhängend, später schwarz verfärbt, jüngste Blätter eingerollt. Im Trieb bis 10 mm lange, gelblich-weiße Larve.

Birnentriebwespe (*Janus compressus* F.) 53

– Junge Triebe welken, knicken um und fallen zum Teil ab. Unterhalb der Knickstelle ringförmig in horizontaler Reihe angeordnete Fraß- und Eiablagestellen. Im Mark der Triebe frißt weißlich-gelbe Käferlarve.

Obstbaumtriebstecher (*Rhynchites coeruleus* [Deg.]) 58

- Spitzendürre. Dünnere Äste vielfach geringelt. Unter der Rinde Zickzackgänge. Rinde zeigt Risse und Sprünge.

Birnbaumprachtkäfer (*Agrilus sinuatus* [Oliv.]) 59

- Ein ähnliches Schadbild, aber unter der Rinde geschlängelte Gänge.

Buchenprachtkäfer (*Agrilus viridis* L.) 59

- Im unteren Stammteil unter der Rinde vorzeitig absterbender Bäume 40 bis 50 mm lange, gelbliche, fußlose Larven in unregelmäßigen Gängen, die bis in das Holz hineinreichen. Gänge bis fingerdick.

Obstbaumbockkäfer (*Cerambyx scopoli* Füssl.) 59

- Auf der Rinde kleine, rotbraune, krümelige, bis 1 cm lange Kothäufchen, zu Säckchen versponnen. Aus ihnen ragt mitunter eine 7 bis 8 mm lange Puppe heraus. Rindengewebe mit Fraßgängen. Darin fleischrote bis gelbgrüne, 11 bis 20 mm lange Larve.

Rindenwickler (*Enarmonia formosana* Scop.) . 73

- Auf der Rinde Bohrlöcher. Unter der Rinde unterschiedlich geformte Fraßgänge. Darin gelblich-weiße Larven bzw. braunschwarze Käfer.

Großer Obstbaumsplintkäfer (*Scolytus mali* [Bechst.]) 60
Kleiner Obstbaumsplintkäfer (*Scolytus rugulosus* [Ratzeb.]) 60
Ungleicher Holzbohrer (*Xyleborus dispar* [F.]) 60
Kleiner Holzbohrer (*Xyleborus saxeseni* [Ratzeb.]) 60

- Jüngere Bäume sterben ab. Im Bereich von Schnittwunden und anderen Wunden Rindengewebe bis etwa 5 mm unter der Oberfläche von Bohrgängen bis zu 6 cm Länge durchzogen. Darin etwa 25 mm lange, gelblich-weiße Larven.

Apfelbaumglasflügler (*Aegeria myopaeformis* Brkh.) 75

- In Stamm, Zweigen bzw. Ästen welkender Bäume im Holz Fraßgänge bis zu 1 cm Durchmesser. Darin 50 bis 60 mm lange, gelbliche Larve mit schwarzen, beborsteten Punkten.

Blausieb (*Zeuzera pyrina* [L.]) 75

- Ähnliches Schadbild. In den Fraßgängen bis 100 mm lange, oberseits fleischfarbene, sonst gelbliche, fingerdicke Larve.

Weidenbohrer (*Cossus cossus* [L.]) 75

V. Krankheiten und Beschädigungen an Knospen

(Siehe auch unter Abschnitt IV „Absterben von Bäumen bzw. Ästen, Zweigen oder Trieben").

AUSTRIEBSSCHÄDEN

(Siehe Abschnitt III „Krankheiten und Beschädigungen, die den Austrieb beeinträchtigen").

ABSTERBEERSCHEINUNGEN

(Siehe auch unter „Fraßschäden" sowie „Saugschäden").

- Bei Beginn des Austriebs bleiben die Knospen trocken und erscheinen aufgelockert. Sie sind innen verbräunt, besonders im Bereich der Markbrücke. Eine Höhlung ist in der Knospe nicht nachweisbar.

Frostschaden 1

- Ähnliches Schadbild:
Trockenheitsschaden 2

- Bei Beginn des Austriebs Abfallen der meisten im Vorjahr gebildeten Knospen. Verbliebene Knospen treiben verspätet aus.

Birnenknospenfall, virusbedingt 15

- Knospen zur Zeit des Austriebs runzelig und aufgelockert, bleiben in der Entwicklung zurück, vielfach bereits über Winter abgestorben.

Quittenmehltau (*Podosphaera oxyacanthae* de By.) 21
Apfelmehltau (*Podosphaera leucotricha* [Ell. et Ev.] Salm.) 21

- Knospen und Triebe abgestorben oder treiben nur schwach aus, kümmern. Blätter mit gelblich-weißen, später nekrotischen Flecken. Spitzendürre. Blatt- und Blütenknospen zum Teil mit Honigtau verklebt.

Grüne Futterwanze (*Exolygus pabulinus* L.) und andere **Wanzen**-Arten (keine Honigtaubildung) 45, 46

- Bei Beginn der Blüte brechen eine Reihe
von Knospen nicht auf bzw. treiben nur wenige Blätter aus. Beim Aufschneiden der
Knospen im Inneren eine etwa 3 bis 4 mm
lange, fußlose, weißliche bis weißlich-gelbe
Larve mit brauner Kopfkapsel.

- Bei Beginn des Schwellens der Blütenknospen tritt aus feinen Einstichlöchern Saft
aus. Blütenknospen öffnen sich nicht, sterben ab, Blütenblätter braun, kappenförmig,
vertrocknen. In den Knospen gelblich-weiße,
fußlose Käferlarve.

VERÄNDERUNGEN DES WUCHSHABITUS

- Knospen beim Austrieb aufgelockert und
trocken, im Inneren verbräunt, besonders im
Bereich der Markbrücke. Eine Höhlung ist
nicht nachweisbar.

- Knospen zur Zeit des Austriebs runzelig
und aufgelockert, bleiben in der Entwicklung zurück, vielfach bereits über Winter abgestorben.

- An den Narben abgefallener Knospen entstehen „Beiknospen", die nur dünne, kurze
Triebe bilden. Zu Beginn des Austriebs sind
die meisten der im Vorjahr gebildeten Knospen abgefallen. An der Knospenbasis ein
korkartiges Periderm.

- Blatt- und Blütenknospen bzw. -büschel
entfalten sich nicht, sind von feinen Gespinstfäden zusammengehalten. Blattbüschel an Triebspitzen nehmen kuppelförmige Gestalt an. Im Inneren der Büschel
fressen unterschiedlich gefärbte Larven.

FRASSSCHÄDEN

- Vor oder beim Austrieb fressen an Blatt-
und Blütenknospen verschiedene Schadinsekten-Arten, vor allem

Weitere **Schmetterlings-Arten,** die im Larvenstadium an Knospen fressen können, siehe Abschnitt VII „Krankheiten und Beschädigungen
an Blättern".

- Nach der Okulation sterben Edelaugen ab,
Gewebe zwischen Unterlage und Edelauge
ist durch rötliche, etwa 2,5 mm lange Fliegenlarven zerstört.

- Knospen werden vor allem im Winter angefressen bzw. abgebissen, liegen am Boden,
Inhalt ist leergefressen.

Vögel, verschiedene Arten.

SAUGSCHÄDEN

(Siehe unter „Absterbeerscheinungen")
werden verursacht durch

VI. Krankheiten und Beschädigungen an Blüten

MECHANISCHE BESCHÄDIGUNGEN

- Blüten abgeschlagen, liegen auf dem Boden, mitunter auch Löcher und Risse in den Blütenblättern.

   Hagelschaden 2

- Blüten abgerissen, liegen auf dem Boden, Blütenblätter mit Einrissen und Randverbräunungen. Nach starken Stürmen.

   Windschaden 1

VERKÜMMERN DER BLÜTENKNOSPEN, BEEINTRÄCHTIGUNG DER BLÜTENAUSBILDUNG

(Siehe auch unter „Verfärbungen, Welke- und Absterbeerscheinungen")

Aufgelockerte Blütenknospen bleiben beim Austrieb trocken, sind innen verbräunt, besonders im Bereich der Markbrücke.

   Frostschaden 1

- Spärliche Blütenbildung. Junge Triebe meist verkürzt, Blätter klein, schmal, mit hellgrüner bis gelblicher Verfärbung, ältere Blätter vorwiegend rötlich bis gelb, vorzeitiger Blattfall, Fruchtansatz spärlich.

   Stickstoff-Mangel 6

- Blütenknospenanlagen deutlich vermindert, Blätter klein, dunkelgrün, lederartig, mit bronzenen bis purpurfarbigen Farbtönen. Frühzeitige Entlaubung der Langtriebe, Fruchtansatz vermindert.

   Phosphor-Mangel 6

- Bereits im Frühjahr Verkümmern der Blüten und Blätter. Blattoberseits silbrig-weiß verfärbt. Blätter werden später nekrotisch und fallen ab.

   Milchglanz (Bleiglanz) (*Stereum purpureum* [Pers. ex Fr.] Fr.) 38

- Aufgelockerte Blütenknospen sind runzelig und schmaler als gesunde Blütenknospen. Sterben entweder über Winter ab oder treiben im Frühjahr verspätet aus. Blüten vergrünen, Blütenblätter verschmälert, weiß bestäubt.

   Quittenmehltau (*Podosphaera oxyacanthae* de By.) 21

   Apfelmehltau (*Podosphaera leucotricha* [Ell. et Ev.] Salm.) 21

- Verkümmerte, mit Honigtau verklebte Blütenknospen. Blütenbüschel entfalten sich nicht. An den Befallsstellen 2 mm lange, flache, gelbliche bis gelbgrüne Larven und 3 mm lange, gelbbraune bis rotbraune Insekten mit glasartig durchscheinenden, dachförmig über dem Körper liegenden Flügeln.

   Blattsauger, verschiedene Arten der Gattung *Psylla* 46, 47

- Schwellende Blütenknospen verkümmern und öffnen sich nicht. In den Knospen gelblich-weiße, fußlose Käferlarve.

   Apfelblütenstecher (*Anthonomus pomorum* L.) 54

VERFÄRBUNGEN, WELKE- UND ABSTERBEERSCHEINUNGEN

- An aufbrechenden Blütenknospen verbräunen die Blütenblätter. Geöffnete Blüten weisen verbräunten oder geschwärzten Stempel sowie braune Blütenblätter auf.

   Frostschaden 1

- Blüten und Blätter verfärben sich rotbraun bis schwarz, verbleiben am Trieb, wirken wie verbrannt. Holz der Triebe unter der Rinde rotbraun verfärbt. Bei hoher Luftfeuchte Ausbildung von milchig-weißen bis bernsteinfarbigen, später braunschwarzen Exsudattropfen.

   Feuerbrand (*Erwinia amylovora* [Burr.] Winslow et al.) 17, 18

- Blütenblätter verfärbt und inturgeszent (Blütenbrand), sehr ähnlich den Symptomen durch Feuerbrand (Tafeln 17, 18). Weitere Symptome beachten. Differentialdiagnose.

   Bakterienbrand (*Pseudomonas syringae* pv. *syringae* van Hall) 19

- Blüten an den Blütentrieben welken, vertrocknen, bleiben am Trieb hängen.

   Monilia-**Krankheit** des Kernobstes (*Monilinia* spp.) 24, 25

- Blüten vergrünen, Blütenblätter verschmälert, weiß bestäubt.

   Quittenmehltau (*Podosphaera oxyacanthae* de By.) 21

   Apfelmehltau (*Podosphaera leucotricha* [Ell. et Ev.] Salm.) 21

- An Blütenblättern matt olivgrüne, etwas eingesunkene Flecke, werden später schwärzlich.

- Verfärbungen, Absterbeerscheinungen, zum Teil verbunden mit Kräuselungen an Kelch- und Blütenblättern sowie vorzeitiges Abfallen können verursacht werden durch die Saugtätigkeit von

- Blüten sterben ab, sind mit Honigtau verklebt, Blütenbüschel entfalten sich nicht. An den Befallsstellen 2 mm lange, flache, gelbliche bis gelbgrüne Larven und 3 mm lange, gelbbraune bis rotbraune Insekten mit glasartig durchscheinenden, dachförmig über dem Körper liegenden Flügeln.

- Bei Beginn des Schwellens der Blütenknospen öffnen diese sich nicht, Blütenblätter braun, kappenförmig, vertrocknen und sterben ab. In den Knospen gelblich-weiße, fußlose Käferlarve.

FRASSSCHÄDEN

- An den schwellenden oder sich öffnenden Blütenknospen bzw. an den geöffneten Blüten fressen an Kelch- und Blütenblättern

verschiedene Insektenarten im Larvenstadium oder als erwachsene Insekten (Adulte, Imagines), vor allem:

SAUGSCHÄDEN

- An schwellenden Blütenknospen sowie an Kelch- und Blütenblättern können saugen:

VII. Krankheiten und Beschädigungen an Blättern

LATENTE VIREN

- Von symptomlosen Blättern von Edelsorten und Unterlagen können nach mechanischer Übertragung auf Testpflanzen, zum Teil erst nach mehreren Passagen, einige latente Viren nachgewiesen werden.

MECHANISCHE BESCHÄDIGUNGEN

- Blätter abgeschlagen, liegen auf dem Boden, Löcher und Risse in den Blättern.

- Blätter abgerissen, zeigen Einrisse und oberflächliche Verbräunungen an Reibflächen. Schadbild tritt nach Sturm oder in ausgesprochenen Windlagen auf.

VERFÄRBUNGEN, FLECKENBILDUNGEN, WELKE- UND ABSTERBEERSCHEINUNGEN, VORZEITIGER BLATTFALL

Da die Verfärbung, das Welken und Absterben der Blätter sowie vorzeitiger Blattfall die Folge der verschiedensten Schadursachen sein können, sind für die Diagnose alle vorhandenen Schadsymptome zu beachten (siehe hierzu vor allem die Abschnitte VI

„Krankheiten und Beschädigungen an Stamm, Ästen, Zweigen und Trieben" sowie IX „Krankheiten und Beschädigungen an Wurzeln").

Abiotische Schäden, Ernährungsstörungen
- Nach Einwirkung von Frosttemperaturen zeigen die Blätter Schwarzverfärbungen, meist an den Blatträndern beginnend. Sie werden knitterig oder erscheinen blasig deformiert. Vorzeitiger Blattfall.

    Frostschaden 1

- Nach langanhaltender Trockenheit Vergilben der Blätter. Vorzeitiger Blattfall.

    Trockenheitsschaden 2

- Nach langanhaltender Bodennässe, in Bodensenken, oft nesterweise im Bestand, sowie nach Überschwemmungen Vergilben der Blätter, Absterben, vorzeitiger Blattfall.

    Stauende Nässe 1

- Blätter zeigen oberflächliche Verbräunungen an Reibflächen mit Ästen und Zweigen, Einrisse, sind zum Teil abgerissen. Schaderreger nicht nachweisbar. Auftreten nach starkem Wind oder Stürmen.

    Windschaden 1

- Blätter mit grauen bis schwarzgrauen, unregelmäßigen Flecken, oft das gesamte Blatt vertrocknet, vorzeitiger Blattfall. Weniger geschädigte Blätter bleiben klein.

    Spritzmittelschaden 3
    Herbizidschaden 3

- Ähnliche Schäden verursacht die Einwirkung von Industrieabgasen (SO$_2$ u. a.).

    Rauchschaden 2

- Blätter hellgrün bis gelblich verfärbt, klein und schmal. Ältere Blätter rötlich bis gelb, vorzeitiger Blattfall. Junge Triebe verkürzt, Blütenbildung und Fruchtansatz spärlich.

    Stickstoff-Mangel 6

- Blätter klein, dunkelgrün und lederartig mit bronzenen bis purpurfarbenen Farbtönen. Blattstiele rötlich. Frühzeitige Entlaubung der Langtriebe. Blütenknospenanlagen und Fruchtansatz vermindert.

    Phosphor-Mangel 6

- Blätter relativ klein mit gelbgrünen Aufhellungen, nach oben aufgerollt, Ausbildung von braunen bis graubraunen Randnekrosen, beginnen an älteren Blättern. Geschädigte Blätter sterben früher ab, bleiben aber auffällig lange am Baum hängen.

    Kalium-Mangel 6

- Von älteren, relativ dunkelgrünen Blättern ausgehende, schwarzbraune Nekrosen im Bereich der Spreitenränder und Interkostalfelder. Im Spätsommer verfrühter Blattfall.

    Magnesium-Mangel 6

- Blätter rollen sich unter rostroter bis bronzener Randfärbung ein. Wachstum der Triebspitzen gestaucht, rosettenartig angeordnete kleine, verdickte Blätter an den Triebenden. Vorzeitiger Blattfall. (Fruchtsymptome siehe Abschnitt VIII „Krankheiten und Beschädigungen an Früchten während der Vegetationszeit").

    Bor-Mangel 7

- Endständige Blätter welk, aufgewölbt mit zunehmenden Interkostalchlorosen, unter Bildung brauner Nekrosen Absterben der jüngsten Blätter. Triebspitzen verkahlen, tiefer liegende Knospen bilden buschartige Seitentriebe aus.

    Kupfer-Mangel 6

- Interkostalfelder der jüngeren bis älteren Blätter vom Rande her blaßgrün bis stumpfgelb, Blattnervatur mit angrenzendem Saum normal grün. Sproßwachstum und Blattgröße vermindert. Vorzeitiger Blattfall.

    Mangan-Mangel 6

- An jüngsten Blättern zitronengelbe Verfärbung der Interkostalfelder. Nervatur vorerst scharf grün abgesetzt. In schweren Fällen Blattnerven gelblich, jüngste Blätter gelbweiß, sterben unter gelbbrauner bis dunkelbrauner Verfärbung ab. Entlaubung der Zweige von der Triebspitze her.

    Eisen-Mangel 7

- Blätter chlorotisch gefleckt, klein, schmal, starr aufrecht stehend, teilweise zusammengefaltet, spröde mit gewelltem Rand. Vermindertes Triebwachstum, an der Triebspitze dicht zusammengedrängte, büschelförmige Blattanordnung der fast blattlosen Zweige.

    Zink-Mangel 6

- An älteren Blättern anfänglich braune, später bis graue Randnekrosen, nach der Blattmitte fortschreitend, Blätter sterben vorzeitig ab, bleiben längere Zeit am Baum hängen. Verwechselung mit Kalium-Mangel (Tafel 6) möglich. Pflanzenanalyse!

Virosen, Mykoplasmosen

- An jungen Blättern zunächst hellgrüne, unregelmäßige Ringe, Linien oder Flecke, verstärken sich später, gelbgrüne Verfärbung, bei bestimmten Sorten schwarze, nekrotische Flecke. Mittelrippe der Blätter gekrümmt, Blattspreite gewellt.

- Ab Ende Juli in der Nähe der Seitenadern, später über die gesamte Blattspreite verteilt, anfänglich gelbgrüne, später scharlachrote Flecke, vorwiegend im terminalen Bereich der Triebe.

- Blätter welken innerhalb weniger Stunden oder Tage, mitunter auch über mehrere Monate bzw. mehr als ein Jahr. Austrieb spärlich, Blätter klein, blaßgrün und leicht gerollt. Oft verfärben sie sich rötlich oder verbräunen und vertrocknen. An Jungbäumen Blattkräuselungen (weitere Symptome beachten).

- Welken der Blätter und Absterben der Triebe bzw. Jungbäume kann verbunden sein mit

- An Quitte: An den Blättern hellgrüne Flecke, junge Früchte mit leichten, dunkelgrün gefärbten Eindellungen. Später an den Früchten Buckel, Verkrüppelungen. Im Fruchtfleisch Steinzellennester, die beim Durchschneiden als braune, verhärtete Flecke hervortreten.

- An Quitte: Bei einigen Sorten hellgrüne oder gelbliche Ringe und Linien an den Blättern.

- Ab Ende Juni färben sich die Bereiche entlang der Blattadern zweiter und dritter Ordnung hellgrün bis gelblich, werden stellenweise später rötlich (ähnlich Rotfleckigkeit, Tafel 14). Adernvergilbung vorwiegend im terminalen Bereich.

- Blattchlorosen können in Verbindung mit Gerüstanomalien (Herabbiegen einjähriger Triebe, auch älterer Äste, Ausbleiben des typischen, aufrechten Kronenaufbaues) auftreten.

Bakteriosen

- Blätter rötlich-braun verfärbt, wirken wie verbrannt. Später auch der Blattstiel verbräunt (Gegensatz: *Cytospora*-Befall, Tafel 30). Holz der Triebe unter der Rinde rotbraun verfärbt. Triebspitze krummstabähnlich gekrümmt. Bei hoher Luftfeuchte Ausbildung von milchig-weißen bis bernsteinfarbigen, später braunschwarzen Exsudattropfen.

- An Blättern Schwarzfärbungen und Nekrotisierungen, Blütenblätter verfärbt, inturgeszent. Rindensymptome beachten.

Mykosen

- Blätter mit weißem Belag, meist an der Triebspitze beginnend. Blattwuchs steil aufrechtstehend. Blätter verfärben sich später bräunlich, fallen vorzeitig ab.

- Zunächst an Blatt- und Blütenstielen, später auch an den noch nicht voll entfalteten Blättern matt olivgrüne Flecke, entlang der

Mittelrippe. Später wird das geschädigte Gewebe schwarz, reißt auf und vertrocknet.

Birnenschorf (*Venturia pirina* Aderh.) 23

- Blätter welken schlagartig, verfärben sich grau bis braun, vertrocknen, vor allem an Trieb- und Zweigspitzen (Monilia-Spitzendürre), bleiben am Trieb hängen.

Monilia-**Spitzendürre** (*Monilinia* spp.) 24

- Blattoberseite silbrig-weiß verfärbt. Die Blätter selbst mehr oder weniger verkümmert, werden später nekrotisch und fallen ab.

Milchglanz (Bleiglanz) (*Stereum purpureum* [Pers. ex Fr.] Fr.) 38

- Die Blätter an Zweigen und Ästen, die über Rindennekrosen liegen, welken und sterben ab. Die Triebspitze ist gekrümmt (Flaggenbildung). Im Gegensatz zum Feuerbrand (Tafel 17, 18) bleiben die Stiele der abgestorbenen Blätter grün.

Krötenhautkrankheit (*Leucostoma* spp., Nebenfruchtform *Cytospora* spp.) 30

- Auf den Blättern fleckenförmige Chlorosen (Geisterflecke). Fruchtsymptome beachten.

Alternaria-**Fäule** (*Alternaria alternata* [Fr.] Ell.) 32

- Auf den Blättern runde, deutlich abgesetzte, kleine Flecke (Froschaugenkrankheit) oder diffuse, rötliche Verfärbung. Rinden- und Fruchtsymptome beachten.

Schwarzer Krebs, *Sphaeropsis*-**Rindenbrand** (*Botryosphaeria obtusa* [Schw.] Schoemaker) . . . 33

- Blätter verfärben sich rötlich-violett, welken und vertrocknen. Vorzeitiger Blattfall. Spitzentriebe rollen sich ein. Rinden- und Fruchtsymptome beachten.

Kragenfäule (*Phytophthora cactorum* [Leb. et Cohn] Schroet.) 29

- Blätter zunächst hell graugelb, dann plötzliche Welke an den Trieben, Zweigen, Ästen, mitunter nur einseitig an der Baumkrone. Vorzeitiger Blattfall. Im Querschnitt durch Äste tintenfleckenartige Verbräunungen und Schwärze.

Verticillium-**Welke** (*Verticillium* spp.) 23

- An Quitte: Auf den Blättern zunächst rotbraune, später schwarze, rundliche, scharf begrenzte Flecke, in deren Zentrum kleine, schwarze Punkte (Pyknidien). Vorzeitiger Blattfall. Trieb- und Fruchtsymptome beachten.

Blattbräune der Quitte (*Diplocarpon maculatum* [Atk.] Jorst) 25

- An Birne: Sehr kleine, rötlichbraune Flecke, nehmen später an Größe zu, laufen ineinander und werden schwarz. Auf den Blattflecken krustenartige, schwarze Konidienlager in Form schwarzer Punkte. Vorzeitiger Blattfall. Trieb- und Fruchtsymptome beachten.

Blattbräune der Birne (*Diplocarpon maculatum* [Atk.] Jorst) 36

- Auf der Blattoberseite bis 1 cm groß werdende, orangerot leuchtende Flecke. Auf diesen schwarze Pyknidien, die ihre Konidien in klebrigen Tröpfchen ausscheiden. Auf der Blattunterseite rostrote, knorpelige Gebilde, an ihren Mündungen zierliche, weiße „Gitternetzkörbchen".

Birnengitterrost (*Gymnosporangium fuscum* DC.) 36

- Auf den Blättern rundliche, hellgraue, 2 bis 3 mm große, im Zentrum silbrig glänzende und am Rand zonierte Flecke, darauf winzige, schwarze Punkte (Pyknidien).

Weißfleckenkrankheit (*Mycosphaerella sentina* [Fuck.] Schroet.) 36

- Auf leicht brüchigen Blättern blasen- oder beulenförmige Auftreibungen, hellgrau über gelb, zart rot und später schwarz verfärbt. Später das ganze Blatt schwarz. Blattunterseits weißer Pilzbelag. Vorzeitiger Blattfall.

Blattbeulenkrankheit (*Taphrina bullata* [Berk. et Br.] Tul.) 36

- Auf den Blättern kleine, rundliche bis längliche, dunkelbraun umrandete Flecke. Später hierauf schwärzliche, punktförmige Pyknidien. Fruchtsymptome beachten.

Apfelblattfleckenkrankheit (*Phoma*-**Fäule**) (*Phoma limitata* [Peck.] Boerema) 37

- Blattflecken können weiterhin in Verbindung stehen mit dem Auftreten von

Obstbaumkrebs (*Nectria galligena* Bres.) . . . 26
Gloeosporium-**Rindenbrand,** verschiedene pilzliche Krankheitserreger 28
Alternaria-**Fäule** (*Alternaria alternata* [Fr.] Ell.) 32

- Unspezifisches Vergilben, Verbräunen, Einrollen und vorzeitiger Blattfall können in Verbindung stehen mit

Coryneum-**Rindenbrand** (*Coryneum microstictum* Berk.) 35

- Unspezifische Vergilbung der Blätter, vorzeitiger Blattfall in Verbindung mit Rindenverfärbungen. (Wurzeln weisen Überzüge von weißem Pilzmyzel auf, sterben ab). Differentialdiagnose erforderlich.

Wurzelfäule (Wurzelschimmel) (*Rosellinia necatrix* Prill.) 38

- In Verbindung mit starkem Blattlausbzw. Blattsaugerbefall (Tafeln 46, 47, 49) treten auf den Blättern schwärzliche, abwischbare Überzüge auf, oft klebrig. Jüngere Blätter sterben ab.

Rußtau, verursacht durch Pilze aus der Familie der *Capnodiaceae.*

(Formen aus der Ascomyceten-Familie *Capnodiaceae* mit kugeligen oder flaschenförmigen Ascomata [Pseudothecien], Asci mit mauerförmigen, geteilten Ascosporen, dunkle Myzelien, oft kettenförmig in Teilstücke [Sporen] zerfallend, außerdem Konidien in Pyknidien oder an Sporenträgerbüscheln [Koremien]).

Tierische Schaderreger

- Blätter graugrün, später braun verfärbt, mitunter auch mit hellgrünen bis rötlichen Pocken besetzt, Blattspreite unterschiedlich deformiert, an der Unterseite mit dichtem Haarfilz besetzt. In den Deformationen bzw. auf der Blattunterseite wurmförmige, etwa 0,1 bis 0,27 mm lange, meist weißlich-gelbe Gallmilben mit zwei Beinpaaren.

Verschiedene Arten aus der Unterordnung Tetrapodili (Gallmilben) 43

- Blätter zunächst mit kleinen, gelblich-weißen bis braunen, punktförmigen Flecken, vor allem im Bereich der Blattadern, später auf der gesamten Blattspreite. In der Folge Verfärbung der gesamten Blätter bronzefarben. Vorzeitiger Blattfall. Vor allem auf der Blattunterseite etwa 0,26 bis 0,7 mm lange Milben sowie deren Eier, Larven und Nymphenstadien.

Spinnmilben, verschiedene Arten aus den Familien der *Tetranychidae* und *Tenuipalpidae* . . . 44

- Etwa ab Juni erscheinen die Blätter weißlich bis gelblich gesprenkelt. Auf der Blatt-

unterseite etwa 3,5 mm lange, ungeflügelte und geflügelte, gelblich-weiße bis grünliche Insekten, zum Teil mit Sprungvermögen.

Zikaden, verschiedene Arten 45

- Auf den Blättern gelblich-weiße, später nekrotische Flecke, die herausbrechen. Blätter erscheinen durchlöchert. Mitunter Kräuselung der Blattspreite.

Wanzen, verschiedene Arten 45, 46

- Blätter vergilben, bleiben klein und kräuseln. Auf den Blättern Honigtau, auf dem sich Rußtaupilze (siehe unter „Mykosen" in diesem Abschnitt) ansiedeln. An der Blattunterseite 2 mm lange, flache, gelbliche bis gelbgrüne Larven und etwa 3 mm lange, gelbbraune bis rotbraune Insekten mit glasartig durchscheinenden, dachförmig über dem Körper liegenden Flügeln.

Blattsauger, verschiedene Arten der Gattung *Psylla* 46, 47

- Blätter gelblich-rötlich verfärbt, stark gekräuselt (mitunter ohne Verfärbung), eingerollt und verdreht. Auf der Blattunterseite

Blattläuse, verschiedene Arten 49

- Auf den Blättern mehr oder weniger ausgedehnte, braune bis schwarzbraune Flecke, in deren Bereich sich 1,1 bis 2 mm große, rundliche, graue bis schwarzgraue Schildchen befinden.

Schildläuse, verschiedene Arten 50, 51

- Bereits entfaltete Blätter vom Rand her eingerollt und knorpelig verdickt, gelblich-rötlich verfärbt. Blattadern heben sich deutlich ab. In den Rollungen etwa 2 mm lange, weißlich-gelbliche bis rötliche oder ockergelbe Larven.

Birnengallmücke (*Dasyneura pyri* Bché.) . . . 57

- Ab Mitte Mai welken die Triebspitzen, Blätter welken, hängen herab und sind an der Spitze eingerollt, später gänzlich geschwärzt. Etwa 4 bis 5 cm unterhalb der Triebspitze bräunliche Einstiche, die den Trieb spiralig umgeben.

Birnentriebwespe (*Janus compressus* F.) 53

- Verbräunende Blätter sind netzartig durch etwa 10 mm lange, keulenförmige, wie schwarze Nacktschnecken aussehende Larven skelettiert.

- An den Blättern zahlreiche weiße, kleine Saugflecke. Blatt erscheint weiß gesprenkelt. Auf der Blattunterseite rötlich-schwarze Kottröpfchen sowie 3 bis 5 mm lange, grünliche bis dunkelgrüne, flache Wanzen mit flach ausgebreiteten, glashellen Flügeln mit Netzstruktur.

- Verfärbungen, Welken und Absterben von Blättern als Folge von Minierfraß bzw. Fraß siehe in den entsprechenden nachfolgenden Abschnitten dieser Bestimmungstabelle.
- Unspezifisches Vergilben, Verbräunen, Welken und Absterben von Blättern kann verursacht werden durch

MISSBILDUNGEN, KÜMMERWUCHS, VERÄNDERUNG DES WUCHSHABITUS

- Nach Einwirkung von Frosttemperaturen Blätter knitterig oder blasig deformiert, Blattränder mit Schwarzverfärbungen, vorzeitiger Blattfall.

- Verdrehungen und Kräuselungen der Blattspreite, vielfach im Bereich des Blattrandes, Wellungen, Verdrehungen der Triebspitze durch Einwirkung von Wuchsstoffherbiziden bzw. Wachstumsregulatoren.

- Rosetten- oder büschelartige Anordnung der Blätter an der Triebspitze können in Zusammenhang stehen mit

(weitere spezifische Symptome beachten).

- Blätter relativ klein mit gelbgrünen Aufhellungen, nach oben aufgerollt, Ausbildung von braunen bis graubraunen Randnekrosen, beginnend an älteren Blättern, geschädigte Blätter sterben früher ab, bleiben aber auffällig lange am Baum hängen. Früchte bleiben klein, Färbung unzureichend ausgebildet.

- Die Mittelrippe der Blätter ist gekrümmt, die Blattspreite gewellt. An jungen Blättern zunächst hellgrüne, unregelmäßige Ringe, Linien oder Flecke, verstärken sich später, indem sie sich gelbgrün verfärben und bei Mischinfektionen schwarze, nekrotische Flecke ausbilden.

- Bei spärlichem Austrieb Blätter klein, blaßgrün und leicht eingerollt, verfärben sich oft rötlich oder verbräunen und vertrocknen. An Jungbäumen Blattkräuselungen. Bäume welken innerhalb weniger Stunden oder Tage, mitunter über mehrere Monate oder mehr als ein Jahr. Weitere Symptome beachten.

- Blätter zeigen verstärktes Wachstum der Blattoberseite (Epinastie), daher aufgewölbt. Bei Beginn des Austriebs fallen die meisten der im Vorjahr gebildeten Knospen ab. Verbliebene Knospen treiben verspätet aus. Es entstehen „Beiknospen", die nur dünne, kurze Triebe bilden.

- Steil aufrecht wachsende Blätter, vor allem an der Triebspitze, mit weißem Belag und von den Blatträndern her eingerollt.

- Verkümmern der Blätter bereits im Frühjahr. In der Größe zurückbleibende Blätter einzelner Zweige oder des ganzen Baumes mit silbrigem Glanz, nekrotisieren später, fallen vorzeitig ab.

Milchglanz (Bleiglanz) (*Stereum purpureum* [Pers. ex Fr.] Fr.) 38

- An leicht brüchigen Blättern blasen- oder beulenförmige Auftreibungen, hellgrau über gelb, zart rot und später schwarz verfärbt. Blattunterseits weißer Pilzbelag. Vorzeitiger Blattfall.

Blattbeulenkrankheit (*Taphrina bullata* [Berk. et Br.] Tul.) 36

- Blätter mit hellgrünen bis rötlichen Pokken besetzt, Blattspreite unterschiedlich deformiert, zum Teil Blattränder eingerollt, an der Unterseite mit dichtem Haarfilz besetzt, Blattspreite graugrün, später braun verfärbt. In den Deformationen bzw. auf der Blattunterseite wurmförmige, etwa 0,1 bis 0,27 mm lange, meist weißlich-gelbe Gallmilben mit zwei Beinpaaren.

Verschiedene Arten aus der Unterordnung *Tetrapodili* (**Gallmilben**) 43

- Blattspreite gekräuselt, mit gelblich-weißen, später nekrotischen Flecken, die herausbrechen. Blätter erscheinen durchlöchert.

Wanzen, verschiedene Arten 45, 46

- Blätter kräuseln, bleiben klein und vergilben. Auf den Blättern Honigtau, auf dem sich Rußtaupilze ansiedeln. An der Blattunterseite 2 mm lange, flache, gelbliche bis gelbgrüne Larven und etwa 3 mm lange, gelbbraune bis rotbraune Insekten mit glasartig durchscheinenden, dachförmig über dem Körper liegenden Flügeln.

Blattsauger, verschiedene Arten der Gattung *Psylla* 46, 47

- Blätter stark gekräuselt, eingerollt und verdreht, mitunter gelblich-rötlich verfärbt. Auf der Blattunterseite

Blattläuse, verschiedene Arten 49

- Bereits entfaltete Blätter vom Rand her eingerollt, knorpelig verdickt, gelblich-rötlich verfärbt. Blattadern heben sich deutlich ab. In den Rollungen etwa 2 mm lange, weißlich-gelbe bis rötliche oder ockergelbe Larven.

Birnenblattgallmücke (*Dasyneura pyri* Bché.) 57

- Jüngste Blätter eingerollt, welken, hängen herab, zunächst an der Spitze, später gänz-

lich geschwärzt. Etwa 4 bis 5 cm unterhalb der Triebspitze bräunliche Einstiche, den Trieb spiralig umgebend. Im Trieb eine bis 10 mm lange, gelblich-weiße Larve.

Birnentriebwespe (*Janus compressus* F.) 53

- Blatt- und Blütenbüschel entfalten sich nicht, sind zusammengesponnen. Im Inneren frißt eine bis 20 mm lang werdende, graugrüne oder rote Larve. Die Leittriebbildung ist beeinträchtigt.

Grauer Knospenwickler (*Hedya nubiferana* Haw.) 73
Roter Knospenwickler (*Spilonota ocellana* F.)73

- Blätter krümmen sich am Blattgrund, rollen sich mehr oder weniger stark ein und fallen vorzeitig ab. Die Mittelrippe der Blätter ist in der Nähe des Blattgrundes angenagt. In der Mittelrippe miniert eine gelblich-weiße Käferlarve.

Blattrippenstecher (*Coenorhinus pauxillus* [Germ.]) 58

- Mehrere Blätter zu einem zigarrenförmigen Wickel zusammengezogen. Stiele dieser Blätter angenagt, hängen herab und welken. In den Wickeln fressen 3 bis 4 mm lange, gelblich-weiße Larven.

Rebenstecher (*Byctiscus betulae* [L.]) 55

- Auf der Ober- oder Unterseite des Blattes finden sich eine bis mehrere etwa 5 mm lange, meist senkrecht stehende, grau- bis schwarzbraune Säckchen mit länglich-zigarrenförmiger oder am Ende abgebogener Gestalt. Darin eine gelbliche bis rötlichbraune Larve, darunter im Blattgewebe Fraßmine mit Skelettierfraß.

Sackträgermotten, verschiedene *Coleophora*-Arten 69

- Weitere Mißbildungen, Kümmerwuchs und Veränderungen des Wuchshabitus an Blättern als Folge von Minierfraß bzw. Fraß siehe in den entsprechenden nachfolgenden Abschnitten dieser Bestimmungstabelle.

MINIERFRASS, BLATTMINEN

- Minierfraß bzw. Blattminen, zum Teil verbunden mit Verfärbungen, Welken oder Absterben der Blätter bzw. mit Mißbildungen, Faltungen der Blattspreite, feiner Gespinstbildung werden verursacht durch

FRASSSCHÄDEN AN DEN BLÄTTERN,
VERBUNDEN MIT MEHR ODER
WENIGER STARKER GESPINSTBILDUNG

(Siehe auch „Minierfraß, Blattminen")

- Larven fressen an den Blättern in auffallenden Gespinsten. Bei Massenauftreten Kahlfraß möglich.

- Stiele der Blätter angenagt, Blätter welken, hängen herab, mehrere von ihnen zu einem zigarrenförmigen Wickel zusammengezogen. Darin fressen 3 bis 4 mm lange, gelblich-weiße Larven.

- Blätter mit feinen Gespinstfäden zusammengezogen, zum Teil kahnförmig oder tütenförmig bzw. Blattbüschel versponnen, auch einzelne Blätter an Frucht angesponnen. In den Gespinsten bzw. darunter fressen unterschiedlich gefärbte Schmetterlingslarven (Rand-, Loch-, Schabe- oder Skelettierfraß). Mitunter ist Kahlfraß möglich.

FRASSSCHÄDEN AN DEN BLÄTTERN,
KEINE GESPINSTBILDUNG VORHANDEN,
MITUNTER NUR FEINE GESPINSTFÄDEN

(Siehe auch „Minierfraß, Blattminen")

- Unterschiedliche, wenig spezifische Fraßbeschädigungen an den Blättern (Rand-, Loch-, Nage- und Skelettierfraß) werden verursacht durch

- Unregelmäßiger Rand- und Lochfraß, mitunter auch Kahlfraß an den Blättern mit feinen Gespinsten am Fraßort durch unterschiedliche Schmetterlingslarven.

- Von der Blattoberseite her werden die Blätter durch etwa 10 mm lange, keulenförmige, wie schwarze Nacktschnecken aussehende Larven skelettiert. Befressene Blattteile wirken netzartig, verbräunen, sind durchsichtig.

- Die Mittelrippe der Blätter ist in der Nähe des Blattgrundes angenagt. In der Mittelrippe miniert eine gelblich-weiße Käferlarve.

Blätter krümmen sich am Blattgrund, rollen sich ein und fallen vorzeitig ab.

– Ab Ende Mai frißt eine 20füßige, schmutzig gelbliche Larve zunächst ein rundes Loch aus dem Blatt. Dieses wird später bis zum Rand vergrößert. Mitunter auch Randfraß. Kahlfraß an Spalierobst möglich.

SAUGSCHÄDEN

– Schäden durch pflanzensaftsaugende Milben- und Insektenarten an Blättern können sich in Verfärbungen, Fleckenbildungen, Welke- und Absterbeerscheinungen, vorzeitigem Blattfall bzw. in Mißbildungen, Kümmerwuchs sowie Veränderung des Wuchshabitus äußern (siehe deshalb diese Abschnitte unter VII „Krankheiten und Beschädigungen an Blättern"). Sie werden verursacht durch

VIII. Krankheiten und Beschädigungen an Früchten während der Vegetationszeit

VORZEITIGER FRUCHTFALL,
VORZEITIGE REIFE BZW.
NICHTAUSREIFEN DER FRÜCHTE

– Dieses unspezifische Symptom für Krankheiten und Beschädigungen an Früchten kann mit verschiedenen Schadursachen in Beziehung stehen, von denen an dieser Stelle nur die wichtigsten genannt werden können. Für die Diagnose sind stets noch weitere Krankheits- bzw. Schadsymptome zu beachten, wobei auf die vor den ausgewiesenen Tafeln stehenden Beschreibungen verwiesen wird.

Abiotische Schäden, Ernährungsstörungen

Mykoplasmosen

Mykosen

Tierische Schaderreger

ÄUSSERLICHE VERFÄRBUNGEN,
FLECKENBILDUNGEN, VERKORKUNGEN
SOWIE FÄULEN

(Siehe hierzu auch „Äußerliche Fraßschäden

sowie im Inneren der Frucht, Bohrlöcher").

Abiotische Schäden, Ernährungsstörungen
- Auf der Schale mehr oder weniger breite und tiefe Eindellungen. Sie erscheinen dunkler als das umgebende Schalengewebe, mitunter auch rötlich. Das darunter liegende Fruchtfleischgewebe erscheint verbräunt. Besonders nach starkem Wind im Stadium der Fruchtreife.

    Druck- und Schlagbeschädigungen 3

- Nach Einwirkung von Frosttemperaturen werden die Früchte äußerlich diffus fleckig. Beim Aufschneiden erscheint das Fruchtfleisch nesterweise glasig durchscheinend. Nach Auftauen vielfach Faulen der Früchte.

    Frostschaden 1

- Früchte bestimmter Sorten zeigen nach starker Sonneneinstrahlung rötlich umrandete Flecke auf der Schale, darunter im Fruchtfleisch Verbräunungen. Geschmack und Qualität gemindert.

    Sonnenbrand 2

- An Früchten unterschiedlicher Entwicklungsstadien mehr oder weniger große, flache Anschlagstellen, gleichmäßig an den meisten Früchten der Bäume an der gleichen Seite.

    Hagelschaden 2

- Auf der Fruchtschale mehr oder weniger stark ausgeprägte, netzartige Verbräunungen, Rissigkeit oder Rauhschaligkeit. Fruchtberostung.

    Rauchschaden 2
    Spritzmittelschaden, Fruchtberostung . . 2, 3

- Färbung der Früchte ist unzureichend ausgebildet, Früchte bleiben klein. Blätter relativ klein mit gelbgrünen Aufhellungen, nach oben aufgerollt, Ausbildung von braunen bis graubraunen Randnekrosen, beginnend an den älteren Blättern, geschädigte Blätter sterben früher ab, bleiben aber auffällig lange am Baum hängen.

    Kalium-Mangel 6

- Auf den Früchten treten vor Erntebeginn grüne Flecke auf (Grünfleckigkeit der Birne), teils gesprenkelt oder streifig am

Stielende der Frucht, korkartige Vertiefungen im Bereich des Kelches.

    Calcium-Mangel 7

- Die deformierten Früchte mit braunen bis schwarzen Flecken, oft schalenrissig, im Inneren der Früchte braune, korkartige Stellen in der Nähe des Kernhauses und in Schalennähe. Abnormale Steinzellenbildung ("Lithiase"). (Verwechselungsmöglichkeit mit Steinfrüchtigkeit, Tafel 15).

    Bor-Mangel 7

Virosen
- Früchte bestimmter Sorten ring- oder bandförmig berostet. Junge Blätter mit hellgrünen unregelmäßigen Ringen, Linien oder Flecken. (Bei Mischinfektionen Adernvergilbung, Rindenrissigkeit). Mittelrippe der Blätter gekrümmt, Blattspreite gewellt.

    Ringfleckenmosaik,
verursacht durch das Chlorotische
Blattfleckungs-Virus des Apfels 14

- An Quitte: An jungen Früchten zunächst leichte, dunkelgrün gefärbte Eindellungen, vertiefen sich später, es entstehen Buckel, Früchte verkrüppeln. Im Fruchtfleisch Steinzellennester sowie braune, verhärtete Flecke. Auch auf Blättern hellgrüne Flecke.

    Steinfrüchtigkeit der Quitte, virusbedingt . . 15

- An Birne: Zunächst auf der Fruchtschale dunkelgrüne, runde Flecke. Es entstehen Einsenkungen und Buckel, Verkrüppelung der Früchte. Fruchtschale bleibt unverletzt. Im Fruchtfleisch hell- bis dunkelbraun gefärbte, verhärtete Einlagerungen (Verwechselungsmöglichkeit mit Bor-Mangel, Tafel 7).

    Steinfrüchtigkeit der Birne, virusbedingt . . 15
    Rotfleckigkeit der Birne, wahrscheinlich verursacht
durch das Stammnarben-Virus des Apfels . . 14
    Stammnarbung des Apfels, verursacht durch das
Stammnarben-Virus des Apfels 13

Bakteriosen
- Früchte mit braunen Verfärbungen und unter Umständen mit charakteristischer Ausbildung von Exsudattropfen auf der Schale. Weitere Symptome beachten.

    Feuerbrand (*Erwinia amylovora* [Burr.] Winslow et al.) 17, 18

Mykosen

- Früchte mit netzartiger Berostung (Verwechselungsmöglichkeit mit abiotischen Schäden, siehe S. 76) bleiben kleiner als gesunde.

Quittenmehltau (*Podosphaera oxyacanthae* de By.) 21

Apfelmehltau (*Podosphaera leucotricha* [Ell. et Ev.] Salm.) 21

- Zunächst im Bereich des Stielansatzes schwarzbraune Flecke, die in große, rissige, schwarzbraune Nekrosen übergehen. Früchte werden verunstaltet, werden steinig. Vorzeitiger Fruchtfall.

Birnenschorf (*Venturia pirina* Aderh.) 23

- Unter schwarzbrauner Verfärbung faulen die Früche bis zur völligen Mumifizierung. Auf den Früchten massenhaft Pyknidien.

Schwarzer Krebs, Sphaeropsis-Rindenbrand (*Botryosphaeria obtusa* [Schw.] Schoemaker) . . . 33

Phomopsis-**Rindenbrand** (*Diaporthe perniciosa* Marchal) 32

- Scharf umrandete, vielfach von Schorfwunden ausgehende, braune bis dunkelbraune Verfärbungen (Faulstellen), reichen bis tief in das Fruchtfleisch hinein. Beginn der Faulstellen vielfach an Stiel- oder Kelchgrube („Kelchfäule"). Später Verfaulen der gesamten Frucht. Ausbildung von anfangs weißen, später gelbbraunen Sporenlagern auf der Schale.

Nectria-**Fäule** (*Nectria galligena* Bres.) 26

- Unregelmäßige Faulstelle auf der Fruchtschale, die nur etwas dunkler erscheint als die gesunde Fruchtschale und die von dieser deutlich abgegrenzt ist, erstreckt sich später über die ganze Frucht. Fruchtschale verfärbt sich bei gelbschaligen Früchten braun bis braunrot, bei grünschaligen Früchten nur wenig dunkler als die gesunde Schale. Fruchtfleisch verbräunt, zunächst fest. Gefäßverbräunung, auf der Fruchtschale helle Sporenlager.

Phytophthora-**Fruchtfäule** (*Phytophthora cactorum* [Leb. et Cohn] Schroet.) 29

- Zunächst braune, dunkelbraune bis dunkelrotbraune, wenig eingesunkene und etwas runzelige Faulstelle auf der Fruchtschale. Darunter liegendes Gewebe braunfaul. Faul-

stelle breitet sich aus, darauf mausgraues, watteartiges Pilzmyzel mit Sporenlagern, stäubend.

Botrytis-**Fäule** (*Botrytis cinerea* Pers.) 34

- Große, braune, sich ausdehnende Faulstellen mit konzentrisch angeordneten, grauen bis bräunlichen Sporenlagern (Polsterschimmel). Fruchtschale wird lederartig, schwarz glänzend (Schwarzfäule), Früchte mumifizieren, bleiben mitunter lange am Baum hängen.

Monilia-**Fruchtfäule** (*Monilinia* spp.) . . . 24, 25

- Auf der Fruchtschale leicht eingesunkene, dunkelbraune bis schwarze, vom gesunden Gewebe deutlich abgesetzte Flecke (Faulstellen), dunkelbraun umrandet. Schadstellen trocknen ein, darauf schwärzliche Punkte (Pyknidien).

Phoma-**Fäule** (*Phoma limitata* [Peck.] Boerema) 37

Tierische Schaderreger

- Früchte mit leichter Fleckung. Blätter verfärben sich graugrün bis braun. An Blattunterseite starke Haarfilzbildung, dazwischen hunderte von wurmförmigen, winzigen Gallmilben mit zwei Beinpaaren.

Rostmilbe (*Vasates Schlechtendali* Nal.) 42

- Früchte zunächst mit kleinen, rötlichen Flecken, nehmen später narbiges Aussehen an bzw. verkrüppeln stark.

Wanzen, verschiedene Arten 45, 46

- Auf Früchten klebriger Belag, auf dem sich Rußtaupilze (abwischbar) ansiedeln. Früchte verkrüppeln zum Teil. Für die Diagnose vor allem Untersuchung der Blätter von Bedeutung.

Blattsauger, verschiedene Arten der Gattung *Psylla* 46, 47

Blattläuse, verschiedene Arten 49

- Auf den Früchten kleine, rötliche, hofartige Flecke, vielfach im Bereich des Stielansatzes und der Kelchhöhle gehäuft. In der Mitte der Flecke ein kleines Schildchen.

Schildläuse, verschiedene Arten 50, 51

- Auf ganz jungen Früchten zunächst unter der Schale Minengang erkennbar. Später in ausgereifter Frucht unregelmäßiger Korkstreifen („Adamsbiß").

– Auf der Schale reifender Früchte gelbe,
später rote bis braune Einstichstellen, die
später vernarben bzw. absterben, etwas eingesunken. In den Früchten Fliegenlarven.

– Weitere Verfärbungen der Fruchtschale
mit Einbohrlöchern sowie vernarbte Fraßstellen auf der Schale siehe unter „Äußerliche Fraßschäden sowie im Inneren der
Frucht, Bohrlöcher" in diesem Abschnitt der
Bestimmungstabelle.

MISSBILDUNGEN,
AUCH IM INNEREN DER FRUCHT,
WUCHSVERÄNDERUNGEN,
RISSBILDUNGEN

– Mehr oder weniger ausgeprägte Rißbildung an Früchten, oft verbunden mit Verschorfungen, Mißbildungen und zum Teil
Verfärbungen können verursacht werden
bzw. in Zusammenhang stehen mit

– Früchte bleiben klein, Färbung unzureichend ausgebildet. Blätter klein mit gelbgrünen Aufhellungen, nach oben aufgerollt,
Ausbildung von braunen bis graubraunen
Randnekrosen, beginnend an den älteren
Blättern, geschädigte Blätter sterben früher
ab, bleiben aber auffällig lange am Baum.

– Korkartige Vertiefungen im Bereich des
Kelches, grüne Flecke (Grünfleckigkeit),
teils gesprenkelt oder streifig am Stielende
der Frucht.

– Deformierte Früchte mit braunen bis
schwarzen Flecken, oft schalenrissig, im Inneren der Früchte braune, korkartige Stellen
in der Nähe des Kernhauses und in Schalennähe. Abnormale Steinzellenbildung („Lithiase"). (Verwechselungsmöglichkeit mit
Steinfrüchtigkeit, Tafel 15).

– Zunächst im Bereich des Stielansatzes
schwarzbraune Flecke, die in große, rissige,
schwarzbraune Nekrosen übergehen.
Früchte werden verunstaltet, werden steinig.
Vorzeitiger Fruchtfall.

– Mißbildungen an Früchten, Verkleinerungen, Wuchsveränderungen bzw. Verkrüppelungen, die nicht in ursächlichem Zusammenhang mit Fraß durch tierische Schaderreger stehen, können in Beziehung stehen zu

– Mißbildungen an Früchten, Wuchsveränderungen bzw. Verkrüppelungen als Folge
von Fraß durch tierische Schaderreger siehe
auch „Äußerliche Fraßschäden sowie im Inneren der Frucht, Bohrlöcher" in diesem Abschnitt der Bestimmungstabelle.

EXSUDATBILDUNG AUF DER FRUCHTSCHALE

- Auf Früchten mit äußerlich erkennbarer Braunfärbung können unter bestimmten Witterungsbedingungen anfangs helle, schleimige, bakterienhaltige Exsudattropfen auftreten, die sich unter Lufteinwirkung braun verfärben.

ÄUSSERLICHE FRASSSCHÄDEN SOWIE IM INNEREN DER FRUCHT, BOHRLÖCHER

- Oberflächliche, flache Fraßbeschädigungen, mehr oder weniger ausgedehnt, im Bereich der Fraßstellen bzw. auf der Frucht Schleimspuren.

- Besonders an reifen Früchten, aber auch an unreifen Früchten ähnliche Fraßbeschädigungen, jedoch ohne Schleimspuren. Mehr oder weniger tiefe Fraßgruben.

- Löffelförmiger oder muldenförmiger Fraß an jüngeren, aber auch an älteren Früchten wird verursacht durch

- Auf der Fruchtschale oberflächlicher Schabefraß durch verschieden gefärbte Larven, mehr oder weniger ausgedehnt, vielfach unter einem an der geschädigten Stelle angesponnenen Blatt oder zwischen nebeneinander hängenden, zusammengesponnenen Früchten. Zur Erntezeit großflächige, muldenförmige, vernarbte Stellen auf der Schale.

- An jungen Früchten unter der Fruchtschale zunächst bogig verlaufender Minengang, später an reifer Frucht als Korkstreif erkennbar. Bis zum Kerngehäuse frißt sich eine gelblich-weiße, wenige Millimeter lange Larve hindurch und höhlt dieses aus. Auf der Fruchtschale kreisrundes Bohrloch erkennbar, mit bräunlichem Kot und Fruchtmus gefüllt, tritt nach außen heraus.

- In fast reifen Früchten 1,8 bis 2 mm breiter Bohrgang, äußerlich am Einbohrloch erkennbar. Schalengewebe um das Bohrloch rötlich. Im Gang, der etwa 2 bis 11 mm tief ist, eine wenige Millimeter lange Puppe.

- Junge Früchte siebartig von außen befressen. Fraßstellen schorfartig vernarbt. Früchte fallen vorzeitig ab. In diesen fressen sich weißliche, fußlose Larven bis zum Kerngehäuse hinein, befressen die Samen.

- An jungen Früchten ein mehr oder weniger starker und ausgebreiteter, flacher Loch- bzw. Nagefraß, der später vernarbt.

- Ab Juni Früchte mit äußerlichen Nageschäden auf der Schale und Bohrlöchern, aus welchen krümeliger, brauner, feuchter Kot quillt. In der Frucht verbräunter Gang zum Kerngehäuse mit rötlicher Larve. Vorzeitiger Fruchtfall. Schadbild auch später an älteren Früchten nachweisbar (zweite Generation).

- Auf der Schale reifender Früchte grüne, später braune bis schwarze Flecke mit Einbohrloch, zum Teil auch rötlich verfärbt. Kot dringt nach außen. Im Fruchtfleisch unregelmäßige Gänge, die zum Kerngehäuse führen. Darin bis 8 mm lang werdende, schmutzig-weiße Larve.

Bodenseewickler (*Pammene rhediella* Cl.) . . . **70**

- In den Früchten mit gelben, später roten bis braunen Einstichstellen, die später vernarben bzw. absterben und eingesunken sind, fressen Fliegenlarven.

Mittelmeerfruchtfliege (*Ceratitis capitata* [Wied.]) **70**

- Früchte, vor allem reife Früchte, mehr oder weniger stark angehackt durch **Vögel**, verschiedene Arten.

IX. Krankheiten und Beschädigungen an Wurzeln

Krankheiten und Beschädigungen an Wurzeln sind vielfach verbunden mit Krankheits- und Schadsymptomen an oberirdischen Pflanzenorganen, auf welche an dieser Stelle nicht eingegangen wird. Es wird in diesem Zusammenhang vor allem verwiesen auf die Abschnitte I, III, IV und VII dieser Bestimmungstabelle.

ABSTERBEERSCHEINUNGEN

- Die Rinde von absterbenden Wurzeln, besonders das Kambium, braun verfärbt, Rinde älterer Wurzeln blättert ab, zum Teil sekundär mit Pilzmyzel überzogen.

Frostschaden 1
Trockenheitsschaden 2
Stauende Nässe 1

- In den Wurzeln und unteren Stammpartien von Bäumen, die innerhalb weniger Stunden oder Tage welken (mitunter auch über mehrere Monate oder mehr als ein Jahr) und absterben, spärlich austreiben mit kleinen, verfärbten Blättern, Phloemnekrosen an der Rindeninnenseite der Unterlage an der Veredelungsstelle. In Wurzeln und unteren Stammpartien fluoreszenzmikroskopisch mykoplasmaähnliche Organismen nachweisbar.

Birnenverfall, verursacht durch mykoplasmaähnliche Organismen **14**

- Die Gefäße in den Wurzeln, aber auch in Stamm, Ästen und Zweigen, schlagartig und oft nur einseitig welkender und absterbender Bäume braun verfärbt. Holz verfärbt sich später schwarzbraun.

Verticillium-**Welke** (*Verticillium* spp.) **23**

- Auf den Wurzeln absterbender Bäume Überzüge aus luftigem, weißem Myzel, später auf den abgestorbenen Wurzeln schwarze Sklerotien von etwa 1 bis 1,5 mm Durchmesser.

Wurzelfäule (Wurzelschimmel) (*Rosellinia necatrix* Prill.) **38**

- Auf flach liegenden Wurzeln sowie am Stammgrund von abgestorbenen Bäumen wachsen die braunen Fruchtkörper mit einem Hutdurchmesser von 4 bis 15 cm des

Hallimasch (*Armillariella mellea* [Vahl. ex Fr.] Karst.) **38**

- Vor allem im Baumschulbestand nesterweise absterbende bzw. im Wuchs gehemmte Pflanzen zeigen an den Wurzeln punktförmige Verbräunungen und Schwarzverfärbungen sowie Absterben von Faserwurzeln. Im Boden bzw. in den Wurzeln ektoparasitisch bzw. endoparasitisch lebende

wandernde **Wurzelnematoden** **40**

MISSBILDUNGEN, WUCHSVERÄNDERUNGEN

- Vor allem am Wurzelhals, aber auch an den Wurzeln mehr oder weniger große, zerklüftete, anfangs weiche, später verholzende Tumoren.

Wurzelkropf (*Agrobacterium tumefaciens* [Smith et Townsend] Conn.) **20**

- Im Wurzelbereich, besonders unter der Bodenoberfläche und am Stammgrund, dünne Wurzeln mit dichtem Besatz an Haarwurzeln.

Haarwurzelkrankheit (*Agrobacterium rhizogenes* [Riker et al.] Conn.) **20**

- An Wurzeln in der Nähe der Bodenoberfläche Rindengewebe beulig bzw. krebsartig verändert, vielfach aufgeworfen. Im Bereich der geschädigten Gewebepartien bis zu

2 mm lange, dicht mit weißen Wachsfäden besetzte, rotbraune Tiere.

Blutlaus (*Eriosoma lanigerum* Hausm.) 47

SAUG- UND FRASSSCHÄDEN

- Vor allem im Baumschulbestand nesterweise absterbende bzw. im Wuchs gehemmte Pflanzen zeigen an den Wurzeln punktförmige Verbräunungen und Schwarzverfärbungen sowie Absterben der Faserwurzeln infolge der Saugtätigkeit von im Boden bzw. in den Wurzeln lebenden

    wandernden **Wurzelnematoden** 40

- An den Wurzeln in der Nähe der Bodenoberfläche Rindengewebe beulig bzw. krebsartig verändert, vielfach aufgeworfen. Im Bereich der geschädigten Gewebepartien bis zu 2 mm lange, dicht mit weißen Wachsfäden besetzte, rotbraune Tiere.

Blutlaus (*Eriosoma lanigerum* Hausm.) 47

- An Baumschulmaterial bzw. an Jungbäumen, die im Frühjahr nicht oder stark verzögert austreiben, finden sich an den Wurzeln bzw. am Stammgrund mehr oder weniger

ausgedehnte Fraßstellen an der Wurzelrinde. Zum Teil werden die Wurzeln entrindet.

Engerlinge 61
Erdraupen 61
Maulwurfsgrille 76
mitunter Larven verschiedener **Rüsselkäfer-Arten** 58

- Jüngere Bäume sterben ab. Im Bereich von Adventivwurzeln ist das Rindengewebe mit Bohrgängen durchzogen. Darin bis 25 mm lange, weißlich-gelbe Larve. Aus Bohrgängen dringt Bohrmehl nach außen.

Apfelbaumglasflügler (*Aegeria myopaeformis* Brkh.) 75

- An Wurzeln sowie an Stammbasis starke Fraßbeschädigung, zum Teil Wurzeln vollständig abgenagt, Spuren von Nagezähnen erkennbar. Bäume lassen sich leicht aus dem Boden ziehen oder fallen bei Wind um.

Große Wühlmaus (*Arvicola terrestris* L.) . . . 76

- An Stammbasis, aber auch an Wurzeln mehr oder weniger ausgedehnter Schälfraß mit Spuren von Nagezähnen.

Mäuse, verschiedene Arten 76

X. Krankheiten und Beschädigungen an Früchten im Lager

Bei Birne ist im wesentlichen mit den gleichen Krankheiten und Beschädigungen im Lager zu rechnen wie bei Apfel, ebenso bei Quitte. Dabei ist zu berücksichtigen, daß sich nur bestimmte Sorten zur Einlagerung eignen und auch in diesen Fällen nur einwandfreie Früchte einbezogen werden dürfen. Für die Diagnose der Krankheiten und Beschädigungen an Früchten im Lager wird auf die Bestimmungstabelle X „Krankheiten und Beschädigungen an Früchten im Lager" bei Apfel verwiesen.

Bildtafeln und Beschreibung der Krankheiten und Beschädigungen an Apfel, Birne und Quitte

Frostschaden

SCHADBILD

Durch Frost sind die Bäume in verschiedenen Altersstadien gefährdet, wobei es deutliche Sortenunterschiede sowie Unterschiede bei verschiedenen Unterlagen gibt. Auch die einzelnen Baumteile sind unterschiedlich empfindlich. Für den Eintritt von Schäden sind nicht nur die winterlichen Temperaturen verantwortlich, vielmehr spielt der gesamte Witterungsverlauf in Verbindung mit anderen Umweltfaktoren eine entscheidende Rolle dabei. Nach Einwirkung von Frosttemperaturen, besonders Kahlfrösten, aber auch während des Transports von Baumschulmaterial bzw. Jungbäumen vor dem Pflanzen ist der Austrieb spärlich bzw. unterbleibt vollständig. Die Wurzeln sterben ab, ihre Rinde, besonders das Kambium sind braun verfärbt (a). Die Rinde älterer Wurzeln blättert ab (b) und ist zum Teil äußerlich sekundär mit Pilzmyzel überzogen (c). An älteren Bäumen sterben einzelne Astpartien oder Zweige ab. Am Stamm treten längs verlaufende Rindenrisse auf, die bis in das Holz hineinreichen (Frostrisse) (d) und später im weiteren Wachstumsverlauf durch neu gebildete Rinde überwallt werden. Besonders auf der der Sonneneinstrahlung zugewandten Stammseite sterben größere Rindenpartien plattenförmig ab, die später abblättern (Frostplatten) (e) (Verwechselungsmöglichkeit mit Feuerbrand, Tafel 16–18, sowie pilzlichen Rindenbranderregern, Tafel 24–35). Bei Beginn des Austriebs bleiben die Knospen trocken und erscheinen aufgelockert (f). Beim Aufschneiden erscheinen sie innen verbräunt, besonders im Bereich der Markbrücke. Eine Höhlung ist nicht nachweisbar. An aufbrechenden Blütenknospen verbräunen die Blütenblätter. Geöffnete Blüten weisen vor allem einen verbräunten oder geschwärzten Stempel sowie braune Blütenblätter auf (g). Entfaltete Blätter erscheinen knitterig, mehr oder weniger blasig deformiert (h) und vor allem an den Blatträndern geschwärzt. Diese Bereiche werden später hart und brüchig. Junge Früchte bleiben klein und verkrüppeln. Mitunter zeigen sie ein die gesamte Frucht umziehendes Korkband (Frostgürtel) (i), vor allem in der Kelchregion. Es können auch in Längsrichtung verlaufende Risse auf der Frucht auftreten. Werden reife Früchte von Frost betroffen, kommt es zu Verbräunungen der Schale und des Fruchtfleisches (k) (siehe auch „Glasigkeit", Tafel 4).

Stauende Nässe
(ohne Abbildung)

SCHADBILD

Nach langanhaltender Bodennässe, in Bodensenken sowie nach Überschwemmungen treiben die Gehölze in Baumschulen sowie in Junganlagen, mitunter aber auch ältere Bäume, nicht oder nur spärlich aus. Die Wurzeln sind abgestorben, ihre Rinde blättert ab (ähnlich Frostschaden). Nach dem Austrieb vergilben die Blätter und fallen vorzeitig ab, später ebenso die Früchte. Das Triebwachstum ist beeinträchtigt. Es kommt mitunter zur Spitzendürre.

Windschaden
(ohne Abbildung)

SCHADBILD

Nach Sturm oder in ausgesprochenen Windlagen werden Blüten und Blätter abgerissen. Blätter zeigen Einrisse oder oberflächliche Verbräunungen an Reibflächen mit Ästen und Zweigen. Früchte fallen vorzeitig ab. Nach starken Stürmen können Bäume besonders nach dem Pflanzen umgerissen werden, wobei diese in der Regel in der Windrichtung liegen. Betroffen werden mitunter auch Bäume in älteren Anlagen.

1

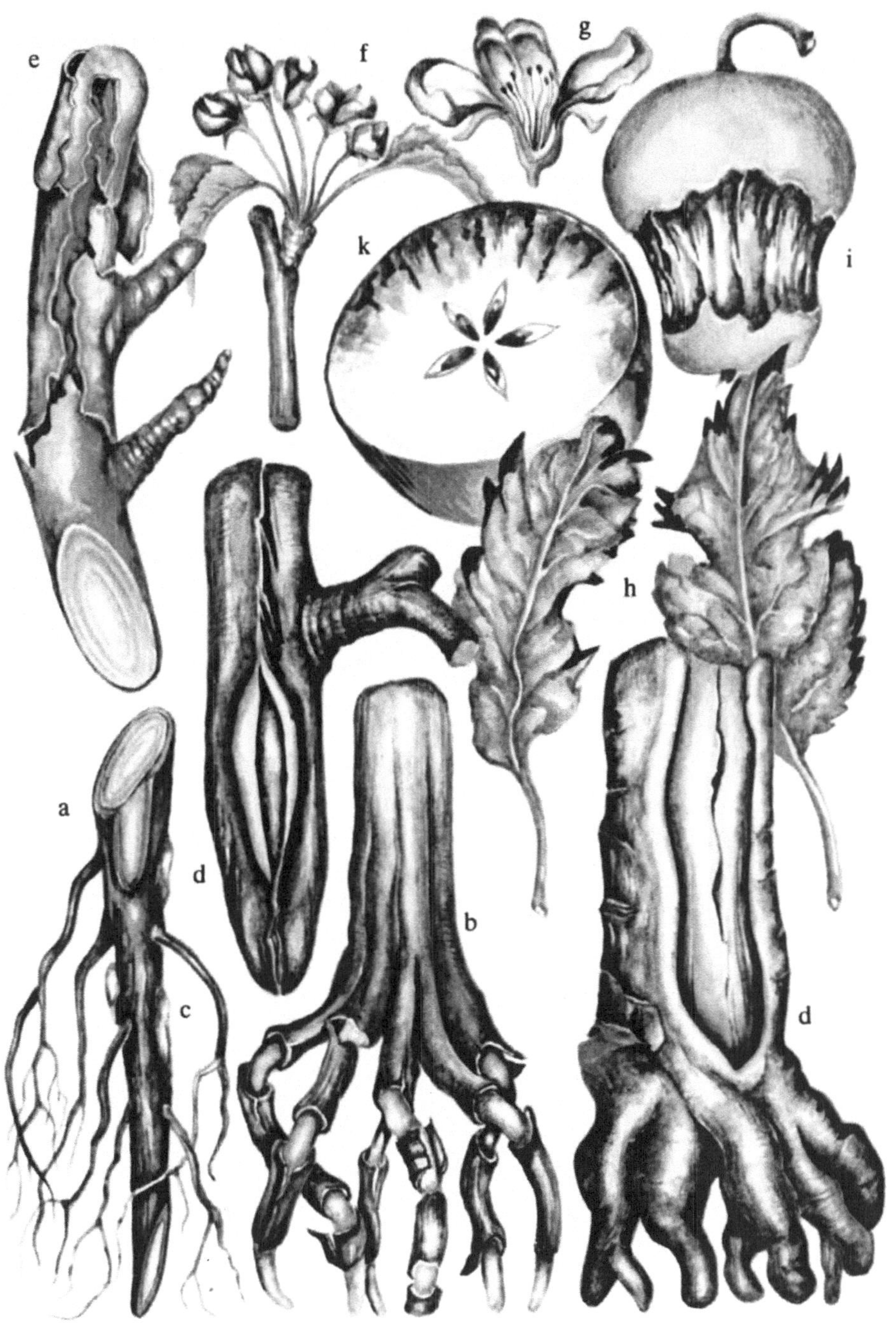

Doppelfrüchtigkeit

SCHADBILD

Bei bestimmten Sorten treten an einzelnen Früchten mehr oder weniger große Auswüchse auf (1), vielfach verbunden mit Verschorfungen an den Nahtstellen. (Verwechselungsmöglichkeit mit der virusbedingten Buckelfrüchtigkeit, Tafel 9). Doppelfrüchtigkeit ist genetisch oder physiologisch bedingt. Differentialdiagnose.

Parthenokarpie (Jungfernfrüchtigkeit)

(ohne Abbildung)

SCHADBILD

Keine Entwicklung des Embryos. Bei Äpfeln sind die Früchte kleiner als normal. Bei Birnen sind die Früchte walzenförmig und besitzen keine typische Birnenform, manche Früchte sind verkrüppelt.

URSACHE

Unter Parthenokarpie (Jungfernfrüchtigkeit) versteht man die Ausbildung von Früchten ohne vorangegangene Befruchtung. Vielfach entwickeln sich solche Früchte aus Spätblüten, denen keine Befruchter mehr zur Verfügung stehen. Auch Frosteinwirkung kann zur Parthenokarpie führen.

Rauchschaden, Immissionsschaden

SCHADBILD

Im Einwirkungsbereich von Industrieabgasen (vor allem SO_2, Fluorwasserstoff, Chlorgase u. a.) kann es je nach der chemischen Zusammensetzung der Abgase zu unterschiedlichen Schadbildern kommen. Diese treten in der Regel großflächig im Bestand auf. Auch Unkräuter sowie Kulturpflanzenbestände in der Nähe der betroffenen Obstanlagen weisen Schadsymptome auf. Auf den Blattspreiten zeigen sich unregelmäßige, braune Nekrosen. Vielfach sterben die Gewebepartien im Bereich des Blattrandes und der Blattspitze ab. Später brechen bei bestimmten Sorten die nekrotischen Blatteile aus, sodaß die Blätter ein zerschlissenes Aussehen annehmen (2). Die Früchte werden rauhschalig und rissig. Sie bleiben kleiner. Mitunter entsteht das Schadbild der Fruchtberostung (3). Im Einwirkungsbereich staubförmiger Immissionen (Zementstaub, Flugasche u. a.) kommt es zu starker Verschmutzung der Blätter und Früchte. Die Assimilation ist behindert, die Fruchtqualität gemindert.

Fruchtberostung

(Siehe hierzu die Spezialliteratur: MOTTE, G.,
SCHELLENBERG, G. 1978).

SCHADBILD

Unter Fruchtberostung (sortentypisch) wird
die mehr oder weniger stark ausgeprägte,
netzartige Veränderung der Fruchtschale in
der Stiel- und Kelchgrube mit streifigen oder
nesterförmigen Verkorkungen, die sich auch
auf die gesamte Schale erstrecken können,
verstanden (3).

URSACHEN

Für die Fruchtberostung werden verschiedene Ursachen verantwortlich gemacht, welche teils allein, teils im Komplex wirken.
Hierzu gehören vor allem Spätfröste, Tages-
temperaturen unter 4 °C, Einwirkung von
Feuchtigkeit und Wasserversorgung, des Bo-
dens, der Düngung sowie von Pflanzenschutzmitteln. Bei letzteren wird zwischen
berostungsauslösenden, berostungsfördern-
den, berostungsneutralen sowie berostungs-
mindernden Mitteln unterschieden (siehe
Spezialliteratur). Besonders die Sorte 'Gelber Köstlicher' neigt mehr als andere Sorten
zur Fruchtberostung.

Fruchtberostungen können auch in Zusammenhang mit Rauch- und Immissionsschä-
den, der virusbedingten Fruchtringberostung
(Tafel 11) und Kork- und Rauhschaligkeit
(Tafel 12), dem Befall mit Apfelmehltau (Tafel 21), Apfel- und Birnenschorf (Tafel 22,
23) sowie dem Fraß von Insekten stehen.
Differentialdiagnose erforderlich.

Hagelschaden

SCHADBILD

Das Schadbild tritt in der Regel gleichmäßig
im gesamten Bestand oder in sehr großen
Beständen in breiten Streifen auf. Blüten,
Blätter und Früchte sind abgeschlagen und
liegen auf dem Boden. Blätter zeigen Löcher
und Risse. An Früchten der verschiedenen
Entwicklungsstadien treten mehr oder weniger große, flache Anschlagstellen auf, die
mit fortschreitender Entwicklung verbräunen und verkorken (4 a, b). Die Anschlagstellen finden sich in der Regel gleichmäßig an
einer Seite. Unmittelbar unter der Anschlag-
stelle ist das Fruchtfleisch verbräunt. Hagel-
schäden sind auch an Nachbarkulturen sowie breitblättrigen Unkräutern nachweisbar.

Trockenheitsschaden, Hitzeschaden, starke Sonneneinstrahlung, Sonnenbrand

SCHADBILD

Nach längerer Einwirkung von Trockenheit oder Hitze auf Pflanzenmaterial vor dem Auspflanzen bzw. nach langanhaltender Dürre nach dem Pflanzen ist der Austrieb schwach bzw. unterbleibt vollständig. Die Knospen sind abgestorben und innen verbräunt und trocken. Im Inneren ist keine Höhlung erkennbar. Beim Anschneiden der Rinde an Stamm und Wurzel ist vor allem im Kambiumbereich eine Verbräunung festzustellen. Äußerliche Verbräunungen auf der Rinde (5a). Bereits ausgetriebene Gehölze zeigen mehr oder weniger starke Vergilbungen der Blätter und vorzeitigen Blattfall. Mitunter treten braune Flecke auf den Blättern auf. Früchte bleiben klein und fallen vorzeitig ab. Infolge starker Sonneneinstrahlung zeigen die Früchte bestimmter Sorten rötlich umrandete Flecke auf der Schale (Rotfleckigkeit) (5b). Unter der Fruchtschale finden sich mitunter Verbräunungen. Durch Hitze und Trockenheit geschädigte Früchte sind in Geschmack und Qualität gemindert.

1
2
3
4a
4b
5a
5b

Spritzmittelschaden
(Siehe auch „Fruchtberostung", Tafel 2)

SCHADBILD

Nach Anwendung von Pflanzenschutzmitteln zur Schaderregerbekämpfung kann es infolge zu hoher Konzentration, falsch gewähltem Anwendungszeitpunkt, zu hohen Lufttemperaturen bei der Applikation und anderen Anwendungsfehlern zu Schäden an Blättern und Früchten kommen. Ähnliche Schäden können jedoch auch bei ordnungsgemäßer Anwendung an besonders empfindlichen Sorten auftreten. Auf den vergilbenden Blättern zeigen sich mehr oder weniger umfangreiche, bräunliche Flecke, vielfach am Blattrand und der Blattspitze (1 a–c). Bei starken Schäden kommt es zu vorzeitigem Blattfall. Auf der Schale der Früchte finden sich mehr oder weniger stark ausgeprägte, netzartige Verbräunungen (Fruchtberostung), vielfach in der Stiel- und Kelchgrube. Es kann aber auch die gesamte Fruchtschale betroffen sein (Tafel 2). Zum Teil kommt es auch zu Rißbildungen, besonders durch Kupfermittel.

Herbizidschaden, Schaden durch Wuchsstoffherbizide, Wachstumsregulatoren

SCHADBILD

Nach Anwendung von Herbiziden zur Unkrautbekämpfung in Obstplantagen bzw. durch Abdrift von Herbiziden zur Unkrautbekämpfung an Grabenrändern und Feldrainen treten an den Blättern der kontaminierten Bäume mehr oder weniger starke, fleckenartige Nekrosen auf. Sie ähneln den Schäden durch Spritzmittel (1 a–c). Zum Teil sterben die Blätter vollständig ab und fallen vorzeitig ab. Die Blätter an den Trieben kümmern und verfärben sich (2). Auch vorzeitiger Fruchtfall ist möglich. Durch Einwirkung von Wuchsstoffherbiziden nach Unkrautbekämpfungen in benachbarten Kulturpflanzenbeständen oder an Wegrändern, nach Abdrift in Obstanlagen bzw. nach

Anwendung von Wachstumsregulatoren in bestimmten Entwicklungsstadien der Bäume treten an den Blättern Verdrehungen und Kräuselungen der Blattspreite, vielfach im Bereich des Blattrandes auf. Verdrehungen der Triebe (ähnlich wie nach Blattlausschaden, Tafel 48, 49). Ferner kann es zu ungleichmäßigen Vergilbungen der Blätter, verbunden mit Wellungen und Kräuselungen der Blattspreite (3 a, b) kommen.

Druck- und Schlagbeschädigung

SCHADBILD

Durch starke Windeinwirkung kann es an fast reifen Früchten durch Anschlagen an Äste oder andere Früchte, vor allem aber bei oder nach der Ernte im Zusammenhang mit Pflück- und Verladearbeiten zu Druck- und Schlagbeschädigungen kommen. Hierbei reagieren die einzelnen Sorten unterschiedlich. Zum Teil verfärben sich die Beschädigungsstellen rötlich oder sind an leicht dunkler verfärbten Eindellungen auf der Fruchtschale zu erkennen (4). Vielfach verbräunt das Fruchtfleisch unmittelbar unter der Druckstelle (nicht zu verwechseln mit Stippigkeit, Tafel 7), Lentizellenflecken (Tafel 5) oder den für die Sorte 'Jonathan' typischen Schalenflecken (Tafel 5)).

Panaschierung
(ohne Abbildung)

SCHADBILD

Einzelne Blätter am Baum weisen eine scharf gegen das grüne Blattgewebe abgegrenzte, fleckenartige Vergilbung, mitunter sogar Weißverfärbung auf. Das Schadbild kann leicht mit dem des virusbedingten Apfelmosaiks (Tafel 8) verwechselt werden. Die Panaschierung ist genetisch bedingt. Auch physiologische Ursachen kommen in Frage. Zur Unterscheidung vom Apfelmosaik ist Differentialdiagnose erforderlich.

1a
1b
1c
3a
3b
2
4

Glasigkeit

SCHADBILD

Gelagerte Früchte erscheinen äußerlich diffus fleckig (1a). Beim Aufschneiden ist zu erkennen, daß das Fruchtfleisch nesterweise glasig durchscheinend ist (1b). Früchte haben keinen angenehm säuerlichen Geschmack mehr.

URSACHEN

Noch nicht näher bekannte physiologische Störungen. Glasigkeit kann auch nach Einwirkung von Frosttemperaturen auftreten.

Fleischbräune (breakdown)

SCHADBILD

Bei Lagertemperaturen über 0 °C bis etwa +3 °C zeigen die Früchte bestimmter Apfelsorten, unter ihnen vor allem die Sorte 'Jonathan', aber auch bestimmte Birnensorten, im Inneren eine gleichmäßige oder schlierenartige, diffuse Verbräunung des Fruchtfleisches (2), während die Frucht äußerlich zunächst völlig ungeschädigt erscheint. Später kann auch die Schale verbräunen. Es bilden sich äußerlich scharf umgrenzte, braune Bezirke.

URSACHEN

Der Begriff „Fleischbräune" ist ein Sammelbegriff für ein auf verschiedenen Ursachen beruhendes weitgehend ähnliches Schadbild. Hierzu gehören: Einwirkung zu niedriger Temperaturen, Schädigung der Zellen durch verschiedene Stoffwechselprodukte (z. B. Azetaldehyd (Jonathan-Fleischbräune), Oxalessigsäure bzw. Bernsteinsäure (Kältefleischbräune)), abnormale Stoffwechselvorgänge beim Kohlehydrat- und Säureabbau, ferner die bei zu langer Lagerung bestimmter Sorten entstehende Altersfleischbräune, sowie „Stippfleckenkrankheit" (Tafel 7).

Markbräune, nichtparasitäre Kernhausbräune

SCHADBILD

Vom Kernhaus ausgehend verbräunt das Fruchtfleisch (3). Pilzliche Schaderreger sind nicht nachweisbar. Das Schadbild tritt bei einer Sorte zu einem bestimmten Zeitpunkt der Lagerung gleichmäßig auf (an allen Früchten) (Gegensatz: parasitäre Kernhausfäule, Tafel 22). In der Regel werden zu lange gelagerte Früchte betroffen.

URSACHEN

Ungünstige Temperaturbedingungen und zu geringe Sonneneinstrahlung während der letzten Vegetationswochen am Baum, Kälteeinwirkung im Lager bei überalterten Früchten.

Schalenbräune, Hautbräune

SCHADBILD

Man unterscheidet zwischen der gewöhnlichen (eigentlichen) Schalenbräune und der Altersschalenbräune (Überalterungsschalenbräune). Bei der eigentlichen Schalenbräune nimmt die Epidermis zunächst eine blassere Farbe an. Später ist die gesamte Schale mit unregelmäßigen, bräunlichen Flecken überzogen (4a). Diese Erscheinung ist etwa von dem 2. bis 3. Lagermonat an zu erkennen. An den Flecken ist das Gewebe etwas eingesunken (4b). Mit zunehmender Reife wird auch das unter der Schale liegende hypodermale Gewebe geschädigt (4c), niemals aber das Fruchtfleisch. Zu zeitig geerntete Früchte sind besonders gefährdet. Die Überalterungsschalenbräune ist ein Symptom der Überreife. Braune, nekrotische Flecke zeigen einen matteren Farbton und bedecken große Teile der Schale (4d). Das darunter liegende Fruchtfleisch wird mit zunehmender Reife stark geschädigt.

URSACHEN

Veränderungen im Stoffwechsel, bedingt durch Stoffwechselprodukte, die bei Kaltlagerung nicht schnell genug aus der Schale herausdiffundieren.

4

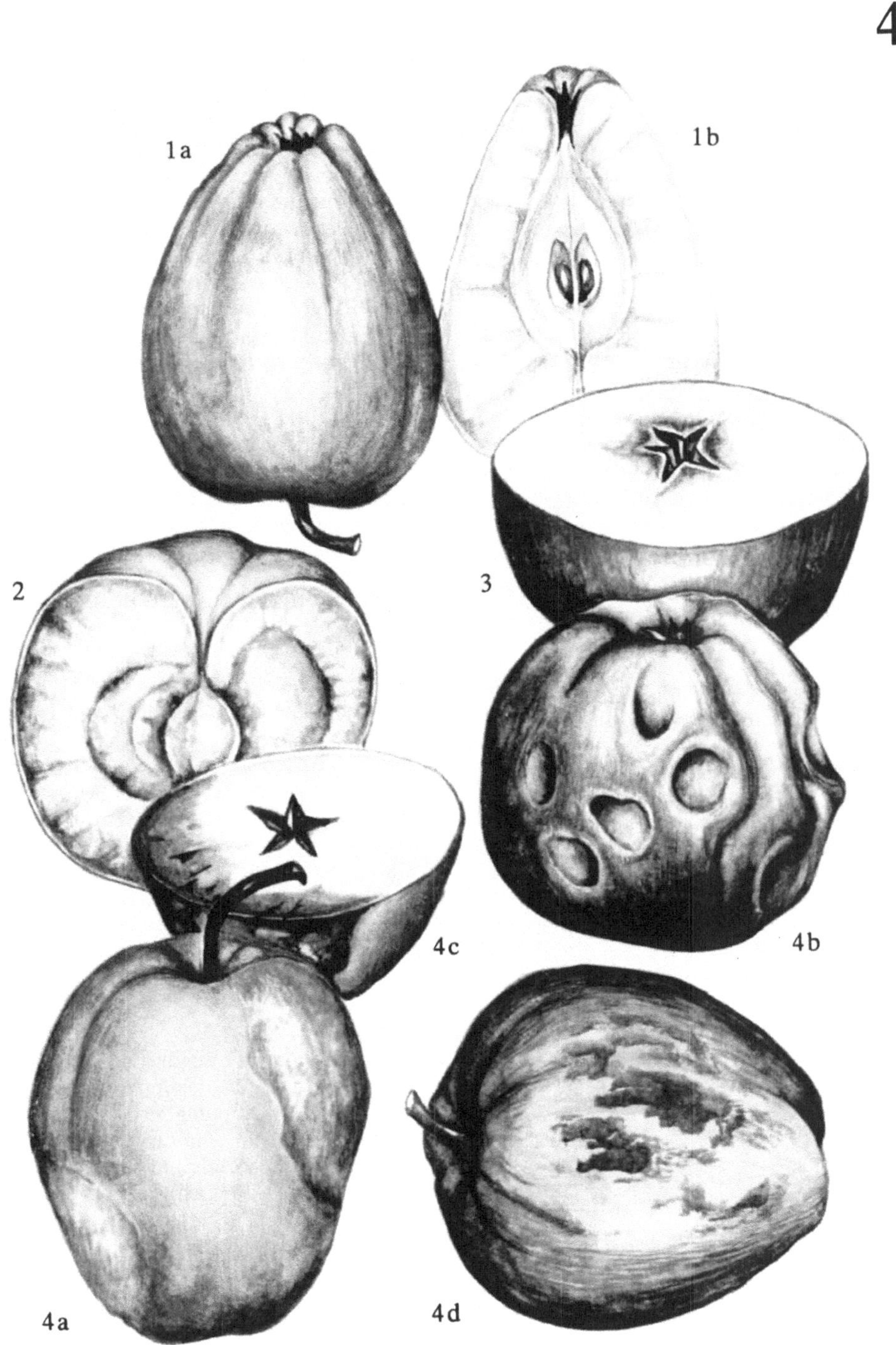

CO$_2$-Schalenbräune, Sauerstoffmangel-Schaden

SCHADBILD

Bei Sauerstoffmangel bzw. zu hohem Gehalt der Lageratmosphäre an CO$_2$ treten unterhalb der Fruchtschale bei bestimmten Sorten blaugrüne Verfärbungen auf. Sie sind vor allem auf der Schattenseite der Früchte zu finden und scheinen durch die Fruchtschale hindurch. Später verfärben sich diese Stellen braun, wobei die Verbräunungen dann auch äußerlich auf der Fruchtschale erkennbar sind (1 a, b). Beim Durchschneiden der Frucht findet man Verbräunungen unterschiedlicher Ausbreitung im Bereich des Kernhauses, die mehr oder weniger tief in das Fruchtfleisch hineinreichen (1 c). Eine exakte Trennung der Schädigung durch Sauerstoffmangel und durch zu hohen CO$_2$-Gehalt der Lageratmosphäre ist nicht möglich. Pilzliche Krankheitserreger sind nicht nachweisbar.

URSACHEN

Ungünstige Zusammensetzung der Lageratmosphäre bei der CA-Lagerung (controlled atmospheric storage), bezogen auf die Lagerfähigkeit der Früchte. Betroffen werden vor allem große Früchte bei der Langzeitlagerung, die aus Junganlagen oder aus Anlagen mit schwachem Behang stammen, bzw. spät geerntete und stark mit Stickstoff versorgte Früchte bei einer CO$_2$-Konzentration im Lager von 7 bis 8 % und Temperaturen von 0 bis 1 °C.

Jonathanflecken

SCHADBILD

Etwa nach 4 Lagerungswochen (mitunter aber auch schon am Baum) kommt es bei einigen Sorten, unter ihnen die Sorte 'Jonathan', zum Auftreten kleiner, braunschwarzer Flecken auf der Fruchtschale (2) um die Lentizellen herum. Sie können einen Durchmesser von etwa 2 mm (kleinfleckiger Ringtyp) oder von maximal 5 bis 6 mm (großflekkiger Ringtyp) haben. Die Flecken sind meist geringfügig eingesunken. Im Fruchtfleisch unter den Flecken keine Nekrosen.

URSACHEN

Komplex physiologischer Faktoren, vor allem Überalterungserscheinungen an besonders massigen Früchten, verspätete Ernte und zu niedrige Lagertemperaturen.

Lentizellenfleckenkrankheit

SCHADBILD

Auf der Schale bestimmter Sorten treten zahlreiche, kleine, rote (1 bis 3 mm Durchmesser) oder braune (bis etwa 5 mm Durchmesser) Flecken auf (Rote Lentizellenfleckenkrankheit = Rotfleckigkeit (3 a), Braune Lentizellenfleckenkrankheit (3 b)). In der Mitte dieser Flecken findet sich die Lentizelle als helle Pustel (3 a, b). Keine Nekrosen im Fruchtfleisch. Bei der Rotfleckigkeit verfärben sich die Flecke später ebenfalls braun und sinken etwas ein. Pilzliche Krankheitserreger sind nicht nachweisbar.

URSACHEN

Als Ursachen werden ungünstige klimatische oder Witterungsbedingungen, unzureichende Wundverkorkung der sich entwikkelnden Lentizellen, mitunter unter dem Einfluß von Pflanzenschutzmitteln, angenommen, zum Teil auch Gewebeverletzungen im Lentizellenbereich. Das Auftreten von Lentizellenflecken wird in trockenen Jahren sowie durch starke Temperaturschwankungen begünstigt.

Stickstoff-Mangel

SCHADBILD AN APFEL UND BIRNE

An den jungen, meist verkürzten Trieben
sind die Blätter nur klein und schmal bei
hellgrüner bis gelblicher Verfärbung mit oft
rötlich-braunen Nekroseflecken. An den älteren Blättern wechselt die Farbe von rötlich
bis gelb, zuweilen bis purpurfarben (1 a–c)
und führt zum vorzeitigen Blattfall. Das
Triebwachstum ist deutlich vermindert, die
Rinde häufig gelbbraun bis rötlich verfärbt.
Blütenbildung und Fruchtknospenansatz
sind auffällig verringert, die Früchte sind
kleiner als normal und reifen vorzeitig.

Kalium-Mangel

SCHADBILD AN APFEL

Die relativ kleinen, fast blaugrünen Blätter
mit auffällig langem Stiel haben anfänglich,
an den älteren Blättern beginnend, chlorotische Aufhellungen im Rand- und Interkostalbereich. In Abhängigkeit von der Stärke
des K-Mangels stellen sich dann mehr oder
weniger schnell braune oder graubraune
Randnekrosen ein, die sich nach der Blattoberseite krümmen bzw. aufrollen (2 a–c).
Dieses Schadbild weitet sich in der Folgezeit
allmählich spitzenwärts aus. Die teilweise
vertrockneten Blätter bleiben häufig noch
längere Zeit am Baum hängen. Die Früchte
sind klein, die sortentypische Färbung ist
nur schwach ausgebildet, und auf der Schale
können korkartige Flecken auftreten. Das
Wachstum der Triebspitzen ist unter K-
Mangelbedingungen deutlich vermindert.
Die Bäume bleiben insgesamt in der Entwicklung zurück.

SCHADBILD AN BIRNE
(ohne Abbildung)

Blätter relativ klein mit gelbgrünen Aufhellungen, nach oben aufgerollt, Ausbildung
von braunen bis graubraunen Randnekrosen,
beginnend an älteren Blättern, geschädigte
Blätter sterben früher ab, bleiben aber auffällig lange am Baum hängen. Früchte bleiben
klein, Färbung unzureichend ausgebildet.

Phosphor-Mangel

SCHADBILD AN APFEL UND BIRNE

Gegenüber den Blättern ausreichend versorgter Bäume (3) verhältnismäßig klein bleibende, dunkelgrüne und verhärtete Blattspreiten mit matt purpurnen bis bronzenen Farbtönen und rötlichen Blattstielen (4 a–c). Es kommt zu einer frühzeitigen Entlaubung der Langtriebe. Besonders schwer betroffen sind durch den P-Mangel die Blüten- und Fruchtbildung. Die Blütenknospenanlagen und der Fruchtansatz sind daher auch auffällig vermindert und die oft nur kleinen, stumpffarbigen Früchte werden zum großen Teil vorzeitig abgestoßen.

Mangan-Mangel

SCHADBILD AN APFEL UND BIRNE

An jüngeren, zum Teil auch älteren Blättern beginnen die Interkostalfelder vom Rand her eine blaßgrüne bis stumpfgelbe Färbung anzunehmen. Die Blattnervatur und der sie umschließende Saum behalten dagegen die normale grüne Farbe weitgehend bei, so daß ein tannenbaumartiges Muster entsteht (5 a–c). Besonders deutlich werden die Symptome an beschatteten Bäumen sichtbar. In der Regel sind Ertragseinbußen ohne Bedeutung. Unter extremen Bedingungen jedoch kann die Blattgröße verringert sein und das Sproßwachstum eingeschränkt werden. Die Blätter sterben dabei vorzeitig ab.

Magnesium-Mangel

SCHADBILD AN APFEL

Bevorzugt an älteren Blättern von Langtrieben treten in den Interkostalfeldern beiderseits der Blattachse chlorotische Flecken auf, die bei einigen Sorten auch auf die Randzonen übergreifen können. Diese fast ebenmäßigen, fleckenartigen, ovalen Chlorosen gehen allmählich in braune bis rötlichbraune Nekrosen über (6 a–c) und bringen die so geschädigten Blätter vorzeitig zum Absterben. Dadurch verkahlen größere Teile der Langtriebe bis auf wenige, relativ eng rosettenartig angelegte Blätter im Spitzenbereich („Pinselkrankheit"). Die Früchte reifen bei starkem Mg-Mangel vorzeitig und bleiben nur klein. Die Lagerfähigkeit ist stark eingeschränkt, und die Neigung zur Stippigkeit ist besonders groß.

SCHADBILD AN BIRNE
(ohne Abbildung)

Von älteren, relativ dunkelgrünen Blättern ausgehende, schwarzbraune Nekrosen im Bereich der Spreitenränder und Interkostalfelder. Im Spätsommer verfrühter Blattfall, beginnend am unteren Ende der Triebe.

Kupfer-Mangel an Apfel und Birne
(ohne Abbildung)

SCHADBILD

Endständige Blätter welk, aufgewölbt mit zunehmender Interkostalchlorose, unter Bildung brauner Nekrosen sterben die jüngsten Blätter ab, Terminaltriebe verkahlen oder sterben völlig ab. Austrieb zahlreicher tiefer gelegener Knospen zur buschartigen Seitentriebbildung mit nachfolgenden Absterbeerscheinungen. An älteren Ästen können an der Rinde Absterbeerscheinungen auftreten (rauhes Aussehen). An den Früchten keine spezifischen Symptome bekannt.

Zink-Mangel an Apfel und Birne
(ohne Abbildung)

SCHADBILD

Vermindertes Triebwachstum. An der Triebspitze dicht zusammengedrängte, büschelförmige Blattanordnung der fast blattlosen Zweige. Blätter chlorotisch gefleckt, klein und schmal, starr aufrecht stehend, teilweise zusammengefaltet, spröde mit gewelltem Rand. Früchte klein und deformiert.

Chlor-Überschuß an Apfel und Birne
(ohne Abbildung)

SCHADBILD

An älteren Blättern anfänglich braune, später bis graue Randnekrosen, nach der Blattmitte fortschreitend, Blätter sterben vorzeitig ab, bleiben längere Zeit am Baum hängen. Verwechselung mit Kalium-Mangel (Tafel 6) möglich. Zur Klärung Pflanzenanalyse durchführen.

6

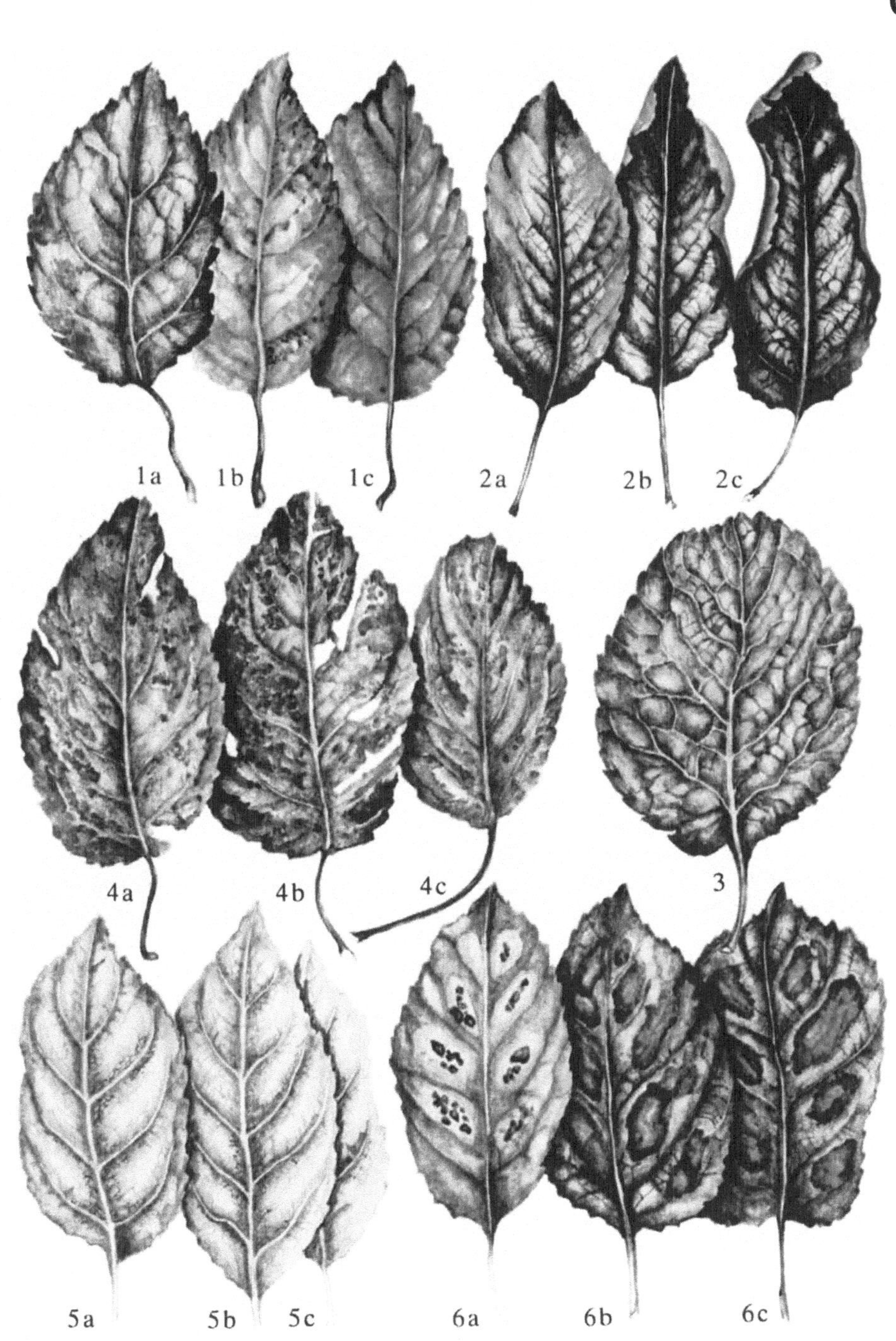

Eisen-Mangel

SCHADBILD AN APFEL UND BIRNE

An den jüngsten Blättern der Triebspitzen kommt es zur Ausbildung einer zitronengelben Interkostalchlorose mit scharf abgesetzten, grünen Adern (1), die allerdings bei anhaltendem Mangel ihre grüne Farbe einbüßen können. Das sich entfaltende jüngste Blatt erscheint dann fast gelbweiß und die Spitze stirbt unter gelbbrauner bis dunkelbrauner Nekrotisierung nach unten fortschreitend ab, so daß die Zweige völlig entlaubt werden. Nicht selten tritt Eisen-Mangel aber auch nur an einigen Zweigen auf („Schlechtwetterchlorose").

Bor-Mangel

SCHADBILD AN APFEL

Internodien zwischen den Blättern gegen die Spitze zunehmend kürzer, so daß die kleinen und verdickten, nach unten gerollten Blätter an den Triebenden, nicht selten nach Neuaustrieb, rosettenartig angeordnet sind. Die darunter inserierten älteren, zum Teil aufgerollten Blätter nehmen besonders an den Blatträndern eine rostrote bis bronzene Färbung an und fallen vorzeitig ab. Das Wurzelwachstum ist eingeschränkt.

Die stellenweise rissigen Früchte bleiben in der Größe beträchtlich zurück. Ihre Form ist durch mehr oder weniger ausgeprägte Vertiefungen und einseitige Ausbeulungen anomal. Auf der Schale bilden sich dunkle, glasige Flecken (2a), unter denen Teile des Fruchtfleisches braun sind und nekrotisieren („Äußere Korkfleckigkeit" oder „external cork"). Meistens dehnen sich die braunen, korkähnlichen Flecke auch über das ganze Fruchtfleisch bis in die Nähe des Kernhauses aus („Innere Korkfleckigkeit" oder „corky pit" bzw. „internal cork") (2b).

SCHADBILD AN BIRNE

(ohne Abbildung)

Symptome wie bei Äpfeln. Darüber hinaus reagiert die Frucht der Birne auf Bor-Mangel mit einer anomalen Steinzellenbildung („Lithiase").

Calcium-Mangel
sowie Stippfleckenkrankheit
(„bitter pit"), Stippigkeit

SCHADBILD AN APFEL

Bei Calcium-Mangel treten an aufgehellten, jungen Blättern nekrotische Flecke im Bereich der Blattränder und der Blattspindel auf. Die Hauptnervatur ist rötlich verfärbt. Kurz vor der Reife tritt an den Früchten Stippigkeit auf, mitunter auch erst nach der Ernte auf dem Lager sichtbar (im Gegensatz zum Bor-Mangel (Tafel 7)). Äußerlich ist die Stippigkeit zunächst daran zu erkennen, daß bei grünen und gelben Äpfeln grüne bis dunkelgrüne, bei rotgefärbten Äpfeln dunkelrot gefärbte, nicht scharf umrissene Flecke mit flachen Dellen auf der Schale auftreten. Die Flecke haben unterschiedliche Größe und werden allmählich braun. Die Entstehung dieser Flecke nimmt jedoch im Inneren der Frucht ihren Anfang. Beim Durchschneiden der Frucht beobachtet man im Fruchtfleisch nahe der Oberfläche braune Flecke von abgestorbenen Zellen. Bei Zunahme der nekrotischen Zellen rücken diese bis dicht an die Schale heran und bewirken die beschriebenen, dunkelgrünen bzw. dunkelroten Flekken. Nach und nach wird auch die Schale in den Abbauprozeß einbezogen. Sie sinkt an diesen Stellen ein und wird braun (3a, b).

URSACHE

Ursache der Stippigkeit sind Ernährungsstörungen, die hauptsächlich durch Calcium-Mangel hervorgerufen werden. Zu diesem Faktorenkomplex gehört auch die Fleischbräune („flesh breakdown") (3c), die während der Lagerung zur Fäulnis der Früchte führt (Tafel 4). Verwechselungsmöglichkeit mit der virusbedingten Grünen Fruchtscheckung (Tafel 12).

SCHADBILD AN BIRNE

(ohne Abbildung)

Vor Erntebeginn Auftreten von grünen Flekken (Grünfleckigkeit der Birne), teils gesprenkelt oder streifig am Stielende der Frucht, korkartige Vertiefungen am entgegengesetzten Ende der Frucht (Kelch).

7

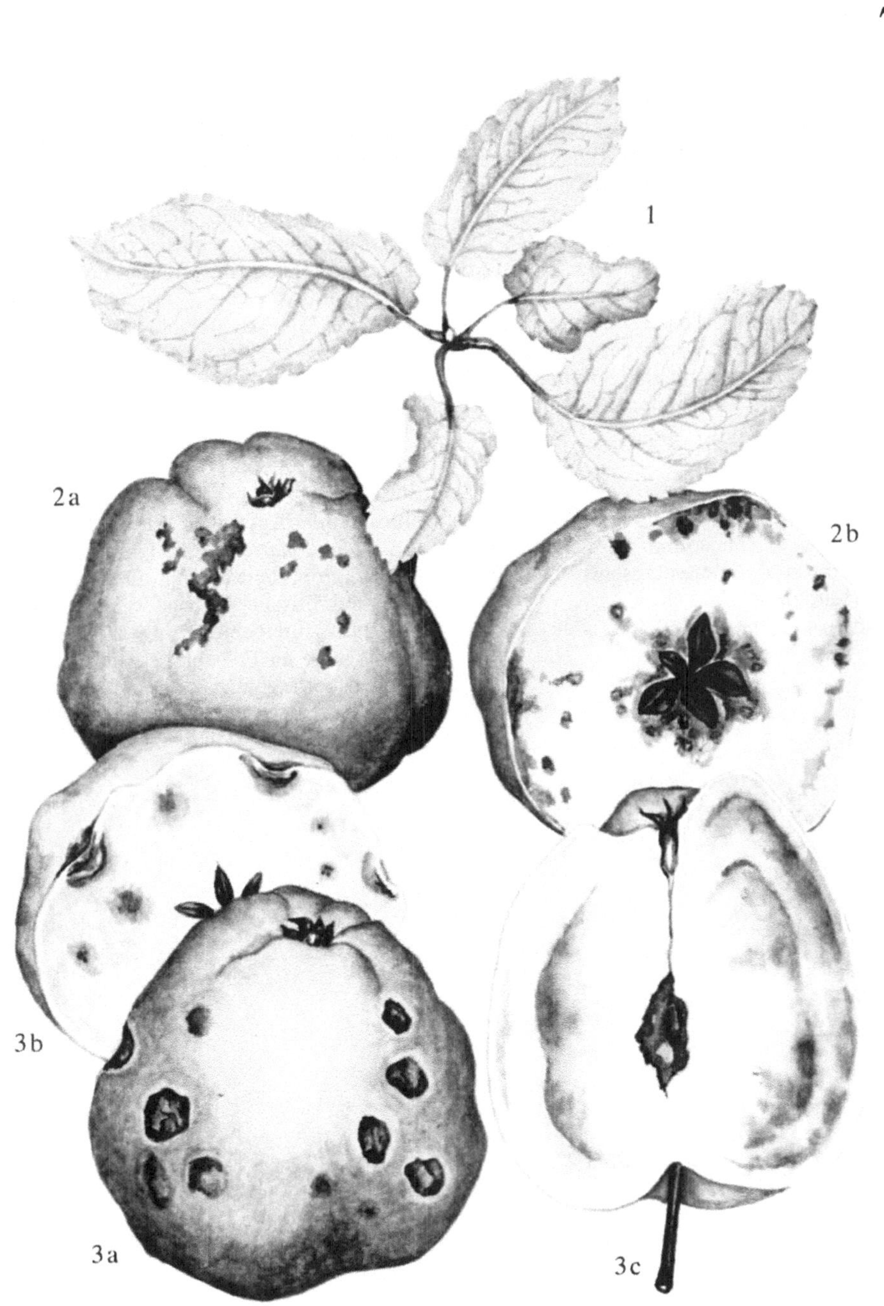

Rindennekrose

SCHADBILD

Gegenüber gesunden Bäumen (1) treten an zweijährigen Trieben zunächst feine, später tiefere Rindenrisse auf. Mit zunehmendem Alter der Zweige rauht die Rinde auf, so daß sich bereits am jüngeren Gerüst eine für Apfelbäume ungewöhnliche Borke bildet (2). Die geschädigten Bäume sind im Wachstum gehemmt. Der Fruchtansatz ist erheblich gemindert. Neben dieser an Edelsorten auftretenden Rindennekrose wurde dieses Schadbild in Verbindung mit der Stammnarbung (Tafel 13) auch an der Apfelunterlage 'Spy 227' festgestellt.

ERREGER

Nicht charakterisiert.

Testpflanzen: Apfelsorten 'Jonadel' oder 'Starkrimson' (Rindennekrosen nach Pfropfübertragung).

Serodiagnose: Nicht möglich.

Chlorotische Blattfleckung

SCHADBILD

Im Gegensatz zu zahlreichen *Malus*-Wildformen zeigt fast keine der Kultursorten und Unterlagen des Apfels Symptome der Blattfleckung. Zu den Ausnahmen zählt 'Spy 227', an dessen Blättern hellgrüne, unregelmäßige, spritzerartige oder ringförmige Flecke oder hellgrüne Linien entstehen (3 a, b). Sehr schwache Virusstämme bleiben auch bei 'Spy 227' latent.

ERREGER

Chlorotisches Blattfleckungs-Virus des Apfels, apple chlorotic leaf spot virus (ACLSV), virus chlorotičeskoi pjatnistosti listjev jabloni.

Testpflanzen: Apfelsämlingsklon 'R12740–7A' oder *Malus platycarpa* (hellgrüne Blattflecken nach Pfropfübertragung), *Chenopodium quinoa* (nekrotische, oft ringförmige Lokalläsionen an Abreibeblättern, hellgrüne Linien oder Ringe an Folgeblättern nach mechanischer Übertragung).

Serodiagnose: ELISA

Apfelmosaik

SCHADBILD

Die Blätter zeigen gelbgrüne oder leuchtend
gelbe, scharf begrenzte, flecken-, sprenkel-
oder linienartige Verfärbungen (4). Bei
schwach anfälligen Sorten treten an wenigen
Blättern nur vereinzelte, gelbliche Sprenkel
auf. Empfindliche Sorten zeigen an fast allen Blättern deutliche, vergilbte Flecke, Bänder oder Adern. Die gelben Bereiche der
Blattspreiten können im Verlaufe des Sommers absterben und verbräunen. Stark geschädigte Blätter fallen vorzeitig ab. Die
Stärke der Symptome hängt sowohl von der
Anfälligkeit der Sorten als auch von der Virulenz der Virusstämme ab. Bei sehr
schwach virulenten Stämmen treten oft
keine Krankheitserscheinungen auf. Hohe
Temperaturen können zur Maskierung der
Symptome führen.

ERREGER

Apfelmosaik-Virus, apple mosaic virus
(ApMV), virus mozaiki jabloni.

Testpflanzen: Apfelsorten 'Lord Lambourne'
oder 'Jonathan' (leuchtend gelbe Blattflecke,
Bänder oder Adernvergilbung nach Pfropfübertragung), *Cucumis sativus* (hellgrüne Läsionen auf Keimblättern, hellgrünes Mosaik
auf Laubblättern nach mechanischer Übertragung).
Serodiagnose: ELISA.

Apfelverfall
(ohne Abbildung)

SCHADBILD

Der Verfall der Bäume kann vom 6. Standjahr an beginnen. Die Symptome ähneln den
Folgeschäden, die durch Nagetiere (Tafel 76) oder Kragenfäule (Tafel 29) verursacht werden. Es entstehen nur kleine, spärliche, hellgrüne bis gelbliche Blätter. Die
Bäume neigen zu abnorm starker Blüte und
hohem Fruchtansatz. Die Früchte bleiben
klein, reifen früher und sind intensiver gefärbt. Die neugebildeten Triebe sind verkürzt, Blatt- und Blütenknospen sterben ab.
Oberhalb der Veredelungsstelle ist der
Stamm angeschwollen, und die Veredelungszone bricht auf. Die Rinde ist in diesem Bereich abnorm verdickt und schwammig. An
ihrer Innenseite ist eine feine braune Linie
erkennbar. Etwa 2 bis 3 Jahre nach dem Auftreten der ersten Symptome sterben die
Bäume vollständig ab.

ERREGER

Tomatenringflecken-Virus, tomato ringspot
virus (TRSV), (ohne russischsprachige Bezeichnung).
Testpflanzen: Apfelstammbildner 'Virginia
Crab' (Stammrillung und Verfall nach
Pfropfübertragung), *Cucumis sativus* (chlorotische Blattflecke und Mosaik nach mechanischer Übertragung).
Serodiagnose: ELISA

Latente Viren bei Apfel

SCHADBILD

Einige Viren wurden in Edelsorten und Unterlagen des Apfels nachgewiesen, ohne daß sie spezifische Symptome hervorrufen.

ERREGER UND TESTPFLANZEN

- *Chenopodium*-Mosaik-Virus, sowbane mosaic virus (SoMV) (ohne russischsprachige Bezeichnung). *Chenopodium quinoa* oder *C. murale* (hellgrünes Mosaik an Folgeblättern nach mechanischer Übertragung) (ohne Abbildung).
- Nelkenringflecken-Virus, carnation ringspot virus (CRSV), virus kolzevoi pjatnistosti gvosdiki.
  Chenopodium quinoa und *C. murale* (chlorotische Lokalläsionen an Abreibeblättern, hellgrünes Mosaik an Folgeblättern nach mechanischer Übertragung) (5). Der Virusnachweis ist meist erst nach mehreren Passagen über Testpflanzen möglich.
- Tabakmosaik-Virus, tobacco mosaic virus (TMV), virus tabačnoi mosaiki.
  Chenopodium quinoa (nekrotische Flecke an Abreibeblättern nach mechanischer Übertragung). (Passagen). (ohne Abbildung).
- Tabaknekrose-Virus, tobacco necrosis virus (TNV), virus nekrosa tabaka.
  Chenopodium quinoa oder *Phaseolus vulgaris* (6) (kleine, nekrotische Lokalläsionen an Abreibeblättern nach mechanischer Übertragung (6)). (Passagen).
- Tomatenzwergbusch-Virus, tomato bushy stunt virus (TBSV), virus kustistoi karlikovosti tomata.
  Chenopodium quinoa (nekrotische Flecke an Abreibeblättern (7), Mosaik und Deformationen an Folgeblättern nach mechanischer Übertragung).

Serodiagnose: Bisher ist nur das Tomatenzwergbusch-Virus mit dem ELISA in Obstgehölzen sicher nachweisbar.

8

Besenwuchs

SCHADBILD

Das typische Merkmal der Krankheit besteht im vorzeitigen Austrieb der Achselknospen im oberen Drittel von Langtrieben im Verlaufe des Sommers und Frühherbstes. Im Gegensatz zu gesunden Bäumen (1) entwickeln sich zahlreiche, dünne, steil aufwärts gerichtete Triebe (2a), deren Spitzen oft absterben oder durch Apfelmehltau (*Podosphaera leucotricha* [Ell. et Ev.] Salm.) (Tafel 21) befallen sind. Dieses Schadbild tritt aber nicht immer auf. Es gilt als postinfektionelle Schockreaktion und fehlt in der „Erholungsphase" des Baumes. Deshalb sind die bevorzugt an der Basis der Langtriebe und an Kurztrieben gebildeten, vergrößerten Nebenblättchen für die Diagnose wichtig. Sie sind im Gegensatz zu normalen Stipulae blattähnlich gestaltet, und ihre Ränder sind scharf gezähnt (2b). Ein drittes Merkmal der Krankheit sind die gegenüber Früchten gesunder Bäume (2c) um etwa ein Drittel verkleinerten Früchte, die etwas flacher als normal sind und an langen Stielen hängen (2d). Sie sind intensiver gefärbt und schmecken fade. Die Blätter besenwuchskranker Bäume sind häufig heller gefärbt oder chlorotisch. Während des Sommers erscheinen gelegentlich Blüten.

In Analogie zum Besenwuchs an den Trieben bilden sich an der Unterlage zahlreiche, stark verkürzte, gedrungene und gekrümmte, büschelartig angeordnete Faserwurzeln. Im Phloem der Wurzeln sind fluoreszenzmikroskopisch mykoplasmaähnliche Organismen erkennbar.

Ein weiteres Indiz für das Vorliegen dieser Krankheit besteht darin, daß nach Behandlung der Bäume mit Antibiotika (z.B. Oxytetrazyklin) die Krankheitserscheinungen vorübergehend verschwinden.

ERREGER

Wahrscheinlich mykoplasmaähnliche Organismen.

Testpflanzen: Apfelsorten 'Golden Delicious' (Spezifischer Indikatorklon) oder 'Undine' (Besenwuchs) bzw. *Malus platycarpa* (Chlo-

rose) nach Pfropfübertragung. Am sichersten gelingt der Nachweis durch Gerüst- oder Wurzelpfropfung.

Serodiagnose: Bisher nicht möglich.

Buckelfrüchtigkeit

SCHADBILD

Die Symptome erscheinen an den 1 bis 2 cm großen Apfelfrüchten in Form kleiner Einsenkungen. Später entstehen tiefe Eindellungen und buckelartige Wülste, die zu starken Fruchtdeformationen führen (3). Auch warzenartige Schwellungen können auftreten. Die geschädigten Früchte sind kleiner. Ihr Anteil kann von Jahr zu Jahr schwanken, zeitweise fehlen die Schadbilder völlig. Bei kranken Bäumen ist das Wachstum gehemmt.

ERREGER

Nicht charakterisiert; wahrscheinlich Erreger des Spy-Verfalls (siehe Tafel 13).

Testpflanzen: Apfelsorten 'Golden Delicious' oder 'Kola Crab' (Buckelfrüchtigkeit nach Pfropfübertragung).

Serodiagnose: Bisher nicht möglich.

9

Gummiholzkrankheit

SCHADBILD

Da die meisten Apfelsorten gegenüber dieser Krankheit tolerant sind, treten deutliche Symptome nur an wenigen Sorten auf. Gegenüber gesunden Bäumen (1) bestehen sie hauptsächlich in einer erhöhten Biegsamkeit der Triebe, Äste und des Stammes. Einjährige Okulate wachsen nicht aufrecht, sondern neigen sich mit fortschreitendem Wachstum leicht nach unten (2a). Später gebildete Seitenäste biegen sich herab und brechen bei Fruchtbehang aus. Bei starker Schädigung kann das Holz so weich sein, daß es sich eindrücken läßt. Durch die herabgebogenen Äste und den geneigten Stamm erhält das Kronengerüst ein weidenartiges Aussehen. Einjährige Triebe lassen sich haarnadelförmig biegen, ohne zu brechen. Bei weniger empfindlichen Sorten oder schwächer virulenten Erregerherkünften („Stämmen") treten diese Symptome nicht so deutlich hervor. Unabhängig von der Stärke der Symptome und auch bei latenter Erkrankung treten Wuchshemmungen auf.

Die weiche Konsistenz des Holzes ist auf ungenügende Lignifizierung der Holzfasern zurückzuführen. Sie läßt sich durch Färbung von Querschnitten mit Phloroglucin / Salzsäure leicht nachweisen. Die geschädigten Gewebebereiche erscheinen im Gegensatz zu den ungeschädigten nicht tiefrot (2b), sondern rosa bis gelblich (2c).

Durch die Gummiholzkrankheit geschädigte Apfelbäume sind frostempfindlicher. Hierdurch entstehen zusätzliche Schäden, die durch verbräunte Bereiche im Kernholz hervortreten. Höhere Anfälligkeit besteht auch gegenüber der Kragenfäule (*Phytophthora cactorum* [Leb. et Cohn] Schroet.) (Tafel 29).

ERREGER

Wahrscheinlich mykoplasmaähnliche Organismen.

Testpflanze: Apfelsorte 'Lord Lambourne' (weiche, biegsame Triebe und Äste nach Pfropfübertragung).

Serodiagnose: Bisher nicht möglich.

Rosettenkrankheit

SCHADBILD

Die Krankheitserscheinungen können an der gesamten Baumkrone auftreten, aber auch auf einzelne Astpartien beschränkt bleiben. Sie bestehen hauptsächlich aus der rosettenartigen Anordnung der Blätter, deren Spreiten spröde und gewellt und deren Ränder scharf gezähnt sind (3). Trotz normaler Blüte ist der Fruchtansatz gering.

ERREGER

Nicht charakterisiert.

Testpflanze: Apfelsorte 'Boskoop' (Rosettenbildung nach Pfropfübertragung). Bei Nichtübertragbarkeit des Schadbildes kann Zink-Mangel (Tafel 6) als Schadursache vorliegen.

Serodiagnose: Nicht möglich.

10

Fruchtringberostung

SCHADBILD

An den Früchten entstehen helle, bräunliche oder rötliche, teilweise ringartige Berostungen. Es können nur einzelne, aber auch der größte Teil der gebildeten Früchte geschädigt sein. Bei einigen Sorten sind die Früchte zusätzlich deformiert und kleiner als normal (1 a–c). An aufgeschnittenen Früchten sind unterhalb der Ringe bräunlich verfärbte Bereiche des Fruchtfleisches zu erkennen. Die Fruchtsymptome können von Blattsymptomen begleitet sein. An den Blättern treten hellgrüne, unregelmäßige, vereinzelt auch ringförmige Flecke auf. Die geschädigten Blätter sind oft leicht deformiert und gewellt. Frucht- und Blattsymptome erscheinen besonders bei kühlen Temperaturen im Frühjahr und Frühsommer. Sie werden bei hohen Temperaturen maskiert.

ERREGER

Wahrscheinlich Chlorotisches Blattflekkungs-Virus des Apfels, apple chlorotic leaf spot virus (ACLSV), virus chlorotičeskoi pjatnistosti listjev jabloni.

Testpflanzen: Apfelsorte 'Golden Delicious' oder *Malus platycarpa* (rostbraune Ringe an den Früchten, hellgrüne Blattflecke nach Pfropfübertragung), *Chenopodium quinoa* (nekrotische, oft ringförmige Lokalläsionen an Abreibeblättern, hellgrüne Linien und Ringe an Folgeblättern nach mechanischer Übertragung).
Serodiagnose: ELISA.

Kleinfrüchtigkeit

SCHADBILD

Nach dem sogenannten „Junifall" bleiben die Früchte kranker Bäume kleiner (2 a) als die von gesunden Bäumen (2 b). Sie färben sich nicht rot und zeigen gelegentlich dunkelgrüne, runde Flecken auf der Fruchtschale, deren Ränder sich etwas rötlich verfärben. Da die geschädigten Früchte später reifen, tritt verminderter Fruchtfall auf. Kranke Bäume wachsen steiler und aufrechter als gesunde. Die Schädigungen verstärken sich mit zunehmendem Alter der Bäume.

ERREGER

Wahrscheinlich mykoplasmaähnliche Organismen.
Testpflanze: Apfelsorte 'Lord Lambourne' (kleine, grüne Früchte nach Pfropfübertragung).
Serodiagnose: Noch nicht möglich.

Fruchtringfleckigkeit

SCHADBILD

Auf der Fruchtschale entstehen zunächst bräunliche oder olivgrüne Flecke mit teilweise rauher Oberfläche. Mit zunehmender Reife der Früchte bilden sich um diese Flecke bräunliche Ringe, Halbkreise oder Linien, die häufig gezont sind. Zwischen den gezonten Ringen sind bei rotfrüchtigen Sorten die Schalenbereiche hellgrün oder gelblich gefärbt (3 a, b). Bei starken Schädigungen reißt die Fruchtschale auf, die Früchte sind kleiner und leicht deformiert. Unter den geschädigten Stellen der Fruchtschale ist das Fruchtfleisch bräunlich verfärbt. Die Früchte sind nicht genießbar.

ERREGER

Nicht charakterisiert.
Testpflanze: Apfelsorte 'Golden Delicious' (konzentrische Ringe an der Fruchtschale nach Pfropfübertragung).
Serodiagnose: Nicht möglich.

Korkschaligkeit

SCHADBILD

An jungen Früchten entstehen zunächst in der Nähe des Stielansatzes bzw. des Kelches auf der Schale blasse Flecken. Später entwickeln sich aus ihnen korkartige Bereiche, die bandartig verlaufen oder sich großflächig ausdehnen (1 a–c). An den verkorkten Stellen können sich pustelartige Höcker bilden. Die Schädigungen sind nur auf die Fruchtschale beschränkt und verändern nicht das Fruchtfleisch. Die geschädigten Früchte sind kleiner, mißgestaltet und reifen nicht aus.

ERREGER

Nicht charakterisiert.

Testpflanze: Apfelsorte 'Virginia Crab' (korkartige Veränderungen der Fruchtschale nach Pfropfübertragung).

Serodiagnose: Nicht möglich.

Rauhschaligkeit

SCHADBILD

Die Ausbildung der Symptome wird durch die Empfindlichkeit der Sorten, die Virulenz der Erregerherkünfte und die Witterung erheblich beeinflußt. Die Fruchtsymptome können an einzelnen bis allen Früchten auftreten. Rauhschalige Sorten zeigen meistens Berostungen, selten Sternfleckigkeit. Die fleckenartigen, bräunlichen, korkartigen Berostungen unterscheiden sich vom Schadbild des Apfelschorfs (*Venturia inaequalis* [Cooke] Winter) (Tafel 22) durch die unscharfe Begrenzung zur normalen Fruchtschale (2). Feinschalige Sorten bilden braune bis schwarze Fruchtflecke, die oft sternförmig aufplatzen. Dieses Schadbild wird durch kühle Witterung gefördert. Bestimmte Krankheitsherkünfte führen zusätzlich zu Triebnekrosen. In Nähe der Augen entstehen Quer- und Längsrisse, die zum Absterben benachbarter Gewebe und schließlich zu Spitzendürre führen können (Verwechselungsmöglichkeit mit Apfelschorf, Tafel 22). Die Rindenschäden ähneln dem Befall durch *Nectria galligena* Bres. (Tafel 26).

ERREGER

Nicht charakterisiert.

Testpflanzen: Apfelsorten 'Golden Delicious' oder 'Boskoop' bzw. *Malus baccata* cv. *fructo flavo* (Sternfleckigkeit oder Rauhschaligkeit nach Pfropfübertragung).

Serodiagnose: Bisher nicht möglich.

Grüne Fruchtscheckung

SCHADBILD

Bei empfindlichen Sorten treten auf der Fruchtschale unregelmäßige, leicht eingesunkene, olivgrüne Flecke auf (3). Unter ihnen ist das Fruchtfleisch verbräunt. Stark geschädigte Früchte sind leicht deformiert. Die zunächst olivgrünen Flecke verfärben sich mit zunehmender Reife und im Lager zum Teil dunkel-violett. Das Schadbild ähnelt dem des Calcium-Mangels (Tafel 7).

ERREGER

Nicht charakterisiert.

Testpflanze: Apfelsorte 'McIntosh' (olivgrüne bis violette Fruchtflecke nach Pfropfübertragung).

Serodiagnose: Nicht möglich.

Fruchtscheckung

(ohne Abbildung)

SCHADBILD

Auf der Fruchtschale entstehen von Mitte Juli an kleine, runde und helle Flecke, die sich mit zunehmender Fruchtreife vergrößern. Sie sind bei rotfrüchtigen Sorten deutlicher zu erkennen als bei grün- oder gelbschaligen. Die Ränder der Flecken sind hell gefärbt und erscheinen als hellgrüne bis gelbliche Ringe.

ERREGER

Nicht charakterisiert.

Testpflanzen: Apfelsorten 'Golden Delicious' oder 'Jonathan' (Fruchtscheckung nach Pfropfübertragung).

Serodiagnose: Nicht möglich.

12

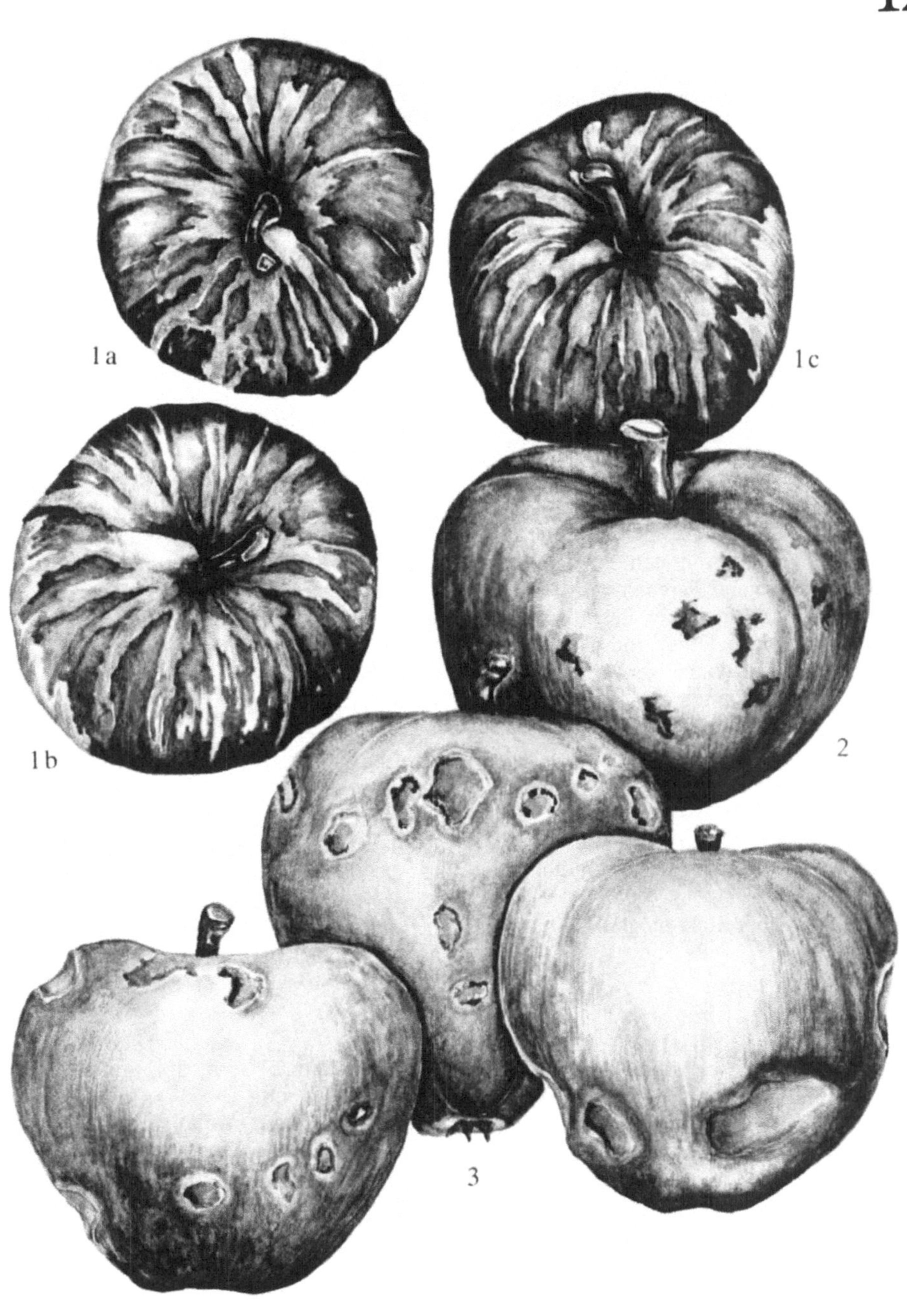

Flachästigkeit

SCHADBILD

Zunächst entstehen an zwei- und mehrjährigen Trieben empfindlicher Apfelsorten Abflachungen oder Rillen. Selten treten diese Frühsymptome bereits an einjährigen Trieben auf. Mit zunehmendem Dickenwachstum vertiefen sich diese Eindellungen, so daß sich Einklüftungen, Verdrehungen und Wülste bilden (1a), die auch am entrindeten Ast im Holz erkennbar sind (1b). Diese Deformationen der Äste und des Stammes führen zum Aufplatzen der Rinde, die Folgeschäden durch Frost oder Infektionen durch parasitäre Pilze und Bakterien nach sich ziehen können. Hierdurch werden die Schäden erheblich verstärkt. Ältere Bäume unterliegen einem schnellen Verfall.

Die Deformationen beruhen auf Funktionsstörungen des Kambiums, das an Stelle differenzierten Gewebes in den geschädigten Bereichen vorwiegend Parenchymzellen bildet, die nur vermindert zur Festigkeit und zum Stofftransport befähigt sind. Neben den geschilderten unregelmäßigen Einklüftungen und Wülsten können auch spindelartige Verdickungen an Ästen auftreten.

ERREGER

Bisher nicht charakterisiert.

Testpflanze: Apfelsorte 'Gravensteiner' (Eindellungen am Stamm nach Pfropfübertragung).

Serodiagnose: Bisher nicht möglich.

Stammnarbung

SCHADBILD

Stammnarbung tritt nur an wenigen Apfelsorten, Stammbildnern oder Unterlagen auf. Die Symptome sind an der Stammbasis bzw. bei der Unterlage unterhalb der Veredelungsstelle am deutlichsten sichtbar. Hier weist die Rinde längliche Eindellungen auf. Bei schwacher Erkrankung sind äußerlich keine Symptome erkennbar. Nach Loslösung der verdickten, spröden und gelblich verfärbten Rinde vom Holzkörper zeigen sich

schmale, unterschiedlich tiefe und lange Rillen oder narbenförmige Einsenkungen (2). Mit zunehmendem Dickenwachstum vertiefen sich die Eindellungen. So entstehen deutliche Deformationen des Holzkörpers und Überwallungen der Veredelungsstelle. Bei empfindlichen Genotypen setzen infolge krankheitsbedingter Unverträglichkeit Verfallserscheinungen ein. Sie beginnen mit Blattepinastie, länglichen Rindenrissen und führen über Triebspitzennekrosen zum Absterben des Baumes.

ERREGER

Stammnarben-Virus des Apfels, apple stem pitting virus (ASPV), apple Spy decline virus, virus jamčatosti stvola jabloni.

Testpflanzen: Apfelstammbildner 'Spy–227' oder 'Virginia Crab' bzw. *Pyronia veitchii* (Stammrillen, Rindenrisse, Epinastie und Verfall nach Pfropfübertragung).

Serodiagnose: Bisher nicht möglich.

Stammfurchung

SCHADBILD

Im Gegensatz zur Stammnarbung treten bei einzelnen Apfelstammbildnern breite, lange und tiefe Furchen am Holzkörper des Stammes auf. Sie sind bereits äußerlich erkennbar und treten nach Ablösen der verdickten Rinde am Holzkörper deutlich hervor (3a, b). Diagnostisch wichtig ist zur Unterscheidung von der Stammnarbung ferner die Schwellung des Stammes unmittelbar über der Veredelungsstelle. Hier treten auch dunkelbraune bis schwarze Nekrosen auf.

ERREGER

Stammfurchungs-Virus des Apfels, apple stem grooving virus (ASGV), 'GE–36 virus', virus borozdčatosti stvola jabloni.

Testpflanzen: Apfelstammbildner 'Virginia Crab' (Stammfurchung nach Pfropfübertragung), *Chenopodium quinoa* (kleine nekrotische Läsionen auf Abreibeblättern, chlorotische Ringe und Flecke, Deformation und Epinastie der Folgeblätter nach mechanischer Übertragung).

Serodiagnose: ELISA.

2
1a
1b
3a
3b

13

Ringfleckenmosaik

SCHADBILD

An den jungen Blättern entstehen zunächst hellgrüne, unregelmäßige Ringe, Linien oder Flecke (1). Später verstärken sie sich, indem sie sich gelbgrün verfärben und bei empfindlichen Sorten sowie bei Mischinfektionen mit anderen Virosen (Adernvergilbung (Tafel 15), Rindenrissigkeit (Tafel 14)) zusätzlich schwarze nekrotische Flecke auftreten. Die Mittelrippe der Blätter ist gekrümmt und die Blattspreite gewellt. Auch an den Früchten empfindlicher Sorten können ring- oder bandförmige Berostungen entstehen. Mit zunehmendem Alter der Bäume treten die Symptome schwächer und seltener auf.

ERREGER

Chlorotisches Blattfleckungs-Virus des Apfels, apple chlorotic leaf spot virus (ACLSV), virus chlorotičeskoi pjatnistosti listjev jabloni (Tafel 8).

Testpflanzen: Birnensorte 'Beurré Hardy' (hellgrüne Ringflecke an den Blättern nach Pfropfübertragung), *Chenopodium quinoa* (ring- oder fleckenartige Nekrosen an Abreibeblättern, hellgrünes Mosaik an Folgeblättern nach mechanischer Übertragung).

Serodiagnose: ELISA.

Rotfleckigkeit der Birne

SCHADBILD

Ab Ende Juli bis Anfang August erscheinen zunächst in der Nähe der Seitenadern der Blätter, später über die gesamte Blattspreite verteilt, anfänglich gelbgrüne, später scharlachrote Flecke (2). Sie können dem Symptombild der Adernvergilbung (Tafel 15) ähneln. Die Rotfleckigkeit tritt vorwiegend im terminalen Bereich der Triebe auf. Nicht selten kommen Mischinfektionen mit dem Ringfleckenmosaik (Tafel 14) vor, dessen Symptome vorwiegend an den basalen Blättern auftreten. Bei hohen Temperaturen erscheinen die Symptome früher und stärker.

ERREGER

Wahrscheinlich Stammnarben-Virus des Apfels (Tafel 13), apple stem pitting virus (ASPV), apple Spy decline virus, virus jamčatosti stvola jabloni.

Testplanze: Birnensorte 'Beurré Hardy' (Rotfleckigkeit nach Pfropfübertragung).

Serodiagnose: Bisher nicht möglich.

Birnenverfall

SCHADBILD

Der Krankheitsverlauf kann in Abhängigkeit von der Witterung und der Empfindlichkeit der Unterlagen unterschiedlich sein. Beim schnellen Verfall können normal entwickelte Birnenbäume innerhalb weniger Stunden oder Tage welken und absterben. Der langsame Verfall zieht sich über mehrere Monate oder auch mehr als ein Jahr hin, bevor der erkrankte Baum abstirbt oder sich auch wieder erholt. Der Austrieb ist spärlich, die gebildeten Blätter sind klein, blaßgrün und leicht gerollt (3 a). Oft verfärben sich die Blätter rötlich oder verbräunen und vertrocknen (3 b, c). Der Trieb schließt vorzeitig ab. An Jungbäumen treten auch Blattkräuselungen auf. Der schnelle Verfall wird durch anhaltend warme, trockene Witterung sowie empfindliche Unterlagen begünstigt. Bei feuchtkühler Witterung kommt es dagegen oft zur Erholung, nicht jedoch zur Gesundung. Wird an der Veredelungsstelle die Rinde vom Stamm gelöst, zeigt sich an der Rindeninnenseite der Unterlage häufig eine braune Linie, die durch Phloemnekrosen entsteht (3 d). Die Siebzellen sind durch Kallose verstopft. In den Wurzeln und unteren Stammpartien sind fluoreszenzmikroskopisch mykoplasmaähnliche Organismen nachweisbar. Die Krankheitserscheinungen treten nach Behandlung der Bäume mit Antibiotika (z. B. Oxytetrazykline) vorübergehend zurück.

ERREGER

Wahrscheinlich mykoplasmaähnliche Organismen.

Testpflanze: Birnensorte 'Precocious' (Laubverfärbung und -welke nach Pfropfübertragung).

Serodiagnose: Noch nicht möglich.

Rindennekrose

SCHADBILD

Die Ausbildung der Rindennekrosen kann in Abhängigkeit von der Birnensorte unterschiedlich verlaufen. Es können zahlreiche, eng nebeneinander verlaufende, ring- oder bogenförmige Rindenrisse entstehen, die sich schnell über junge und ältere Astpartien ausbreiten. Die Rinde nekrotisiert, und die befallenen Zweige sterben ab (4). Eine andere Form der Rindennekrose äußert sich dadurch, daß größere Flächen ein- und mehrjähriger Rindenbereiche verbräunen, sich später violett färben und einsinken. Die Blätter welken, und die Triebe oder Jungbäume sterben ab.

ERREGER

Nicht charakterisiert.

Testpflanzen: Birnensorte 'Beurré Hardy' (Rindennekrose nach Pfropfübertragung). An der Sorte 'Williams Christ' bleibt die Krankheit latent.

Serodiagnose: Nicht möglich.

Rindenrissigkeit

SCHADBILD

Die Schäden beginnen im basalen Bereich der Triebe, wo sich gegen Ende des Sommers unregelmäßige Rindenrisse zeigen. Mit zunehmendem Dickenwachstum vertiefen sich die Risse in den folgenden Jahren und weiten sich auf alle Bereiche des vorjährigen Holzes aus. Die normalerweise glatte Rinde wird rauh und borkig (5). Im inneren und äußeren Rindenperiderm entstehen Nekrosen, die durch schwarzbraune Flecke gekennzeichnet sind. Jungbäume empfindlicher Birnensorten sterben infolge der Rindenschäden ab, ältere Bäume sind erheblich im Wuchs gehemmt.

ERREGER

Nicht charakterisiert.

Testpflanzen: Birnensorte 'Beurré Hardy' (Rindenrisse nach Pfropfübertragung). An der Sorte 'Williams Christ' bleibt die Krankheit latent.

Serodiagnose: Nicht möglich.

Blasiger Rindenkrebs

SCHADBILD

Das Triebwachstum empfindlicher Bäume ist gehemmt. An den Trieben entstehen zunächst kleine, von einem dünnen Häutchen überzogene, blasige Auftreibungen (6a), die später aufplatzen und zu krebsartigen Rindenrissen und -einsenkungen führen (6b). Hierdurch sterben zunächst die geschädigten Zweige und schließlich jüngere Bäume ganz ab. Ältere Bäume treiben im Frühjahr verzögert aus, blühen spärlich und sind im Triebwachstum gehemmt. Die geschädigten Rindenbereiche sind verdickt und weisen braunschwarze Nekrosen auf.

ERREGER

Nicht charakterisiert.

Testpflanzen: Birnensorte 'Williams Christ' oder *Pyronia veitchii* (krebsartige Veränderungen an der Rinde nach Pfropfübertragung).

Serodiagnose: Nicht möglich.

14

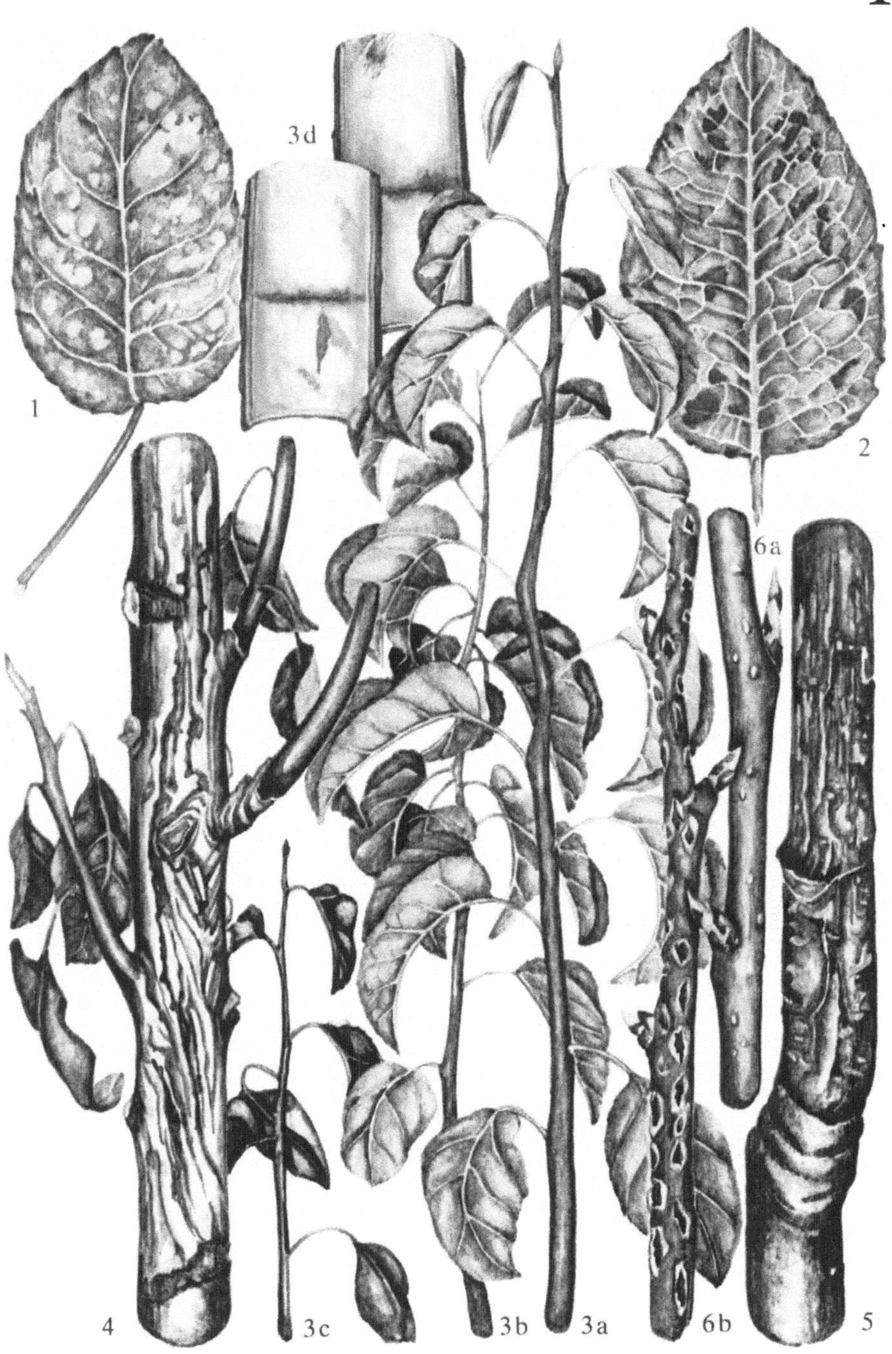

Steinfrüchtigkeit der Quitte

SCHADBILD

An den jungen Quittenfrüchten entstehen zunächst leichte, dunkelgrün gefärbte Eindellungen. Indem sich die Früchte vergrößern, vertiefen sich die Eindellungen, und es entstehen Buckel, wodurch die Früchte völlig verkrüppeln (1). Im Fruchtfleisch bilden sich Steinzellennester, die beim Durchschneiden der Früchte als braune, verhärtete Flecke hervortreten. Auch an den Blättern können hellgrüne Flecke auftreten.

ERREGER

Noch nicht charakterisiert.

Testpflanzen: Birnensorte 'Beurré Hardy' (Steinfrüchtigkeit nach Pfropfübertragung) oder *Pyronia veitchii* (Epinastie und Rindenrisse nach Pfropfübertragung).

Serodiagnose: Nicht möglich.

Steinfrüchtigkeit der Birne

SCHADBILD

Bei empfindlichen Birnensorten erscheinen die ersten Symptome bereits an den jungen, nußgroßen Früchten, bei weniger empfindlichen Sorten treten sie erst wesentlich später auf. Je früher sie erscheinen, um so stärker sind die Früchte geschädigt. Zunächst zeigen sich an der Fruchtschale dunkelgrüne, runde Flecken. An diesen Stellen bleibt das Dickenwachstum zurück. Hierdurch entstehen Einsenkungen und Buckel, die zur Verkrüppelung der Früchte führen (2a). Für die Schadursache ist wichtig, daß die Fruchtschale unverletzt bleibt. Befinden sich an den Vertiefungen korkartige Stellen auf der Fruchtschale, so sind die Deformationen auf Saugschäden durch Wanzen (Tafel 45, 46) zurückzuführen. Im Fruchtfleisch geschädigter Früchte sind hell- bis dunkelbraun gefärbte, verhärtete Einlagerungen erkennbar (2b). Es handelt sich dabei um kirschkerngroße Anhäufungen von Steinzellen, die zur Ungenießbarkeit der Früchte führen. Die beschriebene Steinfrüchtigkeit kann auch durch Bor-Mangel (Tafel 7) verursacht werden.

ERREGER

Noch nicht charakterisiert. Zu gleichen Symptomen können starke Isolate der Rotfleckigkeit der Birne (Tafel 14) und der Stammnarbung des Apfels (Tafel 13) führen.

Testpflanzen: Birnensorte 'Beurré Hardy' (Steinfrüchtigkeit) oder *Pyronia veitchii* (Blattepinastie, Rindenrisse und Stammnarbung nach Pfropfübertragung).

Serodiagnose: Noch nicht möglich.

Ringfleckenmosaik an Quitte

SCHADBILD

Einzelne Sorten zeigen hellgrüne oder gelbliche Ringe und Linien an den Blättern (3). Die meisten Quittensorten bleiben symptomlos.

ERREGER

Chlorotisches Blattfleckungs-Virus des Apfels, apple chlorotic leaf spot virus (ACLSV), virus chlorotisčeskoi pjatnistosti listjev jabloni (Tafel 8).

Testpflanzen: Apfelsämlingsklon 'R 12740–7A' oder *Malus platycarpa* (hellgrüne Blattflecken und Bänder nach Pfropfübertragung), Birnensorte 'Beurré Hardy' (hellgrüne Ringe und Linien nach Pfropfübertragung), *Chenopodium quinoa* (nekrotische, oft ringförmige Lokalläsionen an Abreibeblättern, hellgrüne Linien und Ringe an Folgeblättern nach mechanischer Übertragung).
Serodiagnose: ELISA.

Adernvergilbung

SCHADBILD

Die Adernvergilbung beginnt Ende Juni bis Anfang Juli hervorzutreten. Dabei färben sich die Bereiche entlang der Blattadern zweiter und dritter Ordnung hellgrün bis gelblich (4). Später können sie stellenweise rötlich werden und der Rotfleckigkeit (Tafel 14) ähneln. Die Adernvergilbung tritt vorwiegend im terminalen Bereich der Triebe auf. Nicht selten kommen Mischinfektionen mit dem Ringfleckenmosaik (Tafel 14) vor, dessen Symptome vorwiegend an den basalen Blättern auftreten. Bei hohen Temperaturen erscheinen die Symptome früher.

ERREGER

Wahrscheinlich Stammnarben-Virus des Apfels, apple stem pitting virus (ASPV), apple Spy decline virus, virus jamčatosti stvola jabloni (Tafel 13).
Testplanze: Birnensorte 'Beurré Hardy' (Adernvergilbung nach Pfropfübertragung).
Serodiagnose: Bisher nicht möglich.

Birnenknospenfall

SCHADBILD

Zu Beginn des Austriebs fallen die meisten im Vorjahr gebildeten Knospen ab, da sich an der Knospenbasis ein korkartiges Periderm gebildet hat (5). Die verbliebenen Knospen treiben verspätet aus. An den Narben der abgefallenen Knospen entstehen „Beiknospen", die nur dünne, kurze Triebe bilden. Der Wuchs junger Bäume empfindlicher Sorten ist gehemmt. Ihre Blätter zeigen Epinastie.

ERREGER

Nicht charakterisiert.
Testpflanzen: Birnensorte 'Beurré Hardy' (Knospenfall nach Pfropfübertragung). An der Sorte 'Williams Christ' bleibt die Krankheit latent.
Serodiagnose: Nicht möglich.

Stammnarbung

SCHADBILD

Hauptsächlich an der Stammbasis kranker Bäume sind äußerlich längliche Eindellungen erkennbar. Wird die an den Schadstellen verdickte Rinde abgelöst, sind lange und tiefe Rillen oder Furchungen am Holzkörper erkennbar (6). Zusätzlich treten pfropf- oder stippenartige Auswüchse der Rinde auf, die in das Holz hineinreichen.

ERREGER

Nicht charakterisiert.
Testpflanzen: Birnensorten 'Beurré Hardy' oder 'Williams Christ' (Rillungen an der Stammbasis nach Pfropfübertragung).
Serodiagnose: Nicht möglich.

Gummiholzkrankheit
(ohne Abbildung)

SCHADBILD

Das Schadbild tritt nur an wenigen Sorten auf. Bei ihnen biegen sich einjährige Triebe und auch ältere Äste herab. Dadurch bleibt der für Birnen typische, aufrechte Kronenaufbau aus. In Verbindung mit den Gerüstanomalien können Blattchlorosen auftreten.

ERREGER

Nicht charakterisiert, wahrscheinlich der Erreger der Gummiholzkrankheit des Apfels (Tafel 10).
Testpflanze: Apfelsorte 'Lord Lambourne' (weiche, biegsame Triebe und Äste nach Pfropfübertragung).
Serodiagnose: Nicht möglich.

Rauhrindigkeit
(ohne Abbildung)

SCHADBILD

An der Rinde empfindlicher Sorten entstehen an jüngeren Trieben zunächst feine Risse und Furchen. Sie vertiefen und verbreitern sich mit zunehmendem Dickenwachstum, so daß eine rauhe Borke entsteht.

ERREGER

Nicht charakterisiert.
Testpflanzen: Birnensorten 'Neue Poiteau' oder 'Williams Christ' (Rindenrisse und Borkenbildung nach Pfropfübertragung). An der Sorte 'Beurré Hardy' bleibt die Krankheit latent.
Serodiagnose: Nicht möglich.

Latente Viren bei Birne
(ohne Abbildung)

SCHADBILD

Folgende Viren wurden in Edelsorten und Unterlagen der Birne nachgewiesen. Sie führen zu keinen spezifischen Symptomen.

ERREGER UND TESTPFLANZEN

- Nelkenringflecken-Virus, carnation ringspot virus (CRSV), virus kolzevoi pjatnistosti gvosdiki.
  Chenopodium quinoa und *C. murale* (chlorotische Läsionen an Abreibeblättern, hellgrünes Mosaik an Folgeblättern nach mechanischer Übertragung). Der Nachweis ist erst nach Passagen über die Testpflanzen möglich.
- Tabakmosaik-Virus, tobacco mosaic virus (TMV), virus tabačnoi mosaiki.
  Chenopodium quinoa (nekrotische Flecke an Abreibeblättern nach mechanischer Übertragung). Passagen.
- Tabaknekrose-Virus, tobacco necrosis virus (TNV), virus nekrosa tabaca.
  Chenopodium quinoa (kleine, nekrotische Lokalläsionen an Abreibeblättern nach mechanischer Übertragung). Passagen.
- Tomatenzwergbusch-Virus, tomato bushy stunt virus (TBSV), virus kustistoi karlikovosti tomata.
  Chenopodium quinoa (nekrotische Flecke an Abreibeblättern, Mosaik und Deformationen an Folgeblättern nach mechanischer Übertragung).

15

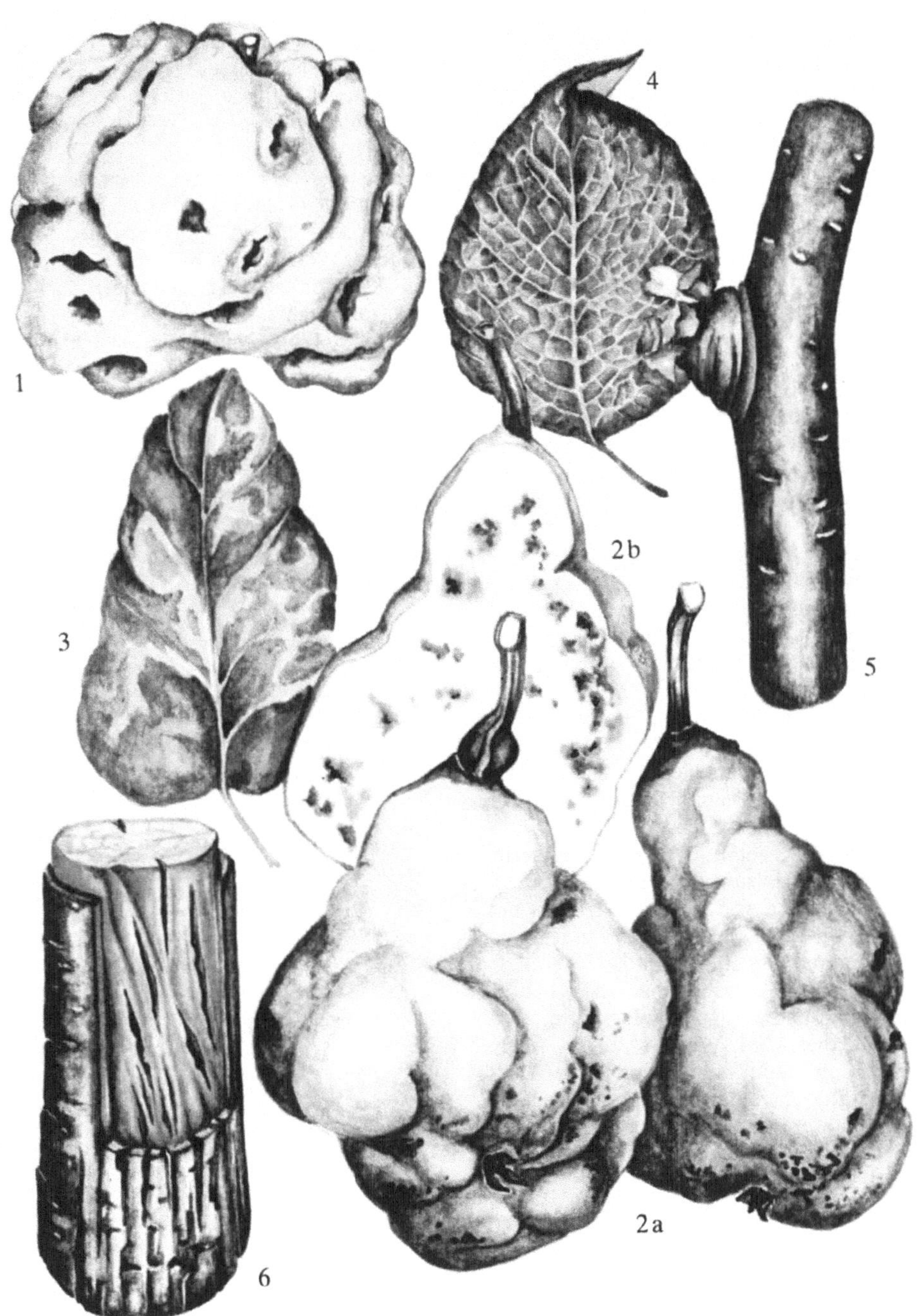

Feuerbrand

SCHADBILD

Die am Apfel durch Feuerbrand hervorgerufenen Symptome ähneln weitgehend denen an Birne (Tafel 17). Auffällig ist dabei, daß bei Apfel die mit der Krankheit an verschiedenen Organen verbundenen Verfärbungen eher rötlich-braun (und nicht schwarz oder schwarz-braun wie bei Birne) bleiben.

Auch bei Apfel verfärben sich die Blütenblätter nach Blüteninfektion. Befallene Blüten nekrotisieren und bleiben fest haften. Infizierte Triebe (Zweigbrand) nekrotisieren unter Braunfärbung. Die Triebspitze ist charakteristisch („krummstabähnlich") gekrümmt (a). Im fortgeschrittenen Stadium, wenn die Laubblätter total verfärbt sind, ist auch der Blattstiel verbräunt (im Gegensatz zu *Cytospora*-Befall (Hauptfruchtform: *Leucostoma* spp.) bei Apfel: hier bleibt der Blattstiel grünlich verfärbt (Tafel 30)). Als sehr spezifisches Symptom können unter bestimmten Witterungsbedingungen Exsudattropfen (b) aus befallenen Gewebeteilen hervortreten. Die anfangs hellen, schleimigen, bakterienhaltigen Tröpfchen verfärben sich unter Lufteinwirkung braun. Eingetrocknetes Exsudat kann Triebteile mit einem leicht abblätternden, pergamentartigen Belag überziehen. Beim Abschneiden infizierter Ast- oder Triebstücke kann Exsudat an der Schnittstelle austreten (c).

Beim Übergang der Infektion auf verholzte Teile kommt es zum Rindenbrand. Nicht selten ausgehend von jüngeren Trieben erfaßt die Infektion Teile des Stammes (d). Diese Brandstellen („canker") sind deutlich vom gesunden Gewebe abgesetzt (häufig Rißbildung) und orange-braun verfärbt.

Bei Fruchtbefall (e) kommt es zu äußerlich erkennbaren Braunfärbungen und unter Umständen zur charakteristischen Ausbildung von Exsudattropfen auf der Fruchtschale.

ERREGER

Erwinia amylovora (Burr.) Winslow et al. Bildet auf Agarmedien grauweiße, glänzende, runde, konvexe Kolonien. Die Zellen sind peritrich begeißelt (1 bis 8 Geißeln), kommen einzeln oder in Ketten vor, bilden eine Kapsel aus und reagieren gramnegativ.

Erwinia amylovora ist sehr spezifisch mit dem „Birnentest" (Tafel 18) nachzuweisen. (Siehe hierzu auch Band „Diagnosemethoden", S. 66, der vorliegenden Buchreihe „Diagnose von Krankheiten und Beschädigungen an Kulturpflanzen").

Zellgröße: 1 bis 3 µm Länge, 0,8 bis 1 µm Breite.

d
a
e
c
b

16

Feuerbrand

SCHADBILD

Bei Blüteninfektion (der Erreger dringt über die Blütenorgane ein) verlieren die Blütenblätter ihre Turgeszenz und verfärben sich. Die befallenen Blüten verbleiben am Baum und sind meist mit dem gesamten Blütenstiel (und oft auch übergehend auf den Trieb) braunschwarz verfärbt (Blütenbrand) (a oben). Gleichermaßen werden befallene, zum Teil oder gänzlich schwarz verfärbte junge Früchte nicht abgestoßen (b).

Bei Fortschreiten der Infektion (nach Blüteninfektion oder auch bei direkter Triebinfektion) kommt es zum Zweigbrand (a), wobei mehr oder weniger ausgedehnte Teile der Triebe unter braunschwarzer Verfärbung absterben. Die betroffenen Laubblätter sind einschließlich des Blattstieles braunschwarz gefärbt und eingerollt. Charakteristisch für ein fortgeschrittenes Stadium der Infektion sind an der Spitze deutlich gekrümmte, schwarz gefärbte Triebe mit festsitzenden, schwarzbraunen Laubblättern, die auch im Winter fest am Trieb haften bleiben.

Als diagnostisch eindeutiges Symptom, daß allerdings nur unter ganz bestimmten Bedingungen ausgebildet wird, gilt der Austritt von Exsudattröpfchen (c, e) aus Trieben, Blütenstielen und seltener auch aus Stammpartien oder Früchten.

Anfangs erscheinen diese Exsudattröpfchen milchig-weiß, später färben sie sich bernsteingelb, braun bis schwarz.

Geht die Infektion auf Ast- und Stammteile über, kommt es zum Rindenbrand (d).

Die Rinde kann blasig aufgetrieben sein. Die meist dunkler gefärbten, nekrotisierten Brandstellen sind durch Risse vom gesunden Gewebe abgesetzt. Beim Anschneiden der Rinde läßt sich eine rotbraune Verfärbung des darunter liegenden Holzes – und zuweilen auch klebriger Bakterienschleim – erkennen. Befallene größere Birnenfrüchte (e) sind zu großen Teilen auffällig schwarz verfärbt, wobei eine dunkelgrüne Zone zwischen dem nekrotischen, schwarzen Gewebe und gesunden Fruchtteilen ausgebildet wird.

ERREGER

Erwinia amylovora (Burr.) Winslow et al. (Siehe Feuerbrand bei Äpfel, Tafel 16).

17

Feuerbrand

SCHADBILD

Die Feuerbrandsymptome an Quitte sind denen an Apfel sehr ähnlich. Charakteristisch sind auch bei Quitte die Verkrümmungen der Triebspitzen (1 a).
Verwechselungsmöglichkeiten bieten Schäden an Laubblättern und Trieben, die infolge starker Windeinwirkung bei Quitte ausgebildet werden können.
Relativ frühzeitig infizierte Früchte vertrocknen und bleiben als rissige Fruchtmumien fest haften (1 b).

ERREGER

Erwinia amylovora (Burr.) Winslow et al.
(Siehe Feuerbrand bei Apfel, Tafel 16).

BIRNENTEST

Einen ohne größeren Aufwand vorzunehmenden, spezifischen Test zum Nachweis des Feuerbranderregers (*Erwinia amylovora* [Burr.] Winslow et al.) stellt der Birnentest dar. (Siehe hierzu auch Band „Diagnosemethoden", S. 66, der vorliegenden Buchreihe „Diagnose von Krankheiten und Beschädigungen an Kulturpflanzen"). Werden befallene Gewebeteile einer zu untersuchenden Probe in grüne, vor der Reife geerntete Birnenfrüchte implantiert (mittels Pinzette in Schnittwunden eindrücken), kommt es nach 3 bis 7 Tagen zum Austritt charakteristischer, bakterienhaltiger Schleimtropfen (2).

18

Bakterienbrand

SCHADBILD

Primäre Infektionen an Blüten (Blütenbrand) durch *Pseudomonas syringae* pv. *syringae* van Hall treten bei Birne (a), jedoch nicht bei Apfel auf. Die Symptome (inturgeszente, verfärbte Blütenblätter) sind schwer von Feuerbrandbefall an Birnenblüten zu unterscheiden. Auch Blattsymptome (Schwarzfärbung, Nekrotisierung) sind nur von Birne bekannt (b).
Bakterieller Rindenbrand tritt an Apfel und Birne auf. Dabei verfärben sich die befallenen Rindenpartien bräunlich und werden schwammig-weich (c). Später reißt häufig die Rinde auf. Die obersten Rindenschichten heben sich oft pergamentartig ab (d) und führen so zu einem charakteristischen Schadbild.

ERREGER

Pseudomonas syringae pv. *syringae* van Hall.
Bildet auf künstlichen Medien (Nähragar) schwach erhabene, weiß-graue, runde Kolonien. Die Zellen besitzen eine oder mehrere Geißeln (polar angeordnet), kommen einzeln oder auch in Ketten vor und reagieren gramnegativ.
Zellgröße: 0,8 bis 2,2 µm Länge, 0,5 bis 0,7 µm Breite.

a
b
c
d

Haarwurzelkrankheit

SCHADBILD

Bei jungen Apfel- und Birnenbäumen kommt es im Wurzelbereich und am Stammgrund zu einer auffälligen Haarwurzelbildung (1). Mit der Infektion kann bei Apfel eine deutliche Wuchsdepression verbunden sein.

Mischinfektionen mit *Agrobacterium tumefaciens* (Smith et Townsend) Conn. können zu komplexeren Schadbildern führen (Haarwurzelbildung und Wucherungen).

ERREGER

Agrobacterium rhizogenes (Riker et al.) Conn.

Bildet auf Agarnährmedien weiße, nahezu durchsichtige Kolonien aus. Die gramnegativen Stäbchen sind durch 1 bis 4 seitlich inserierte Geißeln beweglich. *Agrobacterium rhizogenes* ist mit dem „Möhrenscheibentest" sicher zu identifizieren. (Siehe hierzu Band „Diagnosemethoden", S. 66, der vorliegenden Buchreihe „Diagnose von Krankheiten und Beschädigungen an Kulturpflanzen").
Zellgröße: 0,55 bis 2,60 µm Länge, 0,15 bis 0,75 µm Breite.

Wurzelkropf

SCHADBILD

Am Wurzelhals befallener Obstgehölze bilden sich charakteristische Wucherungen (auch als Wurzelkröpfe, Tumoren oder Gallen beschrieben). Diese Erscheinungen können in selteneren Fällen auch an anderen Wurzelteilen auftreten (2).

Die Wucherungen können beachtliche Größen erreichen. Sie können im weiteren Verlauf der Krankheit auch verrotten und sich an gleicher Stelle neu bilden. Mischinfektionen mit *Agrobacterium rhizogenes* (Riker et al.) Conn. sind möglich (Schadbild und Erreger siehe unter „Haarwurzelkrankheit").

ERREGER

Agrobacterium tumefaciens (Smith et Townsend) Conn.

Auf Agarmedien werden weiße, glänzend-durchscheinende, runde, konvexe Kolonien ausgebildet.

Die Zellen sind in der Regel peritrich begeißelt (1 bis 5 Geißeln). Ausnahmsweise kommen nichtbegeißelte Formen vor. *Agrobacterium tumefaciens* gehört zu den gramnegativen Bakterien. Der Erreger ist mit dem „Möhrenscheibentest" (siehe hierzu Band „Diagnosemethoden", S. 66, der vorliegenden Buchreihe „Krankheiten und Beschädigungen an Kulturpflanzen") oder durch Inokulation der Testpflanze *Nicotiana glauca* nachzuweisen.
Zellgröße: 1,0 bis 3,0 µm Länge, 0,4 bis 0,8 µm Breite.

20

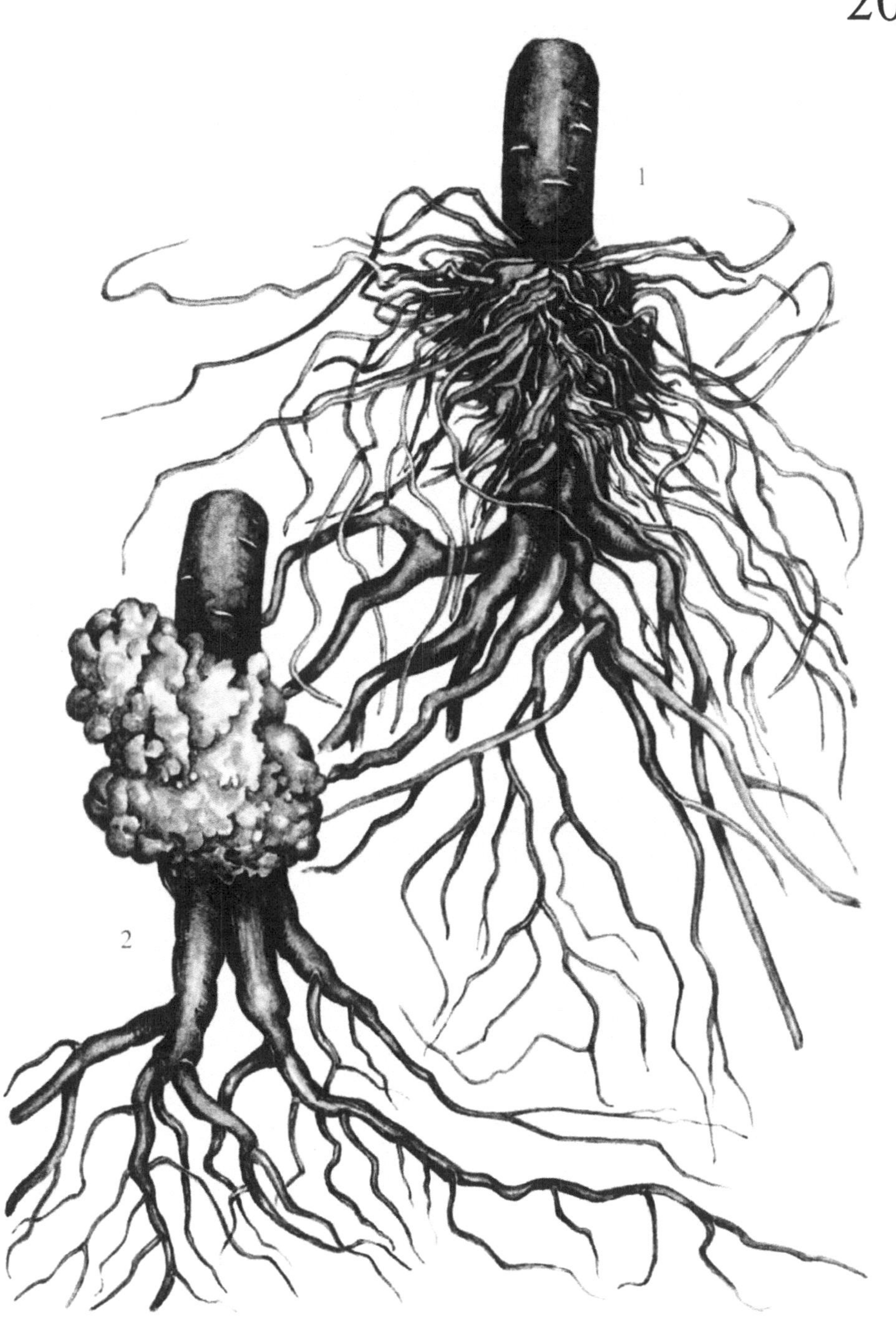

Apfelmehltau

(Podosphaera leucotricha [Ell. et Ev.] Salm.)

SCHADBILD

Befallene Knospen sind runzelig, schmaler als gesunde und weisen einen unzureichenden Schluß der Knospenschuppen auf. Sie treiben, sofern sie über Winter nicht absterben, im Frühjahr verspätet aus. Die jungen Blätter überziehen sich mit einem mehlartigen, weißen Belag (a). Befallene Blätter sind verunstaltet (c). Vom Blattrand aus rollen sie sich zur Oberseite hin ein (a). Später werden sie hart und brüchig, färben sich, blattunterseits beginnend, rötlich, werden danach braun und fallen ab. Die Triebspitzen verkahlen, sind gegenüber gesunden Trieben verkürzt (Mehltaukerze) (b) und weisen vielfach nur noch die Spitzenblätter auf. Häufig zeigen auch die Triebe den typischen Mehlbelag. Befallene Blüten vergrünen (a) bzw. verkümmern (c) und sind weiß bestäubt. Befallene Früchte sind vielfach kleiner als gesunde und weisen eine netzartige Berostung (Mehltauberostung) auf (d).

ERREGER

Podosphaera leucotricha (Ell. et Ev.) Salm.
Der Erreger ist ein zu den echten Mehltaupilzen gehörender, obligater Parasit. Die Asci werden in Kleistothecien (e) gebildet. Die runden, mitunter leicht birnenförmigen Kleistothecien stehen sehr dicht und weisen zwei verschiedene Anhängsel auf. Die an der Basis sitzenden Anhängsel sind kurz, bräunlich, einfach oder unregelmäßig verzweigt. Die an der Spitze inserierten Anhängsel sind 3- bis 7mal so lang wie der Durchmesser der Fruchtkörper und mehr oder weniger dunkel gefärbt (e). Die 8 Ascosporen pro Ascus sind oval, einzellig und 22 bis 26 µm×12 bis 15 µm groß (f). Die Konidien (g) sind ebenfalls einzellig, oval, 22 bis 30×15 bis 20 µm groß und werden in langen Ketten an Konidienträgern gebildet (g).

Quittenmehltau

(Podosphaera oxyacanthae de By.)
(ohne Abbildung)

SCHADBILD

Diese Krankheit tritt gelegentlich an Quitte auf. Das Schadbild entspricht dem des Apfelmehltaues.

ERREGER

Podosphaera oxyacanthae de By.
(ohne Abbildung)

21

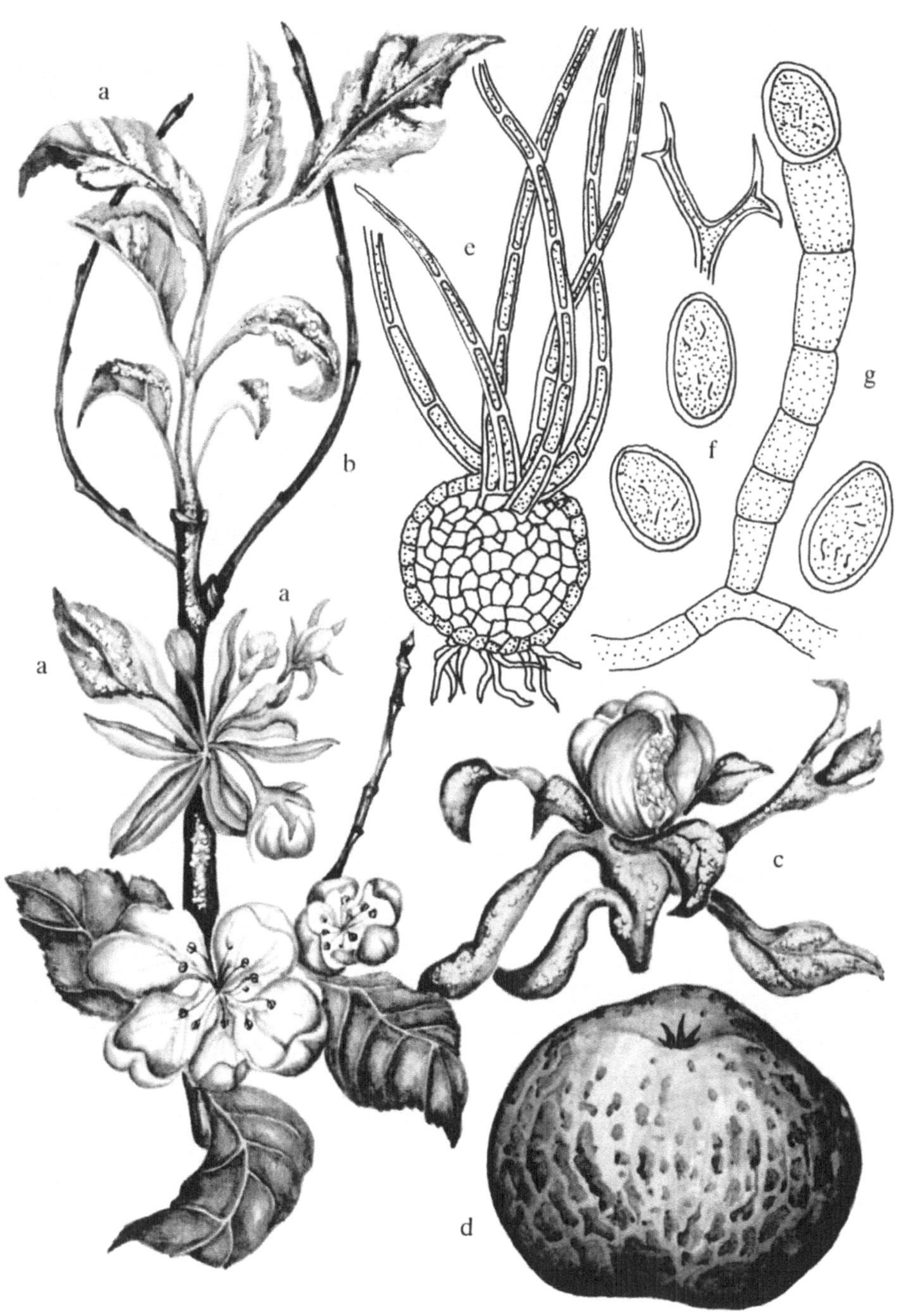

Apfelschorf

(*Venturia inaequalis* [Cooke] Winter)

SCHADBILD

Kurz nach der Blüte finden sich auf den Blättern oberseits rundliche, matt olivgrüne, ineinanderlaufende und etwas eingesunkene Flecke (1a), mitunter auch an Kelch- und Blütenblättern. Sie werden später schwärzlich oder braun. Bei starkem Befall tritt vorzeitiger Blattfall ein. Spätbefall verursacht meist blattunterseits diffuse, dunkle Flecke (1b). Fruchtbefall ist in jedem Entwicklungsstadium der Früchte möglich. Dabei finden sich auf der Fruchtschale einige Millimeter große, von silbrig-weißem Rand umgebene Flecke von mattschwarzer Farbe (1c), welche später zusammenfließen und eine tief schwarze Farbe annehmen (1d). Sie sind zur gesunden Fruchtschale scharf abgegrenzt im Gegensatz zur virusbedingten Rauhschaligkeit (Tafel 12). Bei zeitigem Fruchtbefall entstehen tiefe Risse oder Fruchtverunstaltungen infolge fehlenden Mitwuchses des erkrankten Gewebes. Mitunter werden auch einjährige Triebe befallen, die dann spitzendürr und grindig werden (Zweiggrind). Bei sehr später Fruchtinfektion treten die Schorfflecke erst während des Lagerns in Erscheinung (1e) (Lagerschorf). Diese Flecke sind häufig nur stecknadelkopfgroß und matt schwarz glänzend.

ERREGER

Venturia inaequalis (Cooke) Winter, Nebenfruchtform: *Spilocaea pomi* Fr., Syn. *Fusicladium pomi* (Fr.) Lind.
Die Hauptfruchtform *Venturia inaequalis* wird auf dem Fallaub in schwarzen, runden Perithecien (Pseudothecien) gebildet.
Die Asci sind zylindrisch, doppelwandig, 60 bis 70×7 bis 12 µm und enthalten 8 Ascosporen (1f). Diese sind zweizellig, im zweiten Drittel septiert, olivbraun und 12 bis 15×6 bis 8 µm groß (1g). Die Konidien werden an Konidienträgern auf stromatischem Gewebe einzeln an der Spitze gebildet. Sie sind schwach olivbraun, 1- bis 2zellig und 12 bis 30×6 bis 10 µm groß (1h).

Kernhausfäule

(Verschiedene pilzliche Krankheitserreger)

SCHADBILD

Die Früchte sehen äußerlich gesund aus. Bei einigen Apfelsorten deutet Fruchtfrühreife auf Befall hin. Beim Aufschneiden der Früchte wird ein Pilzmyzel sichtbar, das Samen und Kernhauswand spinnwebartig umgibt (2a, b). Das Kernhaus und später auch das Fruchtfleisch faulen. Schließlich treten auch äußerlich sichtbare Faulstellen an Kelch- und Stielgrube auf.

ERREGER

Verschiedene pilzliche Krankheitserreger, vor allem:
Fusarium spp. (siehe Tafel 24),
Nectria spp. (siehe Tafel 26, 27),
Trichothecium spp. (siehe Tafel 27),
Alternaria spp. (siehe Tafel 32),
Botrytis spp. (siehe Tafel 34).

22

Birnenschorf

(Venturia pirina Aderh.)
(An Birne)

SCHADBILD

Der Befall zeigt sich zuerst an den Stielen der aus den Knospen hervorbrechenden Blüten und Blättchen. Bei noch nicht voll entfalteten Blättern entstehen matt olivgrüne Schorfflecke entlang der Blattmittelrippe (1 a). Später wird das geschädigte Gewebe schwarz, reißt auf und vertrocknet. Bei Befall junger Früchte sind die Schorfflecke zunächst im Bereich des Stielansatzes erkennbar. Dann entstehen große, rissige, schwarzbraune Nekrosen (1 b), die Früchte werden vielfach vorzeitig abgeworfen. Bei späterem Fruchtbefall werden die Früchte verunstaltet, sie sind steinig und rissig (1 b). Durch vorzeitigen Blattfall entsteht das Schadbild der Spitzendürre. An den verkahlten Trieben bricht die Rinde aus (1 c), die schwarzbraunen Konidienlager werden sichtbar, so daß der Trieb ein grindiges Aussehen annimmt (Zweiggrind) (1 c). Der Austrieb ist beeinträchtigt.

ERREGER

Venturia pirina Aderh., Nebenfruchtform: *Fusicladium pyrorum* (Lib.) Fuckel.
Die Hauptfruchtform *Venturia pirina* Aderh. wird in runden, schwärzlichen, 100 bis 240 µm großen Perithecien (Pseudothecien) gebildet. Die Asci sind doppelwandig, 40 bis 70×8 bis 12 µm groß (1 d) und enthalten 8 zweizellige, im unteren Drittel septierte, 12 bis 20×4 bis 8 µm große Ascosporen (1 e). Die bis zu 90 µm langen und 4 bis 9 µm breiten, dunkel- bis olivbraunen, unverzweigten Konidienträger entstehen auf ebenso gefärbten Stromata und schnüren ein- bis zweizellige, olivbraune, 17 bis 30×6 bis 10 µm große Konidien ab (1 f).

Verticillium-Welke

(Verticillium spp.)

SCHADBILD

Blätter färben sich anfangs graugelb und welken im Sommer schlagartig. Oft ist nur eine Seite des Baumes betroffen. Die Blätter sterben vorzeitig ab, fallen ab. Vorzeitiger Furchtfall. Die Gefäße in Stamm, Ästen und Zweigen sind braun verfärbt. Später verfärbt sich das Holz schwarzbraun (2 a).

ERREGER

Verticillium albo-atrum Reinke et Berth., *Verticillium dahliae* Kleb.
Der Pilzbefall ist in der Regel auf die Wurzeln beschränkt. Zu den Welke- und Absterbeerscheinungen kommt es auf Grund toxischer Fernwirkung. Konidienträger von *Verticillium albo-atrum* sind 100 bis 300 µm lang, weisen bei 3 bis 5 Abzweigungen wirtelige Anordnung der Nebenäste auf (2 b). Basale Nebenäste vom Hauptast können noch einmal wirtelig verzweigt sein. Nebenäste basal verdickt und spitzenwärts verschmälert, an den Seitenästen Konidien einzeln abgeschnürt, apikal häufig eine Mehrfachkonidienbildung in einem Köpfchen, Konidien länglich-eiförmig, farblos, 6 bis 12×2,5 bis 3 µm. Kleinere Konidienträger (80 bis 160 µm lang) und Konidien (3,0 bis 5,5×1,5 bis 2 µm) sowie das Vorhandensein von Mikrosklerotien (30 bis 60 µm Durchmesser) weisen auf das Vorliegen der *Verticillium*-Art *V. dahliae* Kleb. hin (2 c).

23

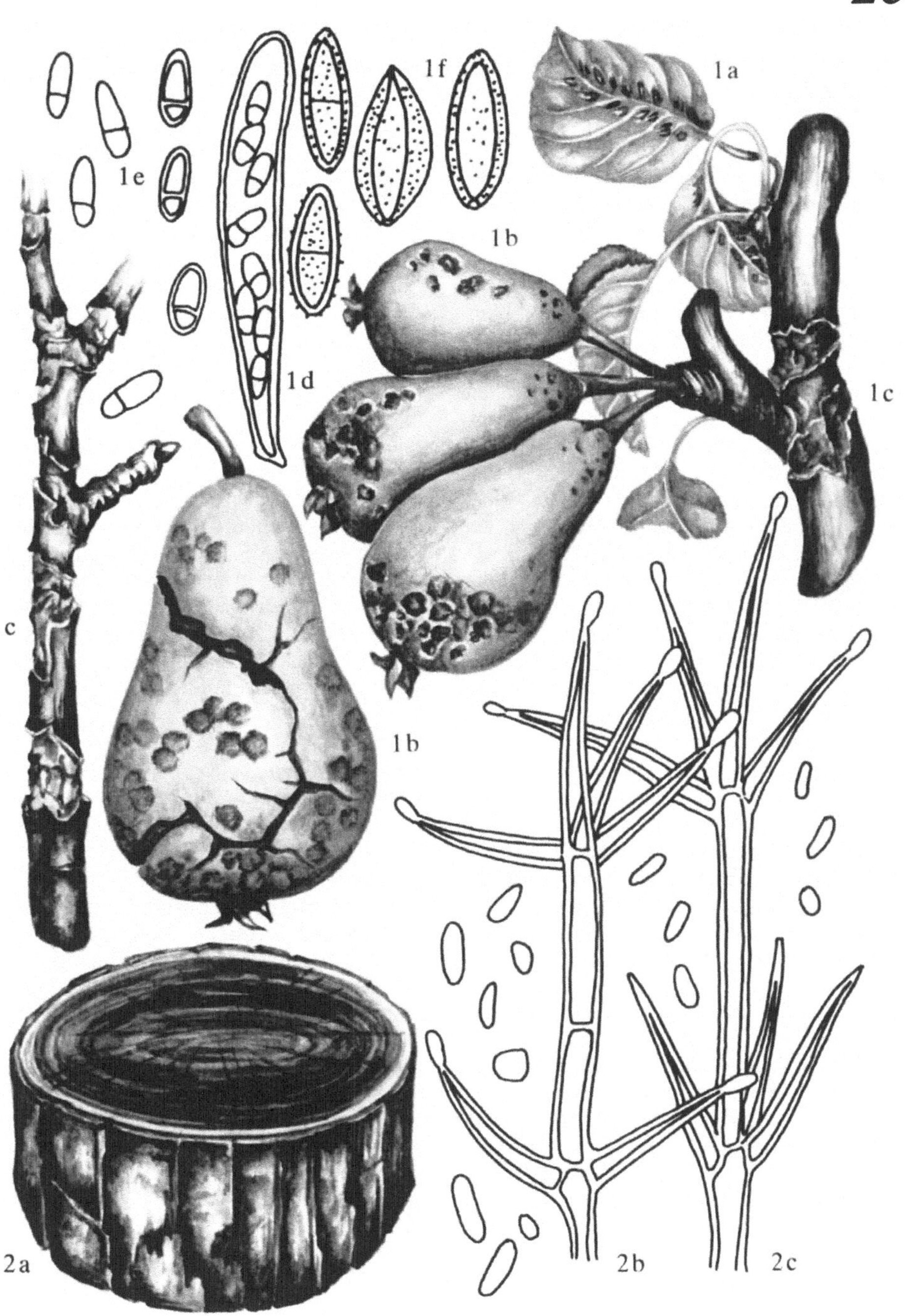

Monilia-Rindenbrand, *Monilia*-Fruchtfäule, *Monilia*-Spitzendürre, *Monilia*-Krankheit
(*Monilinia* spp.)

SCHADBILD

Das Schadbild an der Rinde gleicht dem durch Frostschaden (Tafel 1). Es entsteht eine Spitzendürre bzw. ein typischer Rindenbrand (1 a), auf dem in selteneren Fällen die Sporenlager der Nebenfruchtform sichtbar werden (1 b). Blätter und Blüten welken schlagartig, verfärben sich grau bis braun, vertrocknen, vor allem an Triebspitzen sowie an Zweigspitzen und bleiben am Trieb oder Zweig hängen. An den Früchten treten zwei unterschiedliche Schadbilder auf. Das typische Schadbild des „Polsterschimmels" ist gekennzeichnet durch große, braune, sich stetig und rasch ausdehnende Faulstellen an der Frucht mit in konzentrischen Ringen angeordneten, grauen bis bräunlichen Sporenlagern (1 c). Das Fruchtfleisch ist von weicher Konsistenz. Die „Schwarzfäule" (1 d) ist durch glänzend schwarze Verfärbung der gesamten Frucht gekennzeichnet. Die Fruchtschale ist lederig, die Früchte mumifizieren und bleiben am Baum hängen.

ERREGER

Monilinia fructigena (Aderh. et Ruhl.) Honey, Syn. *Monilia fructigena* (Pers.) Sacc., Hauptfruchtform: *Sclerotinia fructigena* (Pers.) Aderh. et Ruhl.;
Monilinia laxa (Ehrenb.) Honey, Syn. *Monilia laxa* Honey, Hauptfruchtform: *Sclerotinia laxa* (Aderh. et Ruhl) Honey.
Die Hauptfruchtformen haben für die Krankheitsdiagnose keine Bedeutung. Die Nebenfruchtformen sind durch die in langen Ketten gebildeten, zitronenförmigen, einzelligen, hyalinen Konidien gekennzeichnet (1 e). Bei *Monilinia fructigena* beträgt ihre Größe 18 bis 23 × 9 bis 13 µm. Die Konidienlager bestehen aus kissenförmigen, zusammenstehenden, etwa 9 bis 12 µm langen Konidienträgern (1 f). Bei *Monilinia laxa* betragen die Abmessungen der Konidien 12 bis 13 × 9 bis 10 µm.

Fusarium-Rindenbrand, *Fusarium*-Fäule, *Fusarium*-Fruchtfäule
(*Fusarium* spp.)

SCHADBILD

Die Rindenerkrankung zeigt sich in stark eingesunkenen, dunkel verfärbten Nekrosen im Ast- und Stammbereich, wobei eine scharfe, nahezu geradlinige Trennung zwischen gesundem und krankem Gewebe auffällt (2 a). Sobald die nekrotisierten Zonen die Äste oder Triebe umgürten, sterben diese ab.
An jungen Trieben findet sich eine unspezifische Knospenfäule, besonders an Blütenknospen.
Die Fruchtfäule ist einmal gekennzeichnet durch eine Kernhausfäule (Tafel 22), zum anderen durch eine Schalen- und Fruchtfäule. Gegen Ende der Lagerperiode treten an den Früchten Faulstellen, verbunden mit Gewebeverbräunungen auf, die rasch von einem weißen, watteartigen Pilzmyzel überzogen werden (2 b). Nach einiger Zeit leuchten durch das Myzel die rötlichen Sporodochien der Erreger hindurch.

ERREGER

Fusarium lateritium Nes., Hauptfruchtform: *Gibberella baccata* (Wallr.) Sacc.;
Fusarium avenaceum (Corda ex Fr.) Sacc., Syn. *Fusisporium avenaceum* Fr.;
Fusarium spp.
Die Rindenerkrankung wird durch *Fusarium lateritium* verursacht. Die Konidien des Erregers (2 c) werden in rötlichen Sporodochien gebildet (2 d). Sie sind mehrfach bis zu 7 septiert. Das Mittelteil ist nahezu gerade, die Endzellen sind gekrümmt, die Fußzelle ist stielartig verschmälert, die Stielzelle hakenförmig gekrümmt. Die Größe ist variabel und schwankt je nach Septenzahl zwischen 21 bis 42×2,8 bis 4,4 µm bei 3 Septen und zwischen 49 bis 70×3,2 bis 4,5 µm bei 7 Septen. Die Hauptfruchtform wird in Perithecien gebildet, kommt relativ selten vor. Die Ascosporen sind farblos mit einer, meist jedoch mit drei Querwänden und dann 12 bis 30×4 bis 10 µm groß.

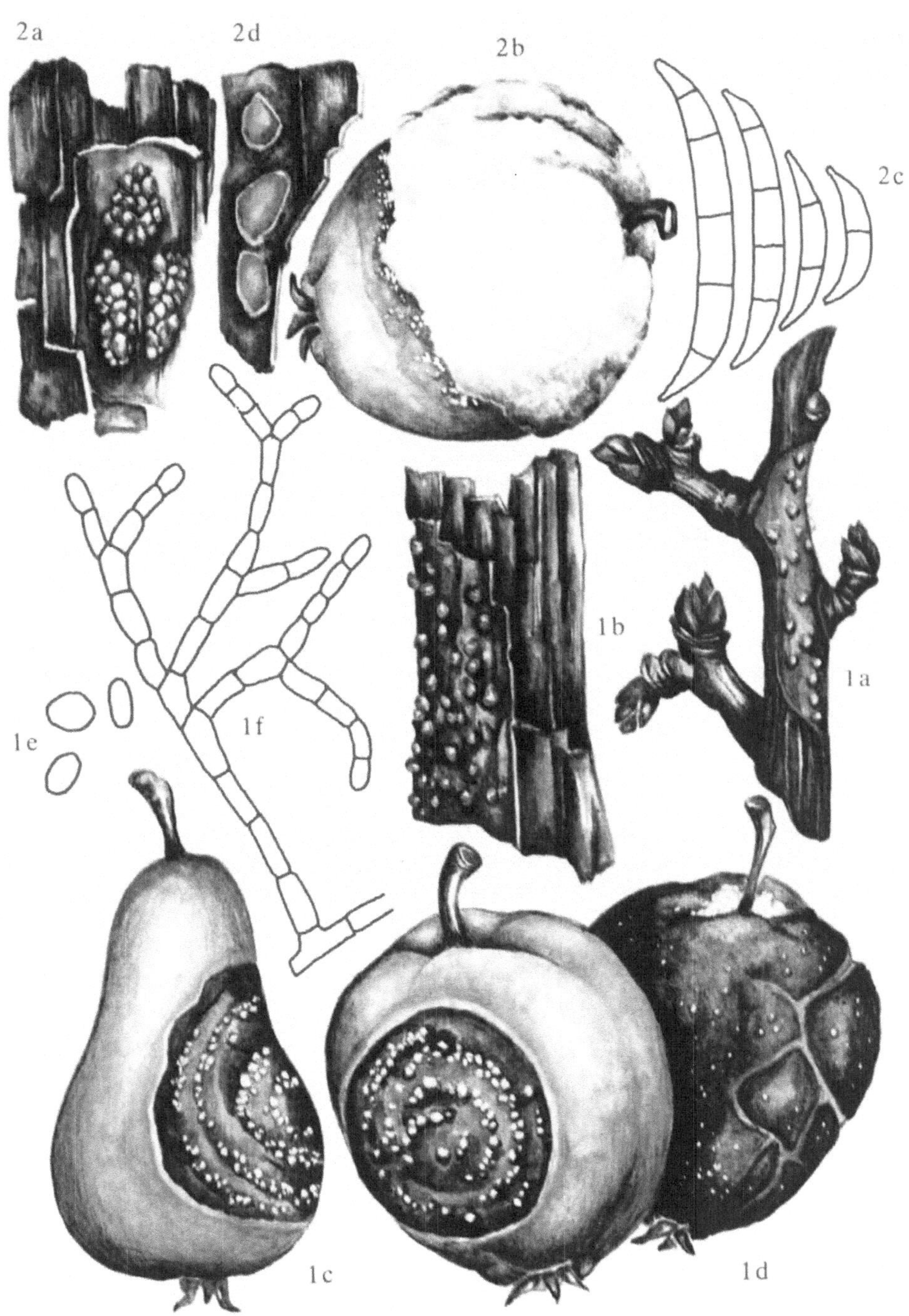
2a
2d
2b
2c
1b
1a
1e
1f
1c
1d

Quittenmonilia

(Monilinia linhartiana [Sacc.] Honey)

SCHADBILD

Anfangs zeigen sich auf einigen Blättern braune Streifen entlang der Hauptblattadern und davon ausgehend geringfügig in die Nebenadern reichend. Die nekrotisierten Gewebebereiche weisen später ein weißgraues Pilzmyzel auf und sterben ab (1 a). Befallene Blüten verbräunen und verdorren. Die Triebspitzen zeigen das Bild einer Spitzendürre und sterben ab. Am Triebende hängen die haftengebliebenen, gelbbraun verfärbten, vertrockneten Blätter schlaff herab. Die abgestorbenen jungen Früchte bleiben bis in die vegetationslose Zeit am Trieb hängen. Sie weisen mitunter graue Sporenrasen des Erregers auf. An Fruchtmumien (1 b) finden sich mitunter Sklerotien. Auftretende Schwarzfäule ist auf Befall mit *Monilinia fructigena* (Aderh. et Ruhl) Honey (Tafel 24) zurückzuführen.

ERREGER

Monilinia linhartiana (Sacc.) Honey, Hauptfruchtform: *Sclerotinia cydoniae* Schell.
Die Konidien der Nebenfruchtform *Monilinia linhartiana* (Sacc.) Honey werden in langen Ketten von Konidienträgern abgeschnürt, die in einem dichten, grauen Rasen zusammenstehen. Die Konidien sind zitronenförmig, einzellig und hyalin.
Die Hauptfruchtform wird in Apothecien gebildet, die sich auf den Seklerotien entwickeln. Die Stiellänge der becherartigen Apothecien beträgt etwa 10 bis 15 µm, der Durchmesser der Scheibe 5 bis 10 µm.

Blattbräune der Quitte

(Diplocarpon maculatum [Atk.] Jorst)

SCHADBILD

Auf den Blättern finden sich zunächst rotbraune, später schwarze, rundliche, scharf begrenzte Flecke, in deren Zentrum kleine, schwarze Punkte (Pyknidien) (2 a) zu erkennen sind. Bei starkem Befall der Blätter tritt vorzeitiger Blattfall ein. Die Triebe weisen schwarzbraune, längliche Flecke auf. Auf befallenen Früchten finden sich große, zusammenfließende, krustenartige, teerschwarze Flecke (2 b).

ERREGER

(Siehe auch Tafel 36)

Diplocarpon maculatum (Atk.) Jorst, Syn. *Diplocarpon soraueri* Kleb., Nebenfruchtform: *Entomosporium mespeli* (Kleb.) Nannf.
Der Erreger bildet seine Hauptfruchtform *Diplocarpon maculatum* (Atk.) Jorst in tassenförmigen, mehrschichtigen, dickwandigen Apothecien. Die Asci sind zylindrisch, kurz gestielt (60 bis 95×18 bis 24 µm). Die Ascosporen sind zweizellig, hyalin (16 bis 24×6 bis 10 µm). Paraphysen sind zahlreich vorhanden, einfach oder verzweigt. Konidien werden in braunschwarzen Acervuli gebildet, sind hyalin, kreuzförmig, 4zellig (mitunter auch 3- bis 6zellig), an jeder Zelle mit einer apikal angeordneten Seta (borstenartiges Haar, sterile Hyphe) versehen, 12 bis 20×8 bis 14 µm groß. Die Spermogonien sind ähnlich den Acervuli, entlassen einzellige, hyaline oder fast elliptische, 3 bis 6×1 bis 2 µm große Spermatien.

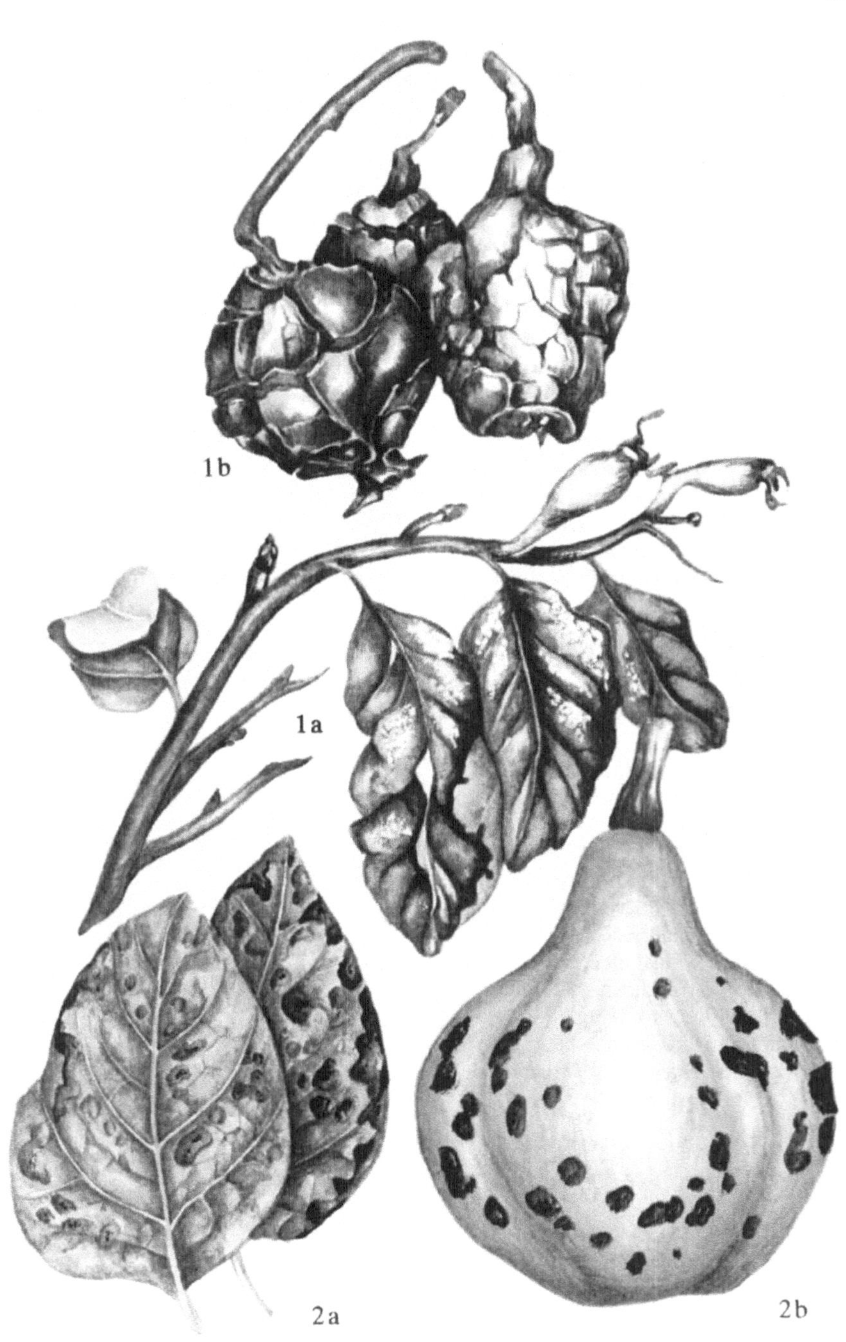

1b
1a
2a
2b

Obstbaumkrebs, *Nectria*-Fäule
(*Nectria galligena* Bres.)

SCHADBILD

Neuinfektionen sind zunächst durch schwaches Einsinken der Rinde bei gleichzeitiger rot- bis dunkelbrauner Verfärbung gekennzeichnet. Besonders an jungen, wüchsigen Trieben entstehen dann längliche, ausgedehnte Rindenbrandsymptome. Umgürten derartige Nekrosen den Trieb oder Ast, sterben diese ab. Es entsteht das Schadbild der Spitzendürre. Je nach Ausgangspunkt der Infektion werden auch brand- bzw. krebsartige Veränderungen zwischen den Astgabeln, am Fruchtkuchen oder an den Blattnarben sichtbar. Das eigentliche Krebssymptom ist durch tief in das Holz reichende Wunden mit mehrfach überwalltem, wulstigem Rand, dem Ausbrechen abgestorbener Teile des Holzes und dem Entstehen von Hohlkehlen gekennzeichnet (a). Stärker geschädigte Bäume fallen durch mangelnden Frühjahrsaustrieb und gelbe Laubfärbung zu Vegetationsbeginn auf. Auch Blattflecken sind mitunter anzutreffen. Auf den abgestorbenen Rindenteilen bildet der Erreger seine Fruchtkörper aus. Die Nebenfruchtform wird auf schmutzig-weißen bis cremefarbenen Sporodochien (b) und die Hauptfruchtform in leuchtend roten, im Alter dunkler werdenden Perithecien gebildet.

Der Fruchtbefall nimmt seinen Ausgang häufig von der Stiel- oder Kelchgrube aus. Auch von Schorfstellen ausgehend, bilden sich scharf begrenzte, bald jedoch die ganze Frucht überziehende Faulstellen. Die Fäule reicht tief in das Fruchtfleisch hinein. Schließlich verfault die ganze Frucht, die dabei wieder von anfangs weißem, später gelbbraunem Myzel des Erregers überzogen ist (c).

ERREGER

Nectria galligena Bres., Nebenfruchtform: *Cylindrocarpon mali* (Wollenw.), Syn. *Cylindrocarpon heteronemum* (Berk. et Br.) Wollenw.

Die Hauptfruchtform *Nectria galligena* Bres. wird auf abgestorbener Rinde in Perithecien (rundoval, etwa 250 bis 350 µm) gebildet. Die Asci (d) enthalten 8, in der Regel zweizellige, ovale, ellipsoide bis spindelförmige, am Septum leicht eingeschnürte, etwa 14 bis 22×6 bis 9 µm große Ascosporen (e). Die Nebenfruchtform wird auf Sporodochien gebildet. Die Makrokonidien (f) sind zwei- bis sechszellig, hyalin und an den Enden deutlich abgerundet. Sie werden an kurzen, zylindrischen Phialiden gebildet, die an verzweigten Konidienträgern stehen. Sechszellige Makrokonidien sind etwa 45 bis 65×4 bis 7 µm groß. Weiterhin werden einzellige, hyaline Mikrokonidien mit abgerundeten Enden gebildet (g).

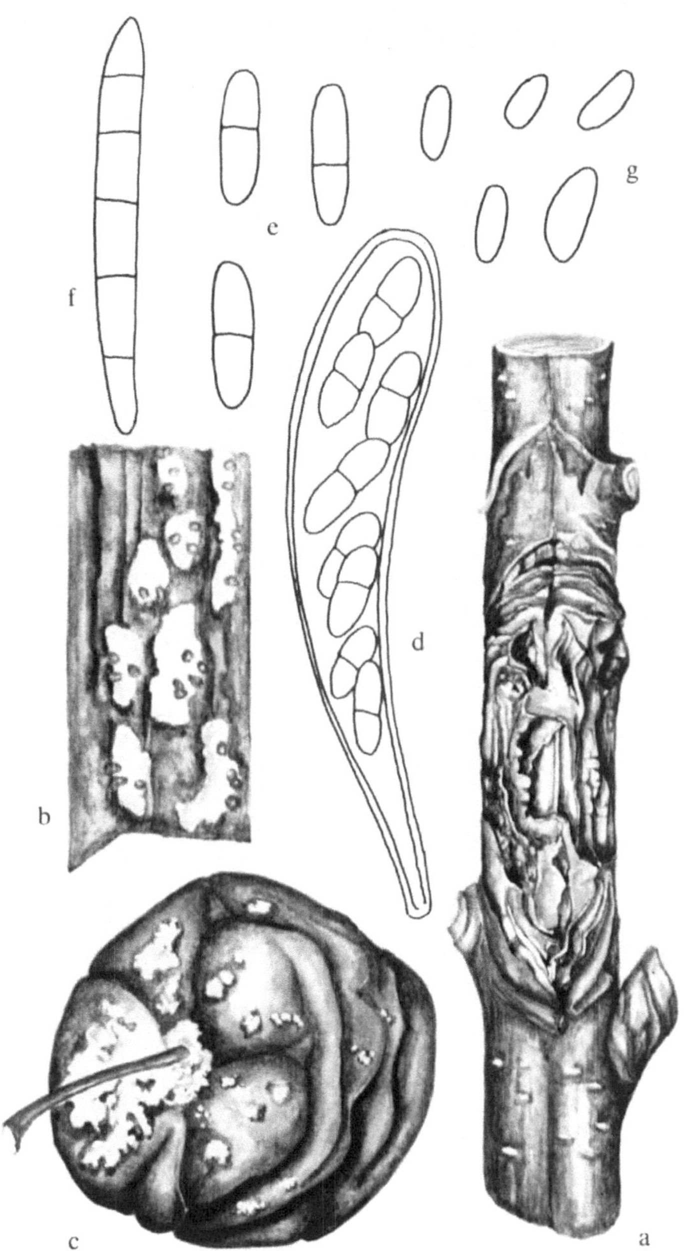

Rotpustelkrankheit

(Nectria cinnabarina [Tode ex Fr.] Fr.)

SCHADBILD

Die vom Erreger gebildeten Toxine bewirken das Absterben des befallenen Triebes oder Astes. Dieses äußert sich zuerst in einer Welke oberhalb der Befallsstelle. In der Folge kommt es zur Ausbildung von Spitzendürre und typischen Rindenbrandsymptomen. Dabei färbt sich der vom Erreger befallene Holzteil grünlich bis braun (1a). Auf der abgestorbenen Rinde entstehen Sporodochien von sehr unterschiedlicher Größe. Ihre Farbe schwankt je nach der Umgebungsfeuchtigkeit von hellgelb (1b) und hellrot bei Trockenheit bis zinnoberrot (1c) bei hoher Feuchtigkeit. Neben oder auch auf dem Konidienstroma werden die meist rotbraunen, in Gruppen stehenden Hauptfruchtkörper gebildet.

ERREGER

Nectria cinnabarina (Tode ex Fr.) Fr., Nebenfruchtform: *Tubercularia vulgaris* Tode ex Fr.

Die Hauptfruchtform des Erregers wird in Perithecien, die in Gruppen von 1 bis 15 auf der abgestorbenen Rinde stehen, gebildet. Die Peritheciengröße beträgt etwa 500 µm. Sie sind rundlich mit einer deutlich krustenartigen äußeren Wand. Die Asci sind 60 bis 90×9 bis 14 µm groß und enthalten 8 hyaline, zylindrische bis ellipsoide, 12 bis $20 \times 4,5$ bis 6,5 µm große und zweizellige Ascosporen (1d). Die Nebenfruchtform (Konidienform) wird auf Sporodochien gebildet. Die einzelligen, hyalinen, 5 bis 7×2 bis 3 µm großen, ovalen bis zylindrischen Konidien sitzen an kurzen, verzweigten Konidienträgern (1e).

Trichothecium-Fäule

(Trichothecium roseum Link.)
(An Apfel)

SCHADBILD

An den Früchten finden sich kleine, nicht tief in das Fruchtfleisch hineinreichende Flecke bzw. Faulstellen, die sich schnell mit zunächst weißem, später rosafarbenem Myzel überziehen (2a). Schließlich verfault die ganze Frucht unter Verbräunungserscheinungen. Das Fruchtfleisch ist von trockenfauler Konsistenz.

Mitunter entstehen an besonders geschädigten einjährigen Trieben kleine Nekrosen und absterbende Triebspitzen.

ERREGER

Trichothecium roseum Link.

Der Erreger bildet seine Konidien an aufrechten, mehrfach septierten, an der Spitze angeschwollenen Konidienträgern (2b). Die Konidien sind zweizellig, eiförmig und in kleinen Klümpchen zusammengeballt (2c).

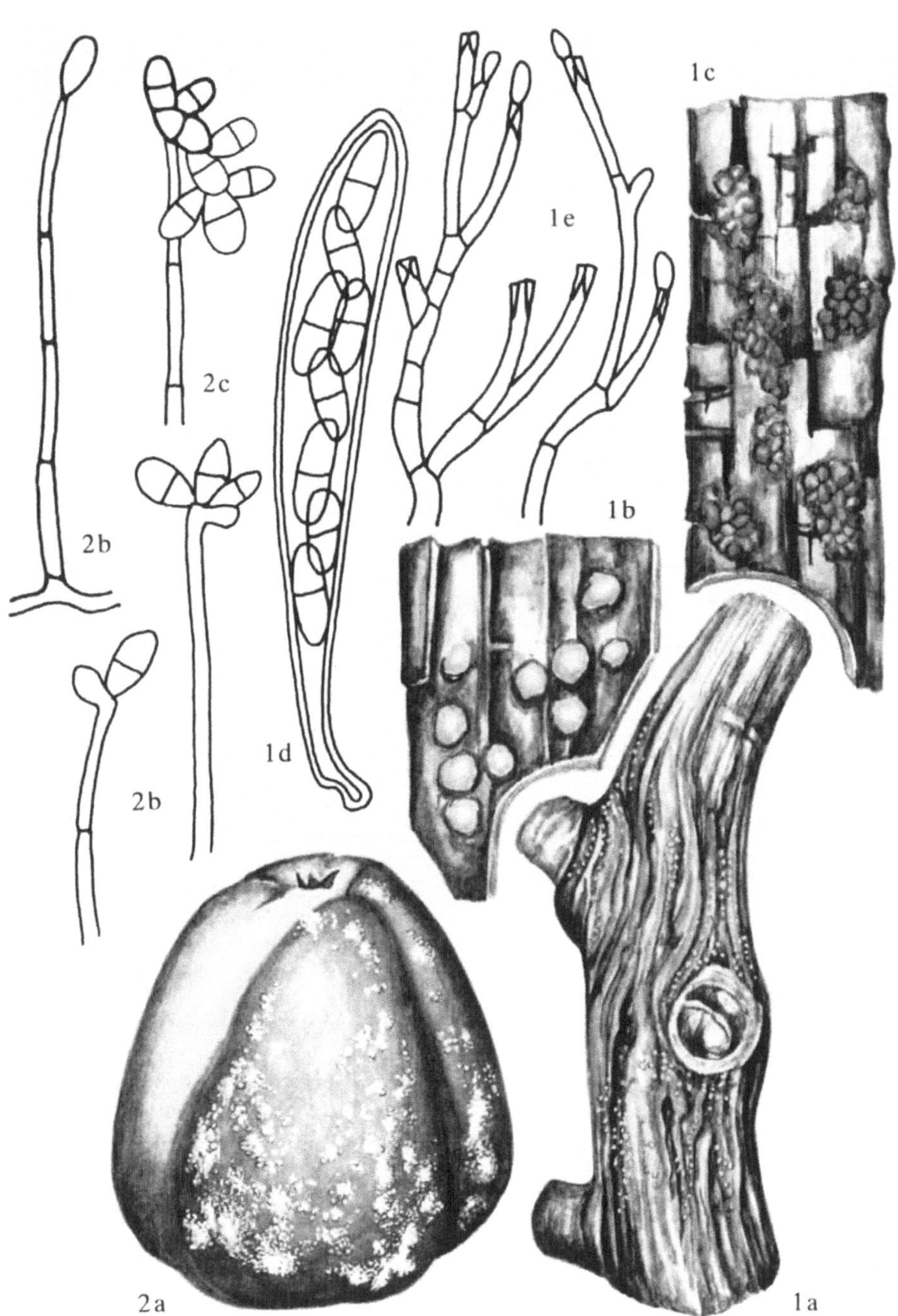
1c
1e
1b
1d
2c
2b
2b
2a
1a

Gloeosporium-Rindenbrand, *Gloeosporium*-Fruchtfäule
(Verschiedene pilzliche Krankheitserreger)

SCHADBILD

Von der Infektionsstelle ausgehend verfärbt sich die Rinde bräunlich und sinkt leicht ein, reißt ein und löst sich an den Rißstellen ab. Auf der abgestorbenen Rinde entstehen Acervuli (a, b) oder Pyknidien. Nur die stärkeren Bastteile bleiben erhalten. Diese durchziehen die Nekrose von dem aufgewölbten Wundperiderm des Wundrandes ausgehend als locker auf dem Holz liegendes Fadengeflecht. Später wird der nackte Holzkörper sichtbar (c). Wenn die Nekrose den Trieb oder Ast umgürtet, kommt es zur Welke und zur Spitzendürre der oberhalb der Befallsstelle liegenden Baumteile.

Auf den Blättern entstehen braune, mit Acervuli besetzte Blattflecke, und in der Folge tritt vorzeitiger Blattfall ein. An den Früchten finden sich helle bis dunkelfarbene, kreisrunde Faulstellen (Lentizelleninfektion), die kegelförmig von der Fruchtschale in das Fruchtfleisch hineinreichen (d). Je nach der Erregerart, die die Fruchtfäule verursacht, bilden sich auf den größer werdenden Faulstellen weiße, gelbe, graue oder rote, teilweise schleimige Sporenlager (e) (Acervuli bzw. Pyknidien).

ERREGER

Verschiedene pilzliche Krankheitserreger:
- *Pezicula malicorticis* (Jacks.) Nannf. (Hauptfruchtform) mit der Nebenfruchtform *Cryptosporiopsis malicorticis* (Cordl.) Nannf., Syn. *Gloeosporium perennans* Kienh.

Die Hauptfruchtform wird in hellgelben bis braunen, sehr dicht stehenden, etwa 400 bis 1 600 µm großen Apothecien gebildet. Die Ascosporen sind einzellig, bei der Keimung bis zu 4-zellig, hyalin, elliptisch und 13 bis 26×5 bis 9 µm groß. Die Nebenfruchtform entsteht in polsterförmigen, stromatischen, etwa 500 µm großen Acervuli (b). Die Konidien sind einzellig, länglich, hyalin und in der Größe stark variierend (7 bis 20×3 bis 6 µm) (f). Mikrokonidien sind am freien Myzel vorhanden.

- *Pezicula alba* Guithrie (Hauptfruchtform) mit der Nebenfruchtform *Phlyctaena vagabunda* Desm., Syn. *Gloeosporium album* Ostew.

Die Hauptfruchtform ist in hellgrauen bis hellgelben Apothecien (1 000 µm) fest am Substrat sitzend. Ascosporen sind zunächst einzellig, dann mit 2 bis 5 Septen, 22 bis 30×6 bis 8,5 µm. Bei der Nebenfruchtform werden die Konidien in fleischig knorpeligen, 250 bis 400×180 bis 350 µm großen Pyknidien gebildet. Größe der Konidien 16 bis 27×2,5 bis 4 µm, zylindrisch, wurmförmig, hyalin, einzellig. Mikrokonidien kommen vor.

- *Glomerella cingulata* (Stonem.) Spaulding et v. Schenk (Hauptfruchtform) mit der Nebenfruchtform *Gloeosporium fructigenum* Berk., Syn. *Colletotrichum gloeosporoides* Berk.

Die Hauptfruchtform bildet in schwarzen Perithecien längsovale, einzellige, 12 bis 22×3 bis 5 µm große Ascosporen, die beim Keimen einfach septiert sein können. Die Nebenfruchtform entsteht in Acervuli. Die Konidien sind einzellig, hyalin, längsoval und 12 bis 16×4 bis 5 µm groß.

28

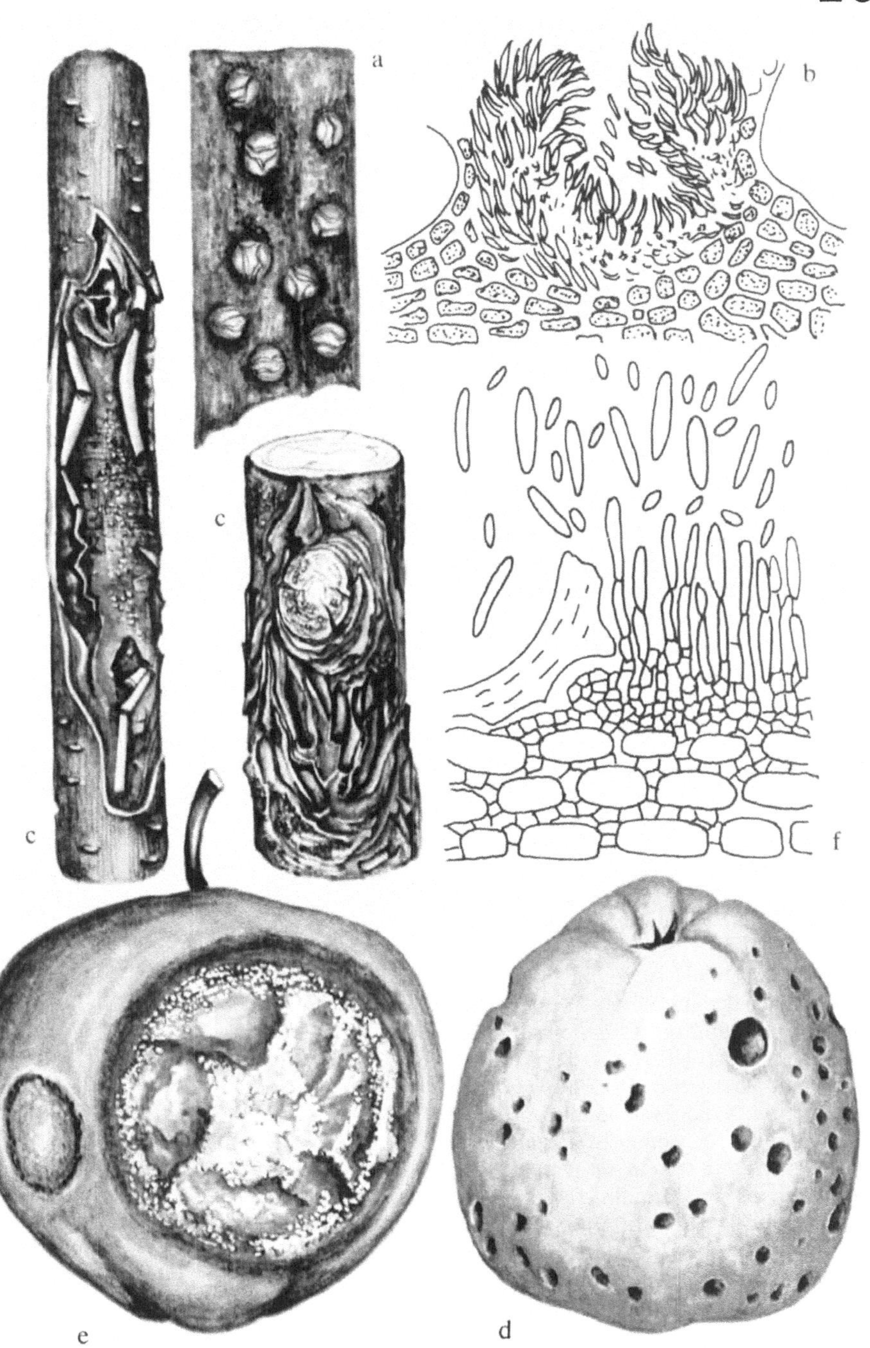

Kragenfäule, *Phytophthora*-Fruchtfäule

(*Phytophthora cactorum* [Leb. et. Cohn.] Schroet. und andere *Phytophthora*-Arten)

SCHADBILD

Kleine, meist violette Faulstellen im Bereich des Stammgrundes, die sich rasch ausdehnen. Die Rinde wird feucht und bricht auseinander (1 a). An den Rißstellen bildet sich Kallusgewebe. Frische Befallsstellen zeigen im Anschnitt schokoladenbraune Farbe (1 b) und sind nur unscharf zum gesunden Gewebe hin abgegrenzt (1 c). Kommt die Fäule nicht zum Stillstand, verfärben sich die Blätter rötlich-violett, welken und vertrocknen, vorzeitiger Blatt- und Fruchtfall. Spitzentriebe rollen sich ein. Zweigbefall ist durch violette Rindenverfärbung und runzelige, faltige Nekrosen gekennzeichnet. Befallene Früchte bleiben klein, weisen scharf gegen das gesunde Gewebe abgesetzte, unregelmäßige Flecke auf und sind geschmacklos. Ihre Farbe ist bei grünschaligen Früchten dunkelgrün, bei gelbschaligen Früchten schokoladenbraun bis braunrot (1 d). Die Flecke dehnen sich über die ganze Frucht aus. Das Fruchtfleisch bleibt fest, so daß völlig verfaulte Früchte ihre Form behalten (1 e). Typisch für die Krankheit ist der entblätterte Baum mit kleinen Früchten.

ERREGER

Phytophthora cactorum (Leb. et Cohn.) Schroet., Syn. *Phytophthora omnivora* de Bary.

Der Erreger bildet bis zu 55 µm im Durchmesser betragende, im Mittel 33 µm große, dickwandige (Wanddicke 1 bis 1,5 µm) Chlamydosporen. Sporangien sind ellipsoid bis eiförmig, mit einer Größe von 36 bis 50×28 bis 35 µm (im Maximum 55×40 µm) (1 f) mit Keimporus. Zoosporen zweifach begeißelt, 8 bis 12 µm. Oogonien (1 g) 19 bis 38 µm im Durchmesser, rund, schwachwandig, farblos bis leicht gelb. Oosporen dickwandig (2 µm), 20 bis 26 µm im Durchmesser. Antheridien rund, 15 bis 21×13 µm.

Ein ähnliches Schadbild wird verursacht durch:
Phytophthora syringae (Kleb.) Kleb. und *Phytophthora megasperma* Drechsl.
Die Artdiagnose ist nur von einem Spezialisten möglich.

Cladosporium-Fruchtfäule

(*Cladosporium herbarum* Link.)
(An Apfel)

SCHADBILD

Zunächst kleine, scharf abgesetzte, deutlich eingesunkene braune Flecke von weicher Konsistenz (2 a). Sie breiten sich später aus und weisen eine unregelmäßige Form auf. Es entstehen große, die Frucht bedeckende, braunschwarz verfärbte Faulstellen (2 b). Mitunter findet sich bei ausreichender Feuchtigkeit ein brauner Sporenbelag des Erregers.

ERREGER

Cladosporium herbarum Link.
Er bildet an dunklen, in der Mitte oder an der Spitze verzweigten, einzeln oder zusammengeballt stehenden Konidienträgern ein- oder zweizellige, dunkle Konidien. Die Konidienform ist variabel (eiförmig, zylindrisch bis unregelmäßig), ebenso die Größe (8 bis 15×4 bis 6 µm).

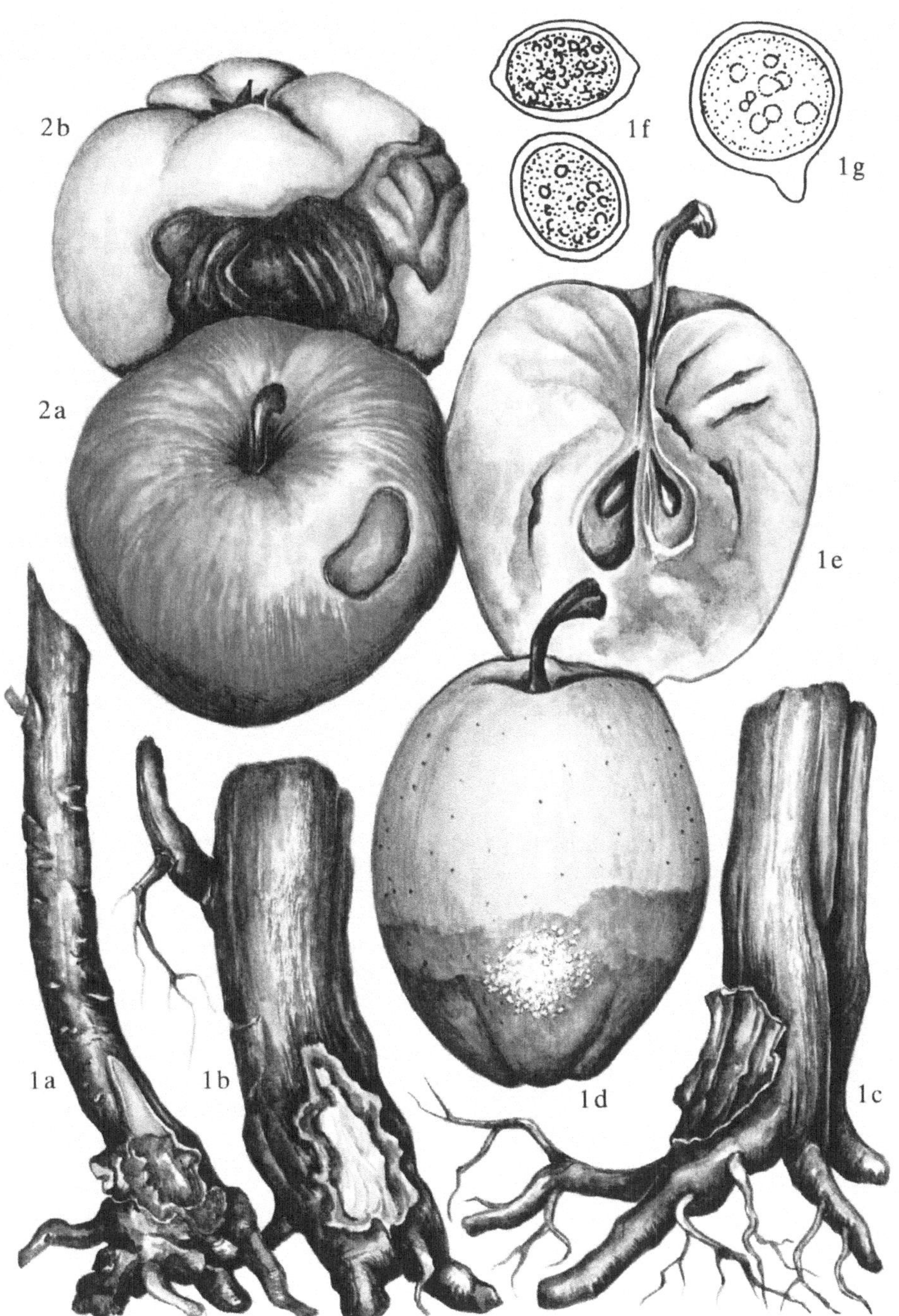
2b
2a
1a
1b
1d
1c
1e
1f
1g

29

Krötenhautkrankheit,
Valsa-Krankheit
(Verschiedene *Leucostoma*-bzw.
Cytospora-Arten)

SCHADBILD

Anfangs färbt sich die Rinde um die Infektionsstelle herum rotbraun bis braun, das
Gewebe sinkt schwach ein. Häufig bilden
sich schwarze Zonierungen auf der Rinde
(a). Die Rinde reißt an der Übergangsstelle
vom gesunden zum kranken Gewebe ein
(eingesunkener Brand). Nicht selten, besonders im Stadium der starken Ausdehnung
der Nekrosen, treibt die gesunde Rinde an
der Übergangsstelle zur Nekrose blasig auf
(aufgeworfener Brand (b)), reißt dann erst
auf, trocknet aus und verbräunt. Diese Vor-
gänge können mehrmals in der Folge gesche-
hen, so daß bei entsprechender Umgürtung
die Blätter der über der Nekrose liegenden
Zweige oder Astteile welken und absterben
(Flaggenbildung (c)). Triebspitzen vertrocknen und verkahlen (d). Dieses Schadbild
wird besonders im Frühsommer sichtbar,
wenn die erforderliche erhöhte Stoffwechsel-
leistung des Gehölzes durch die zerstörte
Rinde nicht mehr gewährleistet ist. Durch
die abgestorbene Rinde brechen dann die
Stromata der Fruchtkörper des Erregers hervor, so daß die Rinde wie die Haut einer
Kröte mit Warzen bedeckt erscheint (e). Da
die Infektionen häufig von Schnittstellen
ausgehen, ist das Schadbild zumeist an stärkeren Gerüstästen des Baumes zu finden,
wobei im Querschnitt die Verfärbungen im
Holz- und Rindengewebe erkennbar sind
(f).
Differentialdiagnostisch wichtig: Im Gegensatz zum Feuerbrand (Tafel 16–18) bleibt
der Blattstiel der abgestorbenen Blätter grünlich verfärbt (h).

ERREGER

Die Krötenhautkrankheit wird durch 3 Erreger verursacht:
- *Leucostoma auerswaldii* Nits (Hauptfruchtform) mit der Nebenfruchtform *Cytospora
personata* Fr.
Die Hauptfruchtform wird in dunkelbraunen
bis schwarzen Stromata, die 2 bis 8 (400 bis
600 μm große) Perithecien enthalten. Die
Ascosporen sind einzellig, wurstförmig, hyalin und 9 bis 17 μm lang. Weit häufiger als
die Hauptfruchtform ist die ungeschlechtlich
entstandene Nebenfruchtform. Die Pyknidien enthalten die einzelligen, hyalinen, 5
bis 8 μm langen Konidien. Dabei sind etwa
15 bis 23 Pyknidien in einem etwa 2 000 μm
im Durchmesser betragenden Stroma enthalten.
- *Leucostoma cincta* (Fr.) Höhn. (Hauptfruchtform) mit der Nebenfruchtform *Cytospora cincta* Sacc., Syn. *Valsa cincta* Fr.
Die Hauptfruchtform ist durch 6 bis 12
schwarze, keulenförmige Perithecien charakterisiert. Die Ascosporen sind wurstförmig,
hyalin, einzellig, 8 bis 32 μm lang. Die Nebenfruchtform wird in Pyknidien, die etwa
zu 8 bis 15 in einem schwarzen, etwa 1 000
bis 2 000 μm im Durchmesser betragenden
Stroma gefunden werden können, gebildet.
Die Konidien sind einzellig, hyalin und 3
bis 9 μm lang.
- *Leucostoma personii* (Nits.) Togashi
(Hauptfruchtform) mit der Nebenfruchtform: *Cytospora leucostoma* Sacc., Syn.,
Valsa leucostoma (Pers.) Fr., *Valsa persooni*
Nits.
Die selten anzutreffende Hauptfruchtform
entsteht in schwarzen, birnenförmigen, 200
bis 600 μm großen Perithecien. Die Nebenfruchtform entsteht in Pyknidien, die sich in
großer Anzahl (20 bis 30) in einem schwärzlichen Stroma mit 1 800 bis 3 000 μm Durchmesser befinden. Charakteristisch ist die
schneeweiße Stromascheibe. Die Konidien
sind wie bei den beiden anderen Erregern
einzellig, hyalin, allantoid und 5 bis 6 μm
lang (g).
Die exakte Artdiagnose ist nur dem Spezialisten möglich.

30

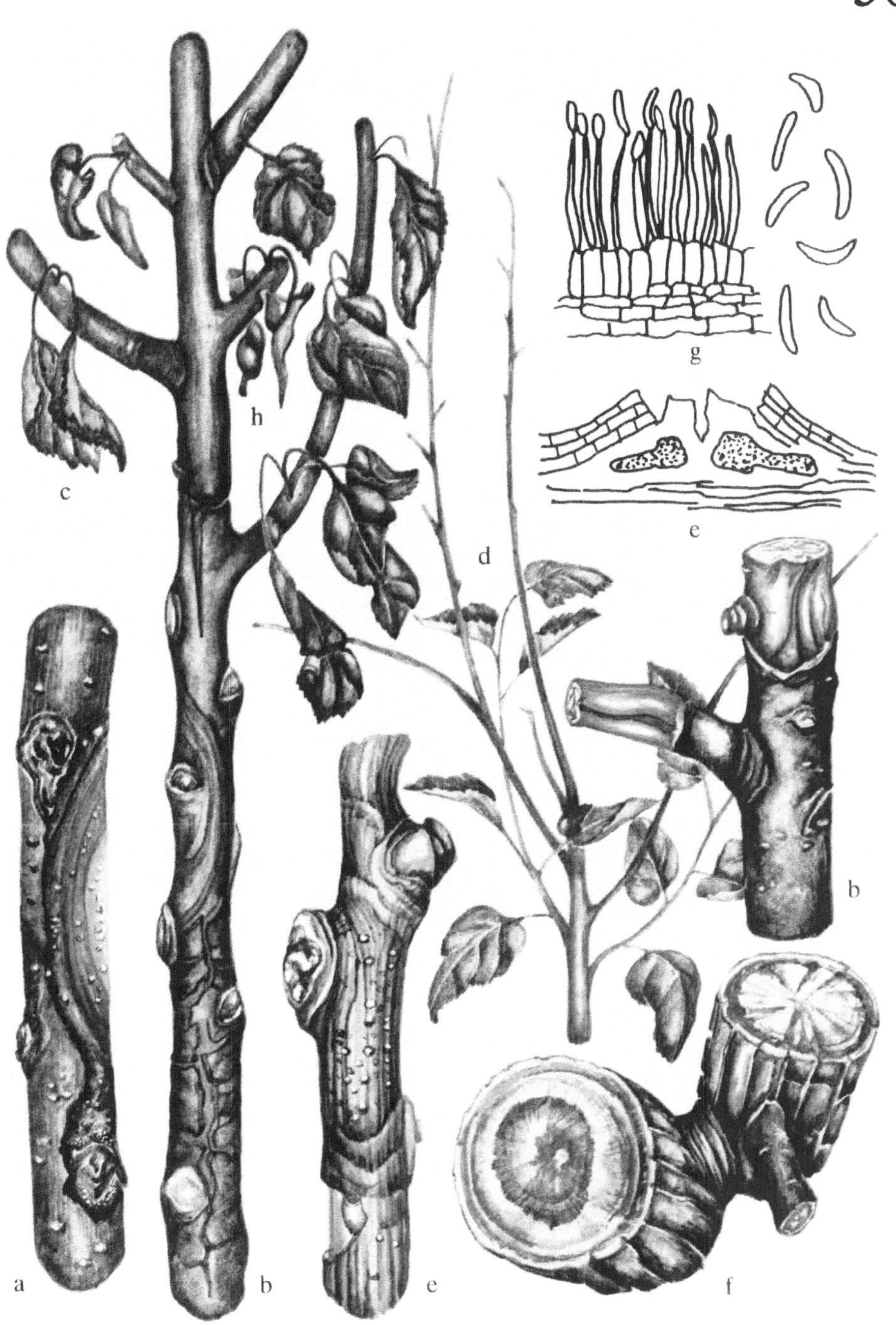

Oberflächiger Rindenbrand

(*Pezicula corticola* Nannf.)

SCHADBILD

Größere, nicht scharf abgesetzte, flächenförmige Verfärbung der Rinde von Grau bis Hellbraun und Rötlichbraun. Das befallene Gewebe sinkt leicht ein. Zwischen krankem und gesundem Gewebe entsteht ein etwa 0,5 bis 1 mm breiter Riß (1 a). Das nekrotisierte Gewebe wird schuppenförmig abgestoßen. Häufig bilden sich auf dem toten Rindengewebe die Acervuli des Erregers aus (1 b).

ERREGER

Pezicula corticola Nannf. (Hauptfruchtform) mit der Nebenfruchtform *Cryptosporiopsis corticola* (Edy.) Nannf., Syn. *Neofabraea corticola* Jørg.

Die Hauptfruchtform wird auf braunen, kurz gestielten, auf der abgestorbenen Rinde etwas erhabenen, 300 bis 1 000 µm großen, einzeln oder in kleinen Gruppen stehenden Apothecien gebildet. Die Ascosporen (1c) sind anfangs einzellig, später zwei- bis vierzellig, 21 bis 31×8 bis 16 µm groß und von gekörntem Aussehen. Die Nebenfruchtform entsteht in 300 bis 500 µm großen Acervuli, die Konidien (1d) sind einzellig, mitunter, besonders beim Keimen, bis zu vierzellig, hyalin, aber stark gekörnt, 26 bis 42×7,5 bis 8,5 µm groß. Einzellige, hyaline, 4 bis 6×1 µm große Spermatien kommen vor.

Penicillium-Fäule, Grünfäule

(Verschiedene *Penicillium*-Arten)
(An Apfel)

SCHADBILD

Von Verletzungen der Fruchtschale ausgehend, entstehen hellbraune Faulstellen von wäßriger, weicher Konsistenz. Auf den Faulstellen findet sich zunächst ein weißes, später grün bis bläulich aussehendes, stark sporulierendes Pilzmyzel (1 a, b).

ERREGER

Penicillium expansum (Link.) Thom., Syn. *Penicillium glaucum* Link.,
Penicillium diggitatum (Pers.) Sacc. sowie weitere, nicht exakt bestimmte *Penicillium*-Arten.

Konidienträger meist einzeln stehend, an der Spitze verzweigt mit deutlich ausgeprägten Phialiden, an denen in langen Ketten die meist runden bis länglichen Konidien gebildet werden (1 c).

Penicillium expansum: Konidienträger 400 µm lang, Metulae 3 bis 6, etwa 10 bis 15 µm lang, Phialiden in Gruppen, 5 bis 9, etwa 8 bis 12 µm lang, Konidien 4 bis 5×2,5 bis 3,5 µm.

Penicillium diggitatum: Konidienträger 30 bis 100 µm lang, Metulae in der Zahl variabel, 15 bis 30 µm lang, Phialiden ebenfalls in der Zahl variabel, 15 bis 28 µm lang. Konidien 3 bis 12×3 bis 8 µm (im Mittel 6 bis 8×4 bis 6 µm).

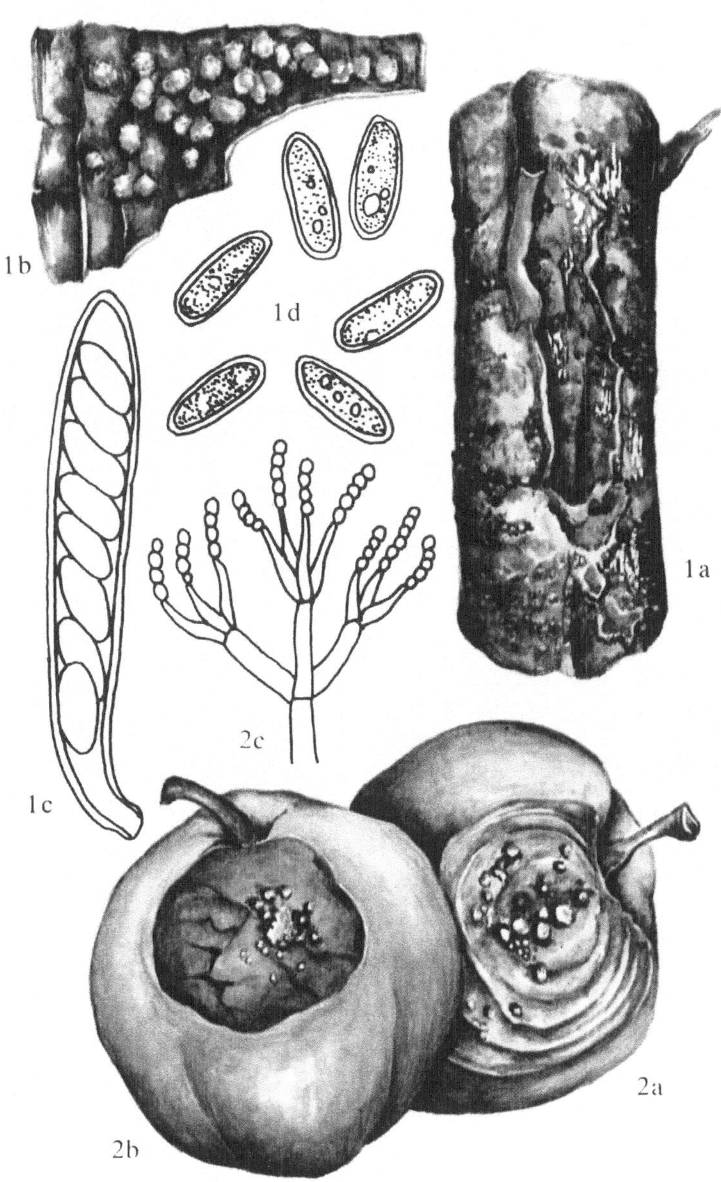
1b
1d
1c
2c
1a
2b
2a

Phomopsis-Rindenbrand

(*Diaporthe perniciosa* Marchal)

SCHADBILD

An den Befallsstellen ist eine schwache, braune bis violette Verfärbung der Rinde festzustellen. Das Parenchym der Rinde ist unter der Epidermis schokoladenbraun verfärbt (1 a). Dieser Rindenbrand geht häufig in eine großflächigere Rindenfäule über (1 b), mitunter bleibt es aber auch nur bei kleineren, sogenannten Rindenschildnekrosen, auf denen häufig die Pyknidien des Erregers anzutreffen sind (1 c). Infolge der Rindenzerstörung zeigen befallene Bäume geschwächten, verzögerten Frühjahrsaustrieb. Im Sommer kann eine plötzliche Welke auftreten. Auch die Früchte werden befallen. Sie faulen unter brauner Verfärbung und weicher Konsistenz bis zur Mumifizierung. Auf den Faulstellen an der Frucht werden häufig die Pyknidien des Erregers sichtbar (1 d).

ERREGER

Diaporthe perniciosa Marchal (Hauptfruchtform) mit der Nebenfruchtform *Phomopsis mali* (Schulz et Sacc.) Rob.
Die Hauptfruchtform wird in schwarzen, tief in das Wirtssubstrat eingesenkten, in Gruppen von 6 bis 8 zusammenstehenden Perithecien gebildet. Die Asci sind keulenförmig, die Ascosporen zweizellig, hyalin, 12 bis 14×3 bis 4 µm groß. Die Nebenfruchtform wird in schwarzen, mehrkammerigen, in der Größe stark wechselnden Pyknidien (1 e) gebildet. Die alpha-Sporen sind hyalin, einzellig, länglich, 5 bis 7×2 bis 3 µm groß, die beta-Sporen ebenfalls einzellig, hyalin, peitschenförmig gebogen, 15 bis 24×1 bis 1,5 µm groß (1 f).

Alternaria-Fäule

(*Alternaria alternata* [Fr.] Kreissler) und andere *Alternaria*-Arten

SCHADBILD

Häufig von der Stielgrube oder vom Kelch ausgehend, entstehen auf der Frucht im Lager dunkelbraune, fast schwarze Faulstellen. Sie sind nur leicht in das Fruchtfleisch eingesunken. Auf diesen entwickelt sich der Erreger, dessen Myzel dunkelbraun gefärbt ist (2 a).
An der Rinde werden mitunter kleinere, wirtschaftlich unbedeutende Nekrosen ausgebildet. Sie sind Ausgangspunkt für Fruchtinfektionen.

ERREGER

Alternaria alternata (Fr.) Kreissler, Syn. *Alternaria tenuis* Nees, sowie weitere, nicht exakt bestimmte *Alternaria*-Arten.
Es handelt sich um Schwächeparasiten mit septiertem Myzel, im Alter dunkel gefärbt. Die Konidien sind keulenförmig, geschnäbelt, mehrzellig und dunkel gefärbt, gedrungen, in langen, verzweigten Ketten, Größe 8 bis 16×20 bis 65 µm (2 b).

32

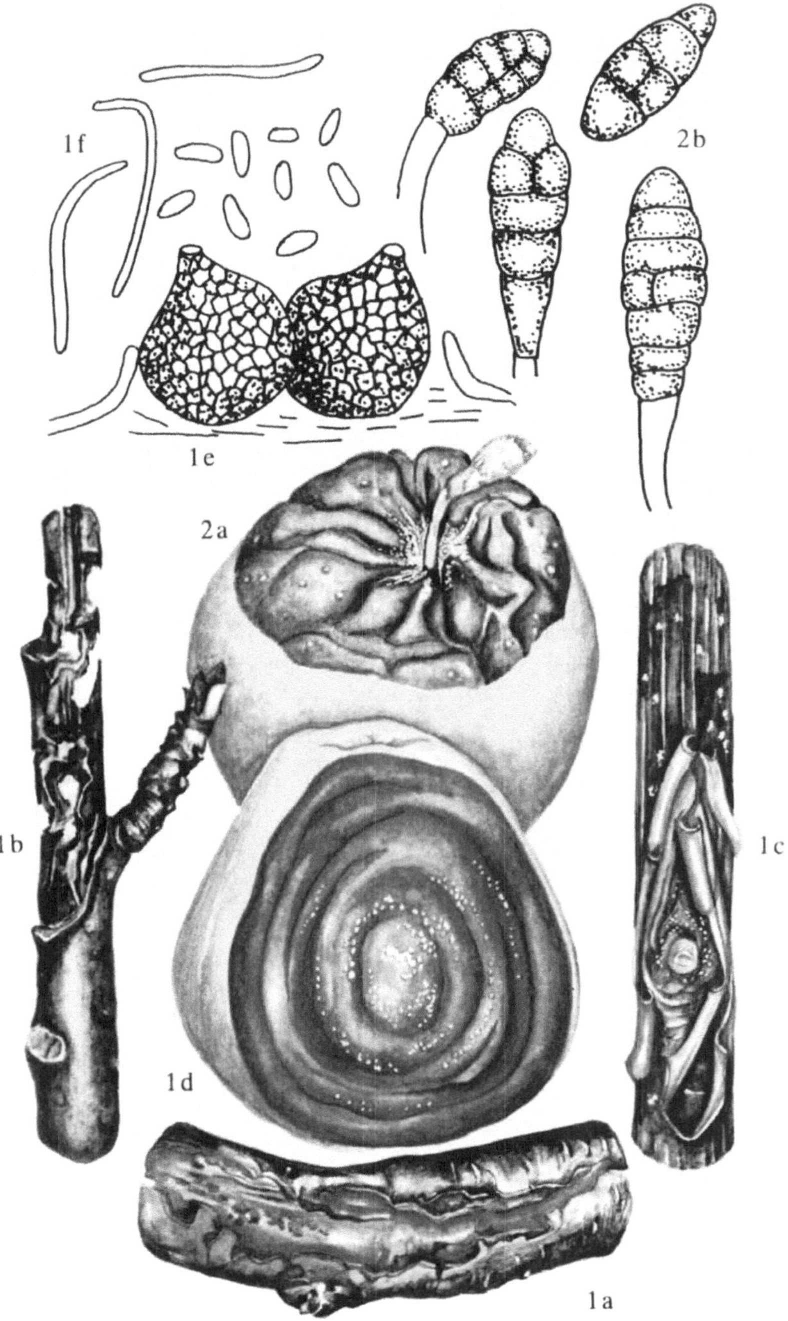

Schwarzer Krebs,
Sphaeropsis-Rindenbrand
(*Botryosphaeria obtusa* [Schw.] Schoemaker)

Zunächst entstehen, von der Infektionsstelle ausgehend, auf der Rinde kleine, rundovale, dunkelfarbene Nekrosen, die sich rasch ausdehnen. Die befallene Rinde sinkt leicht ein und zeigt das typische Symptom des Rindenbrandes, auf welchem sehr schnell die Pyknidien des Erregers sichtbar werden (a). Die abgestorbene Rinde löst sich pergamentartig vom Holz ab. Bei Umgürtung der Triebe und Äste sterben diese ab. Blattbefall zeigt sich entweder in runden, deutlich abgesetzten, kleinen Flecken („Froschaugenkrankheit") oder in diffuser, rötlicher Verfärbung der Blätter (b). In der Nähe der Nekrosen treiben häufig Knospen neu aus, die Triebe werden nicht ausreichend versorgt und werden fadentriebig (c). Bei Fruchtbefall kann bereits im Freiland eine Fäule auftreten, vielfach aber auch erst im Lager. Dabei faulen die Früchte unter braunschwarzer Verfärbung bis zur völligen Mumifizierung (d). Auf den Früchten werden massenhaft die Pyknidien des Erregers gebildet.

ERREGER

Botryosphaeria obtusa (Schw.) Schoemaker (Hauptfruchtform), Syn. *Physalospora obtusa* (Schw.) Cooke, *Physalospora cydoniae* Arnaud mit der Nebenfruchtform *Diplodia malorum* Fuckel, Syn. *Sphaeropsis malorum* Peck.
Die Ascocarpien der Hauptfruchtform sind vollständig in das Wirtssubstrat (Rinde) eingebettet. Sie sind dunkelbraun bis schwarz, mit einer Ostiole. Die Asci liegen zwischen den fadenförmigen Paraphysen, sind 90 bis 120×17 bis 23 µm groß, doppelwandig und enthalten 8 in der Regel unseptierte, hyaline, unregelmäßig längliche, 25 bis 33×7 bis 12 µm große Ascosporen (e). Die Nebenfruchtform wird in schwarzen stromatischen, einzeln oder in Gruppen im Wirtsgewebe inserierten Pyknidien, bis zu 500 µm groß, gebildet. Die Pyknidien weisen eine ausgezogene Ostiole auf. Die Pyknosporen sind zunächst hyalin, einzellig, eiförmig, dickwandig, 20 bis 26×9 bis 12 µm groß (f), werden im Alter deutlich rußig-gelb und septiert.

33

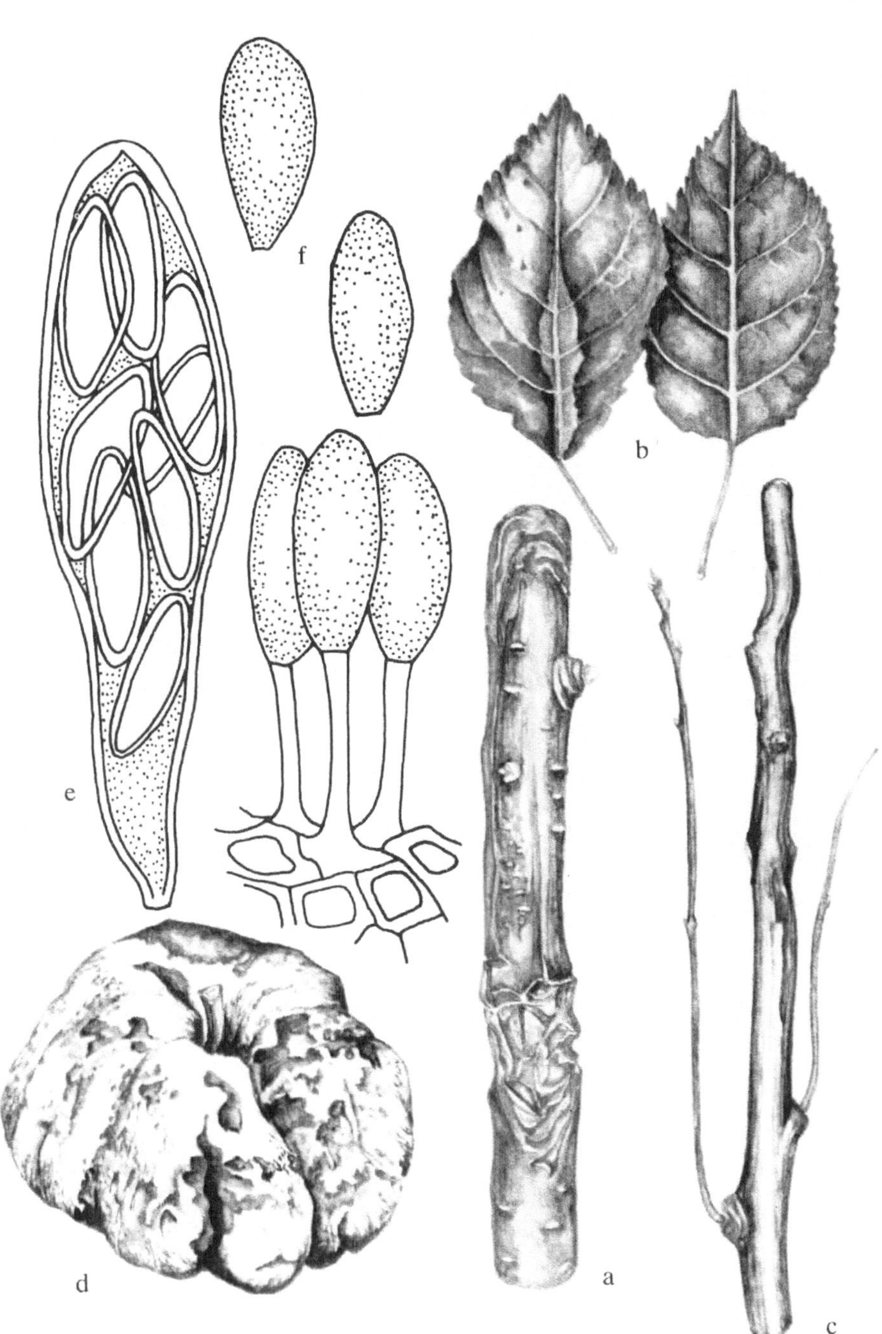

Botrytis-Rindenbrand, *Botrytis*-Fäule
(*Botrytis cinerea* Pers.)

SCHADBILD

Vor allem an der Rinde jüngerer Bäume oder am Veredlungsmaterial entstehen zunächst sehr kleine, bräunlich gefärbte Flecke, die häufig nekrotisieren und dann schuppig, rissig abgestoßen werden. Kommt die Infektion nicht zum Stehen und umgürten die Nekrosen den Trieb, kommt es zur Spitzendürre. Bei Befall stärkerer Zweige finden sich auf alten Nekrosen häufig die schwarzen Sklerotien des Erregers und Konidienrasen (1a). Befallene Früchte (auch im Lager) sind durch braun bis dunkelbraun gefärbte, schwach eingesunkene Faulstellen gekennzeichnet. Nach einiger Zeit wird die Frucht von einem mausgrauen, dichten, watteartigen Pilzmyzel (*Botrytis*-Rasen) überzogen (1b).

ERREGER

Botrytis cinerea Pers. (Nebenfruchtform) mit der Hauptfruchtform *Sclerotinia fuckeliana* (de Bary) Fuckel.
Typische, bäumchenförmige Konidienträger (50 bis 150×7,5 bis 12,5 µm), von denen an angeschwollenen Mutterzellen mit kurzen Sterigmen einzellige, eiförmige bis ellipsoide Konidien (9 bis 15×6,5 bis 10 µm) gebildet werden. Massenhafte Sporulation ist typisch (1c).

Stemphylium-Fäule
(*Stemphylium botryosum* Wallr.)
(An Apfel)

SCHADBILD

Die Früchte weisen dunkle, braune bis nahezu schwarze, von schwarzgrünem Myzel überzogene, nicht eingesunkene Faulstellen auf (2a).

ERREGER

Stemphylium botryosum Wallr. (Nebenfruchtform) mit der Hauptfruchtform *Pleospora herbarum* (Fr.) Rab.
Die Hauptfruchtform wird in Perithecien, die mit ihrem Stroma in das Wirtsgewebe eingebettet sind, gebildet. Die Asci, mit doppelter Wand, sind zylindrisch, gebogen, 90 bis 250×20 bis 50 µm groß und enthalten 8 mehrfach längs- und querseptierte, mauerförmige, gelbbraune, 26 bis 50×10 bis 20 µm große Ascosporen (2b).
Die Konidien der Nebenfruchtform werden an unverzweigten, 1 bis 7 Septen aufweisenden Konidienträgern gebildet (2c), die eine deutliche, apikale, angeschwollene, sporogene Zelle besitzen. Die Konidien sind mauerförmig, septiert, rund bis eiförmig, 19×28 µm groß und von olivbrauner Farbe.

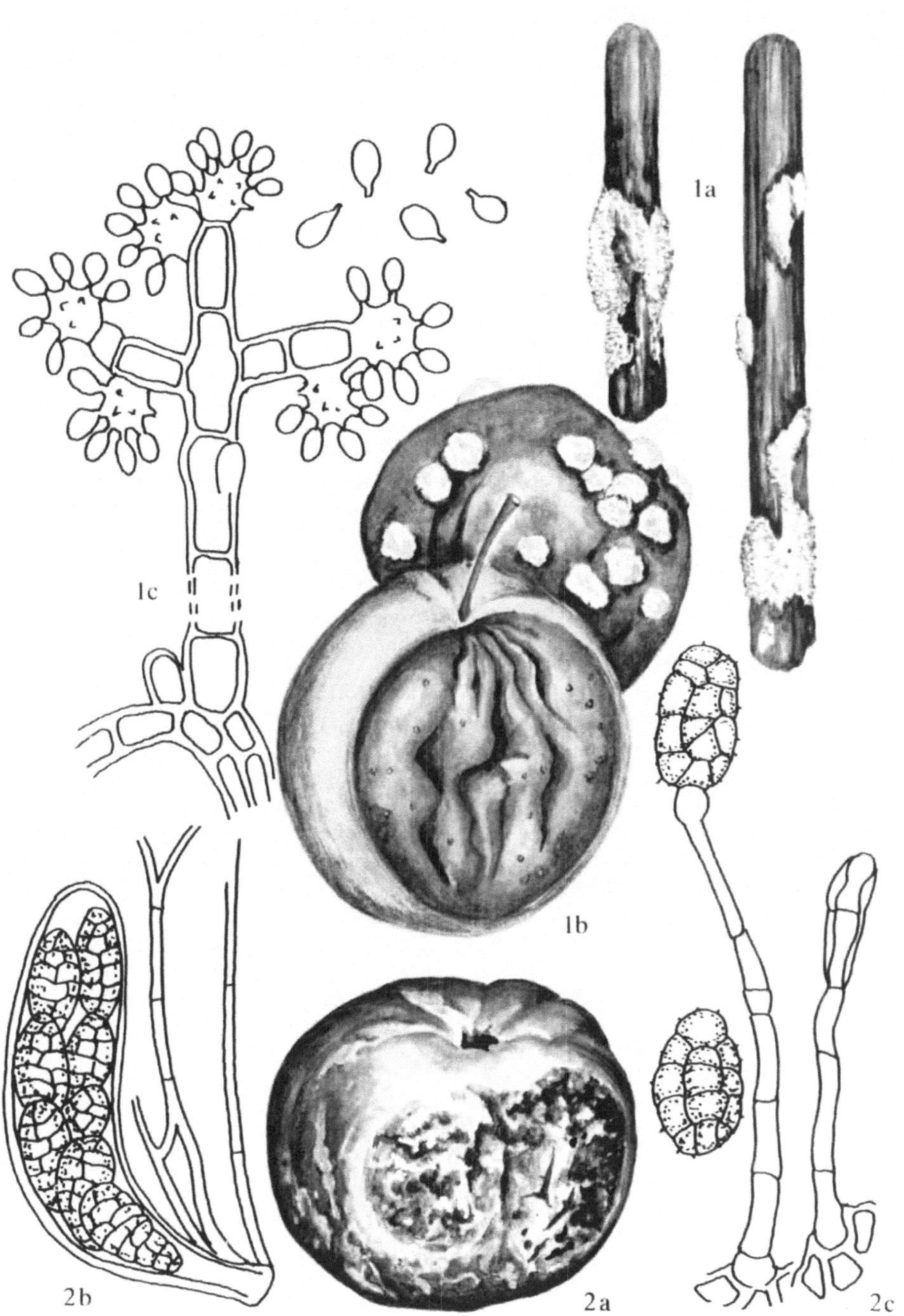

1a
1c
1b
2b
2a
2c

Phacidiella-Rindenbrand, *Phacidiella*-Fruchtfäule

(*Phacidiella discolor* [Mont. et Sacc.] Poteb.)

SCHADBILD

Der Befall zeigt sich zunächst durch runde bis längsovale, fleckenartige Verfärbungen (rötlich bis graubraun) an der Rinde (a). Diese sinkt dann leicht ein und löst sich vom gebildeten Wundkallus ab (b). Die Rinde trocknet aus, zerfasert und löst sich in Fetzen ab und legt das Holz frei (c). Umgürtet die Nekrose den Ast oder den Stamm, sterben diese ab. Auf der abgestorbenen Rinde werden die Pyknidien des Erregers sichtbar (d).
Befallene Früchte faulen im Lager. An ihnen sind anfangs grünbraune oder braune, sich später schnell ausdehnende Faulflecke sichtbar. Später schrumpfen die Früchte (e) und weisen einen weißen Belag auf, in dem dann die schwarzen Pyknidien des Erregers als kleine Punkte sichtbar werden.

ERREGER

Phacidiella discolor (Mont. et Sacc.) Poteb. (Hauptfruchtform) mit der Nebenfruchtform *Phacidiopycnis malorum* Poteb.
Die Hauptfruchtform wird in schüsselförmigen, leicht in das Wirtssubstrat eingebetteten Apothecien gebildet. Die Asci sind von zahlreichen Paraphysen umgeben (120 bis 140×15 bis 18 µm) und enthalten 8 einzellige, eiförmige, mit zumeist 2 Öltropfen versehene, 17 bis 22×8 bis 10 µm große Ascosporen (f). Die Nebenfruchtform wird in Pyknidien gebildet. Sie sind etwa 700 bis 1 200 µm groß, von stromatischer Art, mehrkammerig und entlassen die einzelligen, hyalinen, mit einem Öltropfen versehenen, 10 bis 12×8 µm großen Makrokonidien (g) in Sporenranken. Die Mikrokonidien sind einzellig, hyalin, rundoval und 5×2 µm groß (h).

Pestalotia-Rindenbrand

(*Pestalotia malorum* Elenk. et Ohl.)
(ohne Abbildung)

SCHADBILD

An Stamm und Trieben Absterben des Rinden- und Holzgewebes. Triebe vertrocknen. Dabei verfärbt sich das Rindengewebe dunkelbraun, sinkt stellenweise ein, es bilden sich Risse. Auf abgestorbenen Rindenteilen Fruchtkörper des Erregers.

ERREGER

Pestalotia malorum Elenk. et Ohl.
Die Fruktifikationsorgane des Erregers sind unter der Epidermis eingelagert. 0,2 bis 0,4 mm lange Pseudopyknidien, vom Pflanzengewebe umgeben. Die schwarzen, flachen Konidienlager enthalten breite, spindelförmige Konidien (16 bis 19×6 bis 8 µm groß und 4zellig).

Coryneum-Rindenbrand

(*Coryneum microstictum* Berk. et Br.)
(ohne Abbildung)

SCHADBILD

An Stamm und Trieben stirbt das Rinden- und Holzgewebe ab. Die Rinde verfärbt sich braun (bei Birne dunkelbraun), wird uneben, sinkt ein. Es bildet sich eine scharfe Trennlinie zwischen dem gesunden und dem kranken Gewebe. An jungen Trieben 60 cm lange Nekrosen. Ältere Äste, Zweige oder Triebe werden meist von der Nekrose umgürtet. Blätter gelb bis braun, rollen sich ein, sterben ab und fallen vorzeitig ab. Die Früchte vertrocknen. Auf der abgestorbenen Rinde Fruchtkörper des Erregers.

ERREGER

Coryneum microstictum Berk. et Br., Syn. *Coryneopsis microsticta* (Berk. et Br. Grove).
Der Pilz bildet im Wirtsgewebe feste, schwarze Konidienlager bis zu einem Durchmesser von 1 mm. Die Konidienlager sind zylindrisch, gerade und farblos. Ihre Größe beträgt 20 bis 30 × 1,5 µm. Keulenförmige, gestreckte Konidien.

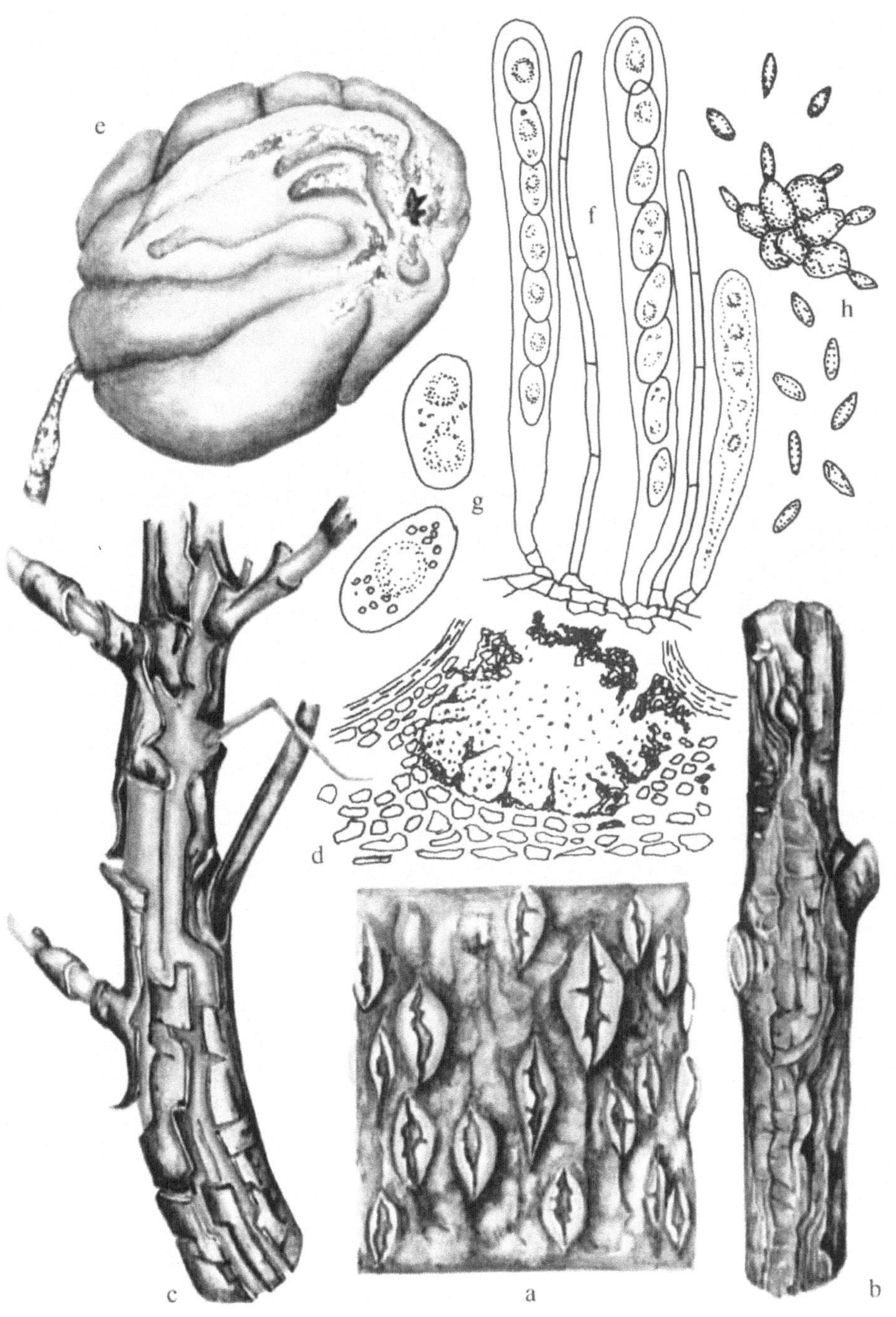

Birnengitterrost

(Gymnosporangium fuscum D. C.)

SCHADBILD

Zunächst treten auf der Blattoberseite bis 1 cm groß werdende, orangerot leuchtende Flecke auf (1 a,b). Auf diesen finden sich schwarze Pyknidien, die ihre Konidien in klebrigen Tröpfchen ausscheiden. Auf der Blattunterseite der entsprechenden Stelle entwickeln sich die Aecidien des Erregers. Es sind rostrote, knorpelige Gebilde (1 c), die auf ihren Mündungen zierliche, weiße „Gitternetzkörbchen" tragen (1 d). Am Zwischenwirt, dem Sadebaum *(Juniperus sabina)* entstehen in spindelartigen Verdickungen (1 e, f) die bräunlichen, 1 bis 2 cm langen Teleutosporenlager.

ERREGER

Gymnosporangium fuscum D. C., Syn. *Gymnosporangium sabinae* (Dicks.) Wint., *Puccinia juniperi* Pers.

Der wirtswechselnde Erreger bildet seine getrenntgeschlechtlichen Konidien in schwarzen Pyknidien. Die orangeroten, leuchtenden, knorpeligen Aecidien tragen auf ihrer Mündung weiße Gitterkörbchen, sind etwa 2,5 mm hoch und 1,3 mm breit. Die Aecidiosporen sind von unregelmäßiger Form, rund, 23 bis 37 µm im Durchmesser mit dicker Wand (1 g).

Die Teleutosporen (1 h) sind elliptisch, an den Enden ungleich zugespitzt, zweizellig, 42 bis 56×22 bis 32 µm mit dicker (0,5 bis 4,0 µm) gelblicher Wand und 2 Poren im Septum.

Weißfleckenkrankheit

(Mycosphaerella sentina [Fuck.] Schroet.)
(An Birne)

SCHADBILD

Auf den befallenen Blättern entstehen rundliche, hellgraue, 2 bis 3 mm große, im Zentrum silbrig glänzende, am Rand dunkel zonierte Flecke (2 a). Blattoberseits sind winzige schwarze Punkte sichtbar (Pyknidien). Vorzeitiger Blattfall bis zur Verkahlung.

ERREGER

Mycosphaerella sentina (Fuck.) Schroet.
In schwarzen, rundlichen, 60 bis 90 µm großen Pyknidien (2 b) zwei- bis dreifach septierte, sichelförmige, zugespitzte, 2,5 bis 4,0 × 1,0 µm große Pyknosporen (2 c).

Blattbräune der Birne und Quitte

(Diplocarpon maculatum [Atk.] Jorst)

SCHADBILD

Auf den Blättern kleine, rötlichbraune Flecke, später an Größe zunehmend, ineinanderlaufend und schwarz (3 a). Auf den Blattflecken krustenartige, schwarze Konidienlager (Acervuli), auch an jungen Trieben und Früchten (3 b).

ERREGER

Diplocarpon maculatum (Atk.) Jorst, Syn. *Diplocarpon soraueri* Kleb. (Hauptfruchtform) mit der Nebenfruchtform *Entomosporium mespeli* (Kleb.) Nannf.

Asci sind zylindrisch, kurz gestielt (60 bis 95 × 18 bis 24 µm), Ascosporen zweizellig, hyalin, 16 bis 24 × 6 bis 10 µm groß. Konidien in braunschwarzen Acervuli, hyalin, kreuzförmig, 4zellig (mitunter auch 3- bis 6zellig), an jeder Zelle mit einer apikal angeordneten Seta (borstenartiges Haar) 12 bis 20 × 8 bis 14 µm groß (3 c).

Blattbeulenkrankheit

(Taphrina bullata [Berk. et Br.] Tul.)
(An Birne) (ohne Abbildung)

SCHADBILD

Blätter zeigen blasen- oder beulenförmige Auftreibungen. Färbung Hellgrau über Gelb, zart Rot bis Schwarz. Blattunterseits weißer Pilzbelag.

ERREGER

Taphrina bullata (Berk. et Br.) Tul., Syn. *Exoascus bullata* Fuck.

Asci auf 10 bis 15×8 bis 9 µm großen Stielzellen, zylindrisch bis stecknadelförmig, 30 bis 40 × 8 bis 9 µm groß.

36

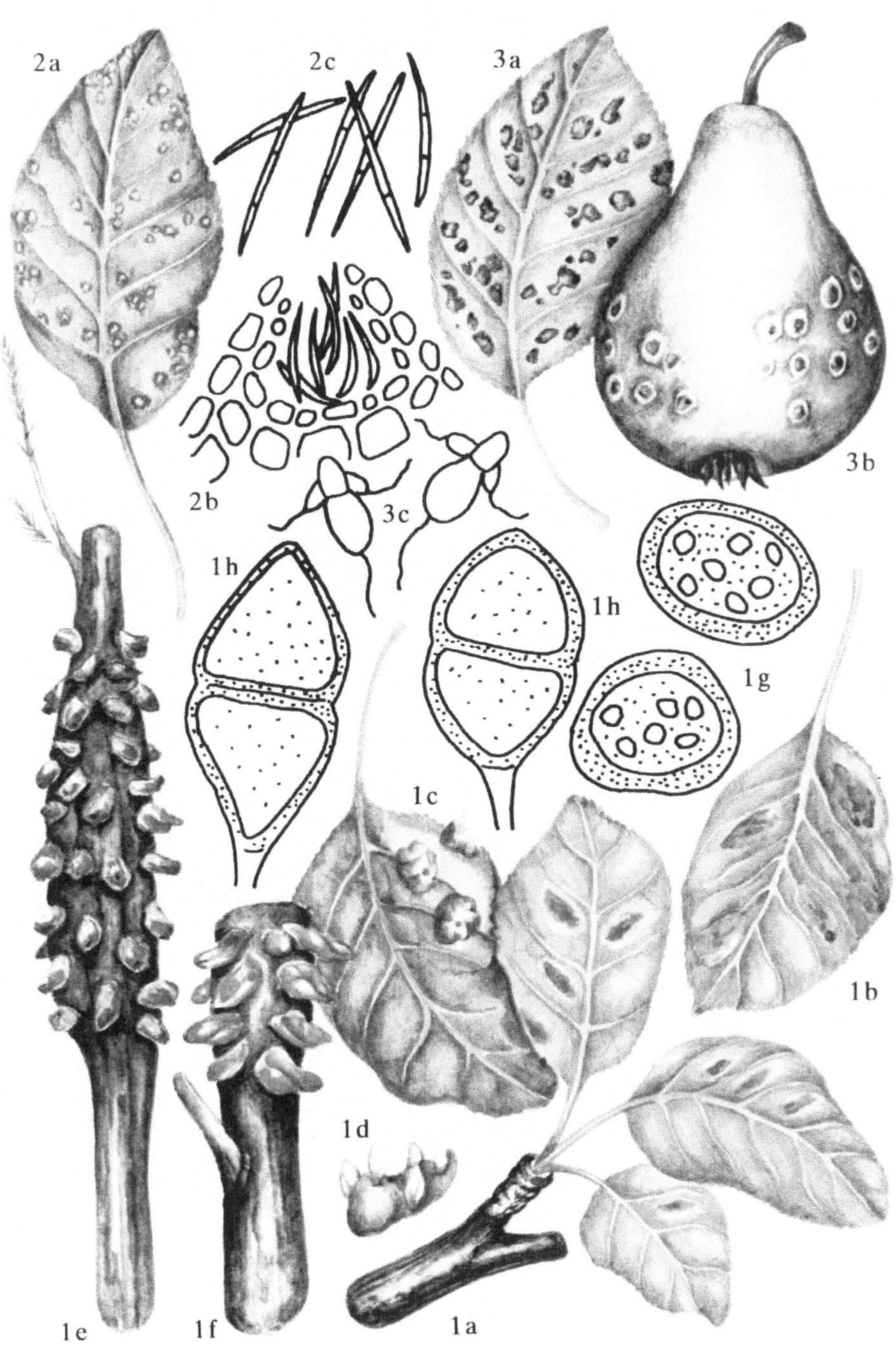

Phoma-Fäule,
Apfelblattfleckenkrankheit
(*Phoma limitata* [Peck.] Boerema)

SCHADBILD

Auf den Blättern kleine, rundliche bis längliche, dunkelbraun umrandete Flecke (1 a, b). Später finden sich hierauf schwärzliche, punktförmige Pyknidien (1 b).

An den Früchten finden sich leicht eingesunkene, dunkelbraune bis schwarz verfärbte, vom gesunden Gewebe deutlich abgesetzte Faulstellen (1 c). Sie sind dunkelbraun umrandet und trocknen ein. Darauf befinden sich schwarze, kugelförmige Fruchtlager (Pyknidien) (1 d). Das befallene Fruchtfleisch weist eine feste Konsistenz auf.

ERREGER

Phoma limitata (Peck.) Boerema, Syn. *Phoma macrostoma* Mont. var. *macrostoma*, *Phyllosticta mali* Prill et Delacr.

Die einzelligen, hyalinen, rundlichen bis eiförmigen Pyknosporen (5 bis 8,5×3 bis 4,5 µm) (1 e) werden innerhalb schwarzer, leicht in das Wirtsgewebe eingelagerter Pyknidien (100 bis 170×100 bis 120 µm) (1 d) mit deutlicher Ostiole gebildet.

Fliegenschmutzfleckenkrankheit
(*Leptothyrium pomi* [Mont. ex Fr.] Desm.)

SCHADBILD

Auf den nahezu erntereifen Früchten treten scharf begrenzte, sehr kleine dunkle Flecke, zum Teil in kleinen Gruppen, auf. Die Früchte erscheinen wie von Fliegen verschmutzt (2 a). Die Flecke sind durch ein dunkles, feines Myzel verflochten. Der Belag ist von den Früchten abreibbar.

ERREGER

Leptothyrium pomi (Mont. ex Fr.) Desm., Syn. *Schizothyrium pomi* (Mont. ex Fr.) Arx.

Die Konidien werden in kleinen, dem Substrat aufsitzenden, halbierten, schildförmigen, dunklen Pyknidien gebildet. Sie können mit oder ohne Ostiole sein (2 b). Vorstufen von Pyknidien werden als winzige Myzelzusammenballungen auf dem Substrat gebildet. Die Pyknosporen sind einzellig, hyalin, eiförmig, rund, häufig auch gekurvt und etwa 7 µm im Durchmesser.

Rußfleckenkrankheit
(*Gloeodes pomigena* [Schw. Colby])

SCHADBILD

Auf den voll ausgebildeten Früchten finden sich unregelmäßige, ineinander übergehende, verwaschene, grünlich-schwarze Flecke mit kleinen Pünktchen, die zur Pflückreife hin zunehmen. Der Belag läßt sich von den Früchten abreiben (3).

ERREGER

Gloeodes pomigena (Schw. Colby).
Die Konidien des Erregers werden in sehr kleinen, schwarzen Pyknidien gebildet, die auf der Rinde der Bäume zu finden sind. Die Pyknosporen sind hyalin, rund-oval, einzellig. Auf der Frucht finden sich zumeist plektenchymatische Hyphenverflechtungen als Vorstufen von Pyknidien. Es kommen auch Chlamydosporen vor.

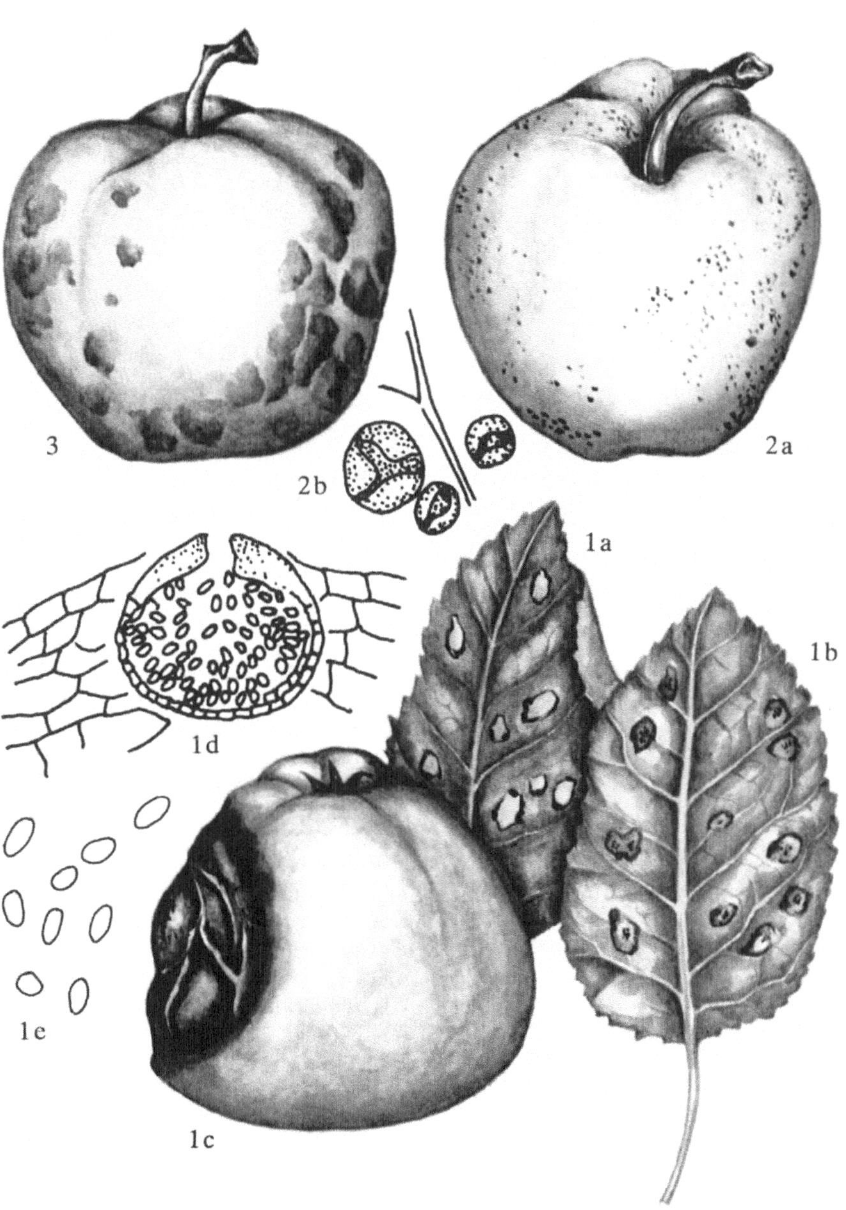
3
2b
2a
1a
1b
1d
1e
1c

Wurzelfäule, Wurzelschimmel
(*Rosellinia necatrix* [Prill.])

SCHADBILD

Unspezifische Vergilbung der Blätter, vorzeitiger Blattfall und Rindenverfärbungen, mitunter auch Absterben der Bäume sind die oberirdisch erkennbaren Krankheitssymptome. Die Wurzeln der betroffenen Bäume weisen Überzüge aus einem luftigen, weißen Pilzmyzel auf (1a). Bei anhaltendem Befall finden sich auf den bereits abgestorbenen Wurzeln schwarze Sklerotien mit einem Durchmesser von etwa 1 bis 1,5 mm. In Feuchtkammern ausgelegte, befallene Wurzeln weisen nach wenigen Tagen ein fleckiges, weißliches Pilzgeflecht auf.

ERREGER

Rosellinia necatrix (Prill.) (Hauptfruchtform) mit der Nebenfruchtform *Dermatophora necatrix* Prill.
Der Erreger bildet seine Nebenfruchtform als Konidien an kurzen Konidienträgern aus, die an gebündelten Myzelsträngen sitzen (1b). Das Myzel des Pilzes weist deutlich blasenartige Anschwellungen an den Septen auf (1b). Die Konidien sind einzellig, hyalin, eiförmig und etwa 1,5 bis 3 µm groß.
Die pechschwarzen Perithecien enthalten gestielte, lang-zylindrische Asci mit einzelligen, leicht gebogenen, 43 bis 47×7 µm großen Ascosporen.

Milchglanz, Bleiglanz
(*Stereum purpureum* [Pers. ex Fr.] Fr.)

SCHADBILD

Im Frühjahr bereits verkümmern Blätter und Blüten. Die etwas in der Größe zurückbleibenden Blätter einzelner Zweige oder des ganzen Baumes weisen einen silbrigen Glanz auf (2a), später nekrotisieren derartige Blätter und fallen häufig vorzeitig ab. Einzelne Zweige oder Äste bzw. die ganze Krone welken, zeigen Nekrosen auf der Rinde und sterben ab. Zumeist am unteren Stammbereich brechen die konsolenförmi-

gen Fruchtkörper (2b) hervor, mitunter werden sie aber auch nur krustenförmig, kaum differenziert ausgebildet. Noch nicht völlig abgestorbene Äste weisen im Querschnitt deutliche Holzverbräunungen auf (2c).

ERREGER

Stereum purpureum (Pers. ex Fr.) Fr., Syn. *Chondreostereum purpureum* (Pers. ex Fr.) Pouzow.
Die konsolenförmig angeordneten Fruchtkörper besitzen ein weißgraues Trama, Hymenium ist violett bis purpurrot, Trama ist von blasenförmigen Zellen durchsetzt, Zystiolen fehlen. Die nicht amyloiden Sporen sind farblos, länglich bis ellipsoid, 5 bis 10×3 bis 5 µm groß.
Mitunter kann auch *Stereum hirsutum* (Wild ex Fr.) Fr. an der Entstehung der Krankheit beteiligt sein. Im Unterschied zu *Stereum purpureum* ist bei *Stereum hirsutum* das Hymenium orange bis graugelb.

Hallimasch
(*Armillariella mellea* [Vahl ex Fr.] Karst.)

SCHADBILD

Unspezifische Welke- und Absterbeerscheinungen. Im Wurzelbereich bzw. am Stammgrund die Fruchtkörper des Pilzes (3a). Beim Anschnitt der Rinde befallener Bäume am Stammgrund bzw. im Wurzelbereich die Rhizomorphe des Pilzes (3b) (bis zu mehrere Millimeter starke, außen braune, innen weiße Hyphenstränge).

ERREGER

Armillariella mellea (Vahl ex Fr.) Karst.
Die Fruchtkörper (Hüte) haben einen Durchmesser von 4 bis 15 cm, jung sind sie halbkugelig bis glockenförmig, von weißem Schleier verschlossen, später flach ausgebreitet, honiggelb bis olivbraun, mit feinen, braunen Schuppen besetzt. Die Blätter sind zunächst weißlich, später bräunlich, der Stiel ist bis 2 cm dick und bis 15 cm hoch, bräunlich mit weichem, weißen Ring. Basidien 35 bis 47×5 bis 9 µm (3c), mit 4 Sterigmen, Basidiosporen 7 bis 12×5 bis 7,5 µm groß (3d), hyalin, nicht amyloid.

38

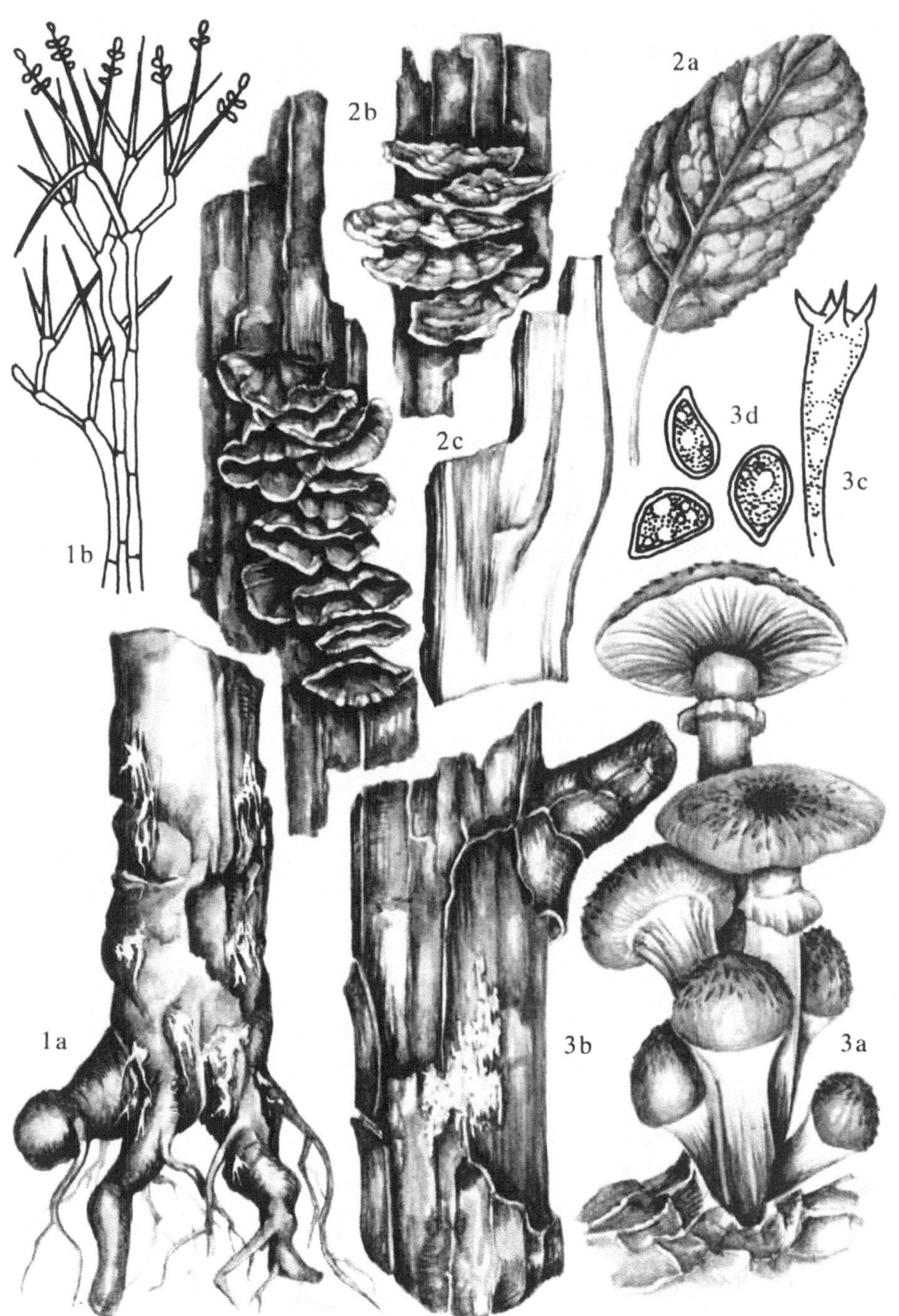

Schmetterlings-Tramete,
Bunter Porling,
Schmetterlings-Porling
(*Trametes versicolor* [L. ex Fr.] Pilát)

SCHADBILD

Solange die Fruchtkörper des Pilzes nicht ausgebildet sind, sind eine untypische Welke der Bäume sowie Absterben einzelner Äste zu beobachten. Es tritt eine Weißfäule des Holzes mit leichter Gelbfärbung ein. Später werden die Fruchtkörper ausgebildet, die dachziegelartig übereinanderstehen.

ERREGER

Trametes versicolor (L. ex Fr.) Pilát.
Der Pilz bildet Fruchtkörper mit gelblichem, weißem, mitunter auch andersfarbigem, jedoch nicht violettem Hymenophor, Trama ist rein weiß, von lederiger oder korkartiger Konsistenz, oberseits durch verschiedene Zonen bunt erscheinend, zumeist glänzend, dünnfleischig, 2 bis 8 cm breit (1 a, b).
Die Sporen sind zylindrisch, schwach gekrümmt, 5 bis $8 \times 1,5$ bis 2,5 µm.

Apfelbaum-Saftporling
(*Tyromyces fissilis* [Berk. et Curt.] Donk.)

SCHADBILD

Unspezifisches Kränkeln der Bäume, geschwächter Austrieb von Teilen der Krone, besonders an älteren oder frostgeschädigten Bäumen. Befallenes Holz weist eine typische Weißfäule auf. Die Zerstörung des Holzes führt bis zum Absterben der Bäume. Die Fruchtkörper des Pilzes werden bevorzugt in Stammhöhlungen ausgebildet.

ERREGER

Tyromyces fissilis (Berk. et Curt.) Donk., Syn. *Leptoporus fissilis* (Berk. et Curt.) Rammel.
Der Pilz bildet 8 bis 15 cm große, zunächst weiße, filzige, „harzende" Fruchtkörper, die sich später überall von Rosa bis Grünblau und schließlich schwärzlich verfärben (2). Die Sporen sind eiförmig, 4,5 bis 6×3 bis 3,5 µm.

Schwefelporling
(*Laetiporus sulphureus* [Bull. ex Fr.] Bond et Singer)

SCHADBILD

Im unteren Stammbereich intensive Rotfäule des Splint- und Kernholzes. Bäume sterben ab. Im Holz Hyphen als weiße, dicke Myzellappen erkennbar. Fruchtkörper am Stamm austretend, leuchtend gelb.

ERREGER

Laetiporus sulphureus (Bull. ex Fr.) Bond et Singer.
Fruchtkörper in Konsolen, 10 bis 40 cm breit, dachziegelartig übereinanderstehend, oberseits leuchtend gelb (3), mitunter orangefarben, weißes Trama, Basidiosporen ellipsoid, 5 bis $7 \times 3,5$ bis 4,5 µm, gelblichweiß.

Falscher Zunderschwamm
(*Phellinus igniarius* [L. ex Fr.] Quél.)

SCHADBILD

Welken und Absterben einzelner Äste und größerer Kronenbereiche. Typische Weißfäule des befallenen Holzes, konsolenförmige Fruchtkörper.

ERREGER

Phellinus igniarius (L. ex Fr.) Quél., Syn. *Fomes igniarius* (L. ex Fr.) Gill., *Polyporus igniarius* L. ex Fr.
Der Pilz bildet konsolenartige Fruchtkörper mit dunkelrotbraunem Trama, ober- und unterseits gewölbt (4), 7 bis 20 cm breit, Sporen farblos, fast kugelig, 5 bis 6×4 bis 5 µm.
Weiterhin können auftreten: (ohne Abb.)
- Runzliger Schichtpilz (*Stereum rugosum* Pers.),
- Zottiger Schillerporling (*Inonotus hispidus* [Ball. ex Fr.] P. Karsten),
- Flacher Lackporling (*Ganoderma applanatum* [Pers. ex Wallr.] Pat.),
- Sparriger Schüppling (*Pholiota squarrosa* [Pers. ex Fr.] Quél.),
- Vielgestaltige Holzkeule (*Xylaria polymorpha* [Pers.] Grev.).

39

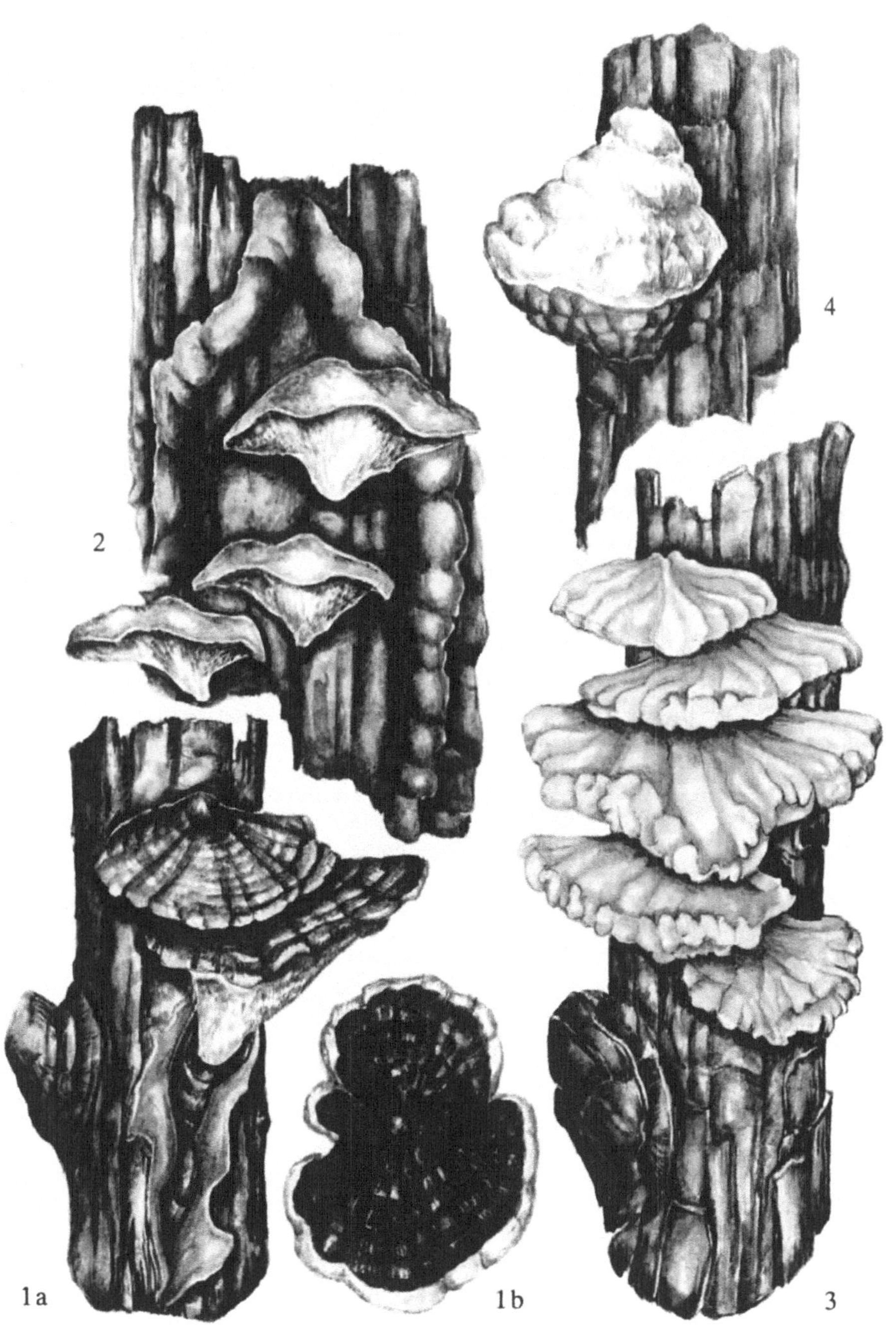

Mistel
(Viscum album L.)

SCHADBILD

Auf Ästen, vielfach in Astgabeln, im Winter grün bleibende Pflanzen mit annähernd kugeligem Wuchshabitus, ungestielten, längsovalen, glattrandigen und gegenständigen Blättern.
Triebe sind ebenfalls grün und gabelig verzweigt (1). Vorzeitiges Absterben von Ästen und Zweigen der betroffenen Bäume.

ERREGER

Mistel (*Viscum album* L.)
Die Mistel gehört zu den höheren Pflanzen. Sie entzieht einerseits dem Wirtsbaum Nährstoffe und vor allem Wasser, andererseits besitzt sie grüne Blätter und ist zur Assimilation befähigt. Sie gehört deshalb zu den Halbschmarotzern. Die Verbreitung erfolgt durch Samen, welche von Vögeln verschleppt werden. Sie verzehren die Beeren. Die in den Beeren enthaltenen Samen werden mit dem zähen Kot der Vögel ausgeschieden und gelangen dabei unter anderem auch an Äste bzw. in Astgabeln. Beim Auskeimen der Samen dringen die wurzelähnlichen, grünen Stränge (Wurzelhaustorien) in die Rinde ein und bilden senkrecht bis zum Wirtsholz reichende „Senker", womit diese dem Wirt Nährstoffe und Wasser entziehen. Im März bis April entwickeln sich an den Enden der Gabeläste die getrenntgeschlechtlichen Blüten. An den weiblichen Pflanzen entstehen die weißen Beerenfrüchte, die erst gegen Jahresende ihre Reife erreichen.

Wandernde Wurzelnematoden

SCHADBILD

Vor allem in Baumschulen, mitunter aber auch in Junganlagen, bleiben die Gehölze im Wachstum nesterweise im Bestand zurück. Das Längenwachstum der Jungtriebe ist vermindert. Bei einjährigen Gehölzen kommt es zu Vergilbungen der Blätter, meist zuerst an den Triebspitzen, gefolgt von vorzeitigem Blattfall. Später sterben die Gehölze ab. Bei der Untersuchung der Wurzeln finden sich braune bis schwarze, nekrotische Läsionen an der Rinde bzw. an den Wurzelspitzen. Die Faserwurzeln sterben ab. Zum Teil werden ganze Wurzelabschnitte dunkelbraun und sterben ab (2 a). Mitunter können auch geringfügige Verdickungen an den feineren Wurzeln vorkommen (2 b).

SCHÄDLINGE

Im Wurzelbereich geschädigter Gehölze finden sich verschiedene ektoparasitisch lebende, wandernde Wurzelnematoden-Arten. Bei der Untersuchung der Wurzeln finden sich auch endoparasitisch lebende Arten, die im Wurzelgewebe nachweisbar sind (2 c), ebenso deren Eier. Von den endoparasitisch lebenden, wandernden Wurzelnematoden gelten als besonders gefährlich die Arten *Pratylenchus penetrans* (Cobb) Filipjev et Stekhoven (Wurzelläsionsnematoden), *Pratylenchus crenatus* Loof, *Pratylenchus neglectus* (Rensch) Filipjev et Stekhoven, *Pratylenchus thornei* Sher et Allen, *Pratylenchus vulnus* Allen et Jensen. In Apfelwurzeln findet sich ferner noch *Tylenchus thornei* Andrássy. Die Vertreter dieser genannten Gattungen besitzen einen kurzen, geknöpften Mundstachel (2 d). Zu den ektoparasitisch schädigenden Arten gehören die Vertreter der Gattungen *Paratylenchus, Helicotylenchus, Rotylenchus, Criconemoides* sowie *Xiphinema*, vor allem *Xiphinema diversicaudatum* (Mikoletzky) Thorne, *Xiphinema vuittenezi* Luc, Lima, Weischer, Flegg, *Paralongidorus maximus* (Bütschli) Siddiqui und *Trichodorus*, vor allem *Trichodorus viruliferus* Hooper. Die Angehörigen der Gattung *Xiphinema* sind durch einen langen, dolch- oder stilettähnlichen Mundstachel gekennzeichnet, ebenso die Vertreter der Gattungen *Paralongidorus* und *Longidorus*. *Trichodorus*-Arten besitzen einen hinter der Mitte dreigeteilten und an der Basis verdickten Mundstachel, der bogenförmig ausgebildet ist.
Die Körperlänge der *Pratylenchus*-Arten beträgt etwa 0,4 bis 0,7 mm, der *Trichodorus*-Arten 0,6 bis 1,2 mm und der *Xiphinema-, Longidorus-* und *Paralongidorus*-Arten 1,5 bis 12 mm. Die Artbestimmung ist in der Regel nur durch den Spezialisten möglich.

2c
2d
2a
2b
1

Schnecken

SCHADBILD

In der Baumschule, vor allem in feuchter Lage, treten an den Blättern unregelmäßig geformte Fraßstellen auf (1 a). Auch Triebspitzen werden befressen, so daß es in diesem Bereich zu Krüppelwuchs kommt. An den befressenen Pflanzenteilen finden sich Schleimspuren. Auch an den Blättern älterer Bäume können derartige Fraßbeschädigungen gefunden werden. Mitunter wird an den Früchten die Fruchtschale abgeraspelt (1 b), oder es werden im Bereich der Kelchgrube Rinnen oder Löcher gefressen. Auch hier sind Schleimspuren nachweisbar. Zum Teil findet sich an der Rinde sehr junger Bäume Nagefraß.

SCHÄDLINGE

Verschiedene Gehäuse- bzw. Nacktschnecken-Arten, vor allem:
- Gehäuseschnecken:
  Gartenschnirkelschnecke (*Cepaea hortensis* Müll.) (1 c),
  Hainschnirkelschnecke (*Cepaea nemoralis* L.) (1 d),
  Kleine Fruchtschnecke (*Monacha umbrosa* Pfeiffer),
  Große Laubschnecke (*Euomphalia strigella* [Drap.]),
  Helix pomatia L., *Trichia hispida* [L.], *Trichia striolata* [Pfeiffer], *Bradybaena fructicum* [Müll.].
- Nacktschnecken:
  Limax maximus L. (1 f),
  Waldwegschnecke (*Arion subfuscus* [Müll.]) (1 e),
  Gartenwegschnecke (*Arion hortensis* [Fér.], *Arion circum-scriptus* Drap.),
  Genetzte Ackerschnecke (*Deroceras reticulatum* O. F. Müll.) (1 g)
  Graue Ackerschnecke (*Deroceras agreste* L.) und andere Arten.
(Bestimmung durch Spezialisten bzw. mit Hilfe von Spezialliteratur).
Schnecken gelten in der Regel als Gelegenheitsschädinge am Kernobst und treten besonders in ungepflegten Anlagen auf. Geschädigte Früchte werden sekundär leicht durch pflanzenschädigende Pilze, vor allem *Monilinia*-Arten (Tafel 24, 25) befallen.

Kambiumminierfliege
(*Dendromyza* sp.)
(An Apfel)

SCHADBILD

Möglicherweise auch an Apfel kann es zum Absterben der Knospen und jungen Triebe kommen. Blätter und Blüten welken, vergilben und sterben etwa ab Mitte Mai ab. Unter der Rinde der etwa daumenstarken Zweige befinden sich lange, dünne Fraßgänge zwischen Rinde und Splintholz, die sich braun verfärben (2 a). In den Gängen fressen etwa 15 mm lange, schlanke und gelblich-weiße, glasige Fliegenlarven (2 b).

SCHÄDLING

Kambiumminierfliege (*Dendromyza* sp.) Die Kenntnis der Lebensweise dieses Schädlings ist noch weitgehend unbekannt. Eine Verwechselung des Schadbildes mit dem der *Monilia*-Spitzendürre (Tafel 24) ist möglich.

Okuliermade, Okuliergallmücke
(*Thomasiniana oculiperda* Rübs.)
(ohne Abbildung)

SCHADBILD

In der Baumschule vertrocknen nach der Okulation die Edelaugen und sterben ab. Das Gewebe zwischen Unterlage und Edelauge ist durch rötliche bis zinnoberrote, 2 bis 2,5 mm lange Fliegenlarven zerstört.

SCHÄDLING

Okuliermade, Okuliergallmücke (*Thomasiniana oculiperda* Rübs., Syn. *Clinodiplosis oculiperda* Rübs.).
Die etwa 2 mm langen Gallmücken fliegen in der Zeit von Mai bis September. Sie legen ihre Eier an die Veredlungsstellen bzw. an Triebverletzungen. Die Larven dringen in das Gewebe ein und fressen die Kallusschicht heraus. Hierdurch wird das Verwachsen des Edelauges unterbunden.

41

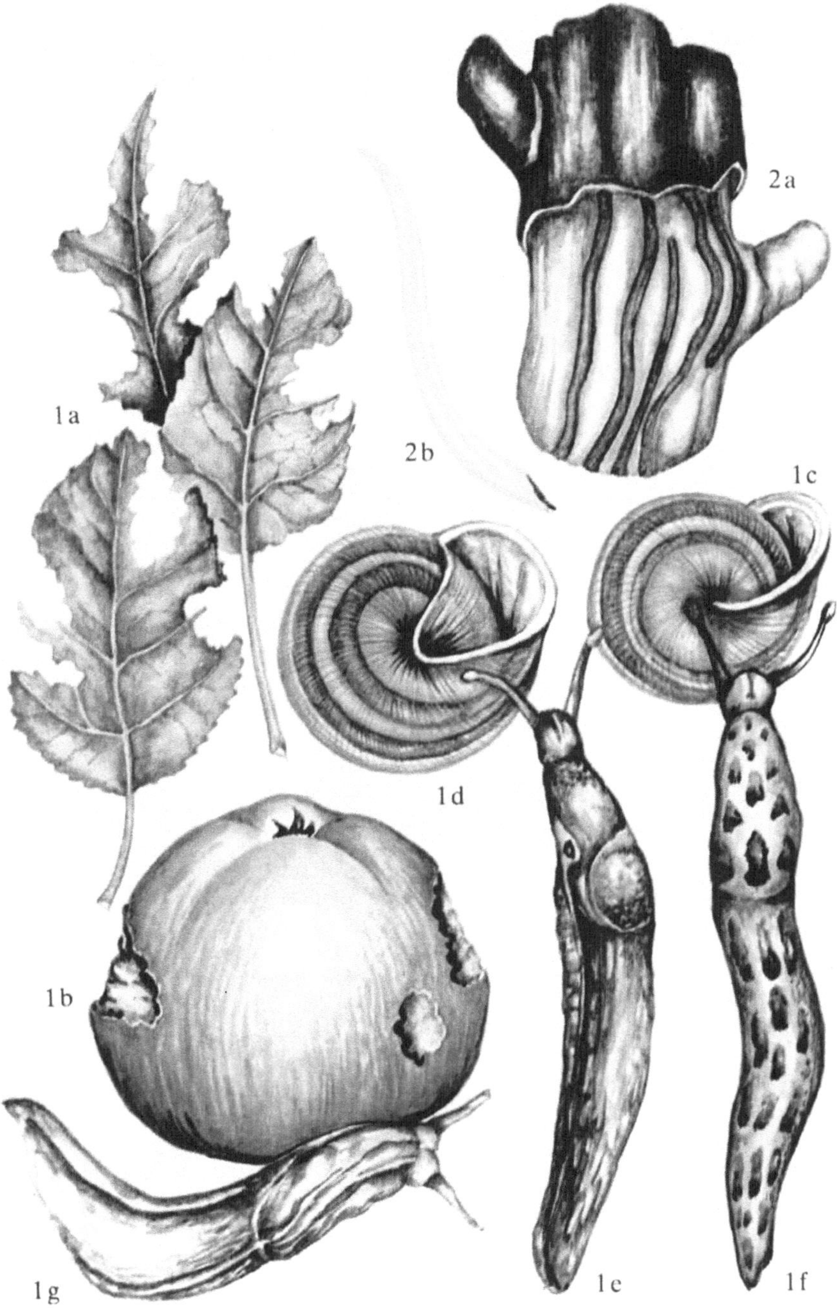

Gallmilben

(Verschiedene Milben-Arten der Unterordnung *Tetrapodili*)

Bei den Vertretern dieser Unterordnung handelt es sich um winzige, vielfach wurmförmige, aber auch anders gestaltete Blattbewohner mit nur 2 Beinpaaren (1), die meist in von ihnen selbst erzeugten Blattgallen und anderen Blattdeformationen leben. Ihre Körperlänge schwankt zwischen 0,1 und 0,27 mm. Arttypisch sind die Ausbildung der Tarsenkrallen, von denen eine zu einer Fiederborste (5) umgebildet ist, sowie die Ausbildung und die Zahl der Ringelung auf der Dorsal- und Ventralseite des Abdomens. (Bestimmung durch Spezialisten).

Eriophyes malinus Nal.

SCHADBILD

Auf der Unterseite der Blätter findet sich, von der Hauptader ausgehend, ein dichter Haarfilz (2). Die Haare sind ziemlich lang, locker ineinandergewirrt und vielfach gebogen. Mitunter kann auch eine geringe Rollung der Blattränder beobachtet werden.

SCHÄDLING

Eriophyes malinus Nal., Syn. *Cecidophyes* [*Phytoptus*] *malinus* Nal.
Die Fiederborste ist dreistrahlig, das Abdomen besitzt 50 Ringe.

Apfelpockenmilbe
(*Eriophyes pyri* var. *mali* Nal.)

SCHADBILD

Bereits beim Austrieb finden sich auf den Blättern hellgrüne (3 a,b) bis rötliche Blattpocken. Vielfach finden sie sich auf der gesamten Blattspreite, so daß die Blätter stark gekräuselt erscheinen, später fließen die Pokken zu braunen bis schwarzen Flecken zusammen. An der Blattunterseite weist jede Pocke eine kleine Öffnung auf. In der Pocke ist das Gewebe aufgelockert. Dazwischen leben etwa 0,14 bis 0,2 mm lange wurmförmige, gelbliche Gallmilben.

SCHÄDLING

Apfelpockenmilbe (*Eriophyes pyri* [*piri*] var. *mali* Nal.) (1) (eine Unterart der Birnenpockenmilbe *Eriophyes pyri* Pagst.)
Die Fiederborste ist 4-strahlig, das Abdomen weist 80 Ringe auf. Die Überwinterung der Milben erfolgt unter Knospenschuppen oder unter Rinde. Im Frühjahr dringen die Milben durch die Spaltöffnungen der Blätter in das Blattgewebe ein. Die Weibchen legen bis zu 20 Eier ab.

Blattrandgallmilbe
(*Eriophyes mali-marginemtorquens* Nal.)

SCHADBILD

Der Blattrand ist vom Blattstiel ausgehend eng nach oben eingerollt (4). Die Rollung umfaßt nicht den gesamten Blattrand. Innerhalb der Rollung finden sich weiße Haare, zwischen denen die Milben leben. Jüngere Blätter können vollständig verunstaltet werden.

SCHÄDLING

Eriophyes mali-marginemtorquens Nal., Syn. *Eriophyes pyri* var. *marginemtorquens* Nal.
Die Fiederboste ist 5-strahlig, das Abdomen weist 76 Ringe auf.

Rostmilbe (*Vasates Schlechtendali* Nal.)
(Auch an Birne)

SCHADBILD

Die Blätter verfärben sich zunächst graugrün, später braun. Auf der Blattunterseite, zum Teil auch auf der Blattoberseite, können zu Hunderten Gallmilben beobachtet werden. Bei starkem Befall fallen die Blätter vorzeitig ab. In Abhängigkeit von der Sorte kann mehr oder weniger starke Haarfilzbildung an der Blattunterseite festgestellt werden. Früchte weisen leichte Fleckung auf.

SCHÄDLING

Rostmilbe (*Vasates Schlechtendali* Nal., Syn. *Aculus schlechtendali* Nal., *Phyllocoptes Schlechtendali* Nal.).
Der walzenförmige Körper weist auf dem Abdomen 28 Tergite und 3 Schwanzringe auf. Fiederklaue 4-strahlig (5).

42

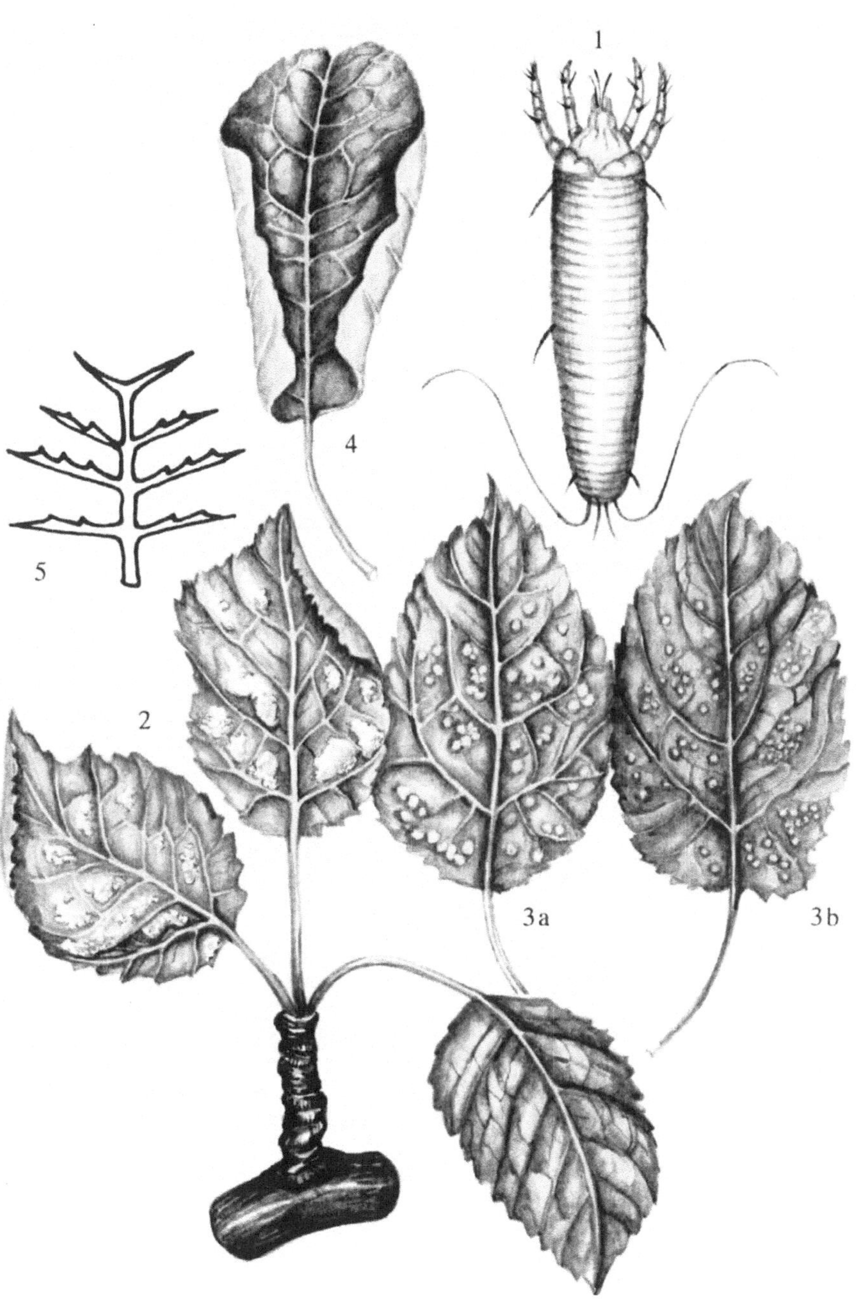

Gallmilben

(Verschiedene Milben-Arten der Unterordnung *Tetrapodili*)

Bei den Vertretern dieser Unterordnung handelt es sich um winzige, vielfach wurmförmige, aber auch anders gestaltete Blattbewohner mit nur 2 Beinpaaren, die meist in von ihnen selbst erzeugten Blattgallen und anderen Blattdeformationen leben. Ihre Körperlänge schwankt zwischen 0,1 und 0,27 mm. Arttypisch sind die Ausbildung der Tarsenkrallen, von denen eine zu einer Fiederborste umgebildet ist, sowie die Ausbildung und die Zahl der Ringelung auf der Dorsal- und Ventralseite des Abdomens. (Bestimmung durch Spezialisten)

Birnenblattrandgallmilbe
(*Eriophyes pyri-marginemtorquens* Nal.)

SCHADBILD

Bei Birne und Quitte rollen sich die Blattränder (1 a), besonders an der Triebspitze (1 b,c) eng nach oben ein. Die Rollung erstreckt sich zum Teil auf den ganzen Blattrand, so daß die Blätter ein löffelförmiges Aussehen annehmen. Der Blattrand ist nicht verdickt. Meist sind die geschädigten Blätter etwas dunkler gefärbt als ungeschädigte. Bei Birne sind die eingerollten Blattränder oft noch stark gewellt. Die Früchte weisen bräunliche Berostungen auf (1 d).

SCHÄDLING

Birnenblattrandgallmilbe (*Eriophyes pyri-marginemtorquens* Nal.)
Die Fiederborste ist 5-strahlig, das Abdomen weist 74 Ringe auf.

Epitrimerus pyri Nal.

SCHADBILD

Dieser Milbenart wurde früher das für die Birnenblattrandgallmilbe (*Eriophyes pyri-marginemtorquens* Nal.) beschriebene Schadbild zugeschrieben. Sie lebt als Einmieter in den durch die Birnenblattrandgallmilbe verursachten Blattrandrollungen. Es ist noch unklar, ob *Epitrimerus pyri* an der Entstehung dieses Schadbildes mitbeteiligt ist.

SCHÄDLING

Epitrimerus pyri Nal. gehört der Gallmilben-Unterfamilie der *Phyllocoptinae* an, während *Eriophyes pyri-marginemtorquens* Nal. zur Unterfamilie der *Eriophyinae* gehört.
Bei den *Eriophyinae* ist das Abdomen gleichartig geringelt, Dorsal- und Ventralseite sind nicht verschieden geringelt. Bei den *Phyllocoptinae* sind Dorsal- und Ventralseite des Abdomens auffallend verschieden (2). Die Körperform ist nicht wurmförmig wie bei den *Eriophyinae*, sondern vorn breiter, nach dem Abdominalende schmaler werdend.

Birnenpockenmilbe
(*Eriophyes pyri* Pagst.)

SCHADBILD

Bereits beim Austrieb können an den jungen Blättern hellgrüne bis rötliche Blattpocken gefunden werden. Sie können sich über die gesamte Blattfläche erstrecken, so daß die Blätter stark gekräuselt erscheinen (3 a). Später fließen die Pocken zu braunen bis schwarzen Flecken zusammen. An der Blattunterseite weist jede Pocke eine kleine Öffnung auf. Das Blattgewebe innerhalb der Pocke ist stark gelockert, die Zellen sind meist fadenförmig verlängert. Dazwischen finden sich 0,14 bis 0,2 mm lange, gelbliche, grünliche, wurmförmige Gallmilben (3 b). Solange sich neue Blätter bilden, können auch frische Blattpocken gefunden werden. Junge Früchte können ebenfalls befallen werden. Sie bleiben klein (3 c), weisen Verkrümmungen auf und fallen vorzeitig ab.

SCHÄDLING

Birnenpockenmilbe (*Eriophyes pyri* Pagst., Syn. *Phytoptus pyri* Pagst.)
Die erwachsenen Tiere überwintern unter Knospenschuppen. Bei Beginn des Austriebs verlassen sie die Winterverstecke und dringen durch die Spaltöffnungen der Blätter in das Blattgewebe ein und verursachen die beschriebenen Pocken. Ende Juni bis Anfang Juli werden die Pocken verlassen, um junge Blätter aufzusuchen.
Die Fiederborste der erwachsenen Tiere ist 4-strahlig, das Abdomen weist 80 Ringe auf.

43
2
3b
1b
3a
3c
1d
1a
1c

Spinnmilben

(Verschiedene Arten der Milbenfamilie der *Tetranychidae* und *Tenuipalpidae*)

SCHADBILD

Befallene Blätter zeigen zunächst kleine gelbliche Flecke, vor allem in der Nähe der Blattadern. Die Gelbfleckung erstreckt sich später auf das gesamte Blatt. Bei starkem Befall nehmen die Blätter einen graubraunen bis bronzefarbenen Farbton (1a) an und fallen vorzeitig ab. Auch die Blüten und Früchte stark geschädigter Bäume können vorzeitig abfallen. Die Früchte sind zum Teil deformiert. Vor allem an den Blattunterseiten finden sich verschieden gefärbte, etwa 0,3 bis etwa 0,7 mm lange Milben sowie deren Eier, Larven und Nymphen, zum Teil unter feinem Gespinst. Bei starkem Befall können die Milben an allen grünen Pflanzenteilen angetroffen werden. Während der Winterruhe finden sich in Zweig- und Astgabeln, vielfach auch am Fruchtholz, in Massen etwa 0,1 mm große, dunkelrote Eier (1b, c), teils mit feinen Längsfurchen (1d), teils glatt (1e). Unter Rindenschuppen können in dieser Zeit etwa 0,3 bis 0,6 mm lange, gelborange bis rubinrot gefärbte Weibchen verschiedener Milben-Arten gefunden werden.

SCHÄDLINGE

Spinnmilben-Arten der Familien der *Tetranychidae* und *Tenuipalpidae*.
Wichtigste morphologische Merkmale für die Bestimmung der systematischen Zugehörigkeit sind die Form der Mandibeln und Kieferntaster (Pedipalpen), die Gestalt der Beinglieder, besonders des Fußes (Empodium), ferner die Beborstung an Körper und Beinen, die Form der Rückenhaare, die Lage der Atemöffnungen (Stigmen) und die sich vielfach anschließenden röhrenförmigen Gebilde (Peritremata) (besonders wichtig für die Unterscheidung der *Tetranychus-, Eotetranychus*-Arten und anderer Arten der Unterfamilie der *Tetranychidae*). Aus diesem Grunde wird für die Artdifferenzierung auf den Rat des Spezialisten bzw. die Benutzung von

Spezialliteratur verwiesen. Hinsichtlich der mitunter sehr zahlreichen Synonyme der einzelnen Arten wird auf die Spezialliteratur verwiesen. Folgende Arten kommen vor allem am Kernobst vor:

Obstbaumspinnmilbe (Rote Spinne)
(*Panonychus [Metatetranychus, Oligonychus] ulmi* Koch)

Die Weibchen sind dunkelrot gefärbt, etwa 0,7 mm lang und oval (2). Der Rücken ist stark gewölbt mit Borsten, die auf kleinen Höckern stehen. Die Männchen sind braunrot und haben einen etwas dreieckigen Körper mit 0,5 mm Länge. Die Überwinterung erfolgt im Eistadium an den Ästen und Zweigen, vor allem in Zweig- und Astgabeln, aber auch am Fruchtholz. Die etwa 0,1 mm großen, dunkelroten Eier finden sich hier in Massen (1b–d) und bilden bei starkem Befall Krusten. Die Eier selbst haben feine Längsfurchen und ein kleines Stielchen in der Mitte oben. In der Regel bei Knospenaufbruch schlüpfen die jungen Larven. Sie können bis zu einer Woche hungern und saugen sofort, wenn sich die ersten Blättchen zeigen. Nach etwa 14 Tagen ist die Entwicklung bis zum adulten Tier abgeschlossen. Je nach Witterung ist mit 5 bis 7 Generationen im Jahr zu rechnen. Während der Vegetationsperiode werden Sommereier abgelegt, aus denen nach etwa 3 bis 6 Tagen die jungen Larven schlüpfen. Milben, Jugendstadien und Sommereier finden sich in der Regel auf der Blattunterseite.

Braune Spinnmilbe
(*Bryobia rubrioculus* Scheut.)

Grasmilbe (*Bryobia cristata* Dugès, Syn. *Bryobia graminum* Schrank)

Beide Arten sind in Form und Farbe sehr ähnlich und unterscheiden sich nur durch geringfügige morphologische Merkmale (Spezialliteratur oder Rat des Spezialisten!). Für beide Arten findet sich unter anderem vielfach auch der Name *Bryobia praetiosa* Koch. Kennzeichen der Angehörigen der Gattung *Bryobia* sind vor allem das deutlich längere erste Beinpaar (3).
Die Weibchen sind etwa 0,6 bis 0,8 mm lang und dunkel braunrot gefärbt. Die Dorsalseite des Abdomens ist nur schwach gewölbt. Oft erscheint auch die Oberseite flach. Der Rand des Abdomens ist auf dem gesamten Umfang in eine deutliche Kante ausgezogen (3). Die Überwinterung beider Arten erfolgt an den gleichen Stellen wie bei der Obstbaumspinnmilbe im Eistadium. Allerdings sind die Wintereier im Gegensatz hierzu kugelrund und dunkelrot (1 e). Es treten mehrere Generationen im Jahr auf, Gespinste werden nicht angelegt.

Gemeine Spinnmilbe
(*Tetranychus urticae* Koch)

Diese Milbenart überwintert als kräftig orangerot gefärbtes, etwa 0,4 bis 0,57 mm langes Winterweibchen unter Rindenschuppen, vielfach in dichten Kolonien. Zur Zeit des Austriebs verlassen die Winterweibchen die Winterlager und saugen an den jungen Blättern. Sie legen glasklare, später hell gelblich bis gelbgrün werdende Sommereier an die Blattunterseiten ab. Hieraus schlüpfen gelblich-grüne Larven, die sich je nach Witterung innerhalb von etwa 4 bis 8 Tagen in der Regel zu gelbgrünen Adulten (4) entwickeln. Ihre Färbung kann in Abhängigkeit von verschiedenen Umweltfaktoren variieren. Die adulten Weibchen legen Sommereier ab. Es können mehrere Generationen im Jahr auftreten. Neben der Populationsentwicklung aus Winterweibchen, die am Baum überwin-

tert haben, können die Milben auch nach einer Entwicklungszeit an krautigen Pflanzen bei Beginn des Sommers von hier aus zu den Bäumen zuwandern.

Weißdornspinnmilbe
(*Tetranychus viennensis* Zach.)

Diese Milbe überwintert ebenfalls als Winterweibchen unter Rindenschuppen. Ihre Größe beträgt etwa 0,36 mm, ihre Färbung ist rubinrot. Die Lebensweise entspricht der der Gemeinen Spinnmilbe. Die Sommerweibchen sind 0,67 bis 0,74 mm lang. Sie sind karminrot gefärbt mit bläulich-violettem Schimmer (5). Die Eiablage erfolgt an die Blattunterseiten unter Spinnfäden, meist in der Nähe der Blattadern. Wichtiges Unterscheidungsmerkmal von anderen Spinnmilben-Arten ist unter anderem die Peritremata-Form.

Hainbuchenspinnmilbe (*Eotetranychus carpini* Oudem.)
(ohne Abbildung)

Gelegentlich ist mit dem Auftreten dieser hellgelben bis grünlich-gelben, etwa 0,35 mm langen Milbe zu rechnen. Ihre Lebensweise entspricht der der Gemeinen Spinnmilbe. Die Ablage der Sommereier beginnt mit dem Knospenaufbruch. Penis- und Peritremata-Form sind ein wichtiges Artkennzeichen.

Lindenspinnmilbe (*Eotetranychus tiliarum* Herman)
(ohne Abbildung)

Diese Milbenart wandert vielfach von Linden und anderen Laubgehölzen auf Obstbäume über, kann aber auch ihr gesamtes Leben an Obstbäumen verbringen, ohne jedoch hier zur Massenvermehrung zu kommen. Die hellgelben bis grünlich-gelben Weibchen sind etwa 0,4 mm lang. Wichtigste Unterscheidungsmerkmale sind die Penis- und Peritremata-Form sowie die Gestalt der Empodialkralle.

Gelbe Apfelspinnmilbe
(*Eotetranychus pomi* Sepasgosarian)

Diese Milbenart verbringt ihr gesamtes Leben am Apfelbaum. Sie überwintert als begattetes Winterweibchen in verschiedenen Verstecken, meist unter Rinde, am Baum. Ihre Lebensweise entspricht der der Gemeinen Spinnmilbe. Die Sommerweibchen sind etwa 0,38 mm lang, gelb (6) bis gelbgrün gefärbt. Hinsichtlich der morphologischen Unterscheidungsmerkmale wird auf die Spezialliteratur verwiesen.

Cenopalpus pulcher Can. et Franz.

Die Weibchen dieser Art sind etwa 0,31 bis 0,33 mm lang, ovalrund und ziegelrot (7). Sie besitzen kurze, gedrungene Beine, kurze und rauhe Körperhaare und eine netzförmige Struktur auf dem Dorsalschild. Die Männchen sind schlanker und etwa 0,26 mm lang. Die Überwinterung erfolgt unter Rindenschuppen am Baum. Die Weibchen legen ab Ende April runde, rote Eier an Äste und Blätter. Nach etwa 3 Wochen schlüpfen die Larven. Weibchen erscheinen im August in großer Zahl und gehen befruchtet ins Winterlager. Es tritt nur eine Generation im Jahr auf.

Weitere, mitunter oder möglicherweise
an Obstbäumen schädlich werdende
Milben-Arten

Arten aus der Familie der Staubmilben (*Tydeidae*):
Bei den Vertretern dieser Familie handelt es sich um winzige Blattbewohner, die sich zum Teil von pflanzlicher Substanz, zum Teil räuberisch ernähren. Wichtigste morphologische Merkmale für die Bestimmung der systematischen Zugehörigkeit sind vor allem die Form der Mandibeln und Kieferntaster (Pedipalpen), die Gestalt der Beinglieder, besonders des Fußes sowie die Zeichnung der dorsalen Körperhaut (Bestimmung durch Spezialisten).

Folgende Arten können mitunter geringfügige Schäden, die in leichten Verfärbungen der Blätter an den Befallsstellen bestehen, verursachen:

Lorryia mali Oudem.
(ohne Abbildung)

Die Milben sind etwa 0,18 mm lang, gelblich-weiß, mit einer festen Körperhaut, die netzartige Chitinleisten aufweist. Es sind im Vorderteil des Körpers zwei Augenflecke vorhanden.

Brachytydeus caudatus Dug.
(ohne Abbildung)

Die Länge der Milben beträgt 0,29 mm. Der Körper ist oval und gelblich gefärbt. Im Vorderteil des Körpers sind zwei Augenflecke vorhanden. Die hintersten Körperhaare sind keulig verdickt.

Triophtydeus triophthalmus Oudem.
(ohne Abbildung)

Die Länge der Milben beträgt etwa 0,25 mm. Der Körper ist gelblich-weiß und fein gestreift. Im Vorderteil des Körpers sind drei Augenflecke erkennbar.
Weiterhin kann schädlich werden:

Czenspinskia lordi Nesbitt
(ohne Abbildung)

Diese Art gehört zu der Unterordnung der *Sarcoptiformes*. Sie ist etwa 0,22 mm lang, perlweiß bis hellbraun mit zwei auffälligen, rotbraunen Abdominalflecken. Die glänzende Körperhaut ist fein und eng gestreift. Die Überwinterung erfolgt als erwachsene Milbe unter Knospenschuppen und in Rindenritzen. Ab Mitte Mai besiedeln die Milben die Blätter, zerstören die Epidermiszellen und fressen die Blatthaare ab. Dadurch wird der Transpirationsschutz der Blätter zerstört. Später leben die Milben von Pilzmyzel, das sich auf den Blättern befindet.

44

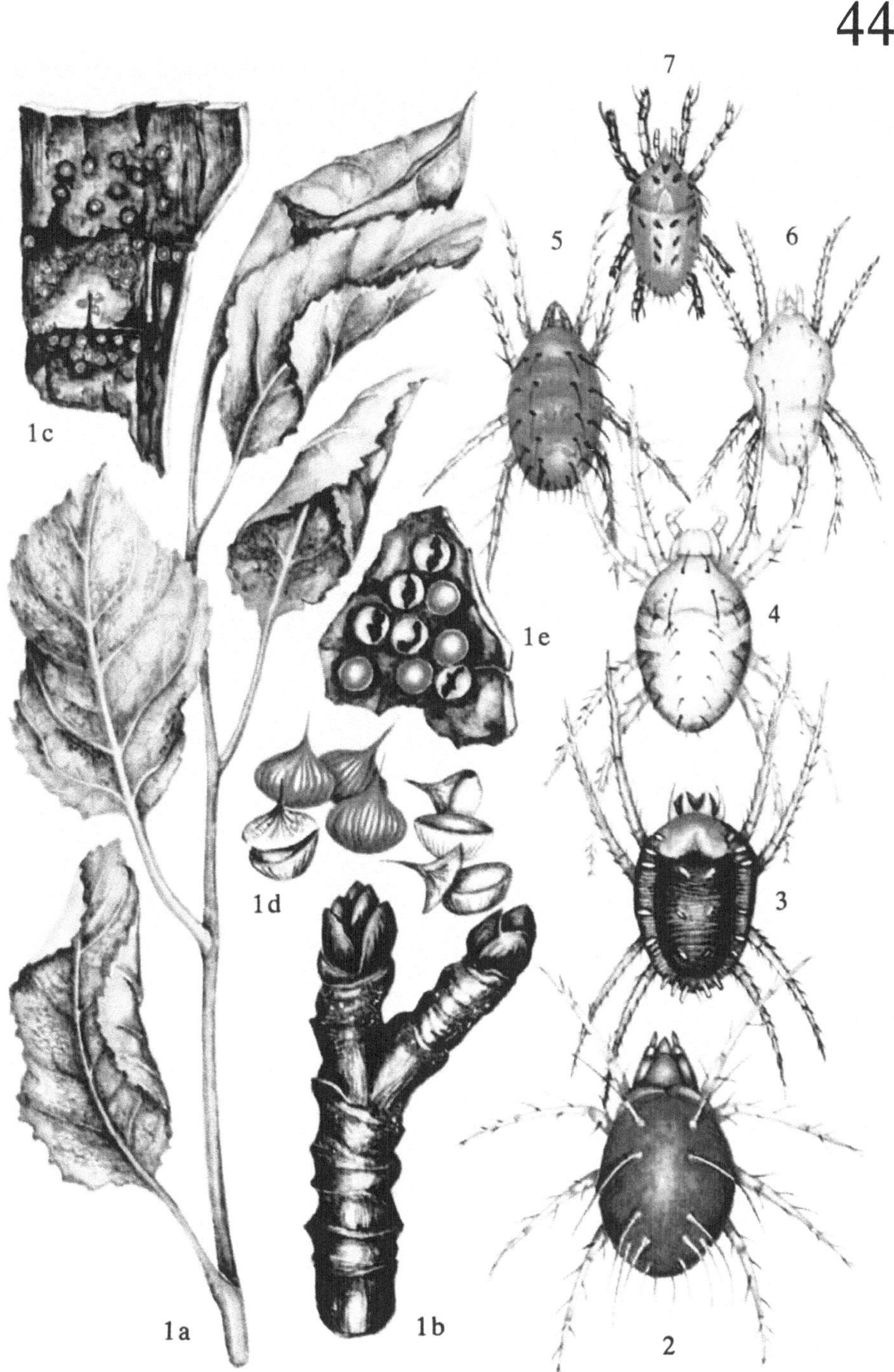

Zikaden

(Verschiedene Arten)

SCHADBILD

Etwa ab Juni erscheinen die Blätter weißlich bis gelblich gesprenkelt (1a). Auf der Blattunterseite finden sich bis 3,5 mm lang werdende, ungeflügelte und geflügelte, zum Teil springende, schlanke, gelblich-weiße bis grünliche Insekten (1b). Mitunter kommt es zu Adernnekrosen sowie Blattrollungen ohne Weißsprenkelung der Blattspreite.

SCHÄDLINGE

Zikaden, verschiedene Arten (Bestimmung durch Spezialisten), vor allem:

Rosenzikade
(*Typhlocyba* [*Edwardsiana*] *rosae* L.) (2).

Diese Zikade verursacht die typische Weißsprenkelung der Blätter (Weißfleckenkrankheit). Sie wandert zu den Obstbäumen im Mai von den Rosen her zu. Die Überwinterung erfolgt im Eistadium an Rosen.

In ähnlicher Weise schädigen:

Apfelblattzikade
(*Typhlocyba frogatti* Baker, Syn. *Edwardsiana australis* [Frogg.]),

Blutzikade
(*Cercopis sanguinea* Geoffr.),

Erythroneura flammigera (Geoffr.),

Erythroneura alneti (Dahlb.),

Erythroneura rhamni (Ferr.) und andere Arten

Hellgrüne Zwergzikade
(*Empoasca flavescens* [F.]) (5).

Diese etwa 3 bis 3,5 mm lange Zikade ist hellgrün gefärbt. Sie verursacht keine Weißsprenkelung der Blattspreite, sondern Blattrollungen und Nekrotisierung der Blattränder und Adernverbräunung.

Grüne Futterwanze
(*Exolygus* [*Lygus*] *pabulinus* L.)

SCHADBILD

Knospen und Triebe abgestorben oder treiben nur schwach aus, Spitzendürre. Die Blätter zeigen zunächst gelblich-weiße, später nekrotische Flecke, die herausbrechen, so daß die Blätter durchlöchert aussehen (4b). Mitunter kräuselt sich auch die Blattspreite. Die Früchte weisen zunächst kleine, rötliche Flecke auf, später verkrüppeln die Früchte, bleiben im Wachstum zurück und nehmen ein narbiges Aussehen an (siehe auch Tafel 46).

SCHÄDLING

Grüne Futterwanze (*Exolygus* [*Lygus*] *pabulinus* L.).

Die grüne Futterwanze ist etwa 6 mm lang, einfarbig grün (4a). Sie überwintert im Eistadium in der Rinde. Im Frühjahr saugen die jungen Larven an Knospen, Austrieben und kleinen Früchten etwa bis zur Haselnußgröße. Larven, Nymphen und erwachsene Tiere suchen bei Störung Schutz auf den Blattunterseiten. Die erste Generation legt ihre Eier in die Triebspitzen. Im Herbst werden die Wintereier in die Rinde abgelegt.

In ähnlicher Weise schädigen:

Trübe Feldwanze
(*Exolygus* [*Lygus*] *rugulipennis* [Popp.])
(ohne Abbildung)

Größe der ovalen, fahlgrünen bis graubraunen Wanze 5 bis 6 mm. Die Tiere sind polyphag und überwintern an krautigen Pflanzen. Etwa ab Mai sind sie mitunter an den Blättern der Obstbäume anzutreffen.

Gemeine Wiesenwanze
(*Exolygus* [*Lygus*] *pratensis* [L.]
(ohne Abbildung)

Die Wanze ist in Farbe und Form der Trüben Feldwanze ähnlich, mitunter etwas intensiver grün gefärbt und etwas größer. Lebensweise und Schädigungsart entsprechen derjenigen der Grünen Futterwanze.

Südliche Getreidewanze
(*Eurygaster austriaca* Schrk.)
(ohne Abbildung)

Mitunter kann diese Wanzenart in ähnlicher Weise schädigend an Obstbäumen, vor allem am Apfel, angetroffen werden. Die Größe der veränderlichen, meist rotbraunen Wanze beträgt 11 bis 13 mm. Sie besitzt ein breites, die Flügel überdeckendes und bis zum Hinterleibsrand reichendes Schildchen. Sie bevorzugt trockenere und wärmere Standorte.

Nordische Apfelwanze
(*Plesiocoris rugicollis* [Fall.])

SCHADBILD

Vor allem im Mai bis Juni entsteht an den
Blättern ein ähnliches Schadbild wie das,
welches durch die Grüne Futterwanze verursacht wird. Durch Saugen an den Früchten
werden diese stark verunstaltet, werden rissig
und narbig (3). Bei starker Schädigung können auch die jungen Triebe absterben.

SCHÄDLING

Nordische Apfelwanze (*Plesiocoris rugicollis*
[Fall.]).
Die 4 bis 6 mm lange Wanze ist gelbgrün.
Aus den überwinterten Eiern schlüpfen blaßgrüne Larven etwa Ende April. Die Entwicklung bis zum erwachsenen Tier dauert etwa
bis Juni–August.

In ähnlicher Weise schädigen:

Blindwanze
(*Psallus ambiguus* [Fall.])
(ohne Abbildung)

Größe der schwarzbraunen Wanze etwa
4 mm. Aus den überwinterten Eiern schlüpfen die Larven im April. Gegen Ende der
Blüte sind die erwachsenen Tiere auf den
Obstbäumen anzutreffen.

Rotbeinige Baumwanze
(*Pentatoma rufipes* L.)
(ohne Abbildung)

Größe der gelbbraunen Wanze 10 bis
15 mm, sie besitzt vorstehende Ecken am
Halsschild. Die Schildchenspitzen sind gelb
bis rot gefärbt, die Beine rotbraun. Durch
die Saugtätigkeit an den Früchten werden
besonders Birnen steinig, beulig und mißgestaltet (siehe auch Tafel 46). Die Früchte rie-
chen intensiv nach Wanzen.

45

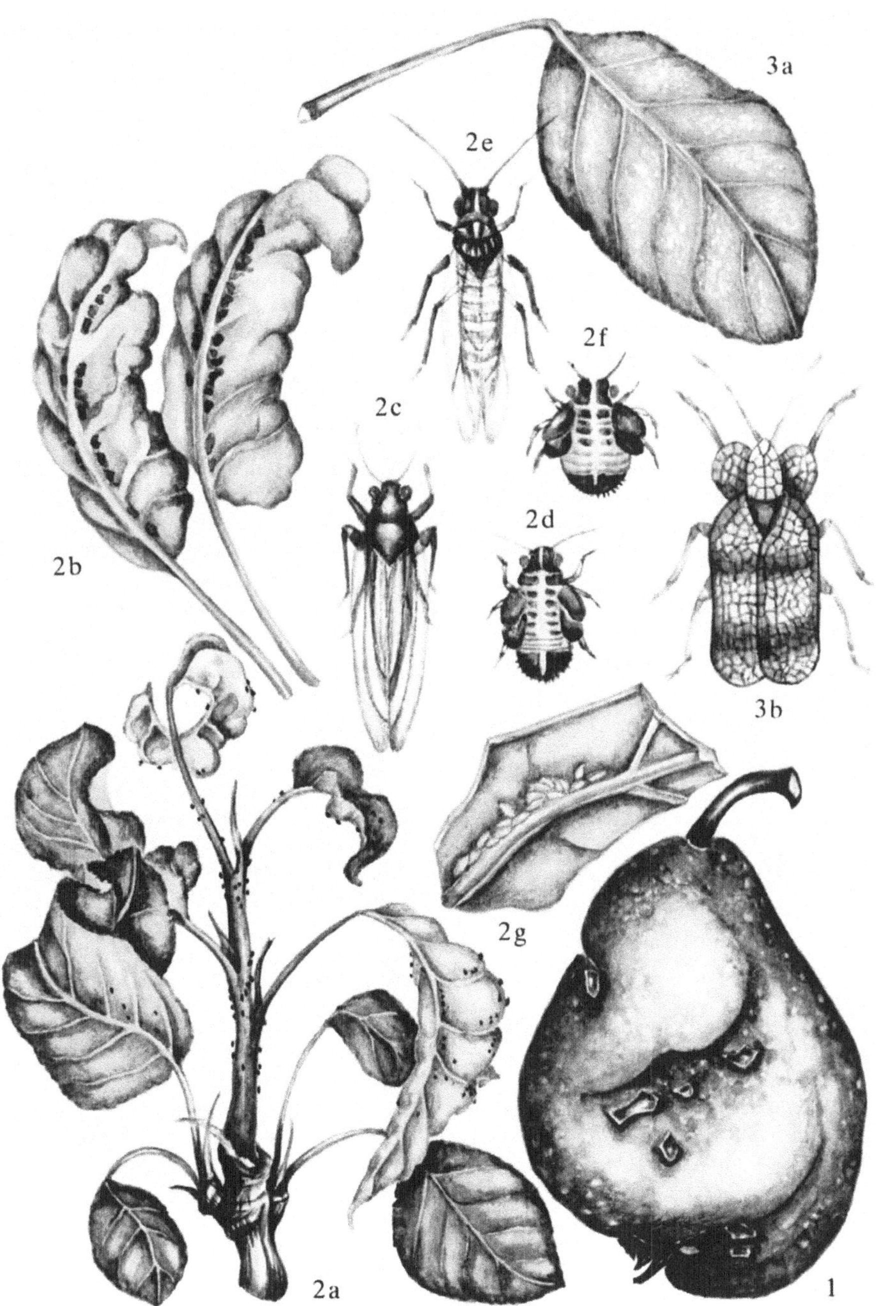

Wanzen an Birne, Quitte
(Verschiedene Arten)

SCHADBILD

(Siehe auch Tafel 45)

Die Knospen treiben nur schwach aus. Die Blätter zeigen zunächst gelblich-weiße, später nekrotische Flecke, die herausbrechen, so daß das Blatt durchlöchert aussieht. Mitunter kräuselt sich die Blattspreite. Triebe kümmern und sterben ab. Die Früchte weisen zunächst kleine rötliche Flecke auf, später verkrüppeln sie, weisen Höcker und Risse mit Verkorkungen (1) auf, bleiben im Wachstum zurück. Sie nehmen ein narbiges Aussehen an.

SCHÄDLINGE

Verschiedene Wanzen-Arten (siehe Beschreibung zu Tafel 45), vor allem:
Grüne Futterwanze (*Exolygus* [*Lygus*] *pabulinus* L.),
Trübe Feldwanze (*Exolygus* [*Lygus*] *rugulipennis* [Popp.]),
Gemeine Wiesenwanze (*Exolygus* [*Lygus*] *pratensis* [L.]),
Südliche Getreidewanze (*Eurygaster austriaca* Schrk.),
Nordische Apfelwanze (*Plesiocoris rugicollis* [Fall.]),
Blindwanze (*Psallus ambiguus* [Fall.]),
Rotbeinige Baumwanze (*Pentatoma rufipes* L.)

Birnenblattsauger

(Verschiedene Blattsauger-Arten der Gattung *Psylla* (siehe auch Tafel 47))

SCHADBILD

Die Birnenblätter sind unregelmäßig zusammengerollt, gekräuselt (2 a) und mitunter braun gefleckt (2 b). Sie können völlig verkrüppelt sein, beulig werden und vorzeitig abfallen. In den Rollungen und Kräuselungen finden sich ab April etwa 2 bis 3 mm lange, gelbliche, später dunkelbraune, abgeflachte Larven (2 d, f) und dunkel rotbraune, bis 4 mm lange, geflügelte und springende Insekten (2 c, e). Im Schadbereich Honigtaubildung.

SCHÄDLINGE

Verschiedene Blattsauger-Arten der Gattung *Psylla*, vor allem:
Großer Birnenblattsauger (*Psylla pirisuga* [*pyrisuga*] Först.) (2 c, d),
Gemeiner Birnenblattsauger (*Psylla piri* L.),
Gelber Birnenblattsauger / Gefleckter Kleiner Birnenblattsauger (*Psylla piricola* [*pyricola*] Först.) (2 e, f),
Brauner Birnenblattsauger (*Psylla melanoneura* Först. (Tafel 47)).
Frühjahrsapfelblattsauger (*Psylla mali* Schmidb.) (Tafel 47).
Die erwachsenen Tiere (Imagines) überwintern unter Rindenschuppen und in Rindenritzen (*Psylla melanoneura* überwintert als Imago an Koniferen). Die überwinternden Tiere sind dunkler als die Sommerform. Im Frühjahr werden die Eier an die Blätter gelegt (2 g), wobei diese mit einem Stielchen angeheftet werden.
Psylla piricola Först. ist Vektor des Birnenverfalls (Tafel 14). Blattsauger-Arten kommen auch als Überträger des Feuerbrandes in Frage (s. Beschreibungen Tafeln 16–18).

Birnbaumnetzwanze

(*Stephanitis piri* Geoffr.)

SCHADBILD

Vor allem in wärmeren Klimagebieten. An den Blättern zahlreiche weiße, kleine Saugflecke. Das Blatt erscheint weiß gesprenkelt (3 a). Auf der Blattunterseite finden sich rötlich-schwarze Kottröpfchen sowie etwa 3 bis 5 mm lange, grünliche bis dunkelgrüne, flache Wanzen mit flach ausgebreiteten, glashellen Flügeln mit Netzstruktur (3 b).

SCHÄDLING

Birnbaumnetzwanze (*Stephanitis piri* Geoffr., Syn. *Stephanitis pyri* F.).
Die Wanzen überwintern als erwachsene Tiere unter Rinde sowie in anderen Verstecken. Ab Ende Mai werden die schwarz glänzenden Eier in die Epidermis der Blattunterseiten abgelegt, vor allem entlang der Blattnerven. Nach etwa 4 Wochen erscheinen die Larven. Es treten bis zu zwei Generationen im Jahr auf.

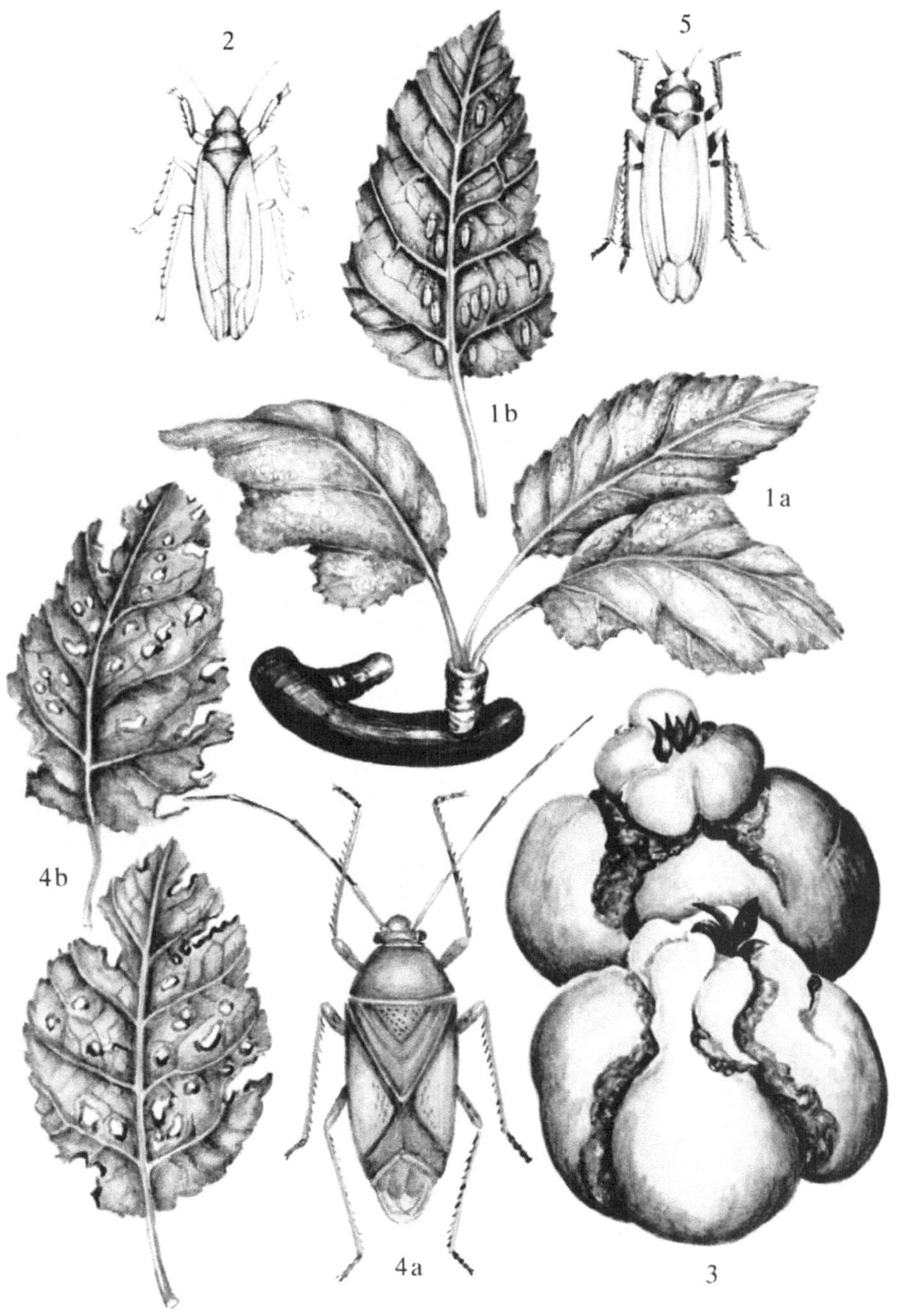
2
5
1b
1a
4b
4a
3

Frühjahrsapfelblattsauger

(*Psylla mali* Schmidb.)
(Siehe auch Tafel 46)

SCHADBILD

Während der Winterruhe finden sich an den Knospenschuppen etwa 0,4 mm lange, ovale, hellgelbe bis orangegelbe Eier, die mit einem kleinen Fortsatz im Rindengewebe befestigt sind (1 a, b). Zur Zeit des Austriebs entfalten sich Blatt- und Blütenknospenbüschel nicht. Sie sind mit Honigtau verklebt, auf dem sich Rußtaupilze ansiedeln, welken und vertrocknen. Fruchtansatz ist behindert, junge Früchte verkrüppeln. Die Triebe sind im Wuchs gehemmt. Blätter, die sich dennoch entfalten, bleiben klein, sind deformiert (1 c), kräuseln und vergilben. Vor allem an der Blattunterseite bis etwa 2 mm lange, flache, gelbliche bis gelbgrüne Larven (1 d) und etwa 3 mm lange, gelbbraune bis rotbraune Insekten mit glasartig durchscheinenden, dachförmig über dem Körper liegenden Flügeln (1 e). Sie besitzen Sprungvermögen.

SCHÄDLING

Frühjahrsapfelblattsauger (*Psylla mali* Schmidb.).
Aus den überwinterten Eiern schlüpfen zur Zeit des Knospenaufbruches die jungen Larven, die an dem Knospen- und Blattgewebe saugen. Nach etwa 4 bis 7 Wochen ist ihre Entwicklung abgeschlossen. Die Imagines haben Ähnlichkeit mit kleinen Zikaden und wandern an die Triebe in der Baumkrone ab. Etwa Ende August werden pro Weibchen bis 100 Eier an Knospenschuppen sowie an das Fruchtholz abgelegt (1 a).

Sommerapfelblattsauger

(*Psylla costalis* Flor.)
(ohne Abbildung)

SCHADBILD

Etwa ab Mitte Juni bis in den Sommer hinein finden sich auf den Blattunterseiten zahlreiche tintenspritzerartige, schwärzliche Flecke (Rußtau). Die Blattunterseiten sind mit klebrigem Honigtau überzogen. Auch auf Früchten können derartige Rußtau- bzw. Honigtauflecke gefunden werden. An den Blättern gelblich-grüne, später dunkelbraune, 2 bis 3 mm lange Larven und geflügelte Insekten.

SCHÄDLING

Sommerapfelblattsauger (*Psylla costalis* Flor.).
Die etwa 2,6 bis 3 mm langen, dunkelbraunen, länglich-ovalen erwachsenen Blattsauger besitzen glasige, dachförmig über dem Hinterleib liegende Flügel. Sie überwintern unter Rindenschuppen sowie in anderen Verstecken am Baum. Im Frühjahr suchen sie die Blätter auf, an denen sie saugen, ohne besonderen Schaden anzurichten. Die Eiablage beginnt zur Zeit der Blüte, wobei die Eier einzeln an die Blütenstiele, Blattstiele oder an die Blattunterseite gelegt werden. Die Larven schlüpfen nach etwa 4 Wochen und saugen an den Blattunterseiten. Die erwachsenen Tiere (Imagines) erscheinen etwa ab Mitte Juli. Diese überwintern.

Brauner Birnenblattsauger

(*Psylla melanoneura* Först.)
(ohne Abbildung) (Siehe auch Tafel 46)

SCHADBILD

An der Blattunterseite saugen während der Monate März bis Juni etwa 3 mm lange, gelblich-braune, glasklar geflügelte Tiere mit brauner Flügeladerung. Im Bereich der Ansiedelung der Tiere Honigtaubildung (mitunter Rußtaubildung).

SCHÄDLING

Brauner Birnenblattsauger (*Psylla melanoneura* Först.).
Die Imagines überwintern auf Koniferen und fliegen im März–April auf die Obstbäume über. Die 0,35 mm langen, gelben, ovalen Eier werden an die Blattober- bzw. -unterseiten gelegt. Larvenentwicklung etwa bis Mai. Ab Mai treten die geflügelten Imagines auf, die ab Ende Juni zu den Koniferen zurückfliegen.

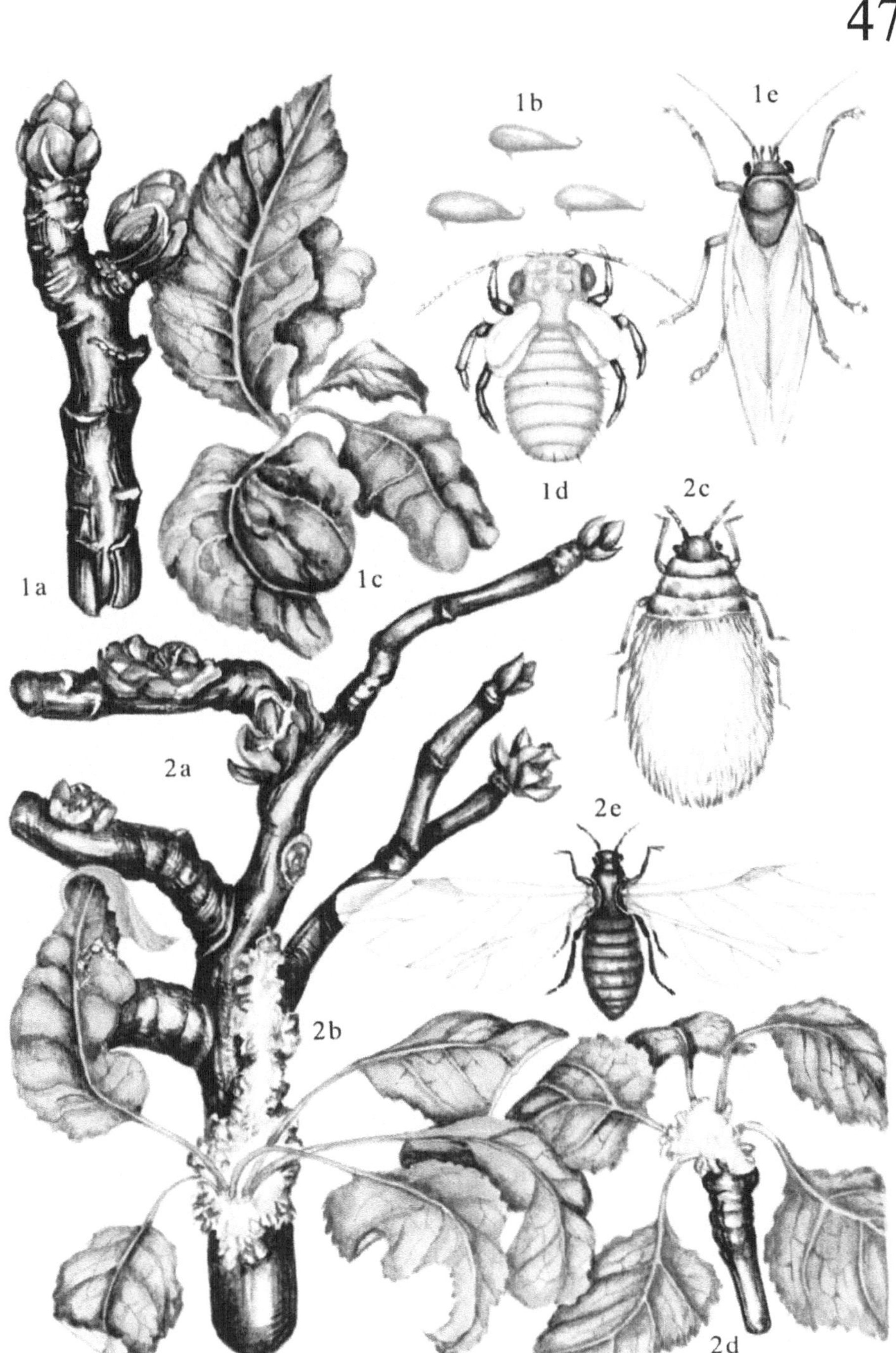
1b
1e
1c
1a
1d
2c
2a
2e
2b
2d

Blutlaus
(*Eriosoma lanigerum* Hausm.)
Text zu Tafel 47

SCHADBILD

Während der Winterruhe sind im Bereich von beulig bzw. krebsartig verändertem und vielfach aufgeworfenem Rindengewebe (2 a, b) (auch am Wurzelhals) zum Teil mit weißen Wachsausscheidungen bedeckte, rotbraune und bis etwa 2 mm lang werdende Tiere (2 c) (meist Larven, zum Teil auch erwachsene Tiere) zu finden. Etwa ab Mai treten dann an den jüngeren Trieben, aber auch am Fruchtholz, wattebauschähnliche weißliche Beläge auf (2 d), unter denen ebenfalls Larven und erwachsene Tiere leben. Diese weißlichen Wachsbeläge können aber während der Vegetationszeit auch an Stamm, Ästen und Zweigen gefunden werden. Austrieb und Triebwachstum sind beeinträchtigt. Im Bereich der Saugstellen krebsartige Wucherungen an der Rinde, vielfach von Wunden ausgehend. Beim Zerdrücken der Tiere Austritt von rotem bis rotbraunem Körperinhalt („Blutlaus").

SCHÄDLING

Blutlaus (*Eriosoma lanigerum* Hausm.).
Die Blutlaus überwintert an beulig und krebsartig verändertem Rindengewebe in der Regel als Larve (ohne Wachsausscheidungen), zum Teil aber auch als erwachsenens Tier, mitunter Überwinterung an ähnlich krankhaft verändertem Rindengewebe am Wurzelhals. Im Frühjahr wandern die Läuse an die Triebe und Zweige. Hier bilden sie Kolonien, die mit Wachsausscheidungen überdeckt sind (2 b). Die erwachsenen Tiere werden etwa 2 mm lang, ihr Körper ist braunrot gefärbt und stark mit Wachsausscheidungen bedeckt (2 c). Daneben treten etwa ab Juni auch geflügelte Tiere auf (2 e). Im Laufe der Vegetationsperiode werden etwa 6 bis 10 Generationen ausgebildet. Die stärkste Vermehrung findet in den Monaten Juni / Juli und im Herbst statt.

Grüne Apfellaus
(*Aphis pomi* De Geer)

SCHADBILD

Von Beginn des Austriebs an treten an den jungen Blättern, später auch an älteren Blättern, Kräuselungen und Einrollungen der Blattränder (1a) auf. Dabei können die Blätter völlig verunstaltet werden. Die Triebspitzen werden in der Entwicklung und im Wachstum gehemmt, können absterben. Verfärbungen an den betroffenen Blättern erstrecken sich auf leichte Vergilbungen. An den Blattunterseiten, in den eingerollten Blattpartien, an den jungen Trieben und Blütenknospen (1b) finden sich mehr oder weniger große Kolonien ungeflügelter, grüner, aber auch geflügelter Blattläuse. Sie können auch an Blüten gefunden werden. Bei starkem Befall bleiben die jungen Triebe im Wachstum zurück und zeigen Deformierungen (1c), ebenso die jungen Früchte. An Blättern, Trieben und Früchten findet sich ein klebriger Belag (Ausscheidungen der Blattläuse = Honigtau), auf dem sich Rußtaupilze ansiedeln.

SCHÄDLING

Grüne Apfellaus (*Aphis pomi* De Geer, Syn. *Aphidula pomi* De Geer).
Die Überwinterung erfolgt im Eistadium. Die schwarz glänzenden Eier sind etwa 0,6 mm lang (1d) und finden sich oft in großer Zahl vor allem an jungen Trieben (1e). Kurz vor oder zur Zeit des Knospenaufbruchs schlüpfen die grünen, etwa 1,5 bis 2 mm langen ungeflügelten Blattläuse (Stammütter, Fundatrizen).
Sie sind gekennzeichnet durch schwarze Siphonen und dunkle Beine (1f). Bereits zwei Wochen nach dem Schlupf werden die ersten Jungläuse abgesetzt, die sich weiterhin parthenogenetisch vermehren. Im Laufe der Vegetationszeit werden in zunehmendem Maße geflügelte Blattläuse ausgebildet, die zur Ausbreitung der Population in den Apfelanlagen beitragen. Sie besitzen einen dunklen Kopf und Thorax (1g). Im Herbst entstehen Männchen und Weibchen, welche befruchtete Wintereier ablegen. Die Grüne Apfellaus verbringt ihr gesamtes Leben auf dem Apfelbaum und ist nicht wirtswechselnd.

Apfelgraslaus
(*Rhopalosiphum insertum* Walk.)
(ohne Abbildung)

SCHADBILD

Das Schadbild entspricht etwa dem der Grünen Apfellaus. Allerdings sind im Gegensatz zu dieser die verursachten Blattrollungen und -kräuselungen im Sommer infolge der wirtswechselnden Lebensweise blattlausfrei.

SCHÄDLING

Apfelgraslaus (*Rhopalosiphum insertum* Walk.).
Die ebenfalls im Eistadium an Apfeltrieben überwinternde Blattlausart schlüpft etwa eine bis zwei Wochen vor der Grünen Apfellaus. Sie ist gelblich-grün mit helleren Stellen beiderseits der Mitte und etwa 2,3 mm lang. Die Siphonen sind gelblich-grün, durchscheinend und nur an der Spitze etwas dunkel. Etwa im ersten Junidrittel bilden sich Geflügelte aus, die zu den Zwischenwirten (Gräser) abwandern. Erst im Herbst erfolgt die Rückwanderung auf den Apfelbaum, wo die schwarz glänzenden Wintereier abgelegt werden.

Apfelfaltenlaus (Blattrollenlaus)
(*Dysaphis devecta* [Walk.], *Dysaphis radicola* [Mordv.])

SCHADBILD

Bereits vor der Blüte der Apfelbäume zeigen sich an den Blättern vor allem an den Triebspitzen gelbliche bis rötliche Verfärbungen mit Kräuselungen und Verbeulungen der Blattspreite. Schließlich vertrocknen die betroffenen Blätter. Sie können auch charakteristisch gefaltet sein (2a).

SCHÄDLINGE

Apfelfaltenläuse (*Dysaphis devecta* [Walk.],
Dysaphis radicola Mordv., Syn. *Pomaphis*
spp.).
Dysaphis devecta lebt ausschließlich auf dem
Apfelbaum, *Dysaphis radicola* ist wirtswechselnd. Die ungeflügelten Weibchen sind
etwa 2 bis 2,5 mm lang und grau, graugrün
bis blauschwarz gefärbt (2 b). Die geflügelten
Tiere sind ähnlich, nur etwas intensiver gefärbt. Die ersten Eier von *Dysaphis devecta*
werden schon zu Beginn des Sommers in
Rindenrisse am Apfelbaum abgelegt, während *Dysaphis radicola* im Juni zunächst zu
Zwischenwirten abwandert und erst im
Herbst zum Apfelbaum zur Eiablage zurück-
kehrt.

Mehlige Apfellaus
(Rosige Apfelblattlaus)

(*Dysaphis plantaginea* [Pass.])

SCHADBILD

Beim oder kurz nach dem Austrieb zeigen
die jungen Blätter Verkrümmungen und
Kräuselungen. Sie sind zum Teil stark gerollt und zeigen Vergilbungen. Später sind
die im Wachstum stark gehemmten Triebe
verbogen und gekrümmt. Auch an jungen
Früchten zeigen sich Verfärbungen und Verkrüppelungen (3 a).
Sie bleiben klein. Im Bereich dieser Schadstellen finden sich massenhaft dunkle, mit
Wachs bepuderte Blattläuse.

SCHÄDLING

Mehlige Apfellaus (Rosige Apfelblattlaus)
(*Dysaphis plantaginea* [Pass.], Syn. *Sappaphis
mali* Ferr., *Pomaphis plantaginea* Pass.).
Die etwa 2 bis 2,5 mm lange Blattlaus ist
dunkelbraun bis schwarzbraun gefärbt und
mit weißem Wachsstaub bepudert (3 b). Sie
schlüpft im zeitigen Frühjahr aus den
schwarz-glänzenden Wintereiern, die am
Apfelbaum im Herbst abgelegt wurden.
Etwa im Juni werden bereits Geflügelte ausgebildet, die zu den Zwischenwirten abwandern. Rückflug zum Apfelbaum im Herbst.

Bocksbartblattlaus

(*Appelia* [*Brachycaudus*] *tragopogonis* Kalt.)
(ohne Abbildung)

SCHADBILD

Das Schadbild entspricht dem der Mehligen
Apfellaus.

SCHÄDLING

Bocksbartblattlaus (*Appelia* [*Brachycaudus*]
tragopogonis Kalt.).
Die etwa 2,5 mm lange Blattlaus ist grün bis
graugrün gefärbt. Auf den Rückensegmenten
finden sich beiderseits schwarze Makel.

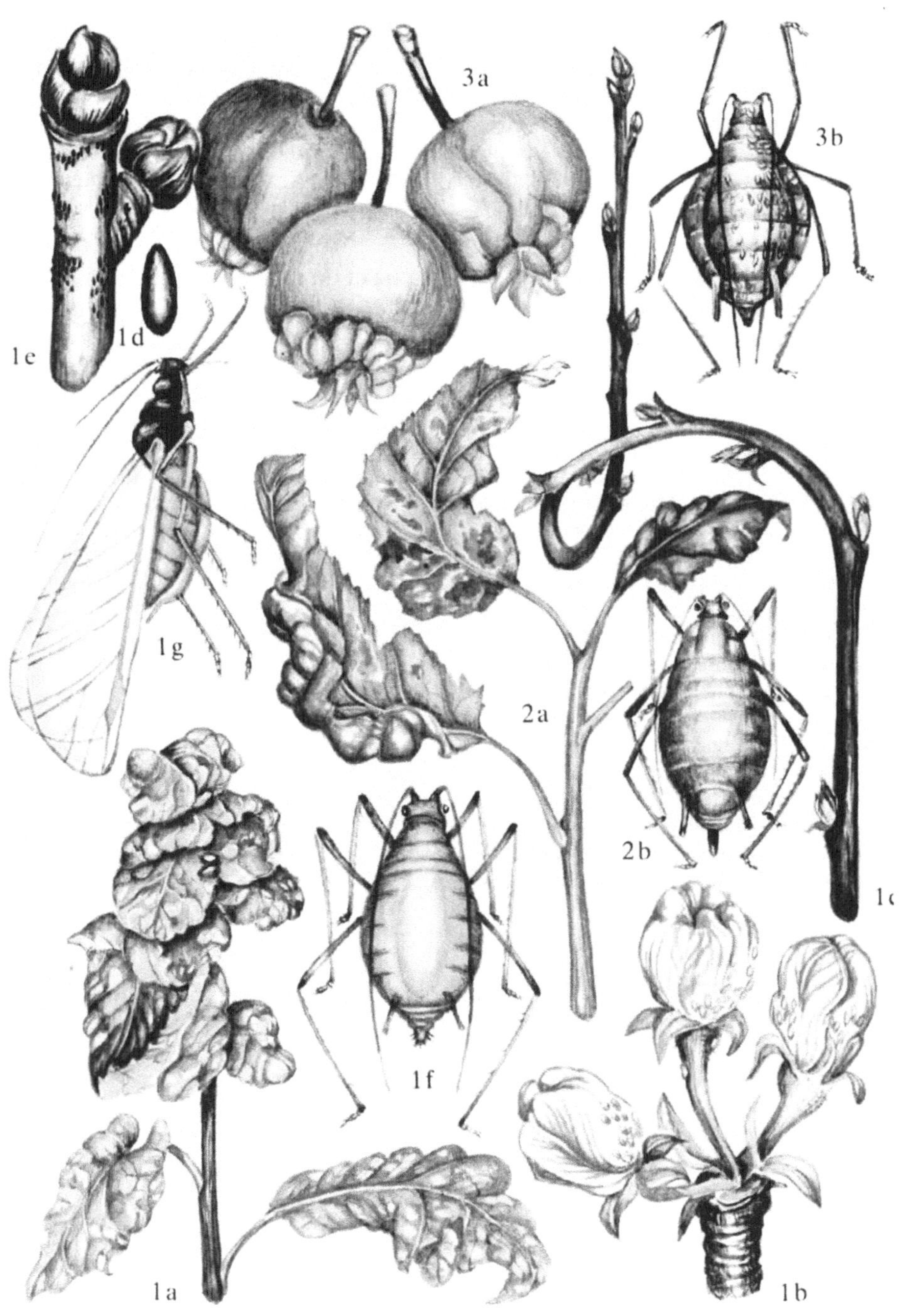
3a
3b
1e
1d
1g
2a
2b
1c
1f
1a
1b

Mehlige Birnenlaus
(Mehlige Birnenblattlaus)

(*Dysaphis piri* [B. de F.])

SCHADBILD

Meist an den Triebspitzen sind die Blätter
spiralig eingerollt, wobei die Spiralen längs
ausgezogen sind. Betroffene Blätter sind
leicht gekräuselt, verfärben sich weißlich-
gelb bis bräunlich, werden später schwarz,
vertrocknen und fallen ab. Die Triebspitzen
sind deformiert, ebenso junge Früchte (1).
Im Bereich der Befallsstellen finden sich Kolonien von 2,5 bis 3 mm langen, bleichen bis
bräunlichen Blattläusen, deren Körper mit
grauem Wachs bestäubt ist, sowie starke Honigtaubildung mit Ansiedelung von Schwär-
zepilzen.

SCHÄDLING

Mehlige Birnenlaus (Mehlige Birnenblatt-
laus) (*Dysaphis* [*Sappaphis, Pomaphis*] *piri* [B.
de F.).
Charakteristisch für diese Blattlausart sind
ein breites, zungenförmiges Schwänzchen,
vor welchem sich ein Paar kleine Wärzchen
befinden, ebenso seitlich am Hinterleib. Die
Fühler sind gelb und werden zur Spitze hin
dunkel. Die schwarzen Eier werden im
Herbst in Rindenverstecke gelegt. Etwa
Ende März schlüpfen die Fundatrigenien,
die Larven gebären, aus denen sich ungeflügelte Jungfern entwickeln. In der letzten
Maidekade erscheinen die ersten Geflügelten, die zu den Sommerwirten abfliegen.

Braune Birnengraslaus

(*Geoctapia pyraria* [Pass.])

SCHADBILD

Die Blätter, vor allem im Bereich der Triebspitzen, rollen sich von der Spitze her ein
(2). Sie weisen Falten- und Blasenbildungen
auf, verfärben sie partiell gelblich. In den
Rollungen saugen 2,5 bis 3 mm lange,
braun-schwarze Blattläuse mit hellen Beinen.

SCHÄDLING

Braune Birnengraslaus (*Geoctapia pyraria*
[Pass.], Syn. *Myzus* [*Longiunguis*] *pyrarius*
Pass.).
Die Überwinterung erfolgt im Eistadium an
der Birne. Im Frühjahr werden etwa 4 Generationen ausgebildet. Zu Beginn des Sommers suchen die Geflügelten die Sommerwirte auf (Gräser). Die Sommerform ist
hellgelb bis ockergelb gefärbt.

Birnentaschengallenblattlaus
(Anuraphis farfarae [Koch])

SCHADBILD

Die Blätter sind etwa ab Juni taschenförmig nach unten zusammengefaltet, beulig und gewellt (3). In den Taschen saugen etwa 2,5 mm lange, bräunliche Blattläuse. Später vertrocknen die befallenen Blätter.

SCHÄDLING

Birnentaschengallenblattlaus *(Anuraphis farfarae [Koch])*.
Die Ablage der schwarzen Wintereier erfolgt an Äste und Zweige der Birne. Im zeitigen Frühjahr gebären die Fundatrigenien gelblichgrüne Larven. Es entstehen mehrere parthenogenetische Generationen, bis von Mai an die Geflügelten die Sommerwirte (Huflattich) aufsuchen. In ähnlicher Weise schädigt:

Bärenklauwurzelhalslaus
(Anuraphis subterranea [Walk.])
(ohne Abbildung)

Die Blattläuse sind etwa 2,3 mm lang und schokoladenbraun. Die befallenen Blätter zeigen neben der Taschenbildung bzw. Einrollung nach unten gelborange bis rote Verfärbungen.

Birnenblutlaus (Beutelgallenlaus)
(Schizoneura lanuginosa Htg.)
(ohne Abbildung)

Im Sommer wandern die geflügelten Stadien dieser Blattlaus von der Ulme auf Birne über und gebären hier Larven, die sich zu 2,2 bis 2,5 mm langen, gelblich-orangefarbenen Ungeflügelten entwickeln. Sie saugen an älteren und jüngeren Wurzelteilen. Wucherungen sind nicht zu beobachten.

Blasenminiermotte (Haselnußminiermotte) an Birne
(Phyllonorycter corylifoliella Hbn.)
(Siehe auch Tafel 67)

SCHADBILD

Auf der Oberseite der Blattspreite, vielfach im Bereich der Mittelrippe, befindet sich eine blasenförmige, etwa 1 bis 2 cm im Durchmesser betragende, ovale oder unregelmäßig gestaltete Mine (4). Sie erscheint silbrig-weiß bis grünlich-weiß. Darin können bis zu ihrer Verpuppung die etwa 6,5 mm lang werdenden, hellgelben Larven mit dunkelbrauner Kopfkapsel sowie später bräunliche Puppen gefunden werden.

SCHÄDLING

Blasenminiermotte (Haselnußminiermotte) *(Phyllonorycter corylifoliella* Hbn., Syn. *Lithocolletis corylifoliella* Hbn.)
Beschreibung siehe Tafel 67

Birnenminiermotte
(Stigmella pyri [Glitz.])
(ohne Abbildung)

SCHADBILD

Vor allem an Spalierobst in warmer Lage finden sich ab Juni bis in den Oktober hinein an den Blättern bogenförmige Minen, die mit einem sehr schmalen Gang beginnen und sich dann stark erweitern. Sie können den Charakter von Platzminen annehmen. Im Gang befindet sich Kot und zu bestimmten Zeiten eine grüne bis rötliche Larve.

SCHÄDLING

Birnenminiermotte *(Stigmella pyri* Glitz., Syn. *Nepticula pyri* Glitz.).
Der Falter besitzt hellgrünlich bis bräunlich erzfarbene Vorderflügel mit schwach violetter Spitze und einer Spannweite von etwa 4,5 mm. Er fliegt von Mai bis August. Die Eier werden an die Blattoberseite gelegt. Es treten zwei Generationen im Jahr auf. Die Überwinterung erfolgt in einem Kokon im Boden.

49

Gemeine Kommaschildlaus
(*Lepidosaphis ulmi* L.)

SCHADBILD

Auf der Rinde von Ästen, Zweigen und Stämmen, mitunter auch an Früchten, finden sich langgestreckte, etwa 2,2 bis 3,5 mm lange, gewölbte, braune und kommaförmige Schildchen. Sie bilden mitunter dichte Krusten (1 a–c). Betroffen sind vor allem junge Bäume. Austrieb und Wachstum sind gehemmt, auch der Fruchtansatz ist beeinträchtigt.

SCHÄDLING

Gemeine Kommaschildlaus (*Lepidosaphis ulmi* L., Syn. *Mytilaspis pomorum* Sign.)
Beim Abheben der Schilde findet man vor allem im vorderen, verjüngten Teil eine kleine, gelblich-weiße Laus (1 d). Der übrige Teil ist mit Eiern ausgefüllt. Aus diesen schlüpfen etwa in der Zeit von Mai bis Juni die jungen, gelblich-grünen Larven. Es sind zwei Unterarten bekannt, von denen die eine sich parthenogenetisch vermehrt, bei der anderen legen die Weibchen nach der Begattung ihre Eier ab.

Wollige Napfschildlaus
(*Pulvinaria betulae* [L.])

SCHADBILD

Mitunter finden sich an Ästen und Zweigen zahlreiche Kolonien mit weißlichen, rundlichen und gewölbten Gebilden, die einen Durchmesser bis zu etwa 12 mm erreichen können (2). Austrieb und Wachstum der Triebe sind beeinträchtigt, die Blätter vertrocknen. Im Bereich der Kolonien findet sich starke Honigtaubildung.

SCHÄDLING

Wollige Napfschildlaus (*Pulvinaria betulae* [L.], Syn. *Pulvinaria vitis* [L.]).
Diese Schildlaus besitzt einen kupferbraunen Schild mit einer Länge von 4 bis 6 mm und einer Breite von 3 bis 4 mm. Nach der Überwinterung tritt am Hinterende des Schildes ein großer, fädiger und weißer Eisack heraus, der den Schildrand anhebt. Dadurch erreicht das gesamte Tier einen Durchmesser von etwa 12 mm, zum Teil sogar noch darüber hinaus. Im Eisack befinden sich mehr als 2 000 rosa gefärbte Eier. Die Larven schlüpfen im Juni und saugen an den jungen Pflanzenteilen. Die im Herbst begatteten Weibchen überwintern am älteren Holz in verschiedenen Verstecken unter der Rinde oder in der Nähe der Knospen.

Gemeine Napfschildlaus, Zwetschennapfschildlaus

(*Parthenolecanium corni* Bché).

SCHADBILD

Vor allem an Stein- und Beerenobst, mitunter aber auch an Apfel und Birne, finden sich auf der Rinde von Ästen und Zweigen, vielfach aber von jungen Trieben, etwa 5 bis 6 mm lange und 4 mm breite, glänzend braune und napfartig aufgewölbte Schilde (3a, b). Diese Schilde bilden mitunter ganze Krusten auf der Rinde, in deren Bereich starke Honigtaubildung beobachtet werden kann, wobei Blätter und Früchte mit einem klebrigen Belag überzogen sind, auf dem sich Rußtaupilze ansiedeln und eine Schwärzung dieser Pflanzenteile bewirken. Beim Abheben der Schilde finden sich darunter gelbliche bis rotbraune, etwa bis 1 mm lang werdende Larven (3c) oder ein 5 bis 6 mm langes, rotbraunes bis kastanienbraunes und mit grauen Wachsfäden bedecktes Weibchen (3d). Beim Abheben des Schildes wird ferner ein länglicher, ovaler und infolge Wachsausscheidungen weiß erscheinender Fleck auf der Rinde sichtbar, um den herum die Rinde durch Rußtaupilze schwarz verfärbt ist. Befallene Triebe sind in Austrieb und Wachstum gehemmt, die Blätter vertrocknen und fallen vorzeitig ab, Früchte bleiben klein und werden notreif.

SCHÄDLING

Gemeine Napfschildlaus (Zwetschennapfschildlaus) (*Parthenolecanium* [*Eulecanium, Lecanium*] *corni* Bché.).
Nach der Überwinterung der rotbraunen Schildlauslarven am Baum, wobei sich die Tiere ungeschützt an Zweigen, Ästen und Knospen aufhalten, suchen sie im Frühjahr vor allem junge Triebe auf.
Sie bilden einen Schild aus. Im Mai sind die Weibchen erwachsen und legen unter dem Schild mit oder ohne Begattung ihre Eier ab (3e). Der Schild verhärtet nach Absterben des Weibchens. Die Jungtiere verlassen dann den Schild und suchen verschiedene Teile des Baumes zur Nahrungsaufnahme auf.

Höckerige Napfschildlaus, Höckerige Schalenschildlaus

(*Eulecanium bituberculatum* Targ.)

SCHADBILD

Das Schadbild entspricht dem der Gemeinen Napfschildlaus.

SCHÄDLING

Höckerige Napfschildlaus (Höckerige Schalenschildlaus) (*Eulecanium bituberculatum* Targ.).
Diese Schildlaus geht mitunter von Weißdorn auf Apfel über. Ihre Lebensweise entspricht der der Gemeinen Napfschildlaus. Im Gegensatz zu dieser ist der Schild der Weibchen dunkelbraun bis gelbbraun und besitzt zwei Höcker auf dem Rücken sowie eine stärker gewellte Oberfläche (4). Die Überwinterung erfolgt im Eistadium unter dem Schild, wobei unter jedem Schild bis zu 500 Eier gefunden werden können.

Weidenschildlaus, Miesmuschelschildlaus

(*Chionaspis salicis* [L.])
(ohne Abbildung)

SCHADBILD

Das Schadbild entspricht dem, welches durch die Gemeine Napfschildlaus verursacht wird. Die auf der Rinde zu findenden Schilde haben birnenförmige Gestalt und bilden grauweiße Krusten.

SCHÄDLING

Weidenschildlaus, Miesmuschelschildlaus (*Chionaspis salicis* [L.]).
Die Überwinterung dieser Schildlausart erfolgt im Eistadium unter den Schilden. Die Larven schlüpfen etwa von Mitte Mai an. Erwachsene Weibchen treten ab Juli auf. Sie legen ihre Eier unter den Schilden von Ende August an ab. Es tritt nur eine Generation im Jahr auf.

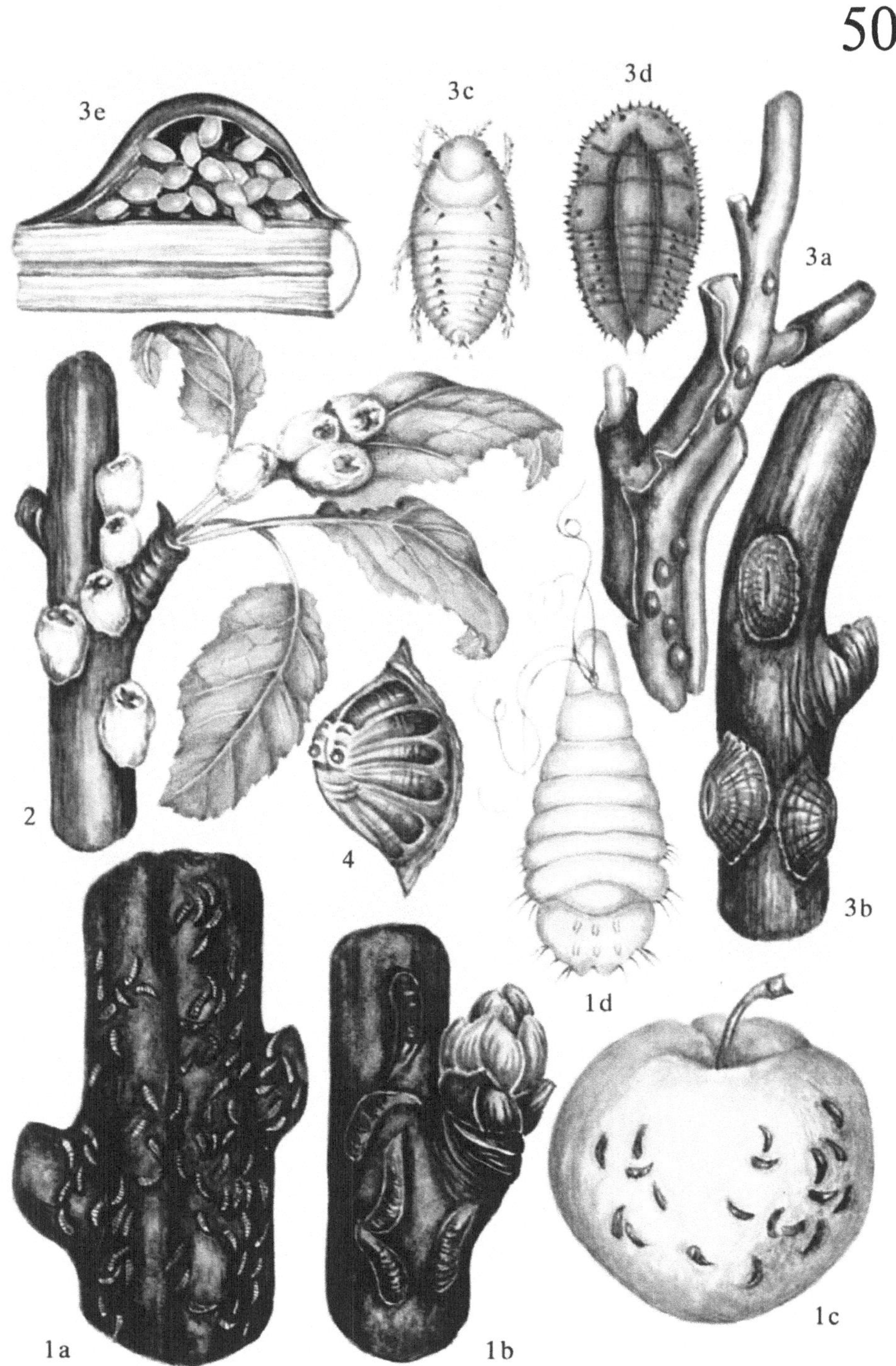
3e
3c
3d
3a
2
4
1d
3b
1a
1b
1c

San-José- Schildlaus

(Quadraspidiotus perniciosus Comst.)

SCHADBILD

Das Anfangsstadium des Befalls wird meist übersehen. An Zweigen und Ästen sowie an Trieben finden sich rundliche Schildchen mit einer Breite bis zu 1,1 mm und einer Länge bis zu 1,3 mm, anfangs vereinzelt auf der Rinde, später in dichten Krusten (1a). Die befallenen Gehölzpartien erscheinen wie mit Asche bedeckt. Baumschulmaterial und Jungbäume entwickeln sich langsam und sterben bei starkem Befall ab. An älteren Bäumen tritt eine Hemmung der Knospenentwicklung ein. Austrieb und Triebwachstum sind beeinträchtigt. Auch hier sterben Äste und Zweige ab. Befallene Blätter zeigen im Bereich der schwärzlichgrauen Schildchen (1b), mit denen sie mehr oder weniger dicht besetzt sind, braune Verfärbungen. An Früchten entstehen um die Schildchen herum rötliche bis rote, hofartige Verfärbungen (1c), vielfach gehäuft im Bereich des Stielansatzes sowie der Kelchhöhle.

SCHÄDLING

San-José- Schildlaus *(Quadraspidiotus perniciosus* Comst., Syn. *Aspidiotus perniciosus* Comst.)

Die San-José- Schildlaus gehört zu den Quarantäneschädlingen. Sie wird sowohl mit Baumschulgehölzen, Jungbäumen sowie mit Früchten über Ländergrenzen verschleppt. Die Schilde der erwachsenen Weibchen sind 1,1 mm breit und 1,3 mm lang, weich, dünn und graubraun bis gelbbraun gefärbt. Beim Anheben der Schilde findet man darunter die hellgelben Weibchen (1d) oder einen hellgelben Fleck (1e, f). Die Tiere vermehren sich durch lebendig geborene Junglarven. Es finden sich deshalb im Unterschied zu anderen, gleichzeitig vorkommenden und verwandten Schildlaus-Arten keine Eier unter den Schilden. Die Junglarven saugen sich mit ihrem langen Rüssel an der Rinde fest und beginnen mit der Schildbildung. Die weiblichen Tiere verlieren nach der ersten Häutung ihre Beine, Fühler und Augen und können sich nicht weiterbewegen. Der Saugrüssel der erwachsenen Weibchen erreicht eine Länge von 2,1 mm. Die Männchen besitzen keinen Saugrüssel. Jedes Weibchen erzeugt etwa 100 bis maximal 400 Junglarven. Es überwintern die gedeckelten Jungläuse. Im Jahr treten mehrere Generationen auf.

Das sicherste Unterscheidungsmerkmal zu anderen, verwandten Schildlaus-Arten ist die Form des Hinterleibsrandes der Weibchen, welche nur bei mikroskopischer Betrachtung erkennbar ist (1g). (Bestimmung durch Spezialisten).

Zitronenfarbige Austernschildlaus, Austernförmige Schildlaus

(*Quadraspidiotus ostreaeformis* Curt.)

SCHADBILD

Das Schadbild entspricht weitgehend dem, welches durch die San-José- Schildlaus verursacht wird, allerdings ist der Befall der Früchte zahlenmäßig geringer.

SCHÄDLING

Zitronenfarbige Austernschildlaus, Austernförmige Schildlaus (*Quadraspidiotus ostreaeformis* Curt., Syn. *Aspidiotus ostreaeformis* Curt.)

Die Schilde der erwachsenen Weibchen erreichen eine Größe von 1,4 bis 1,9 mm, sind dunkelgrau bis rindenfarbig und haben meist einen etwas exzentrisch gelegenen, orangefarbigen Fleck in der Mitte (Nabel). Bei Anheben der Schilde sind darunter die grünlichgelben (2 a) bis zitronengelben Weibchen zu erkennen. Sie vermehren sich durch Eier, die unter den Schilden gefunden werden können, ebenso die Eihüllen. Die Überwinterung erfolgt im Stadium der Zweitlarve. Bevorzugt werden ältere Pflanzenteile. Sicheres Unterscheidungsmerkmal zu anderen, verwandten Schildlaus-Arten ist die Form des Hinterleibsendes der Weibchen, welche nur bei mikroskopischer Betrachtung erkennbar ist (2 b) (Bestimmung durch Spezialisten).

Nördliche Gelbe Austernschildlaus

(*Quadraspidiotus pyri* Licht.)

SCHADBILD

Das Schadbild entspricht weitgehend dem, welches durch die San-José- Schildlaus verursacht wird, allerdings ist der Befall der Früchte zahlenmäßig geringer.

SCHÄDLING

Nördliche Gelbe Austerschildlaus (*Quadraspidiotus pyri* Licht., Syn. *Quadraspidiotus piri* Licht.).

Die Schilde der erwachsenen Weibchen sind 1,8 bis 2,1 mm groß, schwarzgrau und deutlich gewölbt. Die Weibchen selbst sind gelb bis apfelsinenfarben. Es werden etwa 70 Eier erzeugt, die unter den Schilden gefunden werden. Die Lebensweise entspricht der der Zitronenfarbigen Austernschildlaus. Sicheres Unterscheidungsmerkmal zu anderen, verwandten Schildlaus-Arten ist die Form des Hinterleibsrandes der Weibchen, welche nur bei mikroskopischer Betrachtung erkennbar ist (3) (Bestimmung durch Spezialisten).

Rote Austernschildlaus

(*Epidiaspis leperei* Sign.)

SCHADBILD

Das Schadbild entspricht weitgehend dem, welches durch die San-José- Schildlaus verursacht wird. Diese Schildlaus bevorzugt nesterartig Stämme und Äste. Der Befall bewirkt Verunstaltungen der Rinde, vor allem Dellen- und Rißbildungen.

SCHÄDLING

Rote Austernschildlaus (*Epidiaspis leperei* Sign., Syn. *Epidiaspis [Diaspis] betulae* Bär.).
Die Schilde der erwachsenen Weibchen sind 1,2 bis 1,6 mm groß, weich, schmutzig gelblich-weiß bis bräunlich und rundlich. Die Nabelstelle ist gelbbraun. Bei Anheben der Schilde findet man darunter die roten Weibchen (4a). Im April bis Mai werden unter den Schilden bis zu 50 Eier abgelegt. Die Überwinterung erfolgt als befruchtetes Weibchen unter dem Schild. Sicheres Unterscheidungsmerkmal zu anderen, verwandten Schildlaus-Arten ist die Form des Hinterleibsrandes der Weibchen, welche nur bei mikroskopischer Betrachtung erkennbar ist (4b) (Bestimmung durch Spezialisten).

Südliche Gelbe Austernschildlaus

(*Quadraspidiotus marani* Zahradnik)
(ohne Abbildung)

SCHADBILD

Das Schadbild entspricht dem, welches durch die Nördliche Gelbe Austernschildlaus verursacht wird, tritt allerdings nur in wärmeren Lagen an Bäumen, die an Mauern und Hauswänden stehen, auf.

SCHÄDLING

Südliche Gelbe Austernschildlaus (*Quadraspidiotus marani* Zahradnik, Syn. *Quadraspidiotus schneideri* Bachm.).
Die Schilde der erwachsenen Weibchen sind 1,8 bis 2,1 mm groß, und ähneln denen der Nördlichen Gelben Austernschildlaus. Im Juni bis Juli werden unter den Schilden bis zu 115 Eier abgelegt. Die Überwinterung erfolgt als begattetes Weibchen (Bestimmung durch Spezialisten).

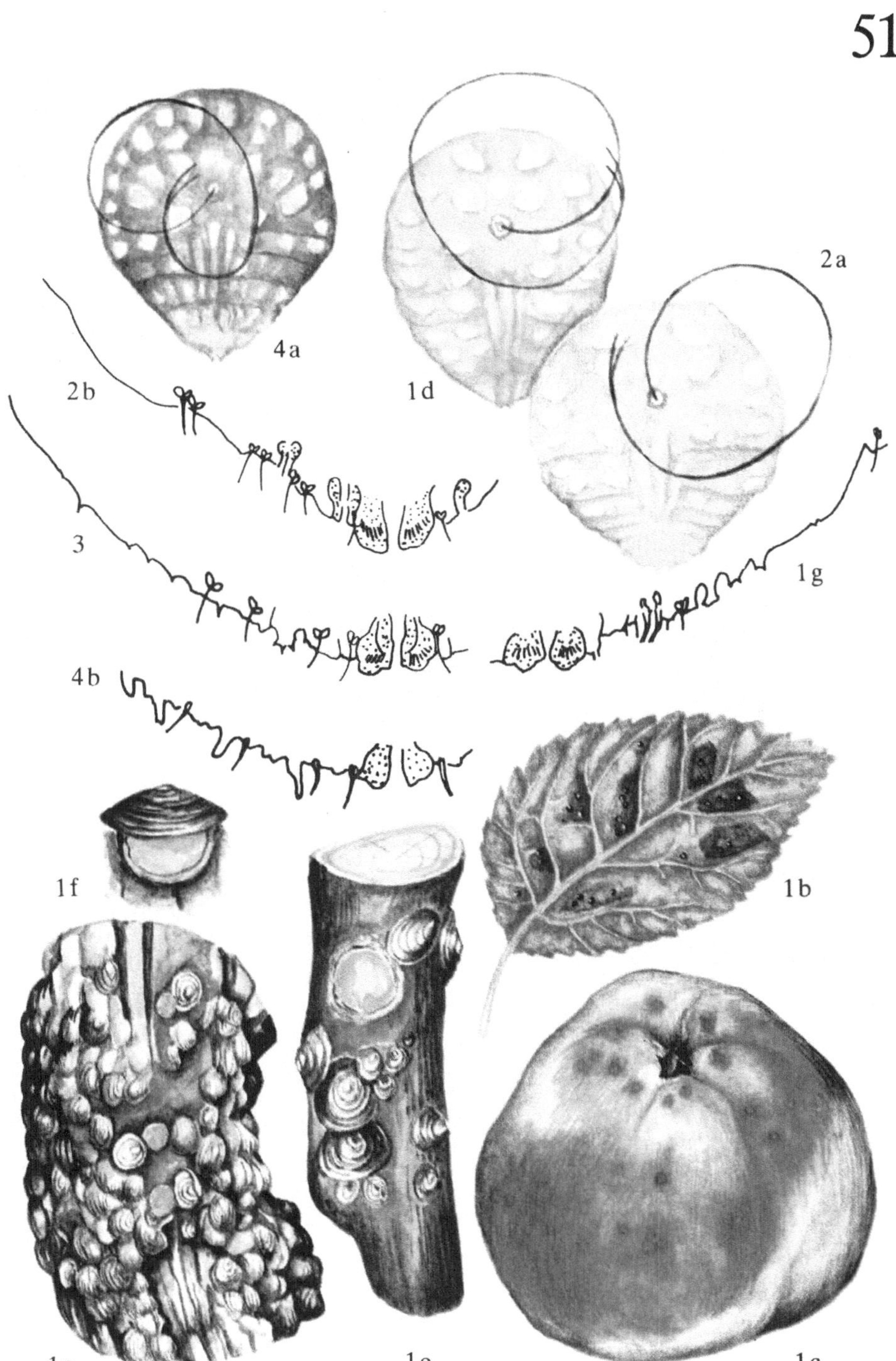

4a
2a
2b
1d
3
1g
4b
1f
1b
1a
1e
1c

Apfelsägewespe

(*Hoplocampa testudinea* Klg.)
(An Apfel)

SCHADBILD

Zunächst findet sich an den ganz jungen Früchten unter der Fruchtschale ein bogig verlaufender Minengang (1a). Dieser ist am ausgereiften Apfel noch als Korkstreif sichtbar („Adamsbiß"). Die wenige Millimeter lange, gelblich-weiße Larve (8 Paar Bauchbeine) bohrt sich dann in eine weitere Frucht ein, frißt sich bis in das Kerngehäuse durch und höhlt dieses aus (1b). Das Einbohrloch ist kreisrund und zugleich Ausbohrloch (1a). Es ist mit bräunlichem Fruchtmus und Kot gefüllt, welche nach außen heraustreten. Es werden etwa 3 bis 4 Früchte von einer Larve befallen. Geschädigte Früchte fallen vorzeitig ab.

SCHÄDLING

Apfelsägewespe (*Hoplocampa testudinea* Klg.)
Die etwa 6 bis 7 mm langen Apfelsägewespen sind schwarz und haben schwach gebräunte Vorderflügel (1c). Ihre Flugzeit liegt in den Monaten April bis Mai. In der Regel erscheinen sie mit dem Aufbrechen der Blüten. Die Flugzeit ist beim Abfallen der Blütenblätter meist beendet. Die Wespen legen tief in das Kelchgewebe der fast immer offenen Blüten ein etwa 0,8 mm langes, weißes, ovales Ei. Äußerlich ist am Kelch ein kleiner Schlitz zu erkennen (1d). Die gesamte Larvenentwicklung dauert etwa 20 bis 30 Tage. Die Larven wandern dann in den Boden ab, wo sie zum Teil bis zum nächsten Frühjahr überliegen. Ein Teil der Larven verpuppt sich schon im Herbst, ein anderer Teil erst im Frühjahr in einem Kokon.
In ähnlicher Weise schädigt an Apfel und Birne:

Birnensägewespe

(*Hoplocampa brevis* [Klg.])
(ohne Abbildung)

Ihre Körperlänge beträgt etwa 5 bis 5,5 mm. Die Vorderflügel sind fast glasklar mit gelben Adern (siehe Tafel 53).

Apfelsamenwespe, Apfelkernwespe

(*Syntomaspis druparum* [Boh.])
(ohne Abbildung)
(An Apfel)

SCHADBILD

In den Kernen von jungen Äpfeln mit einer Größe von etwa 1,5 cm an frißt eine wenige Millimeter lange, gelblich-weiße Larve. Die Samenschale bleibt unverletzt. Befallene Äpfel bleiben kleiner, entwickeln sich aber weiter bis sie schließlich vorzeitig abfallen.

SCHÄDLING

Apfelsamenwespe, Apfelkernwespe (*Syntomaspis druparum* [Boh.]).
Die wenige Millimeter lange, metallisch glänzende Wespe fliegt im April bis Juni. Sie legt in die Kerne ganz junger Früchte ihre Eier ab (pro Kern ein Ei). Die sich entwickelnden Larven fressen den Kern aus, wobei die Samenschale unverletzt bleibt. Die Fraßzeit ist im Juli beendet. Die Larven überwintern in den Kernen der abgefallenen Früchte. Die Verpuppung erfolgt im Mai. Die Imagines fressen sich durch das Fruchtfleisch nach außen durch.

Dachwespe

(*Vespula germanica* [F.])

SCHADBILD

In unreife, vielfach aber vor allem in reife Früchte von Apfel und Birne werden unregelmäßige, mehr oder weniger tiefe und breite Gruben gefressen (2a). Die Früchte werden wertlos.

SCHÄDLING

Dachwespe (*Vespula* [*Paravespula*] *germanica* [F.]).
Die etwa 10 bis 14 mm langen Arbeiterinnen sind gelb gefärbt mit braunschwarzer Zeichnung auf dem Abdomen (2b).

Ampferblattwespe
(*Ametastegia glabrata* [Fall.])

SCHADBILD

In den fast reifen Früchten findet sich ein
etwa 1,8 bis 2 mm breiter Bohrgang, der äußerlich an einem ebenso breiten Einbohrloch erkennbar ist. Um das Einbohrloch
herum färbt sich das Schalengewebe vielfach
rötlich. In diesem Gang, der etwa 2 bis
11 mm tief ist, findet sich eine wenige Millimeter lange Puppe. Der Gang wird mit dem
Sekretdeckel verschlossen. Die Früchte faulen vom Fraßgang ausgehend. Ebenso findet
sich vom Herbst an bis zum Frühjahr in
dünneren Zweigen von Schnittstellen ausgehend ein Bohrloch (3 a), dem sich ein Gang
im Mark des Zweiges bzw. Triebes an-
schließt. Darin finden sich Bohrmehl und
eine Puppe (3 b, c).

SCHÄDLING

Ampferblattwespe   (*Ametastegia   glabrata*
[Fall.]).
Die Flugzeit der ersten Wespengeneration
ist im Mai. Die etwa 8 mm langen, violett-
schwarzen Weibchen legen ihre Eier an die
Blätter verschiedener Unkrautarten, an denen die dunkelgrünen Larven bis zu ihrer
Verpuppung im Juni-Juli fressen. Die Flugzeit der zweiten Wespengeneration erstreckt
sich von Juli bis August. Nach Beendigung
der Fraßzeit an Blättern suchen die Larven
Winterlager auf, wozu sie sich einesteils in
Früchte einbohren, andererseits aber auch
durch die Schnittflächen von Trieben und
Zweigen in das Mark eindringen.

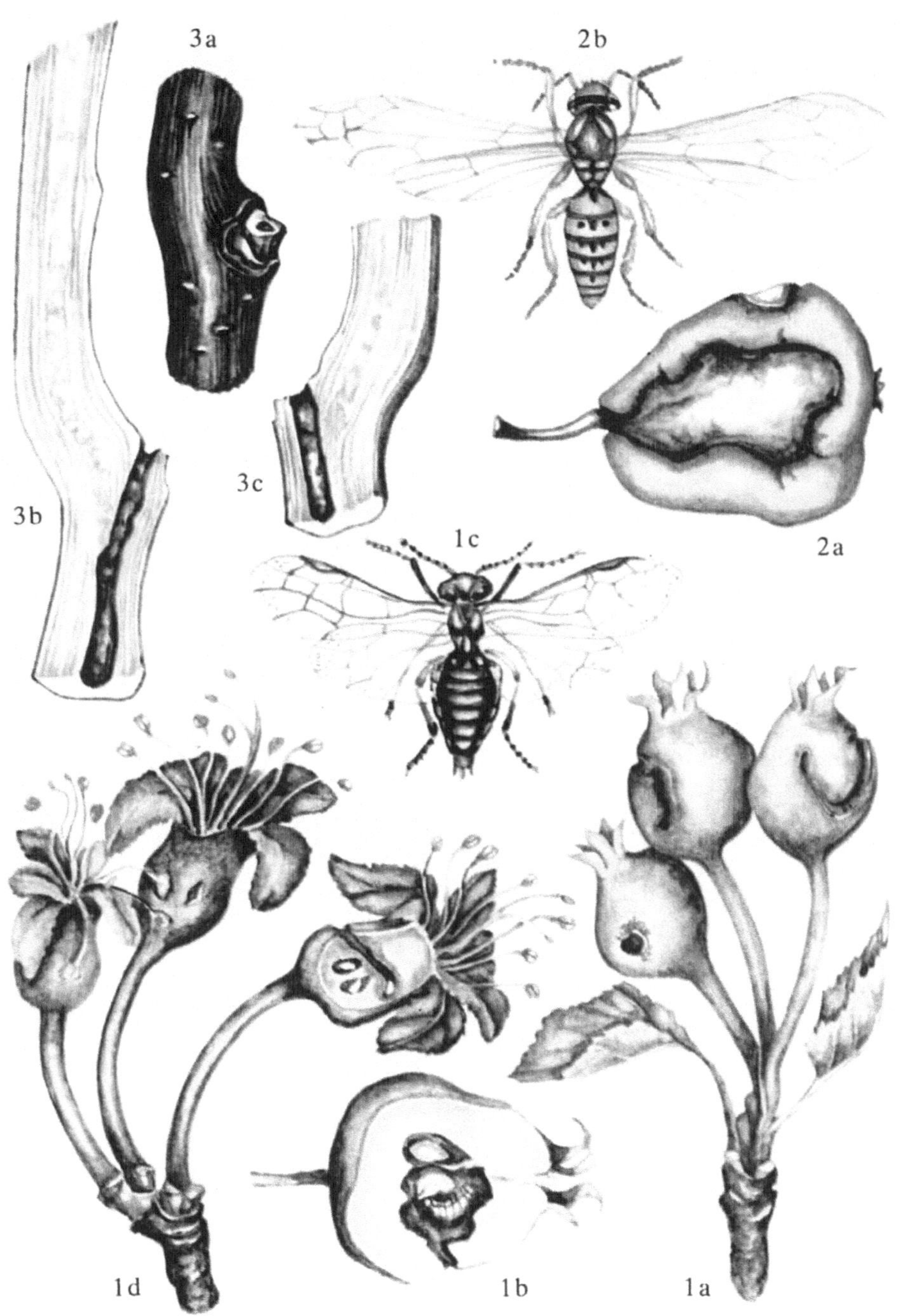
3a
2b
3c
3b
2a
1c
1d
1b
1a

Birnentriebwespe

(Janus compressus F.)

SCHADBILD

Etwa ab Mitte Mai welken die Triebspitzen, meist an einjährigen Trieben. Betroffen sind vor allem Baumschulen und Junganlagen (1 a). Blätter welken, hängen herab und sind zunächst an der Spitze, später gänzlich geschwärzt. Die jüngsten Blätter sind eingerollt und ebenfalls geschwärzt. Etwa 4 bis 5 cm unterhalb der Triebspitze finden sich bräunliche Einstiche, die den Trieb spiralig (etwa 1 bis 2 Windungen) umgeben (1 b). Beim Längsaufschnitt des Triebes findet man ab Juni im Inneren eine bis 10 mm lange, gelblich-weiße Larve mit rückgebildeten Beinen und dunkler Kopfkapsel.

SCHÄDLING

Birnentriebwespe *(Janus compressus* F., Syn. *Cephus compressus* F.).
Die etwa 6 bis 8 mm lange, schwarze Blattwespe besitzt ein rotgelbes Abdomen. Die Flugzeit liegt im Mai. Die Eier werden einzeln in das Mark der jungen Triebe abgelegt. Diese werden vorher unterhalb der Ablagestelle durch 10 bis 26 spiralig angebrachte Einstiche 4 bis 5 cm unterhalb der Triebspitze geringelt. Im verdorrenden Trieb frißt die Larve in einem bis 15 cm langen, abwärts gerichteten Gang, der mit Kot gefüllt ist. Die Larve überwintert im Trieb in einem feinen Gespinst. Vorher wird ein rundes Flugloch von 2,5 bis 3 mm Durchmesser gefressen. Verpuppung im April.

Birnensägewespe

(Hoplocampa brevis [Klg.])
(ohne Abbildung)

SCHADBILD

(Siehe auch Tafel 52)
An jungen Früchten finden sich runde Bohrlöcher, aus denen ein braunes, klebriges Fruchtbrei-Kotgemisch heraustritt. Befallene Früchte sind ausgefressen und werden schwarz, fallen vorzeitig ab. Ein die Frucht umziehendes Band wie bei der Apfelsägewespe (Tafel 52) wird nicht genagt. Am Baum hängende Früchte enthalten vielfach eine weißliche, 20-füßige Larve.

SCHÄDLING

Birnensägewespe *(Hoplocampa brevis* [Klg.]).
Die Körperlänge der Blattwespe beträgt etwa 5 bis 5,5 mm. Die Vorderflügel sind fast glasklar mit gelben Adern. Die Flugzeit ist in den Monaten April bis Mai, nur Weibchen (parthenogenetische Entwicklung). Die Eier werden unterhalb der Epidermis in den Kelch abgelegt. Die Junglarven bohren sich direkt in die Frucht ein. Unter den Staubfäden wird ein halbkreisförmiger Gang gefressen, der später zum Kerngehäuse führt. Jede Larve kann 3 bis 4 Früchte befallen, da sie aus einmal befallenen Früchten nach einer bestimmten Zeit wieder auswandern und in weitere Früchte eindringen. An den befallenen Früchten ist nur ein Loch sichtbar, aus dem Fruchtbrei-Kotgemisch austritt. Die Überwinterung und Verpuppung erfolgen in einem Kokon im Boden.

Gesellige Birnenblattwespe, Gelbe Birnenblattwespe, Gesellige Birnengespinstblattwespe, Birnengespinstblattwespe

(*Neurotoma saltuum* [L.], Syn. *Neurotoma flaviventris* Retz.)

SCHADBILD

Von Juni an bis August können an den Bäumen bräunlich-gelbe, mit Kot durchsetzte Gespinstnester gefunden werden, in die Blätter eingesponnen sind (2a), die bis auf die Blattrippen kahl gefressen werden durch schmutzig-dunkelgelbe bis schwach orangegelbe, etwa 20 mm lange Larven (2b) mit 3 Paar Brustbeinen und einem Paar griffelartigen Anhängen am Hinterleibsende. Die Gespinstnester erreichen eine Größe bis zu 15 cm. An Jungbäumen kann Kahlfraß entstehen. Sobald die eingesponnenen Blätter kahlgefressen sind, werden von den Larven neue Gespinstnester angelegt. Eine Larvenkolonie kann bis zu 6 Nester anlegen.

SCHÄDLING

Gesellige Birnenblattwespe (*Neurotoma saltuum* [L.], Synonyme siehe oben) (2c).
Die Flugzeit der etwa 11 bis 14 mm langen, schmutzig-gelben Männchen und blauschwarzen Weibchen, deren Hinterleib gelb gefleckt ist, liegt in den Monaten Mai bis Juni. Die Eier werden in Gruppen von 30 bis 60 Stück in Reihen an die Blattunterseite abgelegt (pro Weibchen bis zu 200 Stück). Nach reichlich einer Woche schlüpfen die Junglarven, die in der Zeit von Juni bis August fressen. Die erwachsenen Larven überwintern in einem Kokon im Boden. Dort erfolgt die Verpuppung ab Mai des nächsten Jahres bis zum übernächsten Jahr.

Schwarze Kirschblattwespe

(*Caliroa cerasi* [L.])

SCHADBILD

Von der Blattoberseite her werden die Blätter durch etwa 10 mm lange, keulenförmige, wie schwarze Nacktschnecken aussehende Larven skelettiert (3a). Die befressenen Blatteile wirken netzartig, verbräunen und sind durchsichtig (3b).

SCHÄDLING

Schwarze Kirschblattwespe (*Caliroa cerasi* [L.], Syn. *Tenthredo limacina* Retz., *Eriocampoides limacina* Retz.)
Die 5 mm langen, schwarz glänzenden Wespen (3c) fliegen im Mai bis Juni und im Juli bis August. Die Eier werden an die Blattunterseiten gelegt. Nach etwa zwei Wochen schlüpfen die gelblichen, keulenförmigen Larven, die von einer schwarzen Schleimhülle überzogen sind. Die zweite Generation verursacht die stärksten Schäden. Die Überwinterung erfolgt in einem Kokon im Boden. Hier erfolgt im April die Verpuppung.

Schwarze Birnenblattwespe

(*Pristiphora abbreviata* [Hartig])
(ohne Abbildung)

SCHADBILD

Ab Ende Mai frißt eine 20-füßige, schmutzig-gelbliche Larve zunächst ein rundes Loch aus dem Blatt. Dieses wird später bis zum Blattrand vergrößert. Es kommt auch Randfraß vor. An Spalierobst kann es mitunter zu Kahlfraß bestimmter Baumteile kommen.

SCHÄDLING

Schwarze Birnenblattwespe (*Pristophora abbreviata* [Hartig], Syn. *Nematus abbreviatus* Hartig, *Micronematus abbreviatus* Hartig.).
Während der Flugzeit im April bis Mai legen die Wespen, die 3,5 bis 5 mm lang und schwarz sind, ihre Eier an die Blattmittelrippe. Nach zwei Wochen schlüpfen die Junglarven, die ab Juni bis Juli in den Boden abwandern und hier in einem Kokon überwintern. Es tritt nur eine Generation im Jahr auf. Die Entwicklung ist parthenogenetisch.

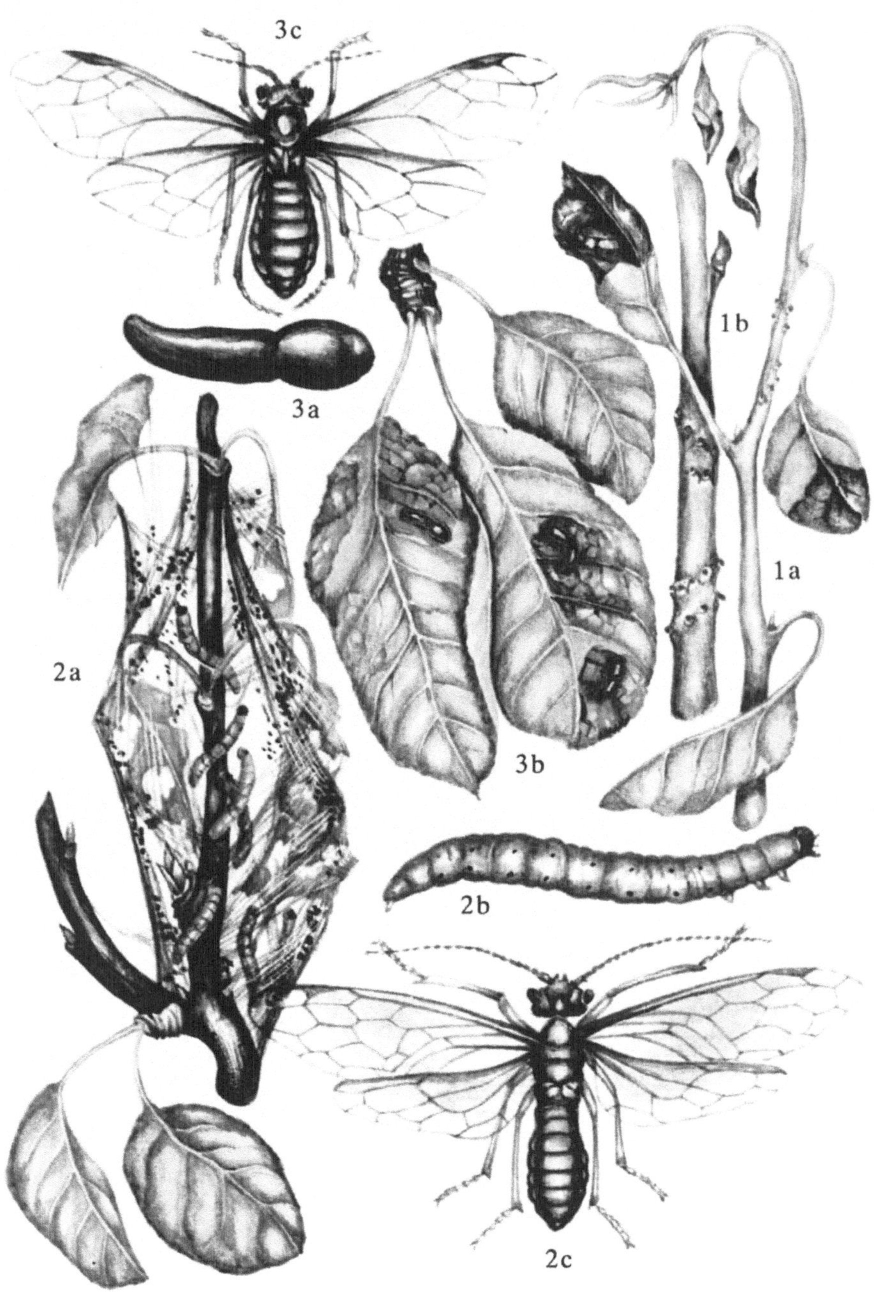
3c
3a
1b
2a
3b
1a
2b
2c

Apfelblütenstecher

(*Anthonomus pomorum* L.)

SCHADBILD

Mit Beginn des Schwellens der Blütenknospen im Frühjahr kann man an diesen feine Einstichlöcher erkennen, aus denen Saft heraustritt („Tränen" der Knospen). Dieses Schadbild wird meist übersehen. Später finden sich zwischen den sich öffnenden Blütenknospen solche, welche geschlossen bleiben und verbräunen bzw. vertrocknen (a). Beim Öffnen derartiger Knospen findet man im Inneren eine gelblich-weiße, schwach gekrümmte, fußlose Käferlarve mit schwarzer Kopfkapsel („Kaiwürmer") (b, c). Sie frißt in der Knospe Staubbeutel, Stempel sowie die Innenseite der Kronblätter an. Dadurch wird das Öffnen der Blüten beeinträchtigt oder verhindert. Die Blütenblätter verbräunen. Die Knospen erscheinen kappenartig durch die verbräunten Blütenblätter verschlossen (a).

SCHÄDLING

Apfelblütenstecher (*Anthonomus pomorum* L.).
Der dunkel-schwarzbraune Käfer (d) ist 3,4 bis 4,3 mm lang. Hinter der Mitte der Flügeldecken befindet sich eine hellere, schräge Querbinde. Die Beine sind rotbraun, die Schenkel dunkel. Der Käfer überwintert unter Borke, in Rindenrissen und in anderen Verstecken. Etwa Mitte März werden die Winterlager verlassen. Nach einem Reifefraß an den aufbrechenden Knospen werden im April die Eier (bis zu 100 Stück) einzeln in die Knospen abgelegt. Durch den Reifefraß können bereits Knospen zerstört werden. An den Einstichstellen findet sich brauner Pflanzensaft. Nach etwa einer Woche schlüpfen die Larven. Diese leben in den Knospen. Nach einer Fraßzeit von etwa 3 Wochen verpuppt sich die Larve in der Knospe (Puppe e). Die Jungkäfer erscheinen etwa Anfang Juni und verursachen keine Schäden, sondern sind während der Sommermonate in verschiedenen Verstecken zu finden. Im Herbst suchen sie die Winterlager in Wäldern, unter Rindenschuppen der verschiedensten Waldbäume auf. Die Schäden durch den Apfelblütenstecher sind vor allem in Jahren mit schwachem Blütenansatz, ungünstigen Witterungsbedingungen sowie ungünstigen Bedingungen für den Fruchtansatz von Bedeutung. In Jahren mit reichlichem Blüten- und Fruchtansatz kann der Apfelblütenstecher wegen des durch ihn bewirkten Ausdünneffektes im Blütenbesatz sogar als nützlich angesehen werden.

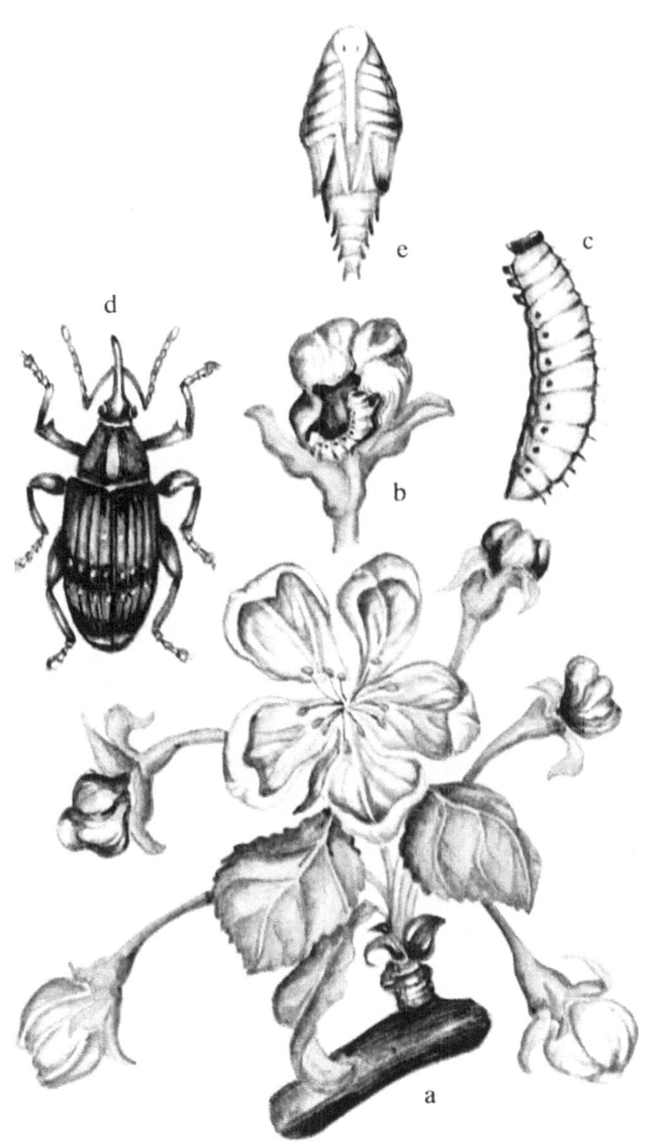

e
d
c
b
a

Birnenknospenstecher
(*Anthonomus piri* Kollar)

SCHADBILD

Besonders bei Beginn der Blüte wird deutlich, daß eine Reihe von Knospen nicht aufbricht bzw. nur wenige Blätter austreiben (1a). Beim Aufschneiden findet man darin eine etwa 3 bis 4 mm lange, fußlose, weißliche bis weißlich-gelbe Larve mit brauner Kopfkapsel (1b), die die Knospe von innen her ausfrißt, bzw. eine weißliche Puppe. Die betroffenen Knospen fallen vorzeitig ab (1c). Im April bis Mai kann man ferner an Blatt- und Blütenknospen äußerliche Fraßbeschädigungen finden.

SCHÄDLING

Birnenknospenstecher (*Anthonomus piri* Kollar, Syn. *Anthonomus pyri* Boh., *Anthonomus cinctus* Redt.).
Der 2,8 bis 4,5 mm lange Käfer ist dem Apfelblütenstecher (*Anthonomus pomorum* [L.]) (Tafel 54) ähnlich, besitzt aber eine senkrecht auf der Naht der Flügeldecken stehende, helle Querbinde (1d). Die Jungkäfer erscheinen im April bis Mai und beginnen mit dem Reifefraß an Blatt- und Blütenknospen. Später wird ein unbedeutender Skelettierfraß an Blättern verursacht. Nach einer Sommerdiapause wird der Reifefraß an Knospen fortgesetzt, wobei die Knospen zerstört werden können. Die Eiablage erfolgt von September bis Dezember in die Blütenstandsknospen. In den Knospen schlüpfen in der Regel im Februar die Larven und fressen sie aus. Diagnostisch ist von Interesse, daß die Eiablagestelle an der Knospe bereits mit geringer Vergrößerung als dunkel gefärbte Stelle erkennbar ist.

Rebenstecher, Zigarrenwickler, Rebstichler
(*Byctiscus betulae* [L.])

SCHADBILD

An Knospen, vor allem aber an den Blättern findet sich ab Ende April bis in den Mai hinein ein unbedeutender, streifenförmiger Schabefraß bzw. Lochfraß. Später werden die Stiele der Blätter angenagt bzw. ein Loch in die Triebe gefressen. Die in dieser Form angefressenen Blätter welken und hängen herab. Mehrere von ihnen werden zu einem zigarrenförmigen Wickel zusammengezogen (2a). Darin fressen 3 bis 4 mm lange, gelblich-weiße Larven.

SCHÄDLING

Rebenstecher, Zigarrenwickler, Rebstichler (*Byctiscus betulae* [L.]).
Der 5,5 bis 9,5 mm lange Rüsselkäfer ist meist grün oder blau gefärbt. Es kommen aber auch andere Farbvarianten vor (2b). Vor der Eiablage beißen die Weibchen die Leitbündel der Blattstiele durch, so daß diese welken. Aus den herabhängenden Blättern werden Wickel hergestellt, in die etwa 4 bis 6 Eier abgelegt werden. Die Junglarven fressen in den Wickeln. Diese welken und fallen zu Boden. Nach 3 bis 5 Wochen verpuppen sich die Larven im Boden. Jungkäfer überwintern.

Rosenkäfer, Goldkäfer
(*Cetonia aurata* [L.])

SCHADBILD

14 bis 20 mm lange, metallisch grün glänzende, zum Teil auch goldrot bzw. dunkelviolett glänzende Käfer mit kupferroter Unterseite und vielen kleinen, weißen Querflecken (3a) auf den Flügeldecken fressen an den Blüten, besonders bei Birne auch an weichen, reifen Früchten (3b).

SCHÄDLING

Rosenkäfer, Goldkäfer (*Cetonia aurata* [L.]).
(Siehe auch Tafel 61).

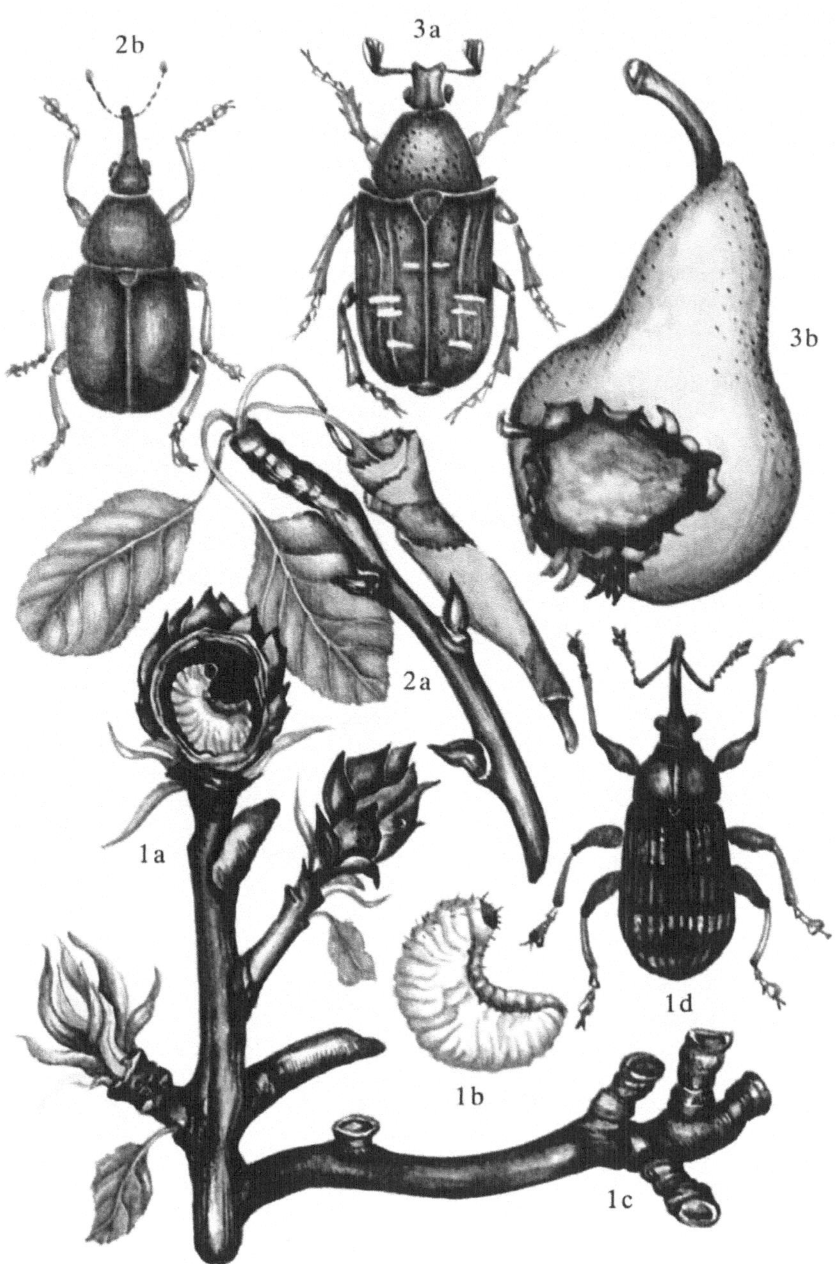
2b
3a
3b
2a
1a
1d
1b
1c

Rotbrauner Apfelfruchtstecher, Rotbrauner Fruchtstecher
(*Coenorhinus aequatus* [L.])

SCHADBILD

Etwa ab Mitte Mai findet sich an Knospen, Blättern und Blüten ein meist übersehener, unbedeutender Nagefraß. Charakteristisch ist der Fraß an den jungen Früchten, die oft siebartig von außen befressen werden (1a). Vielfach werden die Fruchtstiele angenagt, die Früchte welken und fallen vorzeitig ab. An älteren und reifenden Früchten sind diese Fraßstellen an kleinen, schorfartigen Vernarbungen erkennbar (1b).

SCHÄDLING

Rotbrauner Apfelfruchtstecher, Rotbrauner Fruchtstecher (*Coenorhinus aequatus* [L.], Syn. *Rhynchites aequatus* L.).
Der 2,5 bis 4 mm lange Rüsselkäfer ist bronzefarbig und behaart, die Flügeldecken sind rot bis rotbraun (2), die Körperunterseite ist schwarz. Nach Verlassen der Winterlager unter Rindenschuppen und in anderen Verstecken erfolgt der Reifefraß an Knospen, Blättern und Blüten. Die Eier werden in die jungen Früchte abgelegt. Nach Annagen des Fruchtstiels welken die Früchte und fallen zu Boden. Die weißlichen, fußlosen Larven entwickeln sich in den abgefallenen Früchten und fressen sich bis zum Kerngehäuse durch. Verpuppung im Boden.

Purpurroter Apfelfruchtstecher
(*Rhynchites bacchus* [L.])

SCHADBILD

Das Schadbild entspricht dem des Rotbraunen Apfelfruchtstechers.

SCHÄDLING

Purpurroter Apfelfruchtstecher (*Rhynchites bacchus* [L.]).
Der Käfer ist 4,5 bis 6,5 mm lang, dunkel goldrot oder purpurfarbig und abstehend behaart (3). Die Tarsen sind erzblau. Seine Lebensweise entspricht etwa derjenigen des Rotbraunen Apfelfruchtstechers.

Kirschfruchtstecher, Goldgrüner Fruchtstecher
(*Rhynchites auratus* [Scop.])
(ohne Abbildung)

SCHADBILD

An Knospen, Kelchen und jungen Früchten tritt Lochfraß auf. Vielfach fallen junge Früchte vorzeitig ab. Im Inneren der Früchte fressen sich Käferlarven bis zum Kerngehäuse durch. Früchte verunstaltet.

SCHÄDLING

Kirschfruchtstecher, Goldgrüner Fruchtstecher (*Rhynchites auratus* [Scop.]).
Der goldgrüne bis grünkupferfarbige Rüsselkäfer ist 5 bis 8 mm lang und abstehend behaart. Flügeldecken sind dicht punktiert. Eiablage in Fraßgruben in die Früchte. Larvenentwicklung etwa bis Juli-August in den Früchten, Verpuppung im Boden.

Apfelblattgallmücke
(*Dasyneura mali* Kieff.)
(An Apfel)

SCHADBILD

Besonders in Baumschulen, aber auch an älteren Bäumen zeigen die Blätter Einrollungen von der Seite her. Die Blattfläche schwillt an, wird brüchig und knorpelig. Mitunter zeigen beide Blattränder derartige Einrollungen (4a, b), verbunden mit schwacher Rötung. Betroffen sind vor allem Blätter an der Triebspitze. In den Rollungen finden sich zahlreiche (zum Teil bis zu 50), etwa 1,5 bis 3 mm lange, weißliche bis orangerote Larven (4c).

SCHÄDLING

Apfelblattgallmücke (*Dasyneura mali* Kieff.).
Die Gallmücken schlüpfen aus den im Boden in einem Kokon überwinternden Puppen etwa zur Zeit der Apfelblüte. Sie legen ihre Eier in Ketten längs der Blattadern ab. Nach wenigen Tagen schlüpfen die Larven, die an den Blatträndern saugen und das beschriebene Schadbild verursachen. Mehrere Generationen im Jahr (etwa 3 bis 5).

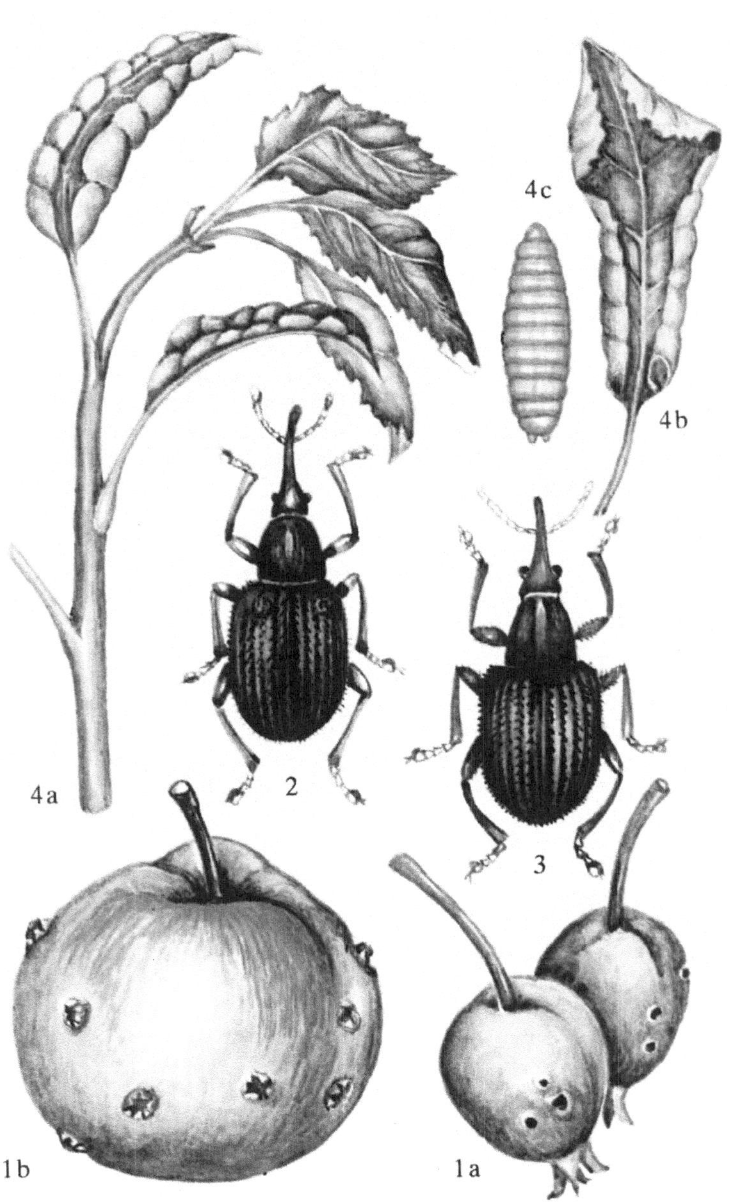
4c
4b
4a
2
3
1b
1a

Birnengallmücke

(*Contarinia pirivora* Ril.)

SCHADBILD

Nach der Blüte finden sich junge Früchte, die deutlich größer sind als der größte Teil der Früchte eines Baumes. Sie haben nicht die typische birnenförmige Gestalt, sondern sind mehr kugelig aufgetrieben (1 a). Beim Durchschneiden derartiger Früchte sind im Inneren zahlreiche (1 b), zum Teil bis zu 50 weißliche bis gelblich-weißliche, etwa 4 mm lange Larven (1 c) mit Sprungvermögen zu finden. Befallene Früchte sind hohl, verfärben sich äußerlich rötlich bis braunschwarz und werden buckelig (1 a, d). Mitunter platzen sie auch auf. Sie fallen vorzeitig ab. Betroffen sind vor allem Spalier- und Niederstammbäume.

SCHÄDLING

Birnengallmücke (*Contarinia pirivora* Ril., Syn. *Contarinia pyrivora* Ril.).
Etwa ab Anfang April erscheinen die grauschwarzen, 2,5 bis 3 mm langen Mücken. Sie besitzen gelbbraune Fühler (1 e).
Bei Beginn der Entfaltung der Blütenblätter legen sie ihre Eier in größerer Zahl an Staubgefäße und Stempel. Die jungen Larven bohren sich noch während der Blüte in den Fruchtknoten ein. Durch die Einwirkung ihres Speichels wird das beschriebene Schadbild verursacht. Durch die Fraßtätigkeit der Larven wird der gesamte Bereich des Kerngehäuses zerstört. Nach etwa 6 Wochen verlassen die verpuppungsreifen Larven die Früchte, die zu dieser Zeit zum Teil noch am Baum hängen oder bereits zu Boden gefallen sind. Die Verpuppung erfolgt im Boden in einer Gespinsthülle (Kokon) in etwa 5 bis 10 cm Tiefe. Der Schädling überwintert im Larvenstadium im Kokon oder bereits als Puppe. Es wird nur eine Generation im Jahr ausgebildet.

Birnenblattgallmücke

(*Dasyneura pyri* Bché.)

SCHADBILD

Junge Birnenblätter entfalten sich an den Triebenden nicht bzw. bereits entfaltete Blätter sind vom Rand her eingerollt und in diesem Bereich knorpelig verdickt (2 a), mitunter leicht gelblich, zum Teil sogar rötlich verfärbt. Die Blattadern heben sich deutlich ab. In den Rollungen leben zahlreiche, oft bis zu 80 weißlich-gelbliche bis rötliche oder ockergelbe, etwa 2 mm lange Gallmückenlarven (2 b). Die Blätter verfärben sich später schwärzlich. Das Triebwachstum ist beeinträchtigt.

SCHÄDLING

Birnenblattgallmücke (*Dasyneura pyri* Bché., Syn. *Perrisia pyri* Bché.).
Die etwa 1,5 bis 2,5 mm lange, schwarzbraune Gallmücke besitzt einen fleischroten bis rotbraunen (2 c) Hinterleib sowie dunkelbraune Fühler. Die Flugzeit liegt in der Zeit von Ende April bis Ende Mai. Die Eiablage erfolgt in die jungen, noch zusammengerollten Blätter bzw. in Blattknospen. Nach wenigen Tagen schlüpfen die Larven. Ihre Entwicklungszeit dauert etwa 2 Wochen. Danach verlassen sie die Blattrollungen und verpuppen sich im Boden. Es treten mehrere Generationen im Jahr auf. Die Larven der letzten Generation überwintern in diesem Stadium in einem Kokon im Boden.
Hierin erfolgt im zeitigen Frühjahr die Verpuppung.

57

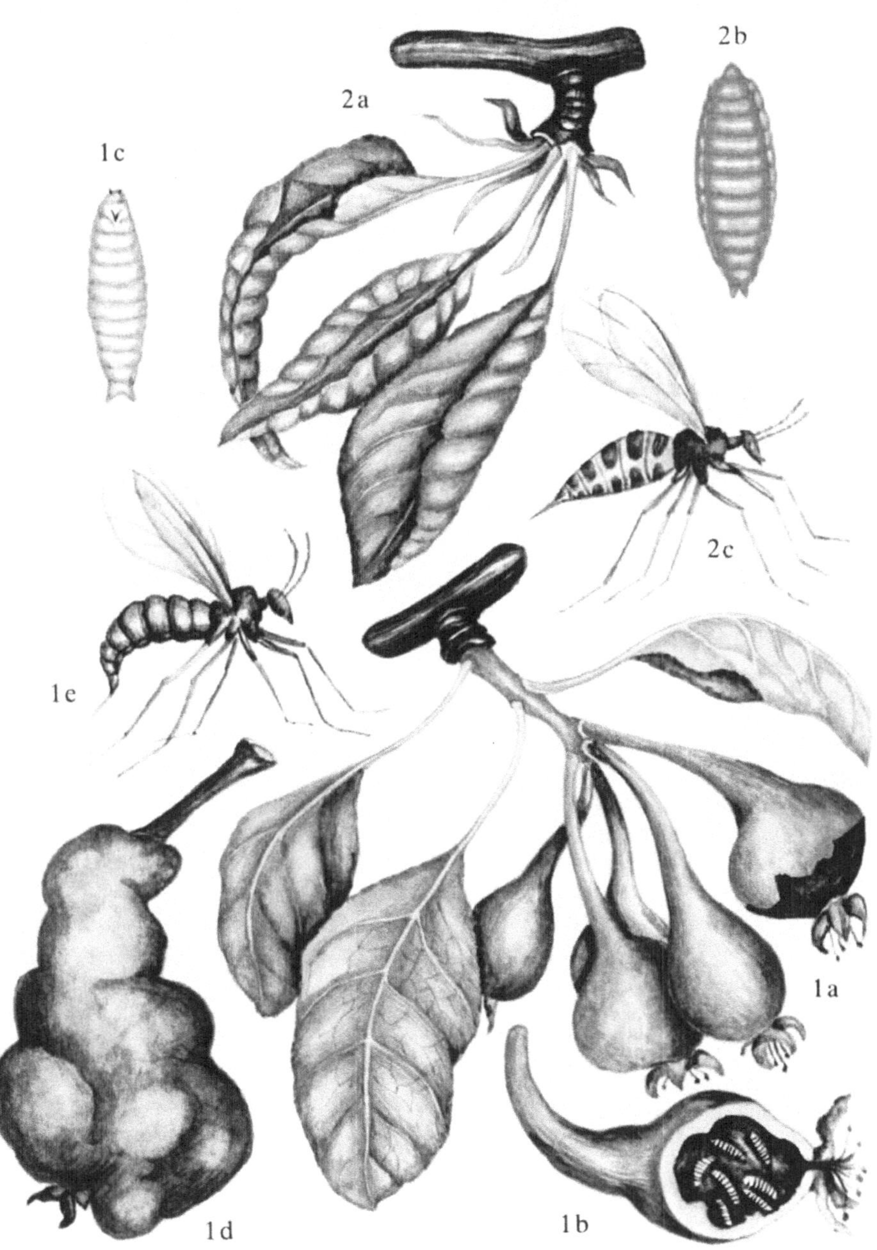

Blattrippenstecher

(*Coenorhinus pauxillus* [Germ.])

SCHADBILD

Die Mittelrippe der Blätter ist in der Nähe des Blattgrundes angenagt. In der Mittelrippe miniert eine gelblich-weiße Käferlarve, mitunter auch seitlich davon. Die betroffenen Blätter krümmen sich, besonders am Blattgrund (1 a), rollen sich mehr oder weniger stark ein und fallen vorzeitig ab.

SCHÄDLING

Blattrippenstecher (*Coenorhinus pauxillus* [Germ.], Syn. *Rhynchites pauxillus* [Germ.]). Der blaugrüne bis grüne Rüsselkäfer (1 b) ist etwa 2 bis 2,8 mm lang und behaart. Nach Verlassen der Winterlager erfolgt ein Reifefraß an Knospen, Blüten und Blättern. Im Mai werden die Eier in die Blattstiele oder die Blattmittelrippe abgelegt, in der die sich entwickelnden Larven fressen. Verpuppung im Boden. Die Jungkäfer schlüpfen noch im Herbst.

Obstbaumtriebstecher, Zweigstecher

(*Rhynchites coeruleus* [Deg.])
(ohne Abbildung)

SCHADBILD

Etwa ab Ende Mai welken junge Triebe, knicken um und fallen zum Teil ab. Unterhalb der Knickstelle finden sich ringförmig in horizontaler Reihe angeordnete Fraß- bzw. Eiablagestellen. Im Mark der befallenen Triebe frißt eine weißlich-gelbe Käferlarve.

SCHÄDLING

Obstbaumtriebstecher, Zweigstecher (*Rhynchites coeruleus* [Deg.]). Der 2,8 bis 3,5 mm lange Käfer ist blau bis blaugrün und schwarz abstehend behaart. Eiablage Ende Mai in die Triebe. Die Larvenentwicklung vollzieht sich in den zu Boden gefallenen Trieben. Verpuppung im Boden.

Buchenspringrüßler

(*Rhynchaenus fagi* [L.])

SCHADBILD

Etwa ab Ende April tritt an den jungen Blättern, später auch an den jungen Früchten ein mehr oder weniger starker und ausgebreiteter, flacher Loch- bzw. Nagefraß auf, der später vernarbt. Im Mai findet sich dann in der Blattmittelrippe, später in einer Platzmine an der Blattspitze oder am Rande der Blattspreite eine minierende Käferlarve, bzw. ein Puppenkokon.

SCHÄDLING

Buchenspringrüßler (*Rhynchaenus fagi* [L.]), Syn. *Orchestes fagi* [L.]).
Der 2 bis 2,8 mm lange, schwarze und fein grau bis gelbbraun behaarte Käfer (2) tritt vor allem in Apfelanlagen in der Nähe von Waldbeständen (Buchen) auf. Er erscheint etwa Ende April in den Obstanlagen und legt seine Eier in die Blattmittelrippe. Die Larven leben in Gang- bzw. Platzminen, in denen auch die Verpuppung erfolgt. Die Jungkäfer erscheinen ab Mitte Juni.

Brauner Kurzrüßler, Schmalbauch
(*Phyllobius oblongus* [L.])

SCHADBILD

Vor allem in Baumschulen sowie in Intensivobstanlagen treten ab Ende April mehr oder weniger starke Fraßbeschädigungen an Knospen, Blüten, Blättern und mitunter auch an der Rinde junger Triebe (3 c, d) auf. An den Blättern findet sich sowohl Rand- als auch Lochfraß (3 a, b). Aufgebrochene Knospen können vollständig zerstört werden, besonders auch die Knospen von Veredelungen in Baumschulen.

SCHÄDLING

Brauner Kurzrüßler, Schmalbauch (*Phyllobius oblongus* [L.], Syn. *Phyllobius mali* [F.]). Der 3,5 bis 6 mm lange, schwarze Käfer besitzt bräunliche bis bräunlichgelbe Flügeldecken, Beine und Fühler (3 e). Mitunter sind die Käfer auch ganz schwarz. Sie verlassen die Winterlager im April und legen ihre Eier in den Boden.

In ähnlicher Weise schädigen:

Breiter Birnengrünrüßler
(*Phyllobius piri* [L.])
Käfer dunkelbraun bis schwarz, 4,5 bis 6,5 mm lang (4). Oberseite mit metallischen Schuppenhaaren.

Phyllobius urticae (Deg.)
Der Körper dieses 7 bis 9 mm langen Käfers ist metallisch grün (5). Fühler und Beine sind in der Regel schwarz.

Phyllobius viridicollis (F.)
(ohne Abbildung)
Käfer 3,5 bis 5 mm lang, und schwarz glänzend. Seiten des Halsschildes und der Hinterbrust grün beschuppt.

Phyllobius virideaeris (Laich.)
(ohne Abbildung)
Der 3,5 bis 6 mm lange Käfer besitzt eine metallisch grüne Oberseite. Fühler und Beine sind gelb. Er tritt in verschiedenen Farbvarianten auf.

Phyllobius maculicornis Germ.
(ohne Abbildung)
Der ebenfalls grün beschuppte Käfer ähnelt *Phyllobius virideaeris* und ist 4 bis 6 mm lang.

Phyllobius calcaratus (F.)
(ohne Abbildung)
Dieser 7,5 bis 10 mm lange Käfer variiert in der Färbung. Neben grünen Individuen kommen auch solche mit grün- und schwarzfleckig behaarten Flügeldecken vor. Beine gelbrot.

Luzernerüßler, Liebstöckelrüßler
(*Otiorhynchus ligustici* [L.])

Der schwarze, metallisch glänzend braun beschuppte Käfer (6) ist 10 bis 12 mm lang. Körper oval-eiförmig. Er ist flugunfähig und erscheint im April aus dem Winterlager. Blattfraß sowie Fraß an Knospen, besonders in Baumschulen. Eiablage in den Boden. Larvenfraß an den Wurzeln in der Regel ohne Bedeutung.

Braunbeiniger Dickmaulrüßler
(*Otiorhynchus singularis* [L.])

Der Käfer (7) ist 6 bis 7,5 mm lang. Seine Oberseite ist mit großen, schmutzig-gelben bis braunen Schuppen scheckig bedeckt. Zwischen den Punktstreifen der Flügeldecken befinden sich lange Borstenhaare. Die Käfer fressen vorwiegend nachts an Blättern und Trieben. Die Larven fressen an den Wurzeln.

Rauher Dickmaulrüßler
(*Otiorhynchus raucus* [F.])
(ohne Abbildung)

Der 5 bis 7 mm lange Käfer ist schwarz. Seine Flügeldecken sind dicht mit gelblichbraunen Haarschuppen besetzt. Sie erscheinen etwas scheckig. Fraß an Knospen, Blättern und Trieben, Larvenfraß an den Wurzeln.

Gefurchter Lappenrüßler
(*Otiorhynchus sulcatus* [F.])
(ohne Abbildung)

Der Körper des 7,5 bis 10 mm langen, schwarzen Käfers ist länglich oval. Die Oberseite ist mit hellgelben, metallisch schimmernden Schuppenhaaren bedeckt. Der Rüssel ist stark runzelig. Auf dem Halsschild befindet sich eine perlartige Körnung. Die Käfer sind flugunfähig. Eiablage in den Boden. Die Larven fressen an den Wurzeln und können zweimal überwintern. Die Käfer fressen nachts an Knospen und Blättern.

Grauer Rüsselkäfer
(*Peritelus sphaeroides* Germ.)
(ohne Abbildung).

Der Käfer ist 4,5 bis 7,5 mm lang und oberseits dicht braun oder braungrau beschuppt. Die Seiten der Flügeldecken sind oft heller. Befressen werden Knospen, Blätter und Triebe. Die Larven fressen an den Wurzeln.
(Zur Bestimmung der Rüsselkäfer Spezialliteratur verwenden bzw. den Rat eines Spezialisten einholen).

58

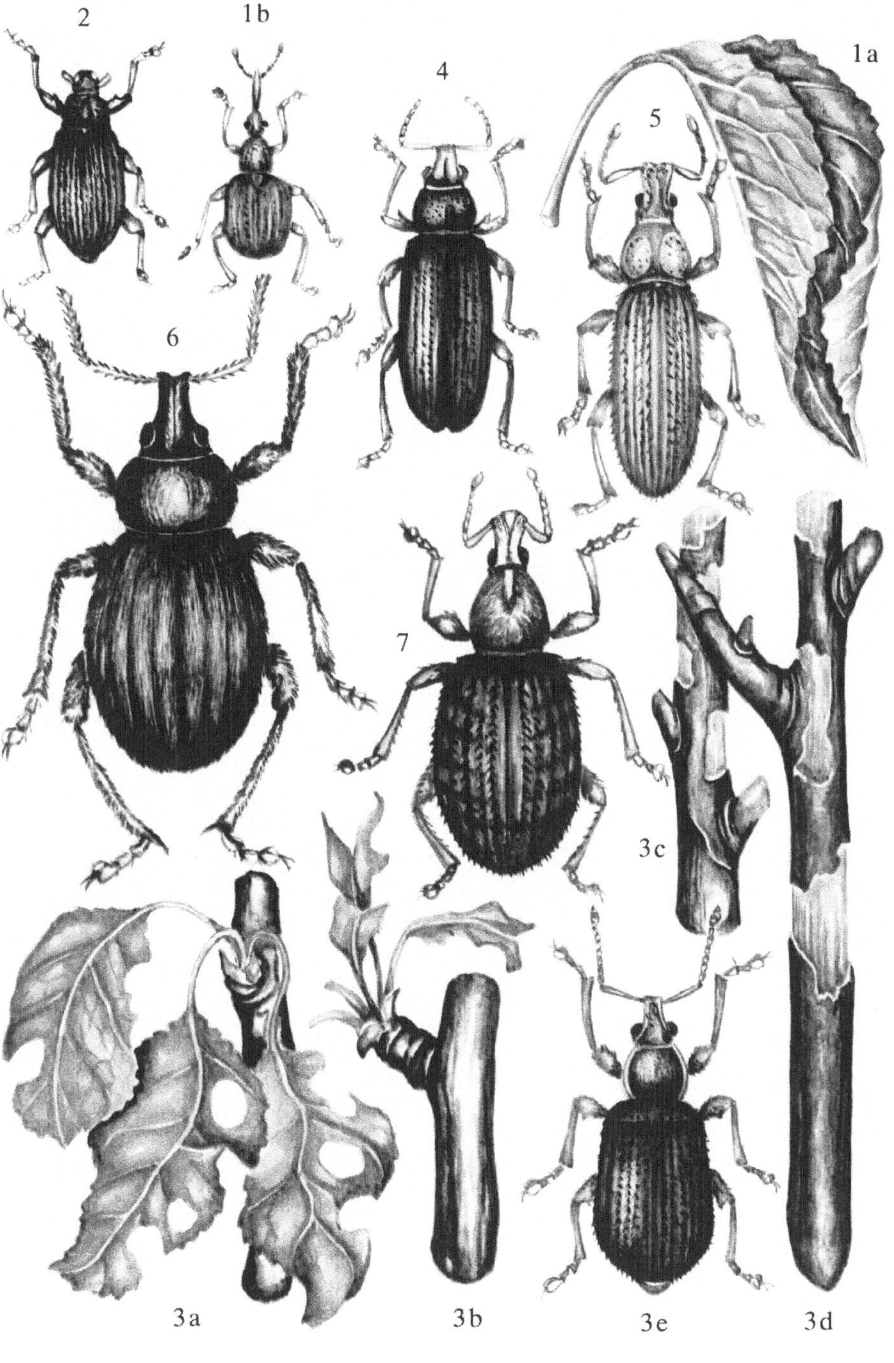

2

1b

4

5

1a

6

3c

7

3a

3b

3e

3d

Obstbaumbockkäfer, Buchenbock
(*Cerambyx scopoli* Füssl.)

SCHADBILD

Blätter welken, Äste bzw. Bäume sterben vorzeitig ab. Unter der Rinde, vor allem im unteren Stammteil, fressen 40 bis 50 mm lange, fußlose und gelblich gefärbte Larven (1 a) unregelmäßige Gänge, die bis in das Holz hineinreichen. Die Gänge können bis fingerdick werden.

SCHÄDLING

Obstbaumbockkäfer, Buchenbock (auch Kleiner Heldbock, Runzelbock) (*Cerambyx scopoli* Füssl.).
Der Käfer ist einfarbig schwarz und fein grau behaart (1 b). Seine Länge beträgt 17 bis 28 mm. Die Flügeldecken sind besonders stark gerunzelt. Die Fühler überragen beim Männchen das Hinterleibsende. Der Käfer fliegt im Mai bis Juni. Die Eier werden in alte Wunden am Stamm oder an Ästen gelegt. Die Larvenentwicklung dauert 3 Jahre.

Schwarzer Obstbaumprachtkäfer, Pfirsichprachtkäfer
(*Capnodis tenebrionis* L.)

SCHADBILD

Blätter welken, Bäume sterben ab. In den kräftigeren Wurzeln finden sich unter der Rinde zum Teil bis zu 70 gelblich-weiße, bis zu 70 mm lange, abgeflachte Larven mit tiefen Segmenteinschnitten (2 a). Sie legen vom Wurzelhals aus Längsgänge in den Wurzeln an.

SCHÄDLING

Schwarzer Obstbaumprachtkäfer, Pfirsichprachtkäfer (*Capnodis tenebrionis* L.).
Der Käfer dringt von Südeuropa nach Südost- bzw. Mitteleuropa vor. Die Flugzeit erstreckt sich über die Frühjahrs- und Frühsommermonate. Eiablage an den Wurzelhals. Die Larvenentwicklung dauert 2 bis 2,5 Jahre. Der Käfer selbst ist 22 bis 25 mm lang, matt schwarz. Der Halsschild ist gefleckt (2 b).

Birnbaumprachtkäfer, Gefurchter Birnbaumprachtkäfer
(*Agrilus sinuatus* [Oliv.])

SCHADBILD

In der Regel an Birne, aber auch an Apfel, schwaches Austreiben, Kleinbleiben des Laubes und vorzeitige Verfärbung. Früchte fallen vorzeitig in halber Größe ab. Wipfeldürre und allmähliches Absterben des Baumes. Dünnere Äste vielfach geringelt. Die Rinde zeigt Risse und Sprünge (3 a), unter der Rinde Zickzackgänge (3 b). An den Blättern unregelmäßiger Randfraß (3 c).

SCHÄDLING

Birnbaumprachtkäfer, Gefurchter Birnbaumprachtkäfer (*Agrilus sinuatus* [Oliv.]).
Der Käfer ist 10 bis 11 mm lang und oberseits einfarbig kupferrot (3 d). Die Hauptflugzeit ist im Juni. Nach einem Reifungsfraß an Blättern werden die Eier in Rindenritzen junger Bäume abgelegt. Die Larven dringen in die Rinde ein und bohren unter der Rinde, später im Holz schmale Zickzackgänge („Blitzwurm") (3 b). Die Verpuppung der bis 25 mm lang werdenden, weißlich-gelben Larven erfolgt im März des dritten Entwicklungsjahres.

Buchenprachtkäfer
(*Agrilus viridis* L.)

SCHADBILD

Das Schadbild entspricht dem, welches durch den Birnbaumprachtkäfer verursacht wird. Es werden durch die Larven jedoch unter der Rinde und im Holz geschlängelte Gänge angelegt (4 a).

SCHÄDLING

Buchenprachtkäfer (*Agrilus viridis* L.).
Der Käfer ist 6 bis 9 mm lang und einfarbig grün (4 b). Es kommen auch blaue Exemplare vor. Der Käfer frißt von Mai bis September an den Blättern. Die Lebensweise entspricht etwa derjenigen des Birnbaumprachtkäfers.

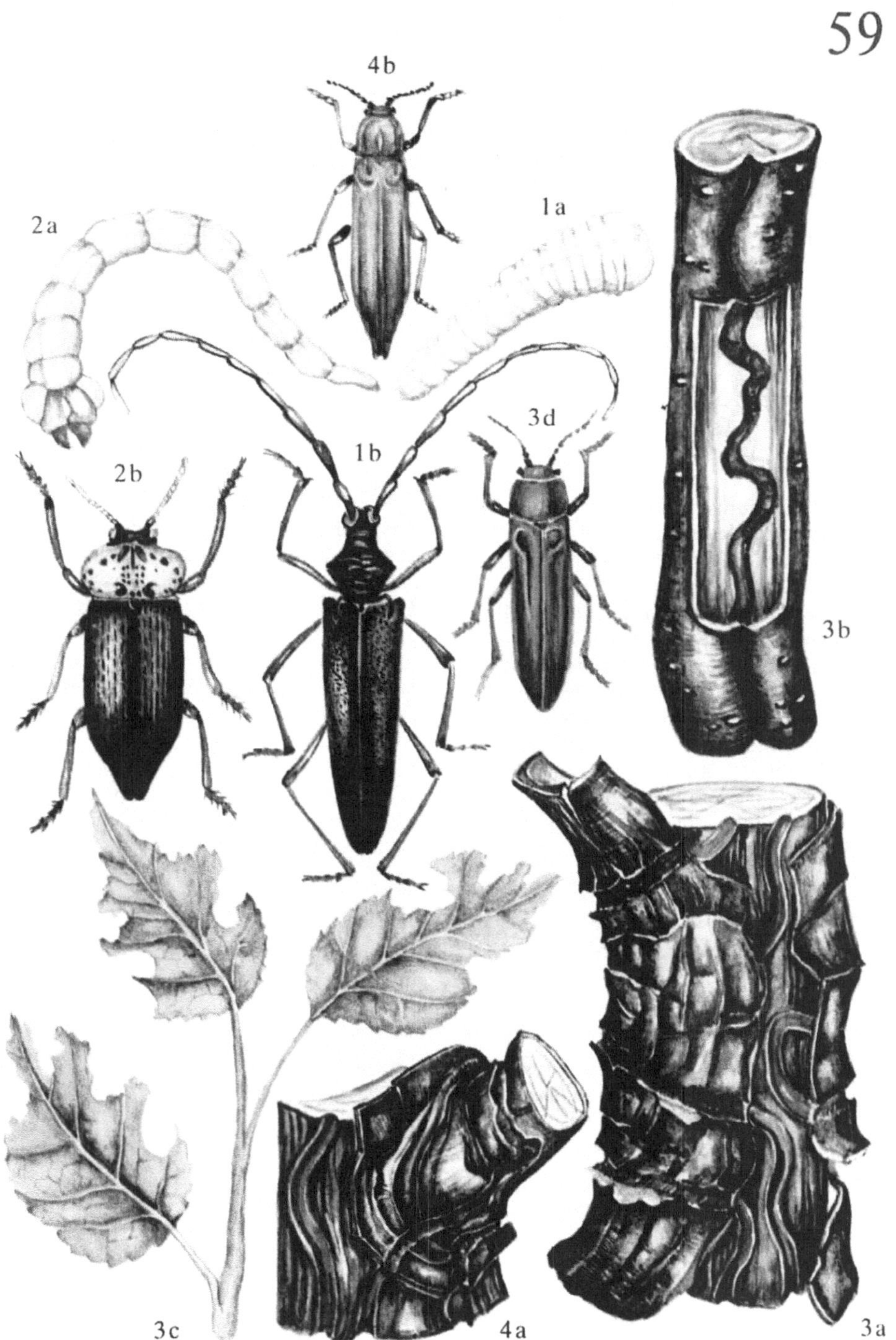
59
4b
2a
1a
3d
1b
2b
3b
3c
4a
3a

Großer Obstbaumsplintkäfer

(*Scolytus mali* [Bechst.])

SCHADBILD

Blätter welken, Äste sterben ab, mitunter auch Bäume. Aus etwa 2 mm großen Bohrlöchern, die äußerlich auf der Rinde erkennbar sind, tritt Bohrmehl heraus. Bei Abheben der Rinde erkennt man direkt darunter einen senkrechten, etwa 5 bis 12 cm langen Fraßgang (Muttergang). Dem schließt sich die Rammelkammer mit den zahlreichen Larvengängen an (1 a). In diesen Larvengängen fressen 3 bis 4 mm lange, rundliche, weißliche und fußlose Larven, die sich am Ende der Larvengänge verpuppen.

SCHÄDLING

Großer Obstbaumsplintkäfer (*Scolytus mali* [Bechst.], Syn. *Eccoptogaster mali* Bechst.). Die schwarzen Käfer (1 b) sind 3 bis 4 mm lang. Die Flügeldecken sind dunkelbraun oder schwarz glänzend mit Punktstreifen. Die Flugzeiten liegen im Mai bis Juni und im August bis September. Der Reifungsfraß der Käfer erfolgt in Blatt- und Zweigachseln. Zur Eiablage bohren sie in die Rinde und das Holz einen senkrechten Muttergang. Dem schließt sich die Rammelkammer mit den Larvengängen an. Es treten zwei Generationen im Jahr auf. Überwinterung als Larve oder Puppe im Holz.

Kleiner Obstbaumsplintkäfer, Runzliger Obstbaumsplintkäfer

(*Scolytus rugulosus* [Ratzeb.])

SCHADBILD

Im Gegensatz zum großen Obstbaumsplintkäfer werden nur etwa 1,5 bis 3 cm lange Muttergänge angelegt, von denen etwas tiefer in das Holz reichende und wesentlich weniger Larvengänge abzweigen (2 a).

SCHÄDLING

Kleiner Obstbaumsplintkäfer, Runzliger Obstbaumsplintkäfer (*Scolytus rugulosus* [Ratzeb.], Syn. *Eccoptogaster rugulosus* [Ratzeb.]).

Der schwarze Käfer ist 1,8 bis 3 mm lang (2 b). Auf dem Halsschild befindet sich eine starke und dichte Punktierung. Flugzeit Mai bis Juni und August bis September.

Ungleicher Holzbohrer, Ungleicher Obstbaumborkenkäfer

(*Xyleborus dispar* [F.])

SCHADBILD

Blätter welken, dünnere Äste, aber auch Bäume, besonders geschwächte, kümmern und sterben ab. Unter der Rinde und im Holz lange, gewundene Gänge (3 a) (im Schnitt erkennbar). Auf der Rinde sind etwa 2 mm große Einbohrlöcher erkennbar.

SCHÄDLING

Ungleicher Holzbohrer, Ungleicher Obstbaumborkenkäfer (*Xyleborus dispar* [F.], Syn. *Anisandrus dispar* [F.]). Die gelben bis braunen, fast halbkugeligen Männchen sind 2 bis 2,2 mm (3 b), die braunschwarzen Weibchen 3 bis 3,5 mm lang (3 c). Käfer fliegen April bis Mai, bohren sich in Rinde und Holz ein. Eiablage bis Ende Juni in den Gängen. Die Eier sind weiß, 0,4 mm breit und etwa 0,9 mm lang. Die bis 4 mm langen, weißlichen Larven (3 d) legen unter der Rinde und im Holz ebenfalls Gänge an.

Kleiner Holzbohrer

(*Xyleborus saxeseni* [Ratzeb.]) (ohne Abbildung).

SCHADBILD

Das Schadbild entspricht dem, welches durch den Ungleichen Holzbohrer verursacht wird.

SCHÄDLING

Kleiner Holzbohrer (*Xyleborus saxeseni* [Ratzeb.]). Die Weibchen sind 2 bis 2,3 mm lang, braun bis schwarzbraun, die Männchen 1,8 bis 2,0 mm und braungelb. Fühler und Beine sind gelb.

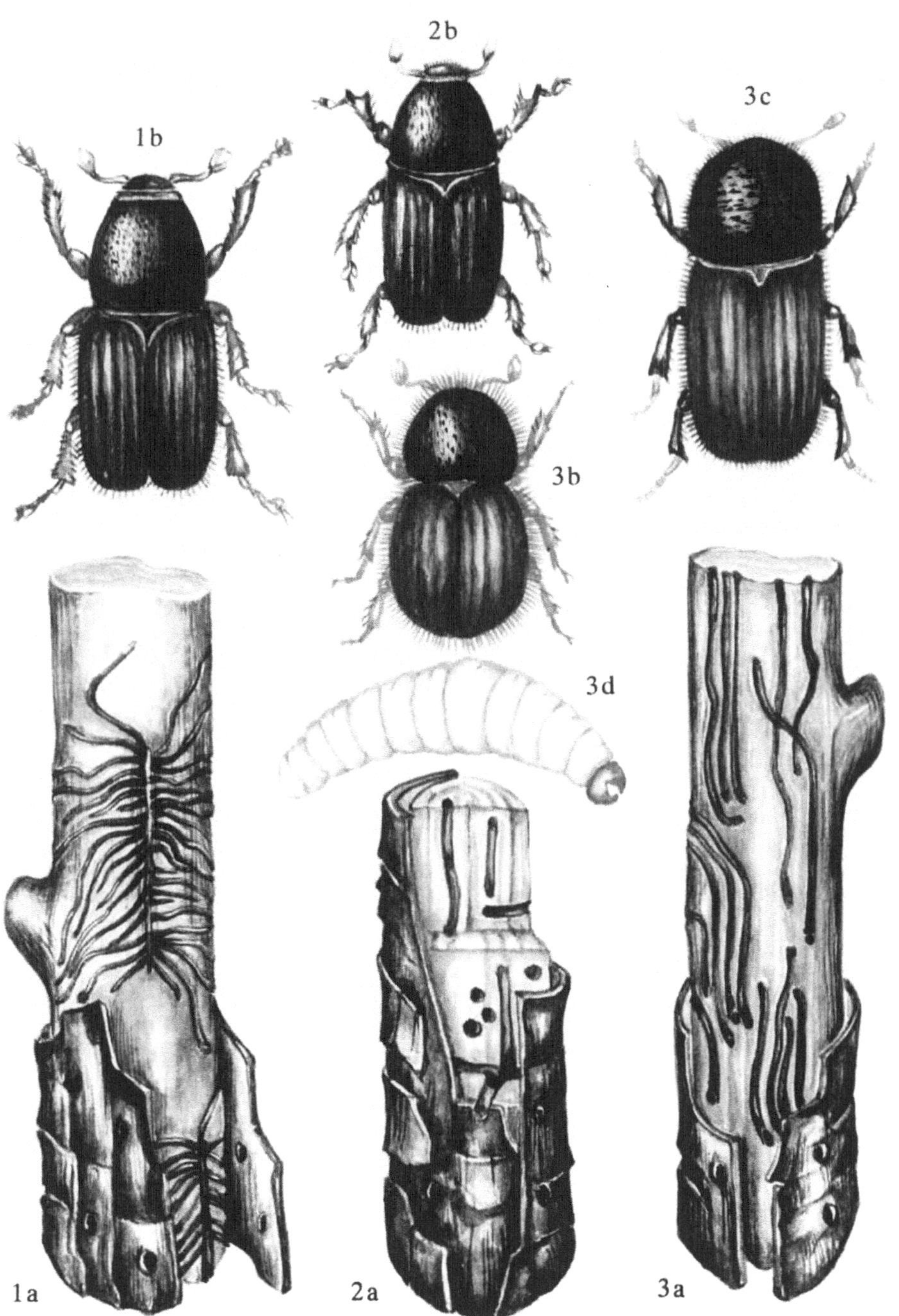
1b
2b
3c
3b
3d
1a
2a
3a

Blatthornkäfer
und deren Larven (Engerlinge)
(Verschiedene Arten der Käferfamilie
der *Scarabaeidae*)

SCHADBILD

Vor allem im Baumschulbestand, aber auch
in Junganlagen zeigen mehr oder weniger
zahlreiche Gehölze verminderten Wuchs.
Das Längenwachstum der Triebe ist beeinträchtigt. Mehrere Knospen treiben nicht
oder stark verzögert aus. Blätter welken, verfärben sich und fallen vorzeitig ab. Mitunter
sterben die Pflanzen ab. An der Wurzelrinde
finden sich mehr oder weniger ausgedehnte
Fraßbeschädigungen (1 a). In der Nähe der
betroffenen Pflanzen finden sich im Boden
bis zu 6 cm lang werdende, gelblich-weiße
Käferlarven mit dunklem Hinterende und
brauner Kopfkapsel (1 b).
Verschiedene Arten dieser Käferfamilie fressen an Knospen, Blüten und Blättern (1 c).
Bei Massenauftreten einiger Arten kann es
zu Kahlfraß kommen. Mitunter greifen einige Käfer-Arten auch Früchte an. Dabei
entsteht auf der Fruchtoberfläche ein grober,
mehr oder weniger tief gehender und ausgedehnter, meist aber oberflächlicher Fraßschaden (Tafel 55).

SCHÄDLINGE

Durch Fraß an den Wurzeln werden die Larven vor allem folgender Arten schädlich:

Feldmaikäfer
(*Melolontha melolontha* [L.]) (1 b),

Waldmaikäfer
(*Melolontha hippocastani* F.),

Julikäfer
(*Anomala dubia* [Scop.]),

Gartenlaubkäfer, Junikäfer
(*Phyllopertha horticola* L.),

Gartenlaubkäfer
(*Anisoplia segetum* Hbd., *Anisoplia agricola*
[Poda]),

Gemeiner Brachkäfer, Junikäfer
(*Amphimallon solstitiale* [L.]).

Als Käfer schädigen durch Fraß an Knospen,
Blüten, Blättern und mitunter auch Trieben
vor allem folgende Arten:

Feldmaikäfer
(*Melolontha melolontha* [L.])

Die Käfer sind 20 bis 25 mm lang und
schwarz. An den Seiten des Hinterleibs finden sich weiße, dreieckige Flecke. Die Flügeldecken sind rotbraun, das letzte Hinterleibsglied ist zugespitzt (2). Die Flugzeit der
Käfer liegt im Mai. Eiablage von Mitte Mai
an in den Boden. Die Larven überwintern
dreimal und verpuppen sich im vierten Jahr
etwa im Juni bis Juli. Mitte August schlüpfen die Käfer, die im Boden überwintern.

Waldmaikäfer
(*Melolontha hippocastani* F.)
(ohne Abbildung)

Die Käfer sind 20 bis 25 mm lang. Der Sei-
tenrand der braungelben Flügeldecken ist
vorn geschwärzt. Das letzte Hinterleibsglied
ist knotig verdickt. Die Lebensweise ist derjenigen des Feldmaikäfers ähnlich.

Julikäfer
(*Anomala dubia* [Scop.])
(ohne Abbildung)

Die Käfer befressen vor allem die Blätter. Sie sind 12 bis 15 mm lang, variabel schwarzblau-grün-gelb gefärbt. Die Flugzeit liegt im Juni bis Juli. Eiablage in den Boden. Entwicklungszeit der Larven zwei Jahre.

Gartenlaubkäfer, Junikäfer
(*Phyllopertha horticola* [L.]) (3)

Durch die Käfer werden Knospen, Blätter und Blüten befressen. Ihre Länge beträgt 8,5 bis 12 mm. Sie besitzen einen grünen oder grünlichblauen Kopf und Halsschild. Die Flügeldecken sind gelbbraun. Die Unterseite ist metallisch grün, blau oder schwarz. Die Überwinterung erfolgt als Engerling im Boden. Die Gesamtentwicklungszeit dauert 10 Monate. Die Flugzeit der Käfer liegt im Juni und Juli.

Zottiger Blütenkäfer
(*Tropinota hirta* [Poda], Syn. *Epicometis hirta* [Poda])

Der 8 bis 12 mm lange, schwarze und dicht abstehend gelb oder weißlich behaarte Käfer besitzt auf den Flügeldecken weiße, seltener gelbe bis gelbliche, quer gezogene, kleine Flecke (4). Er befrißt vor allem Blüten und Blütenteile, mitunter auch noch nicht geöffnete Blütenknospen. Er erscheint im April und fliegt mit geschlossenen Flügeldecken. Eiablage in den Boden. Die Larven leben in faulendem Pflanzensubstrat und verpuppen sich in einem Erdkokon, in dem die Käfer bereits im September bis Oktober schlüpfen, hierin aber überwintern.

Rosenkäfer, Goldkäfer
(*Cetonia aurata* [L.])

(Siehe auch Tafel 55)
Die Käfer fressen vor allem an den Blüten, aber auch an reifenden bzw. reifen Früchten. Sie sind 14 bis 20 mm lang, mit metallisch grün glänzender oder goldrot, seltener dunkelviolett glänzender Oberseite (6). Die Unterseite ist kupferrot. Auf den Flügeldecken befinden sich viele kleine, weiße Querflecke. Die Flugzeit liegt in den Monaten Mai bis Juli. Die Käfer fliegen mit geschlossenen Flügeldecken.

Gemeiner Brachkäfer, Junikäfer
(*Amphimallon solstitiale* [L.], Syn. *Amphimallon autumnale* [Geoffr.], *Rhizotrogus solstitialis* [L.].)

Der Käfer ist hellbraun und 14 bis 18 mm lang, die Flügeldecken sind deutlich gerippt (5). Die Flugzeit liegt von Ende Juni bis Anfang August. Die Männchen schwärmen in der Dämmerung, die Weibchen verlassen nur zur Kopulation den Boden. Eiablage bis 8 cm tief in den Boden. Die Gesamtentwicklungszeit beträgt 2 Jahre. Die bis 50 mm lang werdenden Engerlinge können leicht mit Maikäferengerlingen verwechselt werden.

Erdraupen

(Larven verschiedener, zu den Eulen
gehörender Schmetterlings-Arten)

SCHADBILD

Vor allem im Baumschulenbestand, aber
auch in Junganlagen zeigen mehr oder weniger zahlreiche Gehölze verminderten
Wuchs. Das Längenwachstum der Triebe ist
beeinträchtigt. Mehrere Knospen treiben
nicht oder stark verzögert aus. Blätter welken, verfärben sich und fallen vorzeitig ab.
Mitunter sterben die Pflanzen ab. Im Bereich des Wurzelhalses, zum Teil auch unmittelbar über der Bodenoberfläche am
Stamm ganz junger Bäumchen sowie an der
Wurzelrinde finden sich mehr oder weniger
ausgedehnte Fraßbeschädigungen. In der
Nähe der betroffenen Pflanzen leben im Boden erdfarbene, graue oder graugrüne, am
Tage vielfach zusammengerollte, 4 bis 5 cm
lange Schmetterlingslarven (7 a).

SCHÄDLINGE

Larven verschiedener, zu den Eulen gehö-
render Schmetterlings-Arten, die auch als
Erdraupen bezeichnet werden. Wichtigste
Vertreter:
Wintersaateule (*Scotia* [*Agrotis*] *segetum*
Schiff.) (7 a),
Ausrufezeichen (*Scotia* [*Agrotis*] *exclamationis*
L.),
Ypsiloneule (*Scotia* [*Agrotis*] *ipsilon* Hufn.).
Die graubraunen bis braunen, charakteristisch gezeichneten Falter (7 b) fliegen etwa
von Mai bis Juli und Juli bis Oktober (*Scotia
exclamationis* tritt in der Regel nur in einer
Generation auf). Eiablage in den Boden. Die
grauen, graubraunen, oder grüngrauen, nack-
ten Larven (7 a) finden sich tagsüber zusammengerollt im Boden in der Nähe der geschädigten Gehölze. Verpuppung im Boden.

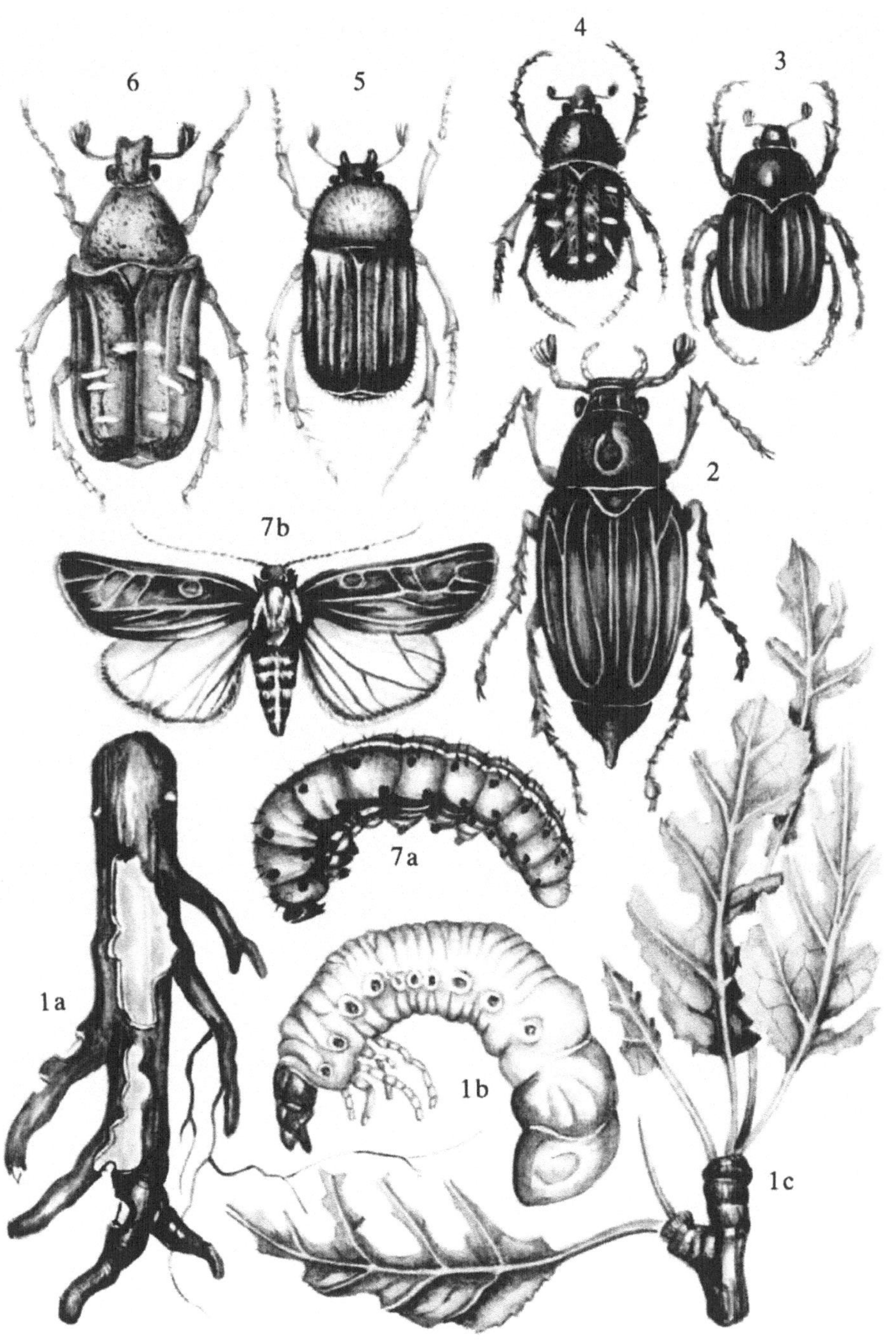
6
5
4
3
2
7b
7a
1a
1b
1c

61

Goldafter
(Euproctis chrysorrhoea L.)

SCHADBILD

Während der Winterruhe finden sich an den Triebspitzen, vor allem in der Baumkrone, auffällige, grauweiße „Raupennester" (1a), in deren dichtem Gespinst sich etwa 10 mm lange, graue und mit rotbraunen Haarbüscheln besetzte Larven in großer Zahl befinden (zum Teil bis zu 1 000). In die Gespinste sind Blattreste eingesponnen. Mit Beginn des Knospenaustriebs verlassen die Junglarven die Raupennester und fressen an den jungen Knospen, Blättern und Blüten bis in den Juni hinein in lockeren Gespinsten (1b). Dabei kann es schnell zu Kahlfraß kommen. Die zunächst gesellig, später einzeln fressenden Larven sind dunkelgrau gefärbt, büschelig gelbbraun behaart und besitzen auf dem Rücken zwei rote und an den Seiten zwei weiße Striche. Auffällig sind zwei rote Flecke auf den beiden Vordersegmenten (1c).

SCHÄDLING

Goldafter (*Euproctis chrysorrhoea* L., Syn. *Nygmia phaeorrhoea* [Don.]).
Die 26 bis 30 mm langen, weißen Falter besitzen einen goldbraun behaarten Hinterleib. Die weiblichen Falter weisen zusätzlich einen goldbraunen Haarschopf am Hinterende auf (1d). Die Flügelspannweite beträgt etwa 30 mm. Der Falterflug findet in der Zeit von Juni bis August statt. Die Weibchen legen ihre kugelförmigen, etwas abgeplatteten, gelben, später dunklen und etwa 0,5 mm großen Eier in Gelegen bis zu 300 Stück an die Blattoberseiten. Die Gelege werden mit einer Schicht goldgelber Haare bedeckt. Die Junglarven schlüpfen noch im Sommer.
Sobald der Blattfall beginnt, legen sie die „Raupennester" an, in denen sie überwintern. Nach Abschluß des Larvenfraßes im Juni erfolgt die Verpuppung in einem feinen Gespinst unter Einbeziehung von Blattresten in Puppennestern am Baum.

Baumweißling
(Aporia crataegi [L.])

SCHADBILD

An den Zweigen und Ästen hängen während der Winterruhe an Spinnfäden abgestorbene, versponnene und eingerollte Blätter („Kleine Raupennester") (2a). Darin leben 2 bis 8 etwa bis 7 mm lange, gelbgrüne bis rötliche Larven mit schwarzer und roter Färbung auf Rücken und Bauch und an den Seiten. Ab Juli finden sich an den Blättern zunächst gelbe, später gelbgrüne bis rotbraune, bis etwa 50 mm lang werdende Larven mit glänzend schwarzer Kopfkapsel und roten und schwarzen Längslinien (2b). Sie verursachen zunächst einen Schabefraß (2c) auf der Blattoberseite, später großflächigen Blattfraß. Vom Austrieb an werden die Blätter und Blüten befressen (2d). An Trieben kann es zu Kahlfraß kommen. Mit Beginn des Blattfalls werden die Blätter zusammengesponnen und hängen an einem Gespinstfaden an Ästen und Zweigen. In diesen „Kleinen Raupennestern" überwintern die Larven.

SCHÄDLING

Baumweißling (*Aporia crataegi* [L.]).
Die weißen, schwarz geaderten Falter sind etwa 22 mm lang und besitzen eine Flügelspannweite von etwa 6,5 cm (2f). Sie fliegen in der Zeit von Juni bis Juli und legen ihre hellgelben, gerippten und kegelförmigen Eier in Gelegen aufrecht an die Blätter. Die Gelege können bis zu 80 Eier enthalten. Nach etwa 3 Wochen schlüpfen die Junglarven, die den beschriebenen Schabefraß verursachen. Im Frühjahr verlassen die Larven die Winternester und fressen an den Blättern. Die Verpuppung erfolgt an Zweigen. Die Puppen sind gelblich-weiß und schwarz gefleckt (2e).

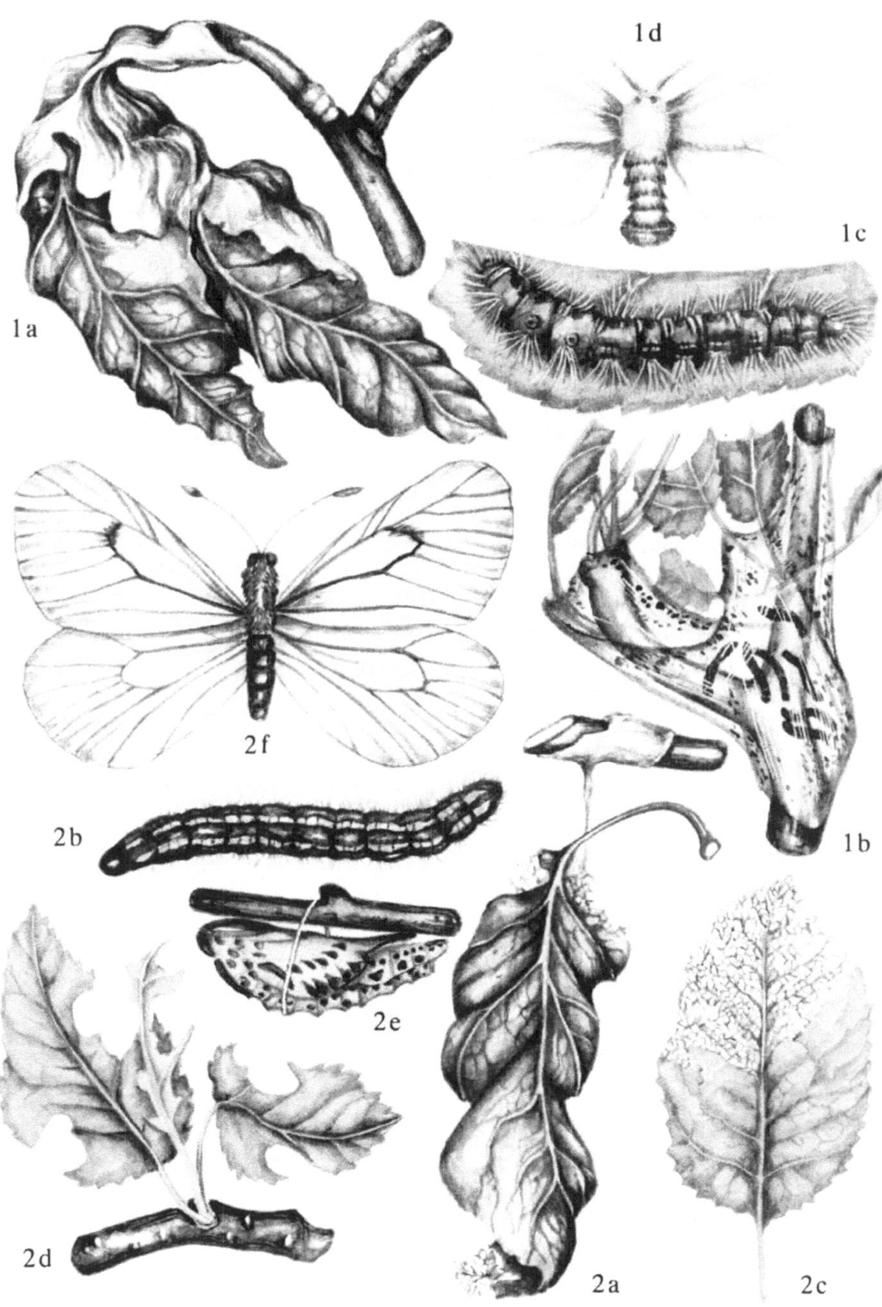

1d
1c
1a
2f
1b
2b
2e
2d
2a
2c

62

Schwan

(*Porthesia similis* [Fuessl.])

SCHADBILD

Grobe Fraßschäden an Blättern werden verursacht durch graubraune bis rotbraune, behaarte, etwa 2 bis 3 cm lange Larven (1). Raupennester werden nicht angelegt.

SCHÄDLING

Schwan (*Porthesia similis* [Fuessl.]).
Der weiße Schmetterling ist ein Verwandter des Goldafters. Wie dieser besitzen die Falter ebenfalls eine goldgelbe, behaarte Hinterleibsspitze. Die Flügelspannweite beträgt etwa 30 bis 40 mm. Auf den weißen Flügeln befinden sich kleine schwarze Flecke. Die Flugzeit beginnt im Juni. Die Eier werden ebenfalls in Gelegen abgelegt, die mit goldgelben Haaren bedeckt sind. Die Larven schlüpfen noch im Sommer, legen aber keine Raupennester für die Überwinterung an, sie überwintern vielmehr einzeln in verschiedenen Verstecken am Baum.

Großer Fuchs

(*Nymphalis polychloros* L.)

SCHADBILD

Im zeitigen Frühjahr werden von einem auffallenden Gespinst aus die jungen Blätter unregelmäßig befressen. Kahlfraß ist möglich. Der Fraß wird verursacht durch gesellig lebende, graubraune, bis etwa 45 mm lang werdende Schmetterlingslarven mit matten, rostgelben bzw. rostbraunen Rücken- und Seitenstreifen sowie rostbraunen Dornen (2a). Die Fraßzeit erstreckt sich über die Monate Mai und Juni. Die bräunlichen, etwas bizarren Puppen hängen mit dem Hinterende an Zweigen (2b).

SCHÄDLING

Großer Fuchs (*Nymphalis polychloros* L., Syn. *Vanessa polychloros* L.).
Die Flugzeit der rotgelben, schwarz gefleckten Falter, die eine Spannweite von etwa 40

bis 50 mm besitzen, ist ab Juli zu erwarten (2c). Der Falter überwintert und fliegt dann bis etwa Mai. Die Eier werden in kleinen Gelegen an die Zweige abgelegt.

Ringelspinner

(*Malacosoma neustria* L.)

SCHADBILD

Während der Winterruhe können an dünneren Ästen in dichten Ringen graubraune Eier (zum Teil bis zu 300 Stück) in Gelegen, die mit einer Kittsubstanz überzogen sind, gefunden werden (3a). Sobald die Knospen aufbrechen, schlüpfen die Junglarven, die sofort mit dem Fraß an den aufbrechenden Knospen, an Blättern und Blüten beginnen. Mit fortschreitender Entwicklung erreichen die Larven eine Länge von etwa 50 mm, besitzen eine blaugraue Kopfkapsel und weiße, gelbbraune, rote und schwarze Längsstreifen auf dem Körper (3b). Sie fressen gesellig und legen flache Gespinste („Spiegel") an, in denen sich Larven und Kot befinden (3c). Kahlfraß ist möglich.

SCHÄDLING

Ringelspinner (*Malacosoma neustria* L.).
Die plumpen Falter sind etwa 13 bis 21 mm lang, besitzen graugelbe bis rotbraune Flügel. Auf den Vorderflügeln befindet sich je eine bräunlich hell eingefaßte Querbinde. Die Flügelspannweite beträgt etwa 30 bis 40 mm, wobei die Weibchen (3d,e) etwas größer als die Männchen (3f) sind. Die Eiablage erfolgt im Juni bis Juli. Die Eier überwintern. Nach dem zunächst geselligen Fraß der Larven zerstreuen sich die Altlarven einzeln in der Baumkrone. Die Verpuppung erfolgt an Blattresten, zum Teil auch an Zweigen in weißlich-gelben Kokons. Nach etwa 2 Wochen schlüpfen die Falter.

63

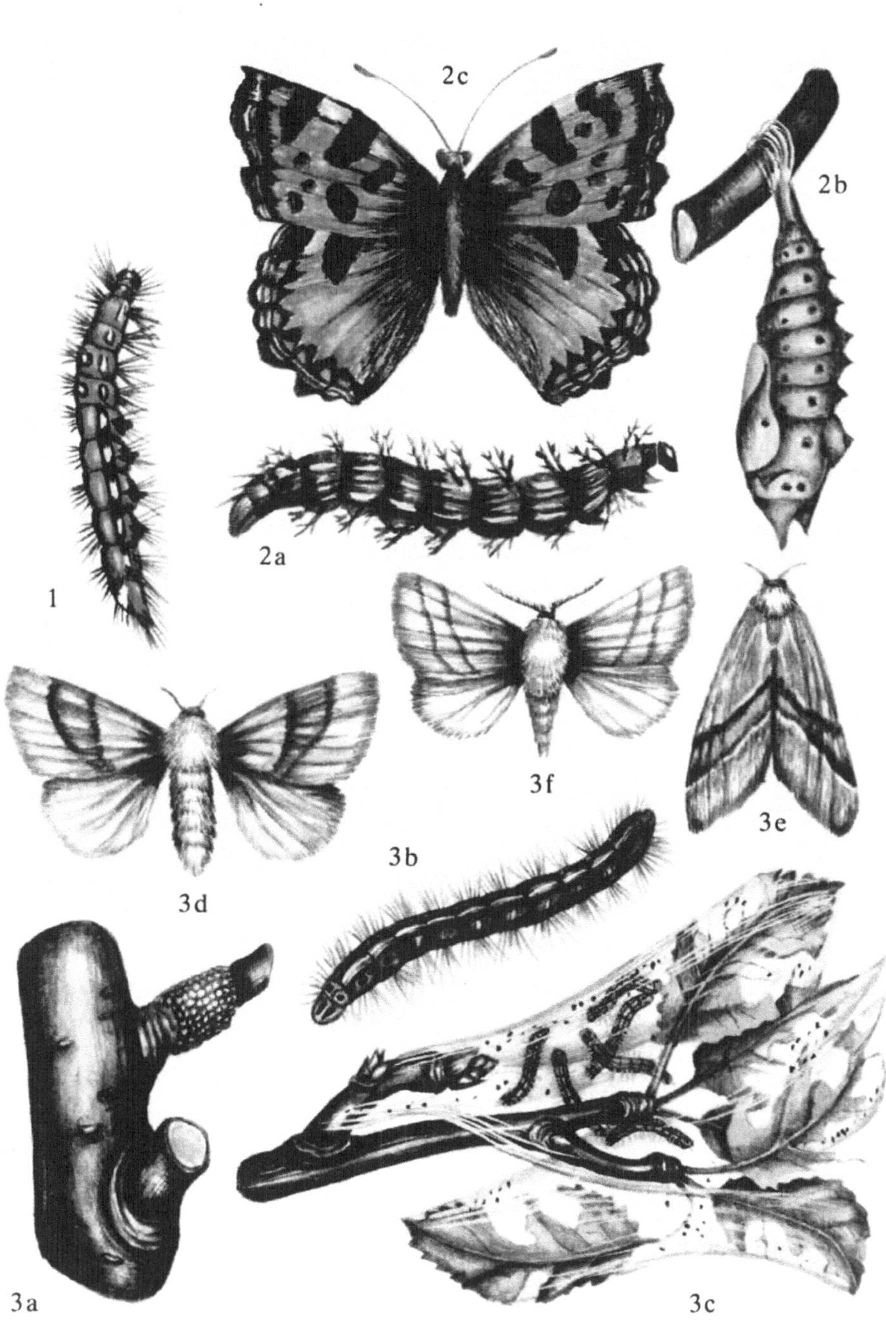

Schwammspinner
(Lymantria dispar L.)

SCHADBILD

An Stamm oder Ästen finden sich während der Winterruhe etwa 1 bis 2 cm große, dicht mit gelbbraunen bis bräunlichen, kurzen Härchen bedeckte „Eispiegel" (1 a), in denen bis zu 600 gelbe bis graugelbe, 1 mm große Eier enthalten sein können. Aus diesen schlüpfen bei Knospenaustrieb schwarze, später dicht braun behaarte Larven mit gelben Rückenlinien und blauen und roten Warzen (1 b). Sie fressen zunächst gesellig an Blättern und Blüten, später einzeln (1 c). Kahlfraß ist möglich.

SCHÄDLING

Schwammspinner *(Lymantria dispar* L.).
Die bis 35 mm langen Weibchen haben gelblich-weiße Vorderflügel mit einer Spannweite von etwa 70 mm (1 d), die etwas kleineren Männchen besitzen graubraune bis dunkelbraune Vorderflügel mit einer Spannweite von etwa 40 bis 50 mm (1 e). Sie legen ihre Eier im August bis September ab. Die Eier überwintern. Die Fraßzeit der Larven erstreckt sich vom Knospenaustrieb an bis Anfang August. Die Verpuppung erfolgt in lockeren Gespinsten, zum Teil in eingerollten Blättern (1 f) oder in Rindenritzen. Nach kurzer Puppenruhe schlüpfen die Falter.

Schlehenspinner, Aprikosenspinner
(Orgyia antiqua L.),
Eckfleck
(Orgyia gonostigma F.)

SCHADBILD

In ähnlicher Weise wie der Schwammspinner *(Lymantria dispar* L.) fressen an den Knospen unmittelbar nach dem Aufbruch sowie an den Blättern auffällig bunte, bis etwa 35 mm lange Larven mit starker Behaarung und gelben Borstenbüscheln auf dem Rücken (2 a, 3). An Früchten „Löffelfraß" oder „Muldenfraß", gefolgt von Fruchtverkrüppelungen und vorzeitigem Fruchtfall.

SCHÄDLINGE

Schlehenspinner, Aprikosenspinner *(Orgyia antiqua* L.) (2 a, b), Eckfleck *(Orgyia gonostigma* F., Syn. *Orgyia recens* Hbn.) (3).
Während *Orgyia antiqua* im Eistadium überwintert, überwintern bei *Orgyia gonostigma* die Larven. Der Larvenfraß erfolgt im Mai bis in den Juni hinein. Etwa Mitte bis Ende Juni verpuppen sich die Larven an der Unterseite der Blätter, wobei sie sich mit feinen Gespinstfäden umgeben. Der Falterflug findet ab Mitte Juni bis in den Juli hinein statt. Die Weibchen sind plump, grau behaart, etwa 10 mm lang und stummelflüglig. Die Männchen beider Arten ähneln sich. Sie sind rotbraun gefärbt. Auf den Vorderflügeln befindet sich in der Nähe des Hinterrandes kurz vor der Spitze je ein heller Fleck. Die Flügelspannweite beträgt etwa 30 mm.

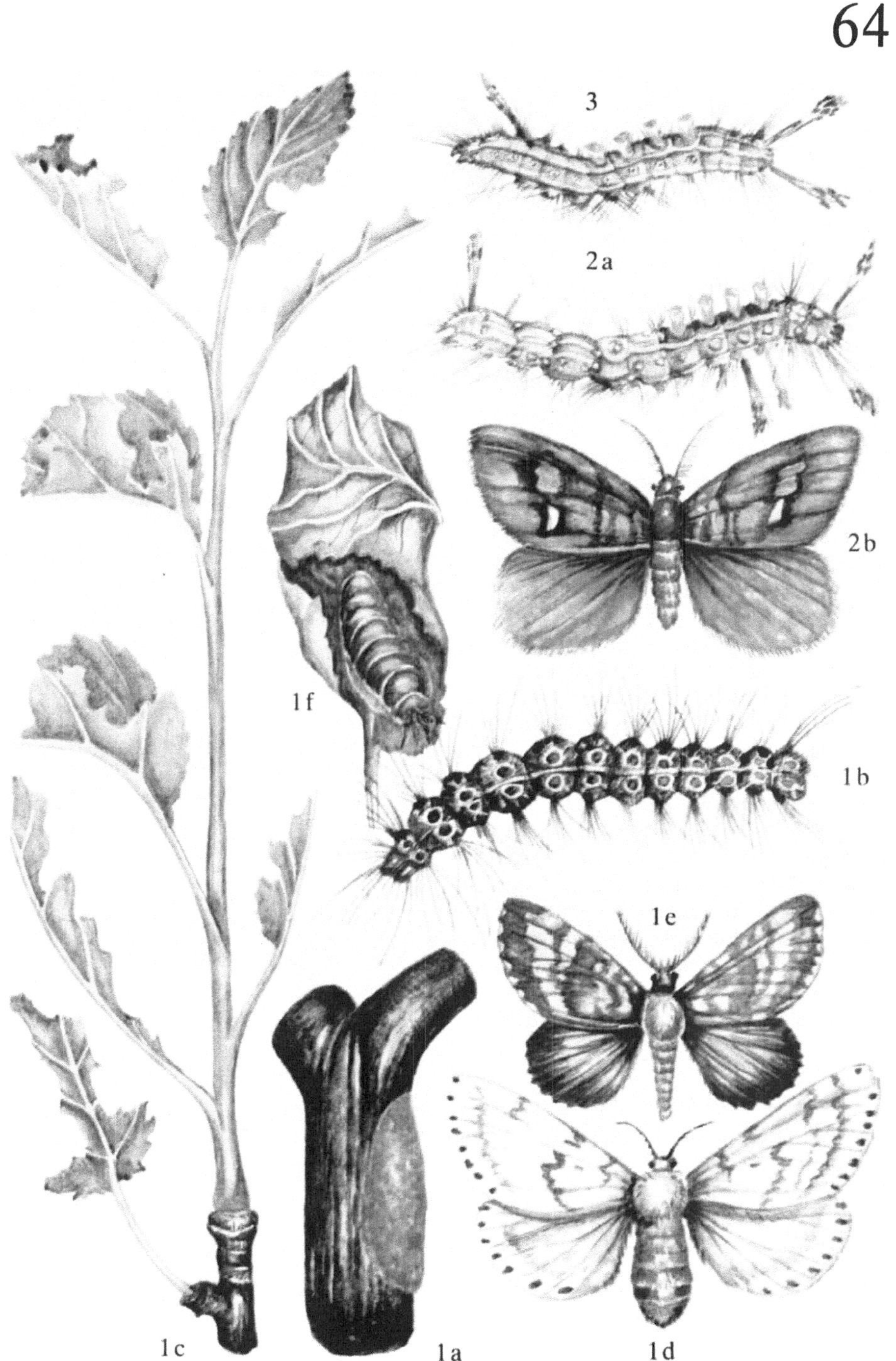

64

Weißer Bärenspinner
(*Hyphantria cunea* Drury)

SCHADBILD

Etwa ab Juni findet sich an den Blättern zunächst Schabefraß, später Rand- und Lochfraß (1a) durch kleine, gelbliche und behaarte Junglarven. Mit fortschreitender Entwicklung werden die Blätter in lockeren Gespinsten zusammengesponnen (1b), in denen die etwa 35 mm lang werdenden, behaarten, gelblich-bräunlichen Larven, die ein braunes bis schwarzes Rückenband (1c) aufweisen, gesellig fressen (1b). Es kann zu Kahlfraß kommen.

SCHÄDLING

Weißer Bärenspinner (*Hyphantria cunea* Drury).
Dieser Schädling tritt vor allem in Südost-Europa auf. Mit seiner Einschleppung nach Mitteleuropa muß gerechnet werden (Quarantäneschädling).
Der Falter ist etwa 9 bis 15 mm lang. Er tritt in einer weißen und einer gefleckten Form auf (1d) und besitzt eine Flügelspannweite bis zu 30 mm. Die Hinterflügel sind immer weiß. Die Flugzeit ist im Mai. Die 0,5 mm großen, hellgrünen Eier werden in Gelegen an die Blattunterseiten („in Spiegeln") abgelegt (1e). Nach etwa 2 Wochen schlüpfen die Junglarven. Nach einer Entwicklungszeit von etwa 35 bis 50 Tagen erfolgt die Verpuppung in einem weißlichen bis graubraunen Kokon in verschiedenen Verstecken. Die Puppenruhe dauert etwa bis Juli. Dann fliegen die Falter der zweiten Generation. Die Überwinterung erfolgt im Puppenstadium.

Apfelbaumgespinstmotte
(*Hyponomeuta malinellus* Zell.)
(An Apfel)

SCHADBILD

An dünneren Zweigen finden sich während der Winterruhe braun-graue Eigelege. Sie bestehen aus bis zu 80 flachen, sich dachziegelartig überlappenden Eihüllen (Verwechslungsmöglichkeit mit Wickler-Arten der Gattung *Archips* (Tafel 72), in denen gelblichweiße bis gelblichgraue und schwarz punktierte Räupchen überwintern. Mit dem Austrieb der Knospen Minierfraß in den jungen Blättern, später werden die Blätter skelettiert, werden braun und vertrocknen. Mit fortschreitender Entwicklung legen die Larven lockere Gespinste an, in die die Blätter in zunehmendem Maße einbezogen werden (2a). Die etwa 15 bis 20 mm lang werdenden Larven (2b) fressen gesellig, sind graugelb gefärbt und schwarz gefleckt. Der Kopf ist schwarz. Ab Juni in den Gespinsten dicht nebeneinander liegende, weiße Puppenkokons (2c). Zu dieser Zeit sind die Bäume mitunter kahlgefressen.

SCHÄDLING

Apfelbaumgespinstmotte (*Hyponomeuta malinellus* Zell.).
Der Falter besitzt weiße, schwarzgepunktete Vorderflügel mit einer Spannweite von etwa 20 mm. Körperlänge etwa 7 mm (2d, e). In den Monaten Juli bis August fliegen die Falter und legen im Spätsommer ihre Eier an die Rinde von Ästen und Zweigen (2f). Nach etwa 3 bis 4 Wochen schlüpfen die jungen Larven, bleiben aber unter den Eischildchen und überwintern hier. In bestimmten Jahren kommt es zur Massenvermehrung. Es tritt nur eine Generation im Jahr auf.

Traubenkirschen-Gespinstmotte
(*Hyponomeuta variabilis* Zell.)
(ohne Abbildung)

SCHADBILD

Das Schadbild entspricht dem, welches durch die Apfelbaumgespinstmotte (*Hyponomeuta malinellus* Zell.) verursacht wird.

SCHÄDLING

Traubenkirschen-Gespinstmotte (*Hyponomeuta variabilis* Zell.).
Die Larve ist schmutzig grau und etwas größer als die von *Hyponomeuta malinellus*.

65

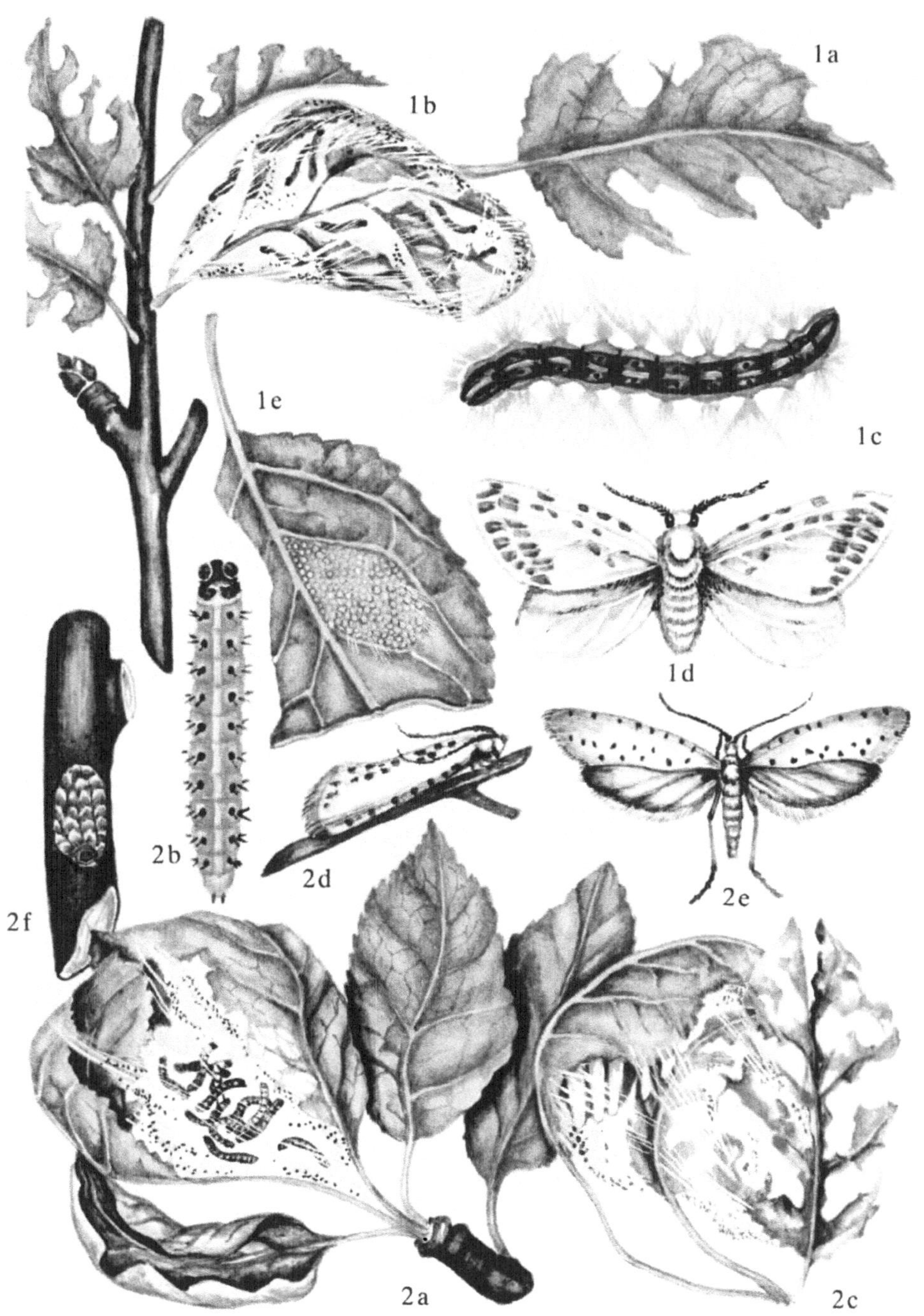

Weitere, vor allem an Blättern, aber auch an Früchten im Larvenstadium fressende Schmetterlings-Arten

SCHADBILD

Mit Beginn des Austriebs fressen an den Blüten und Blättern, an letzteren bis in den Sommer hinein, die Larven verschiedener weiterer Schmetterlings-Arten (siehe auch Tafel 63 „Schwan"). Mitunter werden auch die jungen Früchte angegriffen und löffelartig, oft bis zum Kernhaus, ausgefressen. Vielfach ähnelt der Fraßschaden dem durch die Frostspanner-Arten (Tafel 71, 74). Die Larven fressen meist einzeln oder in kleinen Gruppen. Häufig handelt es sich um groben Randfraß, aber auch um Skelettierfraß (1).

SCHÄDLINGE

Pyramideneule
(*Amphipyra pyramidea* L.)

(Siehe auch Tafel 71)
Die grünen Larven schlüpfen im Mai aus den überwinterten Eiern und fressen an den Blättern. Sie erreichen eine Länge von etwa 50 mm und weisen auf beiden Seiten je einen gelbgrünen Streifen auf (2). Sie verpuppen sich etwa im Juni an den Blättern in einem lockeren Gespinst. Die Falter schlüpfen noch im Sommer. Ihre Flugzeit erstreckt sich bis in den Oktober hinein. Sie haben braune Vorderflügel mit schwarzen, gezähnten Querlinien und zimtrote Hinterflügel. Die Flügelspannweite beträgt etwa 50 mm. Die Eier werden an die Rinde abgelegt.

Kohleule
(*Barathra brassicae* L., Syn. *Mamestra brassicae* L.)

Mitunter können die Larven der Kohleule an Kernobstblättern fressend angetroffen werden. Sie verursachen einen groben Rand- und Lochfraß. Die erwachsenen Larven fressen in der Regel einzeln. Sie erreichen eine Länge bis zu 40 mm und sind unterschiedlich braun, grün, grünlich-grau bis rötlich, mitunter grau bis schwarz gefärbt. An jeder Seite weisen sie einen gelbbraunen Streifen auf (3). In der Regel handelt es sich beim Auftreten dieses Schädlings um einen Gelegenheitsschädling.

Trapezeule
(*Calymnia trapezina* L., Syn. *Cosima
trapezina* L.)

(ohne Abbildung)
Die bis etwa 40 mm lang werdenden Larven
sind hellgrün und mit kurz behaarten
schwarzen Warzen bedeckt. Sie weisen weißliche Rückenlinien und gelbliche Seitenlinien auf. Sie fressen ab April an Triebspitzen und Blättern, welche zusammengesponnen werden. Ab Ende Mai erfolgt die
Verpuppung im Boden. Nach kurzer Puppenruhe schlüpfen die ockergelben bis grünlichen Falter, deren Flugzeit in den Monaten Juni bis September liegt.

Pfeileule
(*Acronycta psi* L.)

In der Zeit von Juli bis etwa Oktober fressen,
meist einzeln, lebhaft bunt gefärbte, etwa 25
bis 30 mm lang werdende, stark behaarte
Larven an den Blättern (Rand- und Lochfraß). Sie sind weiß, gelb und schwarz gestreift und haben auf den Segmenten seitlich
rote Flecke sowie auf dem dritten und vor-
letzten Segment deutliche, behaarte Erhebungen (4). Die Puppe überwintert. Die
Flugzeit der Falter liegt in den Monaten Mai
bis August. Die Vorderflügel der Falter sind
silbergrau, die Hinterflügel weißlich. Die
Spannweite beträgt etwa 35 mm.

Frühlingseulen (Kätzcheneulen)
(Verschiedene Arten der Gattung *Monima*,
Syn. *Taeniocampa, Orthosia*)

Das Schadbild ähnelt weitgehend dem, welches durch die Larven der Frostspanner-Arten (Tafel 71, 72) verursacht wird. Der Blattfraß beginnt etwa zur Zeit der Apfelblüte.
Junge Früchte werden löffelartig, zum Teil
bis in das Kerngehäuse hinein, ausgefressen.
Betroffene Früchte verkrüppeln, fallen vorzeitig ab. Die Fraßzeit der Larven erstreckt
sich bis in den Juni hinein. Die Puppen
überwintern im Boden. Der Flug der Falter
beginnt Ende März und erstreckt sich bis
Anfang Mai. Sie sind weitgehend ähnlich gefärbt und gekennzeichnet. Die Färbung der
Vorderflügel variiert von gelblich-grau bis
bräunlich-rot bzw. braungrau, rotgrau und
violettgrau. Die Spannweite beträgt etwa 30
bis 35 mm. Die Larven werden etwa 50 mm
lang und sind überwiegend grün bis grüngelb
gefärbt. Der häufigste Vertreter, *Monima in-
certa* Hufn., hat hellgraue, rötliche, rotbraune, rotgraue, blaugraue bis schwarzbraune Vorderflügel (5 a) mit größeren, etwas
undeutlichen Makeln am Vorderrand. Die
grüne Larve weist grüne, braune und weiße
bzw. gelbliche Längsstreifen auf (5 b).
Weitere Vertreter sind: *Monima gothica* L.,
Monima gracilis F., *Monima pulverulenta* Esp.,
Monima munda Esp., *Monima opima* Hbn.,
Monima stabilis View., *Monima populi*
Ström.

Parklandeule
(*Rhyacia augur* F., Syn. *Agrotis augur* F.)

(ohne Abbildung)
Grober Blattrand- und Lochfraß wird mitunter durch die meist einzeln lebenden, etwa 35 bis 50 mm langen, bräunlichen Larven der Parklandeule verursacht. Mitunter bis zu 10 mm tiefer Muldenfraß an tiefhängenden Früchten. Die Larven sind weißlich gestreift bzw. gefleckt. Sie fressen ab August, überwintern und fressen nach dem Austrieb bis etwa Mai. Die Flugzeit der Falter erstreckt sich von Mitte Mai bis Mitte August. Ihre Vorderflügel sind rotbraun bis rotgrau, mit schwarzen, gezähnten Querlinien. Die Spannweite beträgt etwa 30 bis 35 mm.

Blaukopf
(*Diloba coeruleocephala* L.)

(ohne Abbildung)
Die etwa 40 mm langen Larven sind blaß bläulich bis grünlich-weiß, besitzen einen breiten gelben Rückenstreifen und schmalere Seitenstreifen sowie schwarze Borstenpunkte. Der Kopf ist bläulich mit zwei schwarzen Flecken. Der zu den Eulen gehörende Falter besitzt bräunlich-violette Vorderflügel mit breiter, dunkler, zackig eingefaßter Querbinde. Er fliegt von August bis Oktober. Eiablage an die Rinde. Im Frühjahr befressen die Larven Knospen, Blätter und Früchte. Verpuppung ab Juni.

Abendpfauenauge
(*Smerinthus ocellata* L.)

Mitunter fressen einzelne etwa 50 bis 70 mm lang werdende, grüne, weiß punktierte, mit schrägen weißen Streifen gezeichnete Larven mit ausgeprägtem Afterhorn an den Blättern (6a). Es handelt sich um die Larven des Abendpfauenauges, eines zu den Schwärmern gehörenden, rötlich-grauen, etwa 38 mm langen Schmetterlings mit braun bewölkten Vorderflügeln und einem schwarzen, blau geringtem Fleck auf den Hinterflügeln. Die Spannweite beträgt etwa 50 mm (6b). Seine Flugzeit liegt im Mai bis Juli, Fraßzeit der Larven Juli bis September. Die Puppen überwintern.

Mondvogel
(*Phalera bucephala* L.)

Im Juli bis August fressen etwa 50 mm lang werdende, grauschwarze Larven mit gelben Streifen (7) oft gesellig an den Blättern. Es sind die Larven des Mondvogels, eines zu den Spinnern gehörenden, grauen Schmetterlings, auf dessen Vorderflügeln in der vorderen Spitze sich ein gelber Mondfleck befindet. Die Flugzeit erstreckt sich von Anfang Mai bis Ende Juli. Die Puppen überwintern.

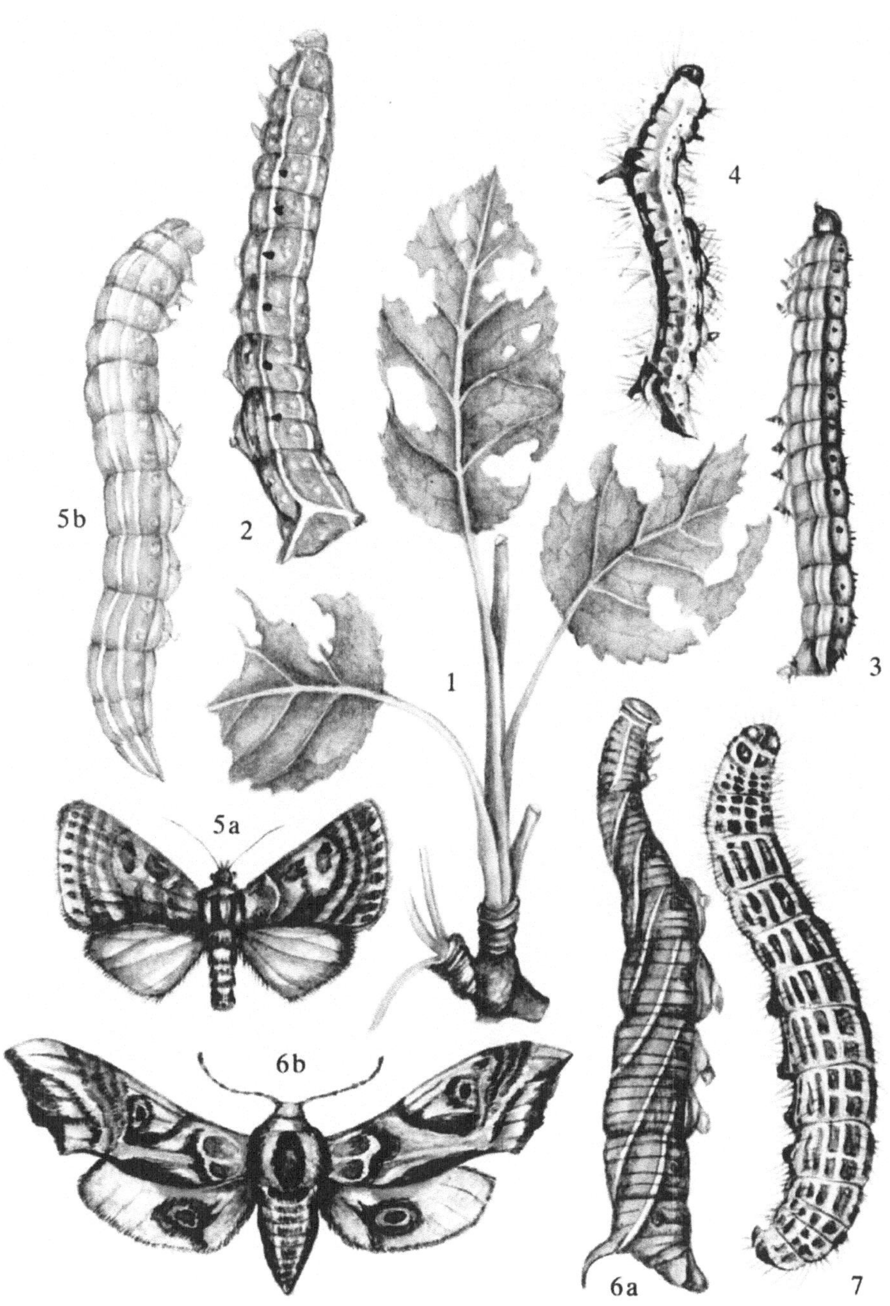

Schlangenminiermotte, Obstbaumminiermotte
(*Lyonetia clerkella* [L.]).

SCHADBILD

Auf den Blattspreiten finden sich einzelne oder mehrere schlangenförmige gewundene Gangminen, die sich durch ihren gelblich-braunen bis braunen Farbton deutlich vom umgebenden grünen Blattgewebe abheben (1 a). Meist beginnen die Gänge in der Nähe der Blattmittelrippe, werden allmählich etwas breiter, sind mit dunklem Kot gefüllt und erreichen am Ende etwa eine Breite von 2 mm, kotloser Endteil 3- bis 4mal so lang wie breit. Die Gesamtlänge kann bis zu 10 cm betragen. In der Mine frißt eine grünliche, 5 bis 8 mm lang werdende Larve (1 c). Auf den Blattunterseiten können später charakteristische längliche weißliche Gespinste gefunden werden, die etwa 5 mm lang sind und mit langen, feinen Fäden am Blatt gehalten werden (1 b).

SCHÄDLING

Schlangenminiermotte, Obstbaummotte (*Lyonetia clerkella* [L.]).
Die Falter besitzen eine Spannweite von etwa 7,5 bis 9 mm. Ihre Vorderflügel sind weißlich-grau bis graubraun mit gelbbraunen Spitzen und charakteristischer, dunkler Zeichnung (1 d). Sie legen ihre Eier im Mai, Juli und September einzeln an junge Blätter in ein flaches Grübchen. Die jungen Larven bohren sich in die Blätter ein, wobei sich in einem Blatt bis zu 15 Larven finden können. Nach etwa 3 Wochen verlassen sie die Gangmine und verpuppen sich an der Blattunterseite (1 b), an Früchten, an der Rinde oder auch am Boden in einem charakteristischen Gespinst. Die Puppenruhe dauert etwa 2 Wochen. Es treten zwei bis drei Generationen im Jahr auf.

Blasenminiermotte, Haselnußminiermotte
(*Phyllonorycter corylifoliella* Hbn.)

SCHADBILD

Auf der Oberseite der Blattspreite befindet sich eine blasenförmige, etwa 1 bis 2 cm im Durchmesser betragende, mehr oder weniger ovale oder unregelmäßig gestaltete Mine, Blattunterseite konvex gewölbt. Sie erscheint silbrig weiß bis grünlich weiß und befindet sich vielfach im Bereich der Blattmittelrippe oder von stärkeren Seitenadern. Ihre Oberfläche weist feine Falten auf (2 a). Darin können bis zu ihrer Verpuppung die etwa 6,5 mm lang werdenden hellgelben Larven mit dunkelbrauner Kopfkapsel und später die bräunlichen Puppen gefunden werden.

SCHÄDLING

Blasenminiermotte, Haselnußminiermotte (*Phyllonorycter corylifoliella* Hbn., Syn. *Lithocolletis corylifoliella* Hbn.)
Die etwa 4 mm langen Falter besitzen charakteristisch gezeichnete Vorderflügel (2 b) mit einer Spannweite von etwa 9 bis 10 mm. Sie fliegen in der ersten Generation im Mai, in der zweiten Generation ab Mitte Juli. Die Larven der zweiten Generation überwintern in den Minen in abgefallenen Blättern. Die Eiablage der Falter erfolgt an die Blattoberseite.

Apfelfaltenminiermotte, Apfelfaltenmotte, Apfelblattütenmotte, Blattaschenmotte, Faltenminiermotte

(*Phyllonorycter blancardella* [F.]).

SCHADBILD

Auf der Blattoberseite, vielfach in der Nähe der Blattmittelrippe oder stärkerer Seitenadern, tritt eine länglich-ovale, konvex gewölbte, etwa 10 bis 20 mm lange und mehrere Millimeter breite Blattmine auf. Auf der Blattunterseite erscheint das Blattgewebe weißlich und ist faltenartig eingezogen. Es können auf einem Blatt mehrere Minen auftreten, die·sich hellgrün, mosaikartig getüpfelt von dem umgebenden Blattgewebe abheben (3a). In der Mine befindet sich Kot sowie eine bis etwa 8 mm lang werdende zitronengelbe Larve mit brauner Kopfkapsel (3b), welche sich auch in der Mine verpuppt.

SCHÄDLING

Apfelfaltenminiermotte, Apfelfaltenmotte, Apfelblattütenmotte, Blattaschenmotte, Faltenminiermotte (*Phyllonorycter blancardella* [F.], Syn. *Lithocolletis blancardella* [F.]).
Die charakteristisch gezeichneten Falter (3c) haben eine Spannweite von etwa 7 bis 9 mm und fliegen in der Zeit von April bis August, wobei bis zu vier Generationen auftreten können. Die Eier werden auf die Blattunterseiten abgelegt. Die Verpuppung erfolgt in der Mine. Es überwintern die Puppen der letzten Generation in den Minen in zu Boden gefallenen Blättern.
Ein ähnliches Schadbild wird verursacht durch:
Phyllonorycter cydoniella (D. et S.), Syn. *Lithocolletis pomonella* (Zell.)
(ohne Abbildung)

Apfelblattminiermotte

(*Stigmella malella* [Stt.])
(An Apfel)

SCHADBILD

Auf den Blättern treten zunächst haarfeine, geschlängelte Gangminen auf, die sich aber bald erweitern. Sie sind mit Kot gefüllt. Dieser zeichnet sich deutlich von dem umgebenden, vergilbten Pflanzengewebe im Bereich der Mine ab (4), bildet einen Mittelstreifen. Am Ende erweitert sich die Mine platzartig. In diesem Bereich ist die Mine kotfrei. In den Minen findet sich vielfach eine 5 bis 7 mm lange, gelbgrüne Larve. Insgesamt erreichen die Minen eine Länge bis zu etwa 2,5 cm.

SCHÄDLING

Apfelblattminiermotte (*Stigmella malella* [Stt.], Syn. *Nepticula malella* [Stt.]).
Die Falter fliegen etwa ab Mitte Mai. Sie besitzen braune Vorderflügel mit silbrigen Binden und silbergraue Hinterflügel. Die Spannweite beträgt 4,8 bis 5,5 mm. Sie legen ihre Eier auf die Blattunterseite, wobei sie diese unter die Epidermis schieben. Die Larven sind gelbgrün, zum Teil auch grün gefärbt und werden bis zu 7 mm lang. Ihre Entwicklungszeit beträgt etwa 4 Wochen. Es treten bis zu 3 Generationen im Jahr auf. Die Verpuppung erfolgt in einem Kokon im Boden. Die Überwinterung im Puppenstadium im Boden.

Rotdornminiermotte

(*Stigmella oxycanthella* Stt.)
(ohne Abbildung)

SCHADBILD

Siehe *Stigmella malella* (Stt.). Der Kot in den Minen wird in Querbögen abgelegt.

SCHÄDLING

Rotdornminiermotte (*Stigmella oxycanthella* Stt.).
Die Lebensweise entspricht etwa derjenigen der verwandten Art *Stigmella malella* (Stt.).

Violettbraune Apfelzwergmotte

(*Stigmella pomella* Vaugh)
(ohne Abbildung)
(An Apfel)

SCHADBILD

Das Schadbild ähnelt dem, welches durch die Apfelblattminiermotte verursacht wird, nur sind die Minen etwas mehr fleckenförmig, anfangs dünn und leicht geschlängelt. In der Mitte der Minen ist ein Kotstreifen erkennbar.

SCHÄDLING

Violettbraune Apfelzwergmotte (*Stigmella pomella* Vaugh, Syn. *Nepticula pomella* Vaugh.).
Die Lebensweise entspricht etwa derjenigen der verwandten Apfelblattminiermotte.

67

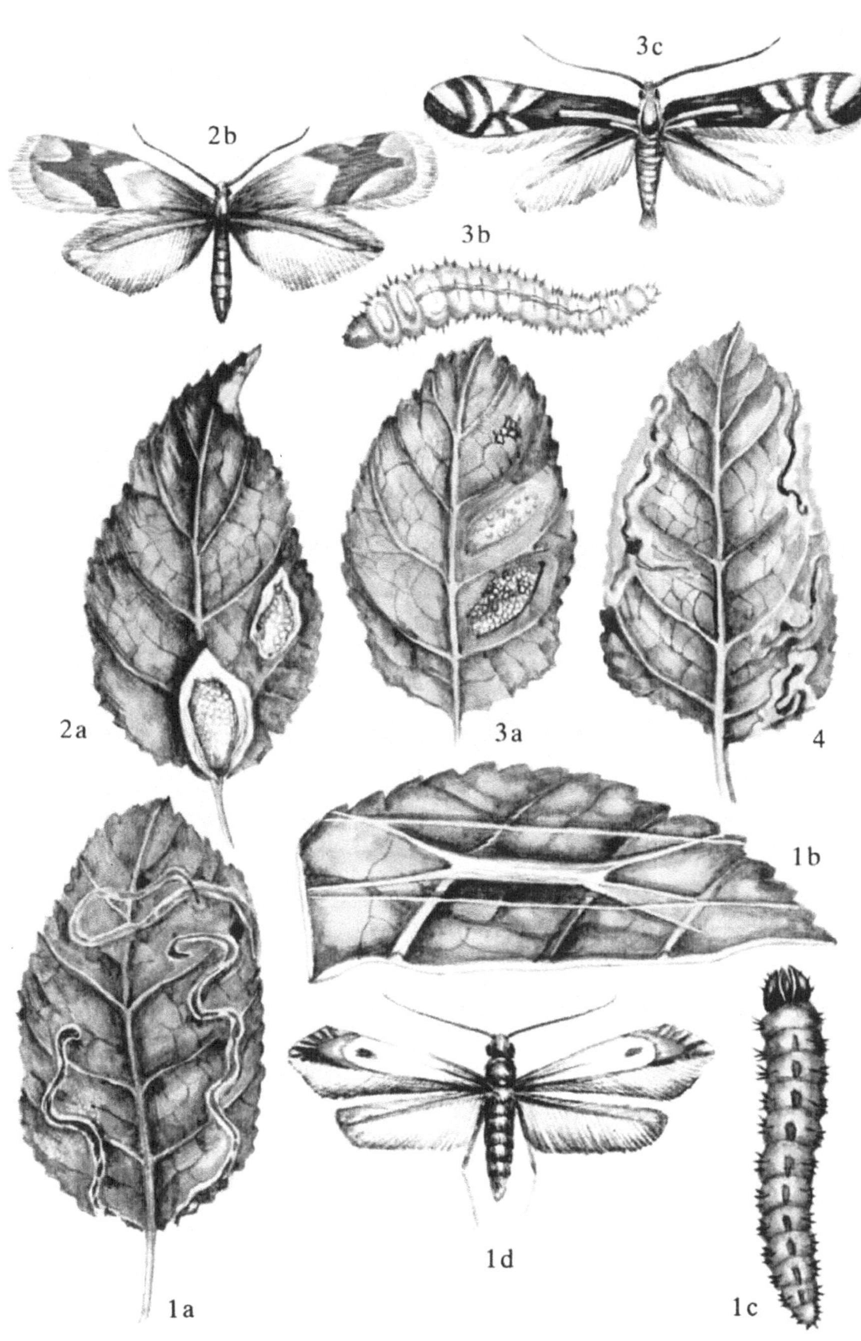

Apfelblattmotte
(*Simaethis pariana* Cl.)

SCHADBILD

Zunächst von der Unterseite her, später von der Oberseite, werden die Blätter durch gelblich-grüne, schwarz gepunktete und etwa 10 bis 12 mm lang werdende Larven (1 a) skelettiert (1 b). Das geschädigte Blattgewebe verfärbt sich rotbraun. Über dem Fraßort bilden die Larven ein feines Gespinst. Erwachsene Larven spinnen am Triebende einige Blätter kahnförmig zusammen, mitunter wird auch der Blattrand tütenförmig umgebogen und an der Blattoberseite angesponnen (1 c).

SCHÄDLING

Apfelblattmotte (*Simaethis pariana* Cl., Syn. *Eutromula pariana* Cl.).
Der rotbraune Falter besitzt auf den Vorderflügeln helle, gezackte Querbinden (1 d). Er ist etwa 4,5 bis 6 mm lang und hat eine Spannweite von 12 bis 14 mm. Die Flugzeit beginnt im Mai. Die halbkugeligen grünlichen Eier werden einzeln an die Blattunterseite gelegt. Die Larven entwickeln sich im Mai bis Juni und verpuppen sich an ungeschädigten Blättern in einer weißen, seidenartigen Gespinsthülle. Die Flugzeit der zweiten Generation liegt im Juli. Etwa im September fliegen die Falter der dritten Generation, die in verschiedenen Verstecken überwintern. Mitunter überwintern auch Puppen.
Ein ähnliches Schadbild verursachen die bis etwa 12 mm lang werdenden Larven der Birnenblattmotte (*Swammerdamia pyrella Vill.*) (ohne Abbildung). Sie sind gelblich gefärbt und besitzen zwei rote Längsstreifen.

Fleckenminiermotte, Pfennigminiermotte, Münzenminiermotte
(*Leucoptera malifoliella* Costa)

SCHADBILD

Auf den Blättern finden sich rundliche, etwa pfenniggroße, bräunliche Platzminen mit mehreren konzentrischen Ringen (2 a), die durch die in der Mine lebenden, etwa 7 mm lang werdenden und gelblich gefärbten Larven (2 b) verursacht werden. Auf einem Blatt können mehrere solcher Minen vorkommen (2 a), Mine ohne jeden Anfangsgang, darin Kot in Bögen angeordnet. Befallene Blätter fallen vielfach vorzeitig ab.

SCHÄDLING

Fleckenminiermotte, Pfennigminiermotte, Münzenminiermotte (*Leucoptera malifoliella* Costa, Syn. *Cemiostoma scitiella* Zell., *Leucoptera scitiella* Zell.).
Die etwa 3 bis 4 mm langen Falter haben eine Spannweite von 6 bis 7,5 mm. Ihre Vorderflügel sind grau glänzend und an den Spitzen gelblich bis gelblich-braun gezeichnet. Die Flecken sind dunkel umrandet (2 c). Die beiden Generationen fliegen im Mai bis Juni und im August. Die Eier werden an die Blattunterseiten abgelegt. Die Larven der ersten Generation verpuppen sich in einem Gespinst an der Blattunterseite, die Larven der zweiten Generation überwintern in einem Gespinst in Verstecken am Baum.

Grauköpfige Obstbaummotte

(*Recurvaria nanella* Hbn.),

Apfelmotte, Weißdornmotte

(*Recurvaria leucatella* Cl.)
(An Apfel)

SCHADBILD

Auf der Blattspreite befindet sich eine kleine, unregelmäßig geformte Platzmine mit buchtigem Rand (3). Darin miniert eine gelbbraune bis rötliche, etwa 3 mm lange, grau- bis schwarzköpfige Schmetterlingslarve, die später bis 9 mm lang wird und dann zwischen zusammengesponnenen Blättern frißt.

SCHÄDLINGE

Grauköpfige Obstbaummotte (*Recurvaria nanella* Hbn.) sowie Apfelmotte, Weißdornmotte (*Recurvaria leucatella* Cl.).
Beide Arten gehören zu den Gelegenheitsschädlingen. Sie überwintern am Baum als Larven in einem Kokon. Nach dem Verlassen des Winterquartiers im Frühjahr fressen sie sich zunächst in Knospen ein. Nach Erscheinen der Blätter führen sie als junge Larven einen Minierfraß durch. Im älteren Stadium fressen sie zwischen zusammengesponnenen Blättern. Die braunschwarzen Falter sind arttypisch gezeichnet und besitzen eine Flügelspannweite von etwa 14 mm.

Vogelbeerwickler

(*Choristoneura sorbiana* Hbn., Syn. *Cacoecia sorbiana* Hbn.)
(ohne Abbildung)
(An Apfel)

SCHADBILD

Zwischen wirr zusammengezogenen Blättern frißt eine dunkelgraue bis bläulich-graue, etwa 6 bis 8 mm lange Schmetterlingslarve. Sie weist weiße Pünktchen auf und besitzt einen glänzend schwarzen Kopf.

Apfelpalpenmotte, Buchenmotte
(*Chimabacche fagella* Fab.)
(ohne Abbildung)
(An Apfel)

SCHADBILD

Zwischen zwei flach aufeinander liegenden
und mit feinen Gespinstfäden zusammenge-
haltenen Blättern frißt von Mai bis Juli eine
weißliche, etwa 4 bis 6 mm lange Schmetterlingslarve.

SCHÄDLING

Apfelpalpenmotte, Buchenmotte (*Chimabacche fagella* Fab.)
Die etwa 9 mm langen Weibchen besitzen
weißgraue Vorderflügel mit einer Spannweite von etwa 11 bis 14 mm. Sie sind
schwärzlich bestäubt mit schwärzlichen
Querstreifen und schwarzen Punkten. Die
Eiablage erfolgt an die Blätter.

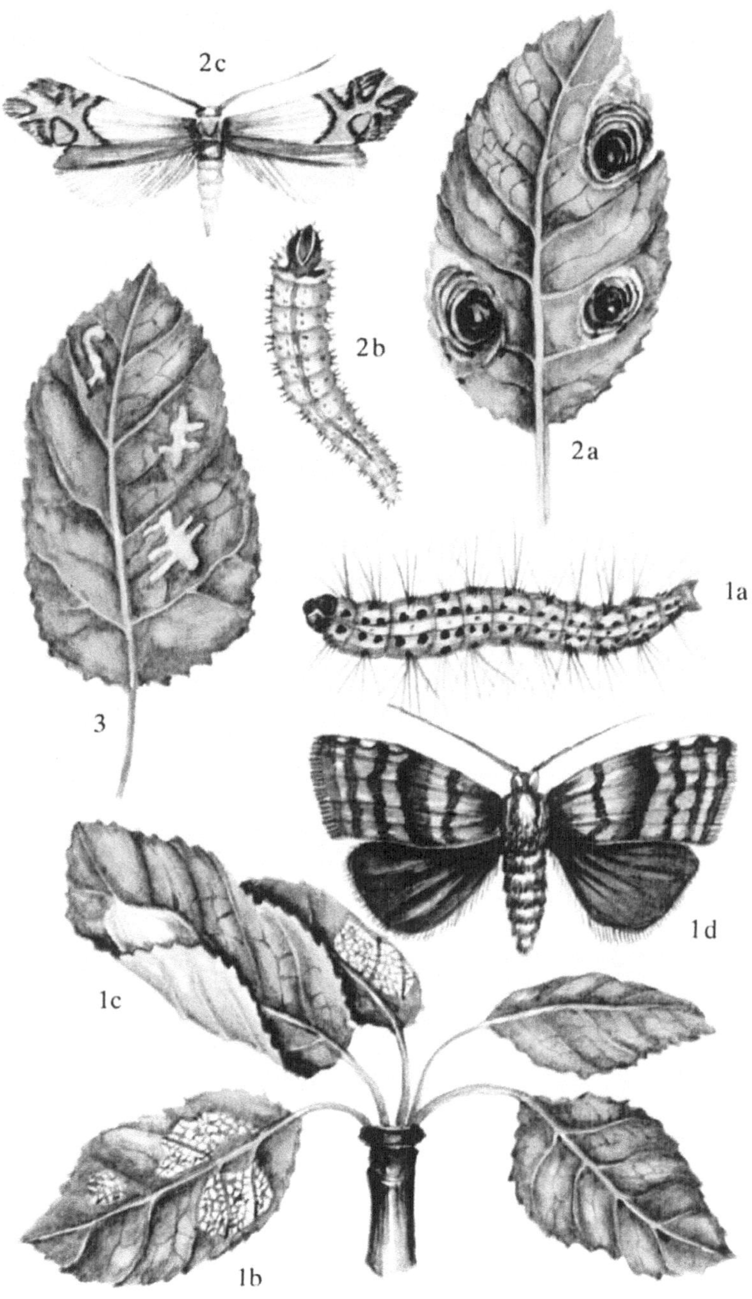
2c
2b
2a
3
1a
1d
1c
1b

Apfelblattrandmotte, Blattrandmotte

(*Callisto denticulella* Thbg.)

SCHADBILD

Das Schadbild beginnt mit einem kurzen, hellen und feinen Miniergang auf der Blattoberseite, meist in der Nähe des Blattrandes und wird meist übersehen. Schon bald findet sich eine 1 bis 2 cm lange, ovale Platzmine, die oberflächlich skelettiert und hell bis braun erscheint. Im Bereich dieser Platzmine ist der Blattrand nach unten umgeschlagen (1 a). Darin frißt eine gelbliche, bis 6 mm lang werdende Larve.

SCHÄDLING

Apfelblattrandmotte, Blattrandmotte (*Callisto denticulella* Thbg., Syn. *Ornix guttea* Hw.).
Der violettbraune Falter besitzt auf den Vorderflügeln kleine, helle Flecken (1 b). Die Spannweite beträgt etwa 12 mm. Die Falter der beiden Generationen fliegen im April bis Mai bzw. im Juni bis August. Die Eiablage erfolgt an die Blattspreite. Die Junglarven bohren sich in das Blatt ein und minieren zunächst darin. Später verlassen sie die Minen und legen die Platzmine an, wobei sie den Blattrand durch Anspinnen an die Blattspreite umschlagen. Ein ähnliches Schadbild im Bereich der Interkostalfelder des Blattes verursachen die Blattaschenmotte, Apfelblattrandmotte (*Parornix petiolella* Frey, Syn. *Ornix petiolella* Frey) sowie die Weißdornminiermotte (*Bucculatrix crataegi* Z.), deren Altlarve frei an der Blattunterseite Fenster- und Lochfraß verursacht (ohne Abbildung).

Sackträgermotten, Sackmotten, Obstbaumsackmotten, Futteralmotten

(Verschiedene *Coleophora*-Arten)

SCHADBILD

Auf der Blattspreite, mitunter auch an Knospen, finden sich rundliche, vielfach unregelmäßig gestaltete, helle bis braune Minen mit deutlicher Einbohrstelle in der Mitte („Fensterflecke"). Die befressenen Blatteile erscheinen skelettiert. Mitunter sitzt auf der Mine ein bis 5 mm langes, grau- bis schwarzbraunes Säckchen (Futteral), welches eine länglich-zigarrenförmige oder am Ende abgebogene Gestalt hat (2 a). Meist sitzt das Säckchen senkrecht auf der Mine. In diesem Säckchen befindet sich eine gelbliche oder rötlich-braune Larve (2 b).

SCHÄDLINGE

Sackträgermotten, Sackmotten, Obstbaumsackmotten, Futteralmotten (*Coleophora hemerobiella* [Scop.], *Coleophora anatipennella* Hbn., *Coleophora nigricella* Steph., *Coleophora fuscocuprella* H. S., *Coleophora serratella* L., Syn. *Coleophora coracipennella* Hbn.).
Die Falter fliegen in der Zeit von Juni bis Juli und legen ihre Eier an die Blattunterseiten. Die Junglarven bohren sich in das Blattgewebe ein und verursachen die charakteristische Blattmine. Schon nach kurzer Zeit fertigen sie sich ein Säckchen aus Blattmaterial und Gespinstfäden an, welches in der Mitte der Mine aufsitzt. Die darin lebende Larve frißt aus dem Säckchen heraus im Blattgewebe, ohne das Säckchen ganz zu verlassen. Später verläßt die Larve mit dem Säckchen die Mine und sucht Ast- und Zweiggabeln sowie Knospen auf (2 c). Hier erfolgt die Überwinterung. Das Säckchen wird im Frühjahr bis auf etwa 18 mm vergrößert. Im Frühjahr werden zuerst die Knospen befressen. Später gehen die Larven auf die Blätter über.

Die Falter haben eine Spannweite von etwa 15 mm. Die wichtigsten Arten sind wie folgt gekennzeichnet:
- *Coleophora hemerobiella* (Scop.): Die Falter sind weiß, braungrau bis gelblich gefärbt (2 d), der Larvensack ist vor der Überwinterung gekrümmt, ist aber später gerade, röhrenförmig und auf Apfel haarig, schwärzlich bis dunkelbraun und steht senkrecht auf dem Blatt.
- *Coleophora anatipennella* Hbn.: Die milchig-weißen Falter haben an den Vorderflügeln schwach gelbbraune Spitzen. Der Larvensack ist pistolenartig gekrümmt, schwarzbraun und unten gekielt.
- *Coleophora nigricella* Steph.: Die Falter sind schwärzlich-schiefergrau gefärbt. Der Larvensack ist im Herbst pistolenartig gekrümmt, ist aber später gerade, röhrenförmig, gerunzelt und gelblich bis braungrau (2 e). Er steht schräg auf dem Blatt.
- *Coleophora fuscocuprella* H.S.: Die Falter sind gelblich bis erzgrün. Der Larvensack ist klein und besitzt ein großes Anhängsel.

Kernobstminierfliege

(*Phytomyza heringiana* Hendel)
(ohne Abbildung)

SCHADBILD

Am Blattrand oder an einer Hauptader des Blattes findet sich eine gelblich-grüne bis braune Platzmine, die mitunter breite Ausläufer aufweist. Darin findet sich der Kot in einzelnen Stücken. Weiterhin können in der Mine gelblich-weiße, etwa 3 mm lang werdende, fußlose Larven bzw. braune Tönnchenpuppen gefunden werden.

SCHÄDLING

Kernobstminierfliege (*Phytomyza heringiana* Hendel).
Sie legt ab Mai ihre Eier an die Blattränder oder an eine Hauptader des Blattes. Die jungen Larven bohren sich in das Blatt ein und verursachen die beschriebenen Minen, die in der Zeit von Mai bis Oktober an den Blättern gefunden werden können. Die Verpuppung erfolgt im Blatt. Die Puppen überwintern.

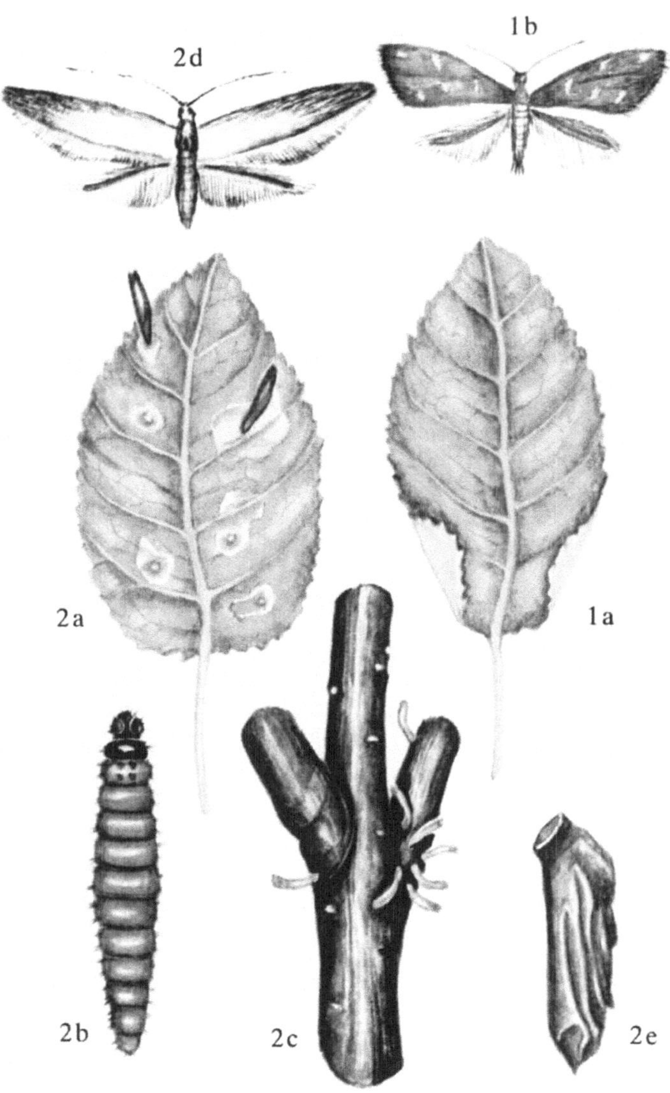
2d
1b
2a
1a
2b
2c
2e

Apfelwickler
(Laspeyresia pomonella L.)

SCHADBILD

Bereits in der ersten Junihälfte können Früchte gefunden werden, welche äußerlich auf der Schale angenagt sind und Bohrlöcher aufweisen, aus welchen ein krümeliger, brauner, feuchter Kot quillt (1 a). Von diesen Bohrlöchern aus findet man beim Aufschneiden der Frucht einen mehr oder weniger verbräunten Fraßgang, der zum Kerngehäuse führt (1 b). Darin befindet sich neben braunem Kot eine bis 20 mm lang werdende, blaß rötliche bis fleischfarbene Schmetterlingslarve („Obstmade"), die sich zur Verpuppung aus der am Baum hängenden Frucht abspinnt (1 c). Befallene Früchte fallen vorzeitig ab oder werden notreif. Vielfach bleiben sie kleiner als unbefallene. Das Schadbild kann bis zur Ernte in den Obstanlagen gefunden werden.

SCHÄDLING

Apfelwickler (*Laspeyresia pomonella* L., Syn. *Carpocapsa pomonella* L., *Cydia pomonella* L.).
Der Schädling überwintert im Larvenstadium unter Rindenschuppen am Baum (1 d) sowie in Verstecken am Boden in der Nähe der Bäume in einem aus weißgrauen Gespinstfäden bestehenden, festen Kokon. Die Larve ist etwa 20 mm lang und blaß-rötlich bis fleischfarben, bleicht aber nach der Überwinterung aus. Etwa Ende April bis Mitte Mai erfolgt die Verpuppung im Kokon. Die Puppe selbst ist braun und etwa 9 bis 10 mm lang. Die Falter schlüpfen nach einer Puppenruhe von etwa 20 bis 30 Tagen. Sie sind etwa 10 mm lang und haben eine Flügelspannweite von etwa 20 mm. Die Vorderflügel sind grau bis dunkelbraun, die Hinterflügel heller braun. Charakteristisch sind in der Nähe der Spitzen der Vorderflügel je ein rötlich-brauner, gebogener Fleck (1 e). Etwa eine Woche nach Beginn des Fluges erfolgt die Eiablage, wobei jedes Weibchen bis etwa 100 Eier an die Blattoberseiten in Nähe der Früchte, an Triebe bzw. an die jungen Früchte ablegt. Die Eier sind etwa 1 mm lang. Nach 8 bis 14 Tagen schlüpfen die jungen Larven. Sie besitzen eine dunkle Kopfkapsel und wandern zunächst auf der Fruchtoberfläche bzw. wandern von den Blättern oder Trieben auf die jungen Früchte und nagen diese oberflächlich an. Danach bohren sie sich in die Früchte ein, vielfach von der Kelch- oder Stielgrube aus, aber auch von den Seiten her und dringen zum Kerngehäuse vor. Der Kot wird zunächst durch das Einbohrloch, später durch einen eigens hierzu angelegten Gang nach außen befördert. Hierdurch entsteht das beschriebene Schadbild. Die erwachsenen Larven verlassen die noch am Baum hängenden Früchte, indem sie sich an einem Faden zu Boden spinnen (1 c) bzw. wandern aus den bereits zu Boden gefallenen Früchten ab, um Verstecke am Baum oder am Boden zur Verpuppung aufzusuchen. Die zweite Generation der Falter fliegt in der Regel Ende Juli bis Ende August. Ihre Larven überwintern.

Bodenseewickler

(*Pammene rhediella* Cl.)

SCHADBILD

In versponnenen Blütenbüscheln leben und fressen etwa bis 8 mm lang werdende, schmutzig-weiße Schmetterlingslarven. Später dringen die Larven meist von der Kelch- oder Stielgrube her in die jungen Früchte ein, nachdem sie unter dem Schutz eines an die Frucht angesponnenen Blattes zunächst einen oberflächlichen Fraß an der Fruchtschale verursacht haben (2 a). Mitunter werden dadurch auch zwei Früchte miteinander versponnen (2 b), wobei an den Berührungsstellen brauner, feiner Kot zu erkennen ist. Die Larve frißt in das Fruchtfleisch hinein unregelmäßige Gänge, die zum Kerngehäuse führen. Diese Gänge sind meist kotfrei, da der Kot durch die Larven nach außen befördert wird (2 c). Befallene Früchte fallen vorzeitig ab. Weniger geschädigte Früchte bleiben am Baum hängen und weisen vernarbte Wunden auf. Bei Fraß der Larven in den versponnenen Blütenbüscheln sowie an den Triebspitzen wird Fensterfraß verursacht, in die Triebspitzen wird ein bis zu 3 cm langer Gang gebohrt. Die Blätter befallener Triebe welken, verbräunen. Es kommt zum Absterben der Triebspitze.

SCHÄDLING

Bodenseewickler (*Pammene rhediella* Cl.).
Der Falter besitzt eine Flügelspannweite von etwa 8 bis 11 mm. Seine Vorderflügel sind violett-braun-grau mit goldrotem Saumfeld, welches mit violett schimmernden, feinen Linien durchzogen ist. Die Flugzeit ist im Mai. Die Eier werden einzeln an die Blüten- bzw. Fruchtbüschel abgelegt. Nach etwa 8 bis 14 Tagen schlüpfen die Junglarven. Sie erreichen eine Länge von etwa 8 mm und sind schmutzig-weiß gefärbt. Nach einer Fraßzeit von 3 bis 4 Wochen in den Früchten bzw. Trieben wandern die Larven zur Verpuppung in Verstecke unter Rindenschuppen am Baum ab. Die Larve überwintert in einem Kokon. Im Jahr tritt nur eine Generation auf.

Weißdornfruchtwickler

(*Laspeyresia janthiana* [Dup.])
(ohne Abbildung)

SCHÄDLING

Unter der Fruchtschale finden sich flache, geschlängelte Gänge bzw. sind Furchen in die Frucht genagt. Im Fruchtfleisch befinden sich von diesen Fraßstellen ausgehend Gänge, die allerdings nicht bis zum Kerngehäuse verlaufen. Die Gänge sind kotfrei. Der Kot wird durch einen besonderen Gang nach außen geschafft. In diesem Bereich findet sich ab August eine Platzmine.

SCHÄDLING

Weißdornfruchtwickler (*Laspeyresia janthiana* [Dup.]).
Die Larven sind etwa 12 mm lang, graugelb bis hellrosa gefärbt und mit graubraunen Warzen besetzt. Die Überwinterung erfolgt im Larvenstadium in einem Kokon in verschiedenen Verstecken. Die Flugzeit der Falter liegt im Juni bis Juli.

Ebereschenmotte, Vogelbeermotte, Apfelmotte
(*Argyresthia conjugella* Zett.)

SCHADBILD

Auf der Schale reifender Früchte finden sich grüne, später braune bis schwarze Flecke mit Einbohrlöchern. Die Flecke sind etwas eingesunken. Das Fruchtfleisch ist von mehreren, etwa 1 mm breiten, dunklen Bohrgängen durchzogen (3a), in denen bis etwa 7 mm lang werdende, rötliche Larven fressen. Es können bis zu 20 Larven in einer Frucht vorkommen. Befallene Früchte schmecken bitter, vielfach fallen sie vorzeitig vom Baum.

SCHÄDLING

Ebereschenmotte, Vogelbeermotte, Apfelmotte (*Argyresthia conjugella* Zett.).
Der etwa 5 bis 6 mm lange Falter besitzt graubraune Vorderflügel mit violettem Schimmer (3b) und einer Spannweite von etwa 14 mm. Die Flugzeit beginnt Anfang Juni und dauert bis etwa Mitte Juli. Die 0,5 mm langen, hell orangefarbenen Eier werden an die jungen Früchte abgelegt. Die weißlichen Junglarven bohren sich in die Frucht ein. Etwa im August spinnen sich die erwachsenen Larven aus den Früchte ab und legen im Boden einen Kokon an, in dem sie entweder noch als Larve oder schon als Puppe überwintern.

Mittelmeerfruchtfliege
(*Ceratitis capitata* [Wied.])

SCHADBILD

In besonders günstigen, warmen Lagen unter den klimatischen Bedingungen Mitteleuropas, aber auch an importierten Früchten aus südlichen Ländern, zeigen reifende Früchte gelbe, später rote bis braune Einstichstellen auf der Fruchtschale, die später vernarben. Diese Stellen sind etwas eingesunken. In den Früchten fressen 7 bis 8 mm lang werdende, cremefarbene Fliegenlarven. Die Früchte fallen vorzeitig ab und faulen. In den am Boden liegenden und verfaulenden Früchten finden sich ebenfalls in größerer Zahl diese Fliegenlarven.

SCHÄDLING

Mittelmeerfruchtfliege (*Ceratitis capitata* [Wied.]).
Bei diesem Schädling handelt es sich um einen Quarantäneschädling. Die Mittelmeerfruchtfliege ähnelt in der Größe der Stubenfliege, ist schwarzbraun und besitzt auffällig gefärbte Flügel (4). Die Weibchen legen ihre Eier in die Früchte, etwa bis zu 8 Stück pro Frucht. Die Larven fressen im Fruchtfleisch, vor allem in der Nähe der Schale, später aber auch tiefergehend. Sie besitzen Sprungvermögen. Die Verpuppung erfolgt außerhalb der Frucht im Boden in einem Tönnchen.

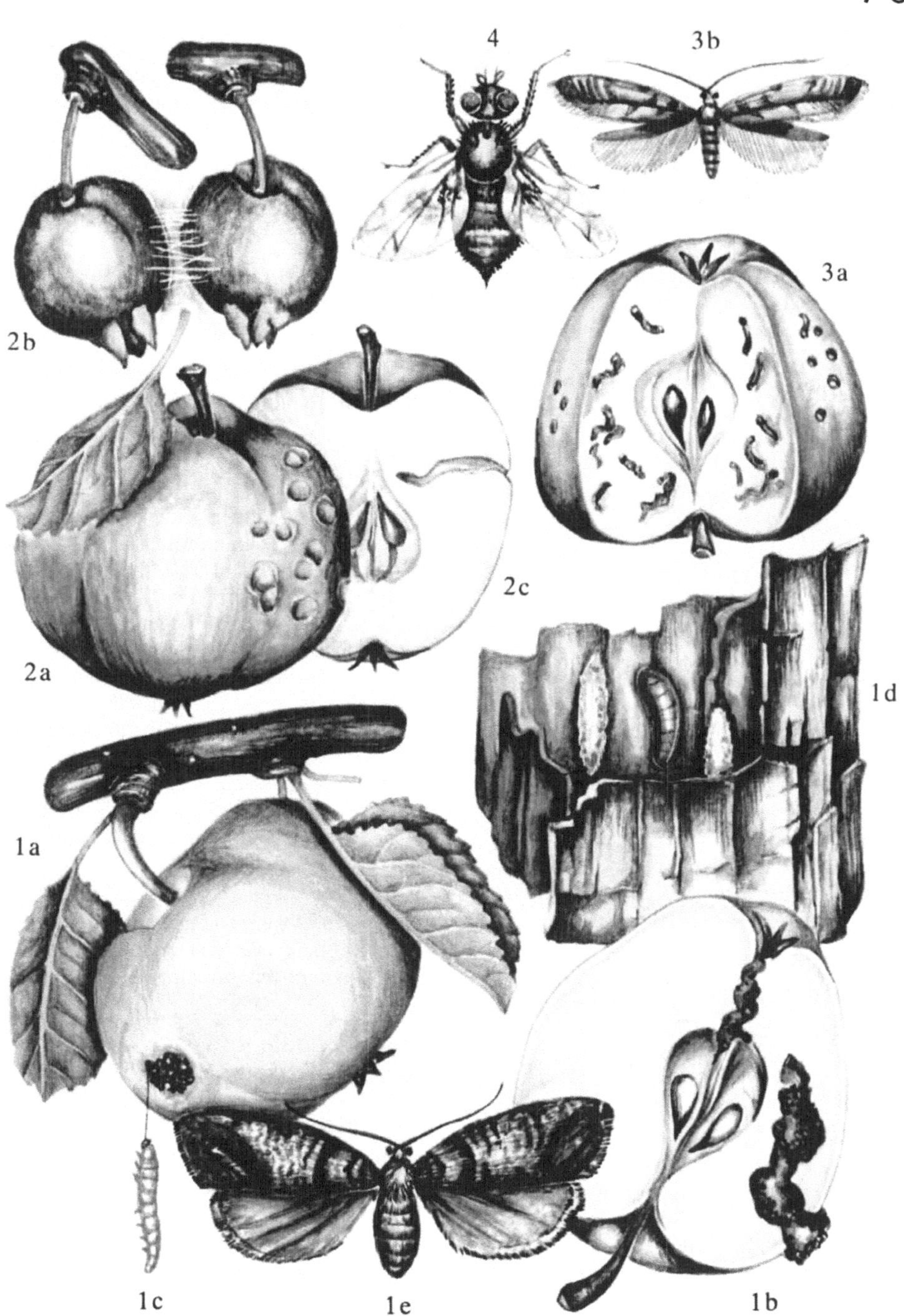
2b
4
3b
3a
2c
2a
1d
1a
1c
1e
1b

Marlinger Birnenwurm, Tiroler Birnenwickler

(*Laspeyresia dannehli* Obr.)
(ohne Abbildung)

SCHADBILD

Bisher sicher nur in Österreich nachgewiesen. Etwa im Juni schlüpfen aus roten Eiern, die an die jungen Früchte abgelegt wurden, blutrote Larven, die sich in die Frucht einbohren, sich bis zum Kerngehäuse hineinfressen und dieses zerstören. Die erwachsenen Larven sind zum Unterschied von der Apfelwicklerlarve (Tafel 70) schmutzig-weiß, etwa 22 bis 25 mm lang und besitzen einen schwarzbraunen bis schwarzen Kopf. Der Schaden wird sichtbar, wenn sich die erwachsenen Larven durch eine Gang nach außen durchfressen. Um das Ausbohrloch herum finden sich Kotkrümel.

SCHÄDLING

Marlinger Birnenwurm, Tiroler Birnenwickler (*Laspeyresia dannehli* Obr., Syn. *Carpocapsa dannehli* Obr., *Laspeyresia pyrivora* Danil.).
Der Falter besitzt schiefergraue Vorderflügel mit schwarzen Streifen. Spannweite etwa 22 mm. Flugzeit und Eiablage beginnen im Juni, Hauptflugzeit Juli. Die erwachsenen Larven suchen nach dem Ausbohren aus der Frucht Winterverstecke unter Rindenteilen auf. Hier überwintern sie im verpuppungsreifen Stadium. Verpuppung in einem braunroten Kokon. Es tritt nur eine Generation auf.

Apfelschalenwickler an Birne

(*Adoxophyes reticulana* Hbn.)
(Siehe auch Tafel 72)

SCHADBILD

Unter Blättern, die an eine Frucht angesponnen sind, verursachen etwa 15 bis 20 mm lange, schmutziggrüne Larven mit helleren Warzen und gelblicher Kopfkapsel einen Schabefraß auf der Fruchtschale. Mitunter werden auch zwei nebeneinander hängende Früchte zusammengesponnen, zwischen denen die Larve großflächige, muldenförmige Stellen auf der Schale frißt (1).

SCHÄDLING

Apfelschalenwickler (*Adoxophyes reticulana* Hbn., Syn. *Adoxophyes orana* [F.R.], *Capua reticulana* Hbn.).
Beschreibung siehe Tafel 72.

Heckenwickler an Birne (2)
Siehe Tafel 72

Kleiner Frostspanner an Birne

(*Operophthera brumata* L.)

und andere Spanner-Arten

(Siehe auch Tafel 74)

SCHADBILD

Etwa ab April finden sich in geöffneten Knospen junge Schmetterlingslarven, die in den Knospen fressen und diese mitunter vollständig zerstören. Am Fraßort finden sich Kotkrümel und feine Gespinstfäden.
Nach dem Knospenfraß werden Blätter und Blüten unregelmäßig befressen (Rand- und Lochfraß). Es kann zu Kahlfraß kommen. Die jungen Früchte werden muldenartig, mehr oder weniger flächig (3) oder löffelartig an- und ausgefressen, wobei der Fraß bis zum Kerngehäuse reichen kann. Befressene Früchte verkrüppeln, fallen vorzeitig ab.

SCHÄDLING

Kleiner Frostspanner (*Operophthera brumata* L., Syn. *Cheimatobia brumata* L.) und andere Spanner-Arten. Beschreibung Tafel 74.

Pyramideneule an Birne

(*Amphipyra pyramidea* L.)

SCHADBILD

Das Schadbild ist dem, welches durch Spanner-Arten verursacht wird, ähnlich (4).

SCHÄDLING

Pyramideneule (*Amphipyra pyramidea* L.).
Beschreibung siehe Tafel 66.

71

Fruchtschalenwickler
(Verschiedene Wickler-Arten)

SCHADBILD

Die Larven verschiedener Wickler-Arten verursachen mit geringen, artspezifischen Unterschieden ein weitgehend ähnliches Schadbild. Im Frühjahr verlassen die Larven ihre Winterverstecke bzw. schlüpfen aus den überwinterten Eiern und dringen in die jungen Austriebe ein (1a). An unterschiedlich eingerollten Blättern, an miteinander versponnenen Blättern im Bereich der Triebspitzen, vielfach auch an versponnenen Blütenbüscheln findet sich ein Schabefraß. Später werden die Blätter skelettiert. Dabei treten die durch *Adoxophyes reticulana* Hbn. und die *Pandemis*-Arten verursachten Fraßschäden vor allem an den Blütenbüscheln, weniger an den Blattbüscheln auf. Die Blattspitze ist kahnähnlich versponnen. Bei Auftreten der Art *Archips rosana* L. rollt sich die Blattspreite locker längs oder schräg ein. Bei Auftreten der Art *Archips xylosteana* (L.) rollen sich die befallenen Blätter zigarrenförmig quer zur Blattspreite. An den Früchten verursachen die Fruchtschalenwickler einen Schabefraß an der Fruchtschale, wobei vielfach an der geschädigten Stelle ein Blatt angesponnen ist. Mitunter finden sich auch zusammengesponnene Früchte (1b). Zur Erntezeit zeigen die geschädigten Früchte mehr oder weniger großflächige, muldenförmige, vernarbte Stellen auf der Schale (1c) (siehe auch Tafel 71).

Im Bereich der Fraßstellen, vor allem unter den angesponnenen Blättern fressen unterschiedlich gefärbte Schmetterlingslarven. Es tritt vorzeitiger Fruchtfall ein.

SCHÄDLINGE

Zur Bestimmung der in Frage kommenden Wickler-Arten wird auf Spezialliteratur (z. B. GOTTWALD 1958, 1979, FRIEDRICH u. a. 1984) bzw. den Rat eines Spezialisten verwiesen. Hiernach werden unterschieden:
- Fruchtschalenwickler mit Larvenüberwinterung und 1 bis 2 Generationen im Jahr,
- Fruchtschalenwickler mit Eiüberwinterung und nur einer Generation im Jahr.

Für die Diagnose der Erreger der verursachten Fruchtschäden sind vor allem die Larven von Bedeutung. Auf der Basis der genannten Spezialliteratur sind Falter und Larven im wesentlichen wie folgt charakterisiert:
- Larven und Falter der Fruchtschalenwickler mit **Larvenüberwinterung** (ohne spezielle Berücksichtigung von Unterschieden zwischen Männchen und Weibchen):

Apfelschalenwickler
(*Adoxophyes reticulana* Hbn.,
Syn. *Adoxophyes orana* [F. R.],
Capua reticulana Hbn.)

(siehe auch Tafel 71)
Körperfarbe der Larven hell- bis dunkelgrün
bzw. schmutzig-grün (2a), Kopfkapsel
braun, seltener hellbraun. Länge 15 bis
20 mm. Vorderflügel der Falter bräunlich-
gelb bis bräunlich-gelbgrau, dunkel gegittert,
Hinterflügel weißgrau bis braungelb, Spannweite 14 bis 20 mm (2b).

Rotbrauner Schalenwickler
(*Pandemis heperana* Schiff.)

(ohne Abbildung)
Körperfarbe der Larven kräftig grün, Kopfkapsel hellgelb bis hellgrün, Länge 20 bis
22 mm, Vorderflügel der Falter bräunlich-
gelb bis zimtbraun, gegittert, Hinterflügel
graubraun, Spannweite 11 bis 24 mm.

Johannisbeerbreitwickler,
Johannisbeerwickler
(*Pandemis ribeana* Hbn. und *Pandemis
ribeana* var. *cerasana* Hbn.)

Körperfarbe der Larven gelbgrün bis grün,
Kopfkapsel hell gelbgrün mit dunkelbraunen
bis schwarzen Flecken, Länge 20 bis 22 mm,
Vorderflügel der Falter gelbbraun, Hinterflügel braungrau, Spannweite 16 bis 25 mm (3).
Die var. *cerasana* unterscheidet sich neben etwas anderen Entwicklungsverhältnissen bei
den Larven durch eine etwas andere Zeichnung der Vorderflügel der Falter.

Bräunlicher Obstbaumwickler
(*Archips podana* [Scop.],
Syn. *Cacoecia podana* [Scop.])

(ohne Abbildung)
Körperfarbe der Larven grasgrün, Kopfkapsel
rotbraun, zum Teil schwarz, Länge 20 mm.
Vorderflügel der Falter bräunlich-gelb bis
rotbraun, Hinterflügel dunkelgrau bis gelbbraun mit gelblicher Spitze bzw. Außen-
hälfte, Spannweite 19 bis 28 mm.

Schalenwickler
(*Ptycholoma lecheanum* L.,
Syn. *Cacoecia lechenana* L.)

(ohne Abbildung)
Körperfarbe der Larven dorsal graugrün, ven-
tral hellgrün, Kopfkapsel dunkel bis schwarz
gefleckt, Länge 20 mm.
Vorderflügel der Falter schwärzlichbraun,
ockergelb bestäubt mit zwei bleiglänzenden
Querlinien in der Mitte, Hinterflügel
schwärzlichbraun, Spannweite 16 bis
21 mm.

- Larven und Falter der Fruchtschalenwickler **mit Eiüberwinterung** (ohne spezielle Berücksichtigung von Unterschieden zwischen Männchen und Weibchen):

Heckenwickler
(*Archips rosana* L., Syn. *Cacoecia rosana* L.)

SCHADBILD (siehe Tafel 71 (2))

Zwischen versponnenen Blüten- und Blattbüscheln, auch zwischen lose zusammengesponnenen Blättern verursacht eine 18 bis 20 mm lange, grüne Larve mit kastanienbrauner Kopfkapsel einen Schabefraß. Unter Blättern, die an eine Frucht angesponnen sind, wird Schabefraß auf der Fruchtschale verursacht, der später vernarbt. Die Blattspreite der befressenen Blätter rollt sich lokker längs oder schräg ein.

SCHÄDLING

Heckenwickler (*Archips rosana* L., Syn. *Cacoecia rosana* L.).

Körperfarbe der Larven grün, Kopfkapsel kastanienbraun, Länge 18 bis 20 mm. Vorderflügel der Falter grau, graubraun bis dunkelbraun, gegittert, Hinterflügel graubraun, Spannweite 15 bis 24 mm.

Gehölzwickler
(*Archips xylosteana* [L.]

(ohne Abbildung)
Körperfarbe der Larven graugrün, Kopfkapsel schwarz, Länge 20 bis 22 mm. Vorderflügel der Falter graubraun, Vorderrand mit gelblichem Schimmer, Hinterflügel braungrau, Spannweite 15 bis 23 mm.

Weißdornwickler (*Archips crataegana* Hbn.)

Körperfarbe der Larven dunkelgrün bis schwärzlich-grün, Kopfkapsel schwarz (4), Länge 20 bis 24 mm. Vorderflügel der Falter graubraun mit bläulichem Schimmer, Hinterflügel dunkelgrau, Spannweite 19 bis 27 mm.

Die im Larvenstadium an den Bäumen überwinternden Arten verlassen beim Austrieb der Knospen (Mausohrstadium) die Verstecke, wandern zu den sich öffnenden Knospen und dringen in diese ein, wo auch nach der Fraßzeit die Verpuppung etwa Mitte Mai erfolgt. Nach 2 bis 3 Wochen schlüpfen die Falter, die ihre Eier in gelblichen bis grünlichen Gelegen (artspezifisch) an Blätter oder Früchte ablegen. Die flachen Eier überdekken sich dachziegelähnlich (5). Die Gelege bestehen aus etwa 100 bis 300 Eiern. Die nach ein bis zwei Wochen schlüpfenden Larven fressen an Blättern und Früchten. Im August bis September tritt eine zweite Faltergeneration auf, deren Larven überwintern.

Die Eigelege der im Eistadium überwinternden Arten finden sich an Ästen, sind grünlich-grau gefärbt und enthalten 30 bis 90 flache, sich ebenfalls dachziegelähnlich überdeckende Eier. Die Junglarven schlüpfen kurz vor oder während der Blütezeit. Sie erscheinen damit später als die im Larvenstadium überwinternden Arten am Fraßort. Sie fressen an den jungen Früchten. Die Fraßstellen verkorken später bzw. die geschädigten Früchte fallen vorzeitig ab. Die Verpuppung erfolgt am Fraßort. Die nach zwei Wochen schlüpfenden Falter legen im Juli ihre Eier ab, welche überwintern.

72

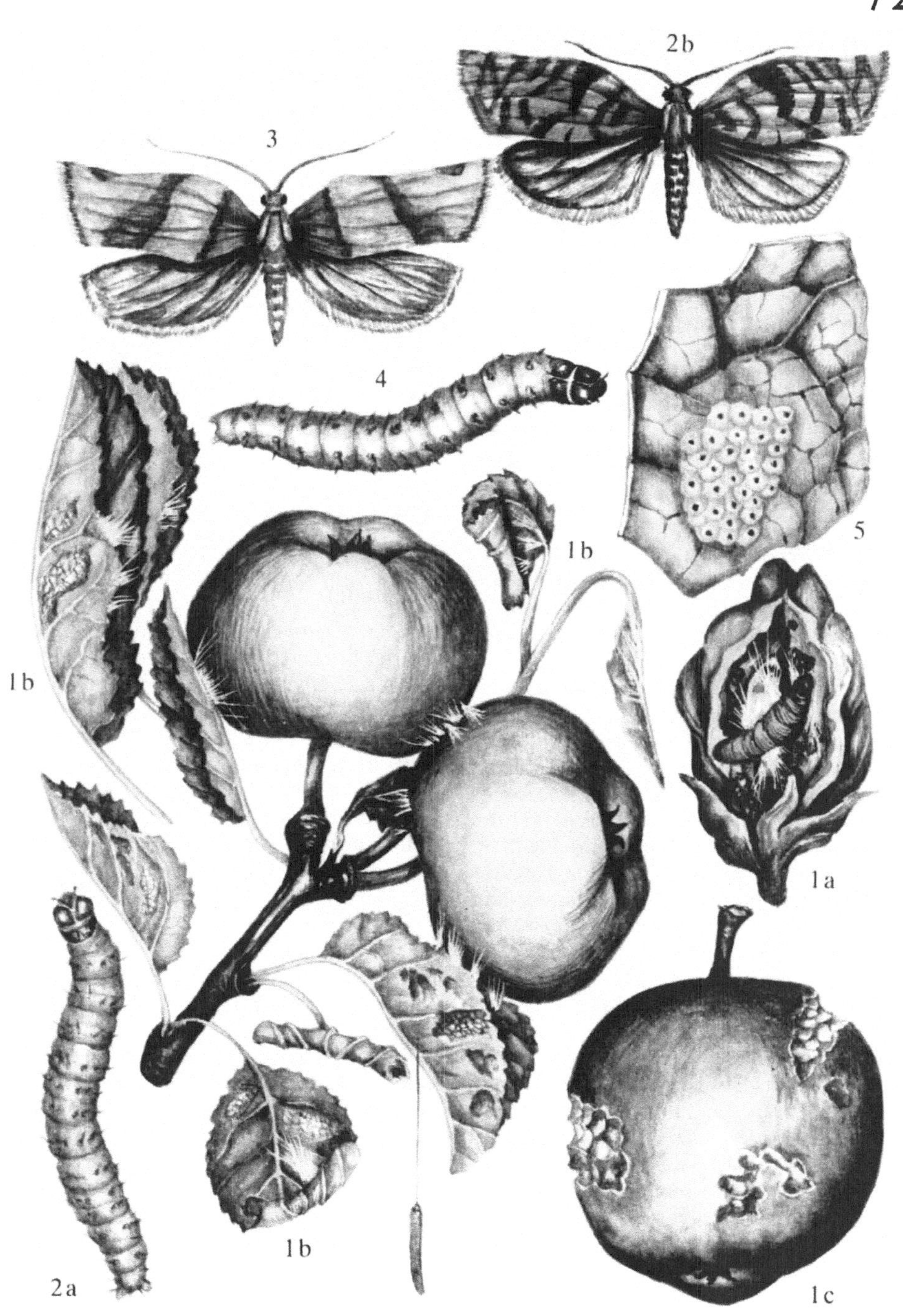

Grauer Knospenwickler, Grüner Knospenwickler
(*Heyda nubiferana* Haw.),

Roter Knospenwickler
(*Spilonota ocellana* F.)

SCHADBILD

Zur Zeit des Austriebs können sich die Blatt- und Blütenbüschel nicht entfalten und sind von feinen Gespinstfäden zusammengehalten. Die Blattbüschel an den Triebspitzen nehmen kuppelförmige Gestalt an (1a). Beim Öffnen dieser zusammengesponnenen Büschel findet sich im Inneren eine grüngraue (2a) oder eine rotbraune (3a), etwa 12 bis 20 mm lang werdende Schmetterlingslarve, die an dem Blatt-(1b) und Blütengewebe frißt. Die Ausbildung des Leittriebs, besonders bei Baumschulgehölzen, wird beeinträchtigt.

SCHÄDLINGE

Grauer Knospenwickler, Grüner Knospenwickler (*Hedya nubiferana* Haw., Syn. *Argyroploce variegana* Hbn., *Olethreutes variegana* Hbn.),
Roter Knospenwickler (*Spilonota ocellana* F., Syn. *Tmetocera ocellana* F.).
Die Falter beider Arten sind braun und besitzen weißliche bis grau-weißliche Makel auf den Vorderflügeln (Grauer Knospenwickler (2b), Roter Knospenwickler (3b)).
Die Spannweite beträgt etwa 20 mm. Sie fliegen in der Zeit von Juni bis Mitte August und legen ihre Eier einzeln an Blätter und Knospen (Roter Knospenwickler) bzw. in Rindenritzen (Grauer Knospenwickler). Die Larven verursachen zunächst an Blättern und Früchten unbedeutenden Fraß, wandern dann jedoch zur Überwinterung in Verstecke unter Rinde, in Ritzen und ähnliche Verstecke am Baum ab. Hierbei legen sie eine Gespinsthülle an. Im Frühjahr verursachen sie etwa ab Ende März bis April den beschriebenen Schaden an den austreibenden Knospen- und Blütenbüscheln. Der Graue Knospenwickler verpuppt sich etwa ab Mitte Mai, der Rote Knospenwickler ab Ende Juni in einem weißlichen Gespinst zwischen zusammengesponnenen Blättern.

In ähnlicher Weise schädigend können auftreten:

Pflaumenknospenwickler
(*Hedya pruniana* [Hbn.])

(ohne Abbildung)
Larven graugrün mit stark gekörnter Körperoberfläche und schwärzlichen Warzen.

Rosenknospenwickler
(*Hedya ochroleucana* [Hbn.])

(ohne Abbildung)
sowie der polyphage Wickler:

Cnephasia longana Haw. (ohne Abbildung), dessen gelbgraue Larven etwa 2 cm lange Gänge in die Triebe fressen bzw. in zusammengesponnenen Blattbüscheln fressen.

Rindenwickler
(*Enarmonia formosana* Scop.)

SCHADBILD

Auf der Rinde sind kleine, rotbraune, krümelige, bis 1 cm lange Kothäufchen erkennbar, die zu einem Säckchen versponnen sind (4a). Aus ihnen ragt mitunter eine dunkelbraune, etwa 7 bis 8 mm lange Puppe heraus (4b). Beim Entfernen der Rinde an diesen Stellen sind im Rindengewebe Gänge erkennbar, in denen eine fleischrote bis gelbgrüne, etwa 11 bis 20 mm lang werdende Larve frißt (4c).

SCHÄDLING

Rindenwickler (*Enarmonia formosana* Scop., Syn. *Laspeyresia woeberiana* [Schiff.], *Cnephasia woeberiana* [Schiff.]).
Der etwa 7 mm lange Falter besitzt braune Vorderflügel mit rostgelben, schmutzig-weißen bzw. silbrigen Querlinien (4d). Die Hinterflügel sind braun bis grau, die Spannweite beträgt etwa 18 mm. Der Falterflug erfolgt in der Zeit von Mai bis August. Die Eier werden in Rindenritzen abgelegt. Nach etwa 2 Wochen erscheinen die Larven, die im Rindengewebe fressen. Aus den in der Rinde gefressenen Gängen wird der Kot zusammen mit Bohrmehl versponnen herausgedrückt.

73

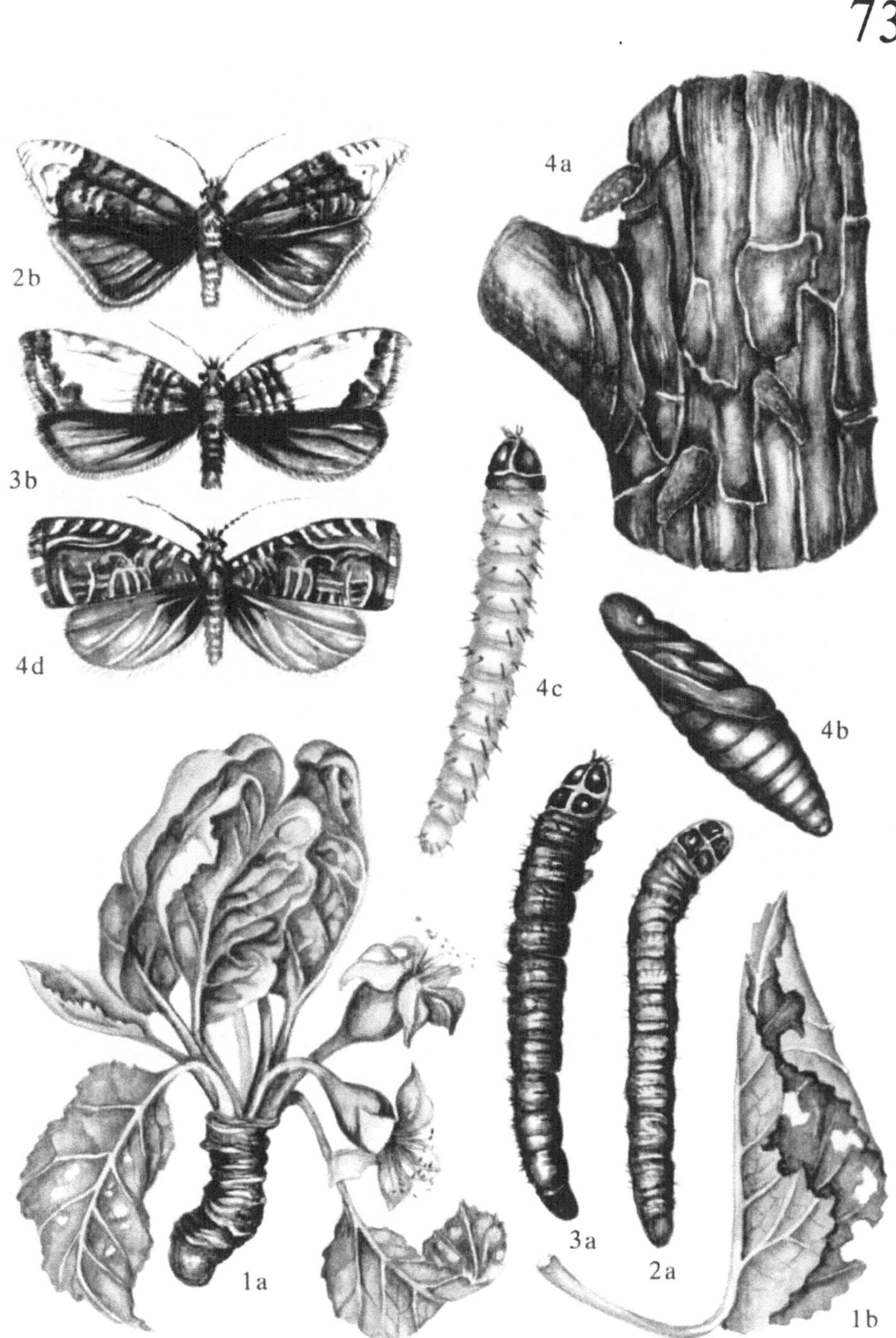

Kleiner Frostspanner
(*Operophthera brumata* L.)

und andere Spanner-Arten

SCHADBILD

Etwa ab April finden sich in geöffneten Knospen junge Schmetterlingslarven, die in den Knospen fressen und diese mitunter vollständig zerstören. An den Fraßorten sind Kotkrümel und feine Gespinstfäden festzustellen. Die Larven bewegen sich in charakteristischer Weise, indem sie mit Hilfe des am letzten Hinterleibssegment befindlichen Bauchbeinpaares das Körperende an die Brustsegmente heranziehen (spannerartige Bewegung) (1 a, f). Nach dem Knospenfraß werden Blätter und Blüten unregelmäßig befressen (Rand- und Lochfraß) (1 a, b). Es kann zu Kahlfraß an befallenen Trieben kommen. Die jungen Früchte werden muldenartig, mehr oder weniger flächig oder löffelartig an- und ausgefressen (1 c), wobei der Fraß auch bis zum Kerngehäuse hineinreichen kann. Befressene Früchte verkrüppeln oder fallen vorzeitig ab (siehe auch Tafel 71).

SCHÄDLINGE

Kleiner Frostspanner (*Operophthera brumata* L., Syn. *Cheimatobia brumata* L.).
(Siehe auch Tafel 71).
Die männlichen Falter fliegen etwa ab Mitte Oktober. Sie besitzen hellbraune Vorderflügel mit dunklem Linienmuster und einer Spannweite von 30 mm (1 d). Die Weibchen sind flugunfähig, plump und grau behaart mit kurzen Flügelstummeln. Die Körperlänge beträgt etwa 7 mm (1 e). Zur Flugzeit der Männchen wandern sie nach dem Schlüpfen am Stamm empor. Am jungen Holz in der Baumkrone werden in Ritzen bis zu 300 Eier in kleinen Gruppen abgelegt. Sie sind etwa mohnkorngroß. Ab April schlüpfen die jungen, dunkelgrauen Larven, die im erwachsenen Stadium grün gefärbt sind, eine dunkle Mittellinie und auf beiden Körperseiten 3 weißliche Linien besitzen. Ihre Länge beträgt etwa 25 mm (1 f). Die Verpuppung erfolgt ab Juni im Boden.
In ähnlicher Weise schädigen auch die Larven weiterer Spanner-Arten. Zur Bestimmung wird auf Spezialliteratur (zusammengefaßt bei FRIEDRICH u. a. 1984) verwiesen. Hiernach kommen in Frage:

Großer Frostspanner
(*Hibernia defoliaria* Cl.,
Syn. *Erannis defoliaria* Cl.)

Larve zunächst schwarzbraun, später grünlich bis rotbraun, etwa 46 mm lang (2), Entwicklungszeit Mitte Mai bis Mitte Juli.

Orangegelber Frostspanner
(*Hibernia aurantiaria* Esp.,
Syn. *Erannis aurantiaria* Esp.)

Larve grünlich, auch braun bis grau, etwa
33 mm lang (3a), Entwicklungszeit Mai bis
Juli (Falter 3b).

Graugrüner Apfelblütenspanner,
Obstgartenspanner
(*Chloroclystis rectangulata* L.)

(ohne Abbildung)
Larve grün mit roten Rückenstreifen und
gelbfleckiger Seitenlinie, etwa 20 mm lang,
Entwicklungszeit April bis Mai.

Obstbaumspanner
(*Biston pomonaria* Hbn.,
Syn. *Poecilopsis pomonaria* Hbn.)

(ohne Abbildung)
Larve grünlich, weißgrau oder gelbbraun,
schwarz und gelb gefleckt mit rotgelbem,
warzigem Halsband, etwa 44 mm lang, Entwicklungszeit Juni bis Juli.

Gelbflügeliger Spanner
(*Biston hispidaria* Schiff.,
Syn. *Apocheima hispidaria* Schiff.)

(ohne Abbildung)
Larve zweigähnlich, gelbgrau bis gelbbraun,
etwa 45 mm lang, Entwicklungszeit Mai bis
Juli.

Kirschenspanner,
Braunbindiger Spanner
(*Biston hirtaria* Cl.,
Syn. *Lycia hirtaria* Cl.)

(ohne Abbildung)
Larve zweigähnlich, gelb- bis rotbraun, etwa
45 mm lang, Entwicklungszeit Mai bis August.

Pappelspanner
(*Biston stratarius* Hufn.)

(ohne Abbildung)
Larve zweigähnlich, grau, Rücken braunflek-
kig, etwa 50 mm lang, Entwicklungszeit Mai
bis Juli.

Birkenspanner
(*Biston betularia* L.,
Syn. *Amphidasis betularia* L.)

(ohne Abbildung)
Larve zweigähnlich, gelblich-grünlich bis
grau, mit hellgelben Seitenflecken, etwa
50 mm lang, Entwicklungszeit Juli bis Oktober.

Rhombenspanner
(*Boarmia gemmaria* Brahm,
Syn. *Boarmia rhomboidaria* Schiff.)

(ohne Abbildung)
Larve zweigähnlich, bräunlich bis grau, mit zwei dunklen Rücken- und helleren Nebenlinien, etwa 45 mm lang, Entwicklungszeit August bis September.

Roßkastanienfrostspanner
(*Alsophila aescularia* Schiff.,
Syn. *Anisopteryx aescularia* Schiff.)

(ohne Abbildung)
Larve weißlich-grün mit schwarzer Rückenlinie und weißlichen bis gelblichen Nebenrükkenlinien, etwa 26 mm lang, Entwicklungszeit April bis Anfang Juli.

Hainbuchenspanner, Hagebuchenspanner, Fiederspanner
(*Himeria pennaria* L., Syn. *Colotois pennaria* L.)

(ohne Abbildung)
Larve grau bis braun, mit weißlichen, gelblichen und braunen Seitenlinien, etwa 30 bis 40 mm lang, Entwicklungszeit Juni bis Juli.

Schlehenfrostspanner, Schneespanner
(*Phigalia pedaria* F.,
Phigalia pilosaria Hbn.)

(ohne Abbildung)
Larve zunächst schwarzbraun, später grünlich bis gelbbraun, etwa 46 mm lang, Entwicklungszeit April bis Juni.

Heidelbeerspanner
(*Boarmia bistorta* Goeze)

(ohne Abbildung)
Larve hellgrün bis bräunlich, rötlich-gelbe Seitenlinie, dunkle Rückenlinie, etwa 30 mm lang, Entwicklungszeit der zwei Generationen September bis Oktober bzw. Mai bis Juni.

Ringfleckenspanner,
Baumspanner, Schwarzes O
(*Boarmia cinctaria* Schiff.)

(ohne Abbildung)
Larve grün, dunkelgrüne Rückenlinie, mehrere weiße Seitenlinien, etwa 30 mm lang, Entwicklungszeit Juni bis Juli.

Es können auch noch andere Spanner-Arten schädigend auftreten. Für ihre exakte Bestimmung Spezialliteratur verwenden bzw. den Rat eines Spezialisten einholen.

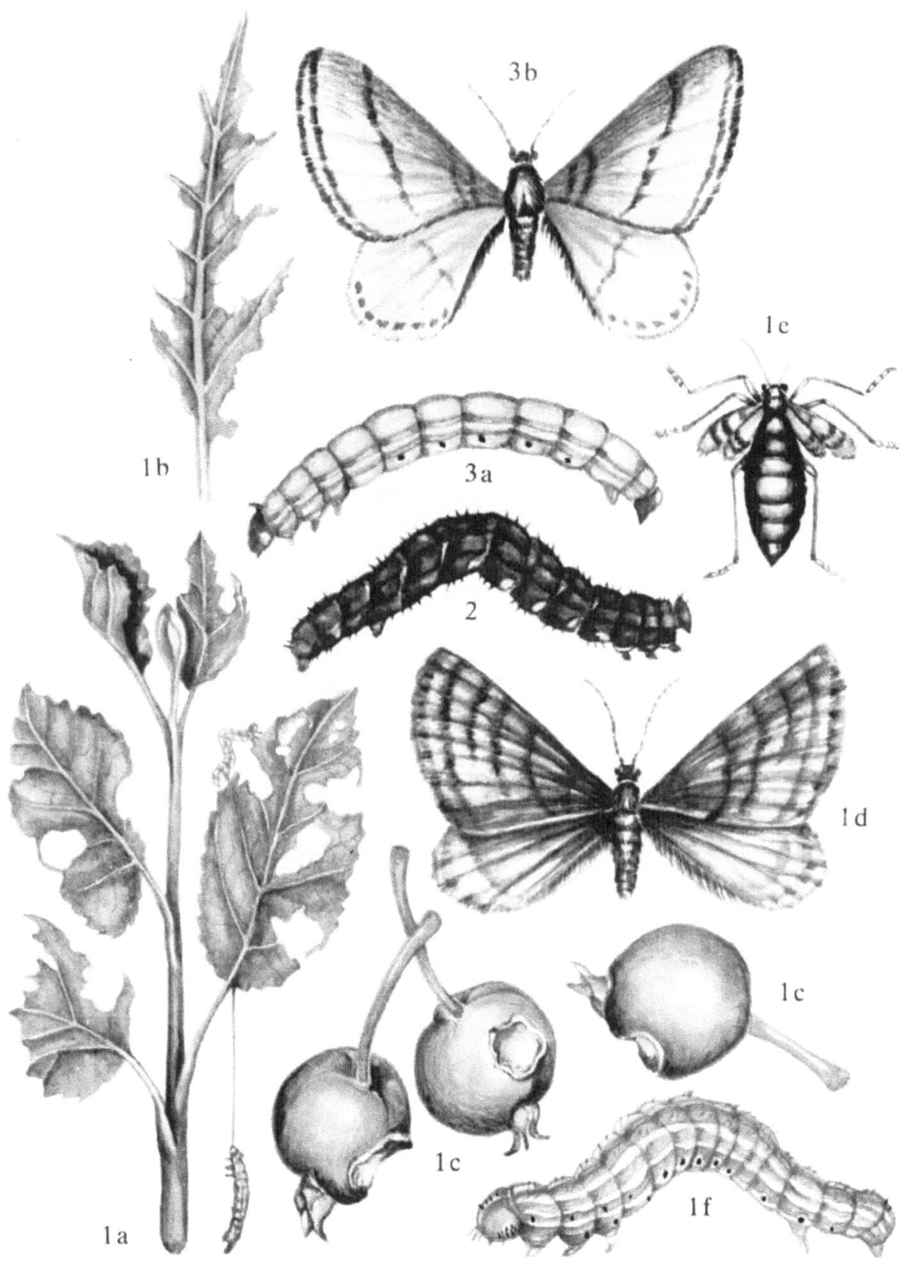

Blausieb
(Zeuzera pyrina [L.])

SCHADBILD

Blätter welken, verfärben sich, bereits beim Austrieb erkennbar. Triebe, Zweige, Äste, aber auch junge Bäume sterben ab. Beim Aufschneiden bzw. Aufspalten des Holzes sind im Inneren Fraßgänge bis zu 1 cm Durchmesser erkennbar. Darin frißt eine bis 60 mm lang werdende, gelbliche Larve mit schwarzen, beborsteten Punkten (1a), bzw. eine braune, etwa 30 mm lange Puppe in einer Gespinsthülle. An dem befallenen Holzteil findet sich ein Ausbohrloch.

SCHÄDLING

Blausieb *(Zeuzera pyrina* [L.]).
Der schlanke Falter besitzt weiße Vorderflügel mit blauschwarzen Flecken. Seine Spannweite beträgt 50 bis 70 mm, die Körperlänge 18 bis 35 mm (1b). Er fliegt in den Monaten Juni und Juli. Die Eier werden vor allem in Rindenritzen, an Blattstiele und Knospen abgelegt. Die Junglarven dringen in das Holz ein und fressen zunächst im Mark, dann auch unter der Rinde. Später legt die Larve aufsteigende Gänge im Mark der Zweige oder Äste bzw. im Stamm an. Aus Gangöffnungen werden der Kot und Bohrmehl nach außen herausgeworfen. Die Entwicklungzeit bis zum Schmetterling dauert 2 Jahre. Die Puppen schieben sich kurz vor dem Schlüpfen der Falter etwas aus dem Ausbohrloch heraus.

Weidenbohrer
(*Cossus cossus* [L.])

SCHADBILD

Das Schadbild ähnelt dem, welches durch das Blausieb verursacht wird. Die in den Fraßgängen vorgefundenen Larven sind etwa 100 mm lang, oberseits fleischfarben, sonst gelblich und fingerdick (2 a). Die braunen Puppen erreichen ebenfalls eine Länge von etwa 100 mm.

SCHÄDLING

Weidenbohrer (*Cossus cossus* [L.]).
Der etwa 40 mm lange Falter besitzt hellgraue Vorderflügel mit einer Spannweite von 60 bis 90 mm. Sie sind dunkel und fein gebändert (2 b). Die Flugzeit erstreckt sich von Juni bis August. Die Eier werden bis zu 20 Stück in Rindenritzen abgelegt. Die Junglarven dringen in das Holz ein und legen bis zu 1 Meter lange, unregelmäßige Gänge im Holz an. Die Gesamtentwicklungszeit der Larven beträgt etwa 3 bis 4 Jahre. Die Verpuppung erfolgt in der Nähe des bereits angelegten Ausbohrloches, mitunter aber auch außerhalb des Baumes im Boden. Die Falter fliegen nur nachts.

Apfelbaumglasflügler
(*Aegeria myopaeformis* Brkh.)

SCHADBILD

Blätter welken und sterben ab, mitunter auch jüngere Bäume. Im Bereich von Adventivwurzeln, aber auch von Wunden durch Schnitt und andere Einwirkungen ist das Rindengewebe mit Bohrgängen durchzogen. Darin leben bis etwa 5 mm unter der Oberfläche etwa 25 mm lange, weißlich-gelbe Larven (3 a) mit brauner Kopfkapsel. Im Frühjahr im Bereich der Fraßstellen nach außen dringende Kotkrümel aus Bohrgängen.

SCHÄDLING

Apfelbaumglasflügler (*Aegeria myopaeformis* Brkh., Syn. *Synanthedon myopaeformis* Brkh.).
Der etwa 15 mm lange, dunkelblaue Falter besitzt glasklare, dunkel geaderte Flügel mit einer Spannweite von etwa 25 mm. Der vierte Hinterleibsring besitzt ein orangefarbenes Band (3 b). Die Flugzeit erstreckt sich von Juni bis September. Die Eier werden einzeln an Stamm oder Äste abgelegt, bevorzugt aber in den Bereich von Adventivwurzeln. Die Larven dringen in das Rindengewebe ein und legen hier etwa 6 cm lange und 0,5 cm breite Gänge an. Die Larven überwintern. Verpuppung im folgenden Frühjahr.

Apfelmarkschabe, Apfeltriebmotte
(*Blastodacna atra* Haw.)
(Nicht an Birne, Quitte)

SCHADBILD

Mehr oder weniger zahlreiche Knospen treiben nicht aus bzw. entwickeln sich nicht weiter und sterben ab, vor allem in Junganlagen. Rinde nahe der Knospen blasig aufgetrieben. Im Inneren der betroffenen Triebe frißt eine bis 8 mm lange, gelbliche bis bräunlich-rosafarbene Schmetterlingslarve mit rötlichen Segmentabschnitten (4 a, b). Später verwelken und vergilben ausgetriebene Blätter und Blütenbüschel und fallen vorzeitig ab. Es kann zu Spitzendürre kommen. In den betroffenen Trieben frißt die Larve von der Basis zur Spitze fortschreitend im Mark. Nach Abschluß der Larvenentwicklung findet sich in dem Fraßgang eine braune Puppe.

SCHÄDLING

Apfelmarkschabe, Apfeltriebmotte (*Blastodacna atra* Haw., Syn. *Blastodacna putripenella* Zell.).
Der schwärzliche bis schwärzlich-bräunliche, schmalflügelige Falter hat eine Spannweite von etwa 10 mm. Seine Hinterflügel sind grau (4 c). Er fliegt in den Monaten Juli bis August und legt seine Eier einzeln an Blattstiele und Triebe. Die jungen Larven bohren sich noch im Sommer bzw. zu Beginn des Herbstes in Knospen ein und überwintern hierin. Bis zum Frühjahr werden die Knospen ausgefressen. Dann bohren sich die Larven in die jungen Triebe ein. Die Verpuppung erfolgt im Trieb ab Anfang Juni. Etwa 4 Wochen später fliegen die ersten Falter.

Markschabe
(*Blastodacna hellerella* Dup.)
(ohne Abbildung)

SCHADBILD

Nach anfänglichem Minierfraß unter der Fruchtschale frißt sich eine etwa 8 mm lange, gelbliche Schmetterlingslarve zum Kerngehäuse durch und frißt an den Kernen. Am Einbohrloch in der Nähe der Stielgrube ist ein Kothäufchen zu erkennen.

SCHÄDLING

Markschabe (*Blastodacna hellerella* Dup.).
Der Falter fliegt Ende Mai und legt ab Anfang Juni seine Eier an die jungen Früchte. Die Larve überwintert als Puppe in einem Kokon in der Frucht.

75

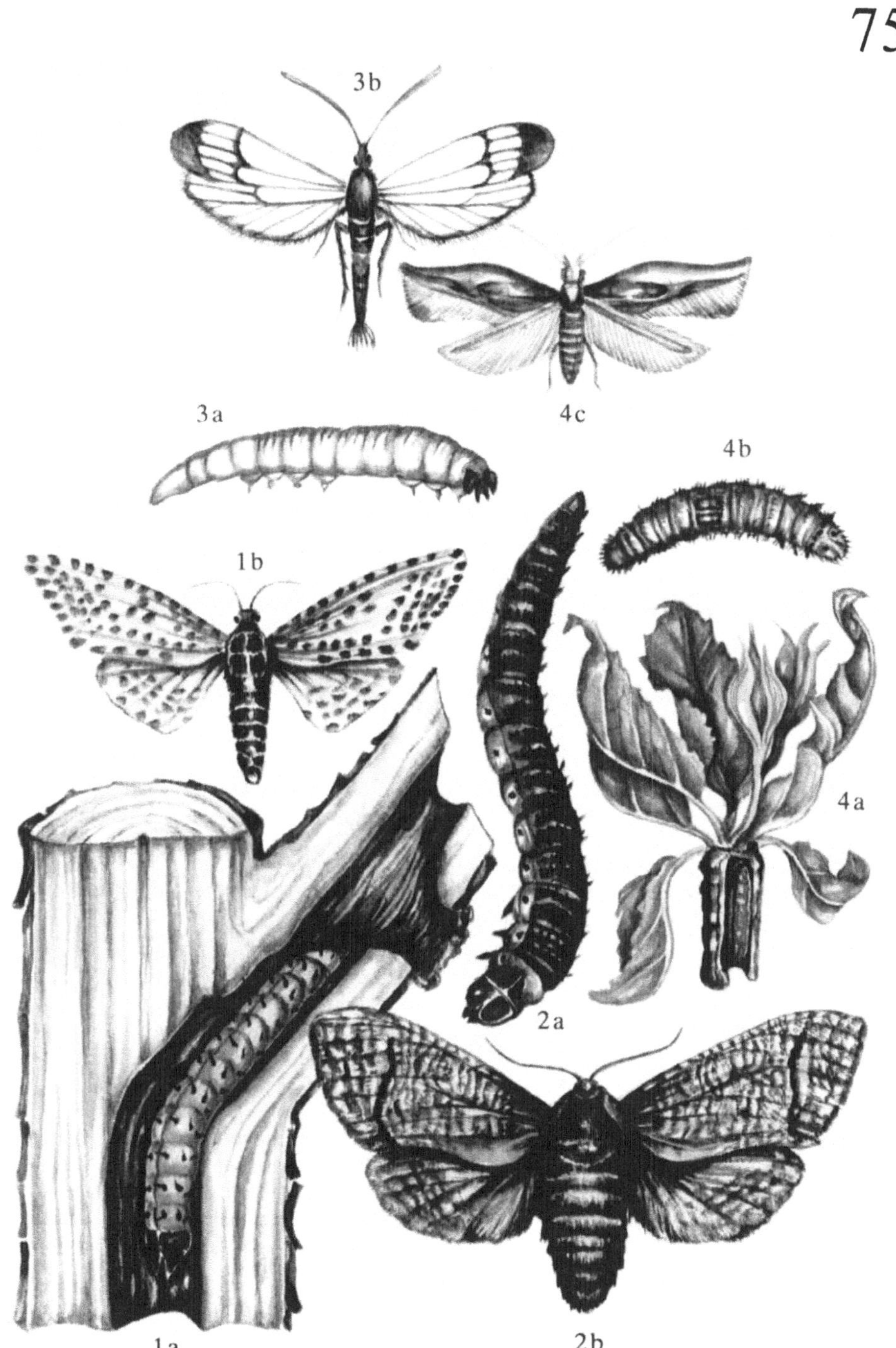

Maulwursgrille
(Gryllotalpa vulgaris Latr.)

SCHADBILD

Im Baumschulbestand werden die Gehölze im Wuchs beeinträchtigt, das Längenwachstum der Triebe ist vermindert. Mehrere Knospen treiben nicht oder stark verzögert aus. Die Blätter welken, verfärben sich gelblich und fallen vorzeitig ab. Die jungen Pflanzen können absterben. An der Wurzelrinde finden sich mehr oder weniger starke Fraßbeschädigungen (1 a). Mitunter sind die Seitenwurzeln abgefressen. Ein ähnliches Schadbild wird auch durch Engerlinge und Erdraupen verursacht (2) (siehe Tafel 61). Der Boden um die Pflanzen herum ist gelockert. Im Boden im Bereich der geschädigten Pflanzen finden sich Gänge, in denen etwa 3 bis 5 cm lange, braune Insekten leben (1 b, c).

SCHÄDLING

Maulwurfsgrille (*Gryllotalpa vulgaris* Latr., Syn. *Gryllotalpa gryllotalpa* L.).
Es schädigen sowohl die Larven als auch die Imagines. Die Larven sind weich und bräunlich gefärbt (1 b), die Imagines sind samtbraun. Ihre Vordertarsen sind zu Grabfüßen umgebildet (1 c). Die Eiablage erfolgt in ein Erdnest bis zu 20 cm tief in den Boden. Die Neststellen sind an aufgelockertem Boden und welkenden Pflanzen erkennbar. Die Überwinterung erfolgt im Larvenstadium im Boden.

Große Wühlmaus
(Arvicola terrestris L.)

SCHADBILD

Sowohl in der Baumschule als auch in Junganlagen, mitunter aber auch in älteren Beständen, treiben die Gehölze im Frühjahr nicht oder nur sehr spärlich aus. An Gehölzen, die ausgetrieben haben, verwelken die Blätter, vergilben und fallen vorzeitig ab. Im Laufe der Vegetationszeit können ebenfalls Welken und Vergilben der Blätter, vorzeitiger Blatt- und Fruchtfall und Absterben der gesamten Pflanze beobachtet werden. Gehölze lassen sich aus dem Boden ziehen bzw. fallen um. An Wurzeln und Stammbasis starke Fraßbeschädigungen mit Spuren von Nagezähnen. Mitunter ist unterirdisch nur ein völlig entrindeter Stammstumpf vorzufinden (3 a, b).

SCHÄDLING

Große Wühlmaus (*Arvicola terrestris* L.).
Das etwa 15 bis 20 cm lange Tier tritt in verschiedenen Farbvarietäten auf.

Feldmaus, Erdmaus
(Microtus arvalis Pall., *Microtus agrestis* L.)
(ohne Abbildung)

SCHADBILD

Sowohl in der Baumschule, aber auch in Junganlagen treiben die Gehölze im Frühjahr nicht oder nur sehr spärlich aus. Mitunter sterben die Gehölze ab. Sie zeigen an der Stammbasis Schälfraß mit Spuren von Nagezähnen. Auch durch eine längere Zeit geschlossene Schneedecke wird der Schaden begünstigt.

SCHÄDLINGE

Feldmaus (*Microtus arvalis* Pall.).
Erdmaus (*Microtus agrestis* L.)

Hasen, Kaninchen, Schalenwild

SCHADBILD

Im Winter, werden Stämme und Triebe angenagt und die Rinde abgeschält (4 a). Gehölzteile erscheinen fast weiß. Knospen und Triebe werden verbissen. Bei Hasen- und Kaninchenfraß deutliche Spuren der Nagezähne (4 b, c). Stark geschädigte Gehölze sterben ab oder werden vollständig abgebissen. An Trieben kann man den Abbiß von Hasen und Kaninchen deutlich von dem Verbiß des Schalenwildes unterscheiden. Während die Verbißstelle der Nager schräg verläuft und wie mit dem Messer geschnitten aussieht (4 d), ist die Verbißstelle des Schalenwildes horizontal und gequetscht mit faserigem Rand (4 e).

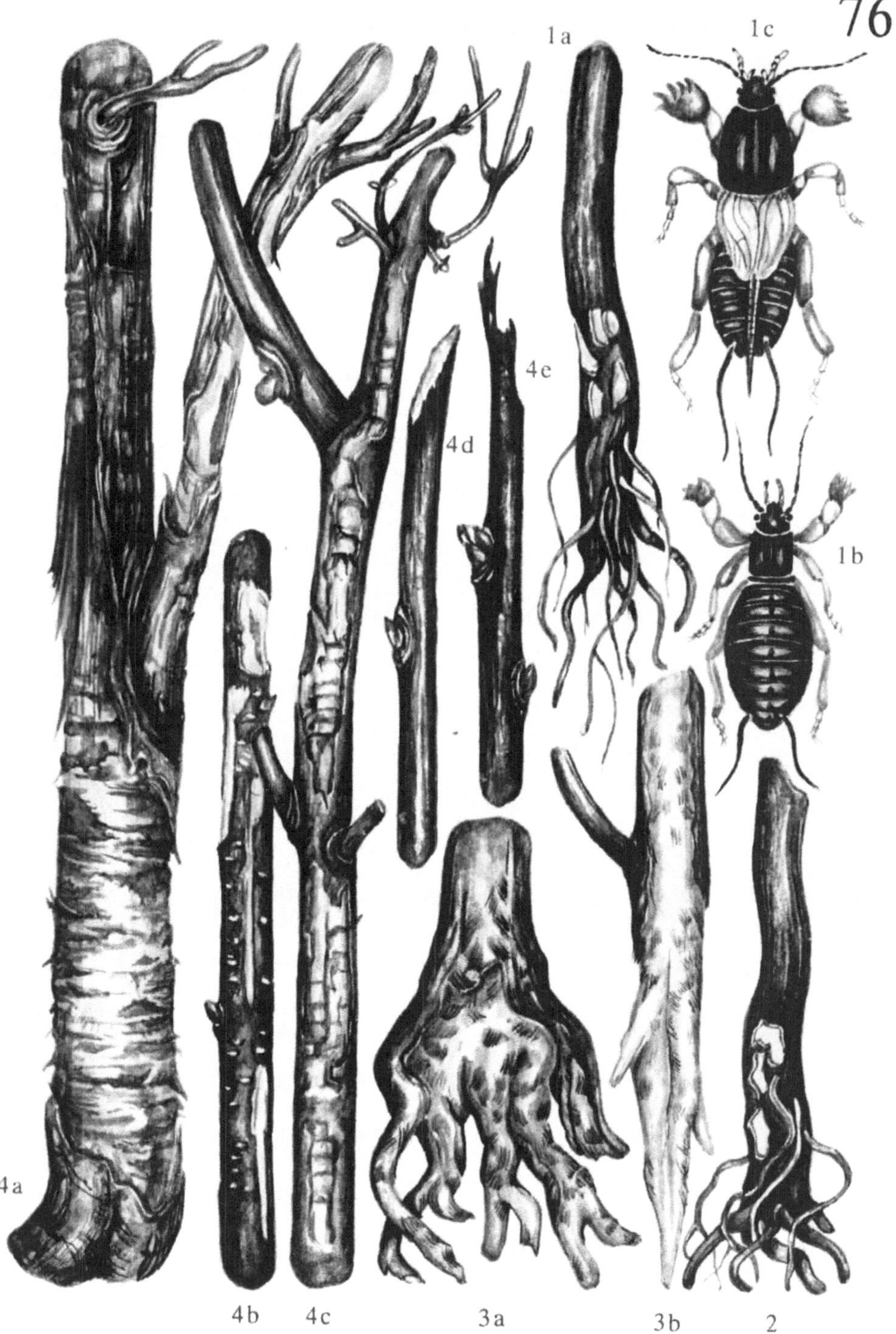
1a
1b
1c
2
3a
3b
4a
4b
4c
4d
4e

76

Benutzte und weiterführende Literatur und Abbildungsnachweis

AINSWORTH, G. C.: Ainsworth & Bisby's Dictionary of the Fungi. 6. Ed. Kew, Surrey, England: Commonwealth Mycol. Inst. 1971

Anonym: CMI Descriptions of Pathogenic Fungi and Bacteria Commonwealth Mycol. Inst., Kew, Surrey, England

ARX, J. A. von: Pilzk. Lehre: Verl. J. Cramer 1968

BARNETT, H. L.: Illustrated Genera of imperfect Fungi. 2. Ed. Minneapolis: Burgess Publishing Company 1960

BERGMANN, W.: Ernährungsstörungen bei Kulturpflanzen. Entstehung und Diagnose. Jena: VEB Gustav Fischer Verlag 1983

BESSEY, E. A.: Morphology and Taxonomy of Fungi. Philadelphia: The Blakiston Co. 1950

BILAJ, W. I.: Fusarii (*Fusarium*-Arten). Kiew: Naukowa Dumka 1977

BLUMER, S.: Echte Mehltaupilze (*Erysiphaceae*). Jena VEB Gustav Fischer Verlag 1967

BOOTH, C.: The Genus *Fusarium*. Kew, Surrey, England: Commonwealth Mycol. Inst. 1971

BÖRNER, C.: Europae centralis Aphides (Die Blattläuse Mitteleuropas). Mitt. Thür. Bot. Ges. Weimar (1952), Heft 4, Beiheft 3

BUCHANAN, R. E.; GIBBONS, N. E. (Hrsg.): Bergey's Manual of Determinative Bacteriology. 8. Aufl. Baltimore: The Williams and Wilkins Co. 1974

DECKER, H.: *Pratylenchus penetrans* als Ursache von „Müdigkeitserscheinungen" in Baumschulen der DDR. Nematologica, Suppl. II. Leiden: 1960, S. 75

DECKER, H.: Phytonematologie. Berlin: VEB Deutscher Landwirtschaftsverlag 1969

DIECKMANN, L.; FRITZSCHE, R.: Käfer. In: FRITZSCHE, R.: Pflanzenschädlinge. Bd. 7. Radebeul: Neumann-Verlag 1971

DOBROZRAKOVA, T. L.; LETOVA, M. F.; STELANOB, K. M.; CHOCHRIJAKOV, M. K.: Opredelitel' boleznej rastenij. Moskva, Leningrad 1956

DOMSCH, K. H.; GAMS, W.: Pilze aus Agrarböden. Stuttgart: Gustav Fischer Verlag 1970

ELLIOTT, Charlotte: Manual of Bacterial Plant Pathogens. 2. Aufl. Waltham, Mass.: Chronica Botanica Compt. 1951

FICKE, W.; KLEINHEMPEL, H.: Rindenkrankheiten bei Obstgehölzen. agra-buch. Landwirtschaftsausstellung der DDR, 7113 Markkleeberg 1984

FICKE, W.; SCHAEFER, H.-J.; SENULA, A.: Anleitung zur Diagnose pilzlicher und bakterieller Erreger von Rindennekrosen an Obstgehölzen. Erfurt: iga Ratgeber. Herausgegeben von: Internationale Gartenbauausstellung der DDR-Erfurt und Akademie der Landwirtschaftswissenschaften der DDR-Berlin 1980

FIEDLER, W.: Ursachen, Auftreten und Bekämpfung der Stippigkeit im Apfelanbau. Nachrichtenbl. Pflanzenschutz DDR 30 (1976): S. 125–127

FLACHS, K.: Leitfaden zur Bestimmung der wichtigeren parasitären Pilze an landwirtschaftlichen und gärtnerischen Kulturgewächsen sowie im Obstbau. München: Verlag Luitpold Lang 1953

FRIEDRICH, G.: Der Obstbau. Radebeul: Neumann-Verlag, 7. Aufl., 1977

FRIEDRICH, G.; NEUMANN, D.; VOGL, M.: Physiologie der Obstgehölze. Berlin: Akademie-Verlag 1978

FRIEDRICH, G.; RODE, H.; BURTH, U.: Pflanzenschutz in der Obstproduktion. Berlin: VEB Deutscher Landwirtschaftsverlag 1984

FRIESE, G.: Insekten. Taschenlexikon der Entomologie unter besonderer Berücksichtigung der Fauna Mitteleuropas. 2. Aufl. Leipzig: VEB Bibliographisches Institut 1970

FRITZSCHE, R.: Pflanzenschädlinge, Bd. 3, Milben. Radebeul: Neumann-Verlag 1964

FRITZSCHE, R.; GEILER, H.; SEDLAG, U.: Angewandte Entomologie. Jena: VEB Gustav Fischer Verlag 1968

GERLACH, W.; NIRENBERG, H.: The Genus *Fusarium* – a Pictoriae Atlas. Mitt. Biol. Bundesanst., Braunschweig (1982), Heft 209

GILMANN, J. C.: A Manual of Soil Fungi. 2. Ed. Ames. Iowa USA: The Iowa State Univ. Press. 1957

GODAN, D.: Schadschnecken. Stuttgart: Verlag Eugen Ulmer 1979

GORLENKO, M. W.: Bakterial'nye bolezni rastenij. 3. Aufl. Moskva 1966

GOTTWALD, R.: Die gezielte Bekämpfung verschiedener Wicklerarten unter dem Gesichtspunkt reduzierter Insektizidbehandlungen. Nachrichtenbl. Pflanzenschutz DDR 30 (1976): S. 117–121

GOTTWALD, R.: Die Differenzierung der Tortricidenraupen im Apfelbau als Grundlage für gezielte Bekämpfungsmaßnahmen. Nachrichtenbl. Pflanzenschutz DDR 33 (1979): S. 241–246

GOTTWALD, R.: Der Bodenseewickler (*Pammene rhediella* Clerck), ein neuer Schädling in Obstkulturen der DDR. Nachrichtenbl. Pflanzenschutz DDR 36 (1982): S. 88–91

GRAM, E.; WEBER, A.: Plant Diseases. London 1952

HEINZE, K.: Schädlinge und Krankheiten im Obstbau. In: Leitfaden für die Schädlingsbekämpfung. Bd. 2, Stuttgart: Wiss. Verlagsges. 1978

ISRAILSKI, W. P.: Bakterielle Pflanzenkrankheiten. Berlin: Deutscher Bauernverlag 1955

KATSCHINSKI, K.-H.: Wichtige Lagerkrankheiten beim Apfel. Nachrichtenbl. Pflanzenschutz DDR 31 (1977): S. 122–126

KATSCHINSKI, K.-H.; URBAN, E.; FLORSTEDT, P.: Lagerkrankheiten beim Apfel. Erfurt: iga-Ratgeber 1977

KLAUSNITZER, B.: Hautflügler: In: FRITZSCHE, R.: Pflanzenschädlinge. Bd. 9. Leipzig, Radebeul: Neumann-Verlag 1978

KLINKOWSKI, M.: Pflanzliche Virologie Bd. 3, 3. Aufl. Berlin: Akademie-Verlag 1977

KLINKOWSKI, M.; MÜHLE, E.; REINMUTH, E.; BOCHOW, H.: Phytopathologie und Pflanzenschutz Bd. III. Berlin: Akademie-Verlag 1976

KOCH, M.: Wir bestimmen Schmetterlinge. Bd. I–IV. Radebeul, Berlin: Neumann-Verlag 1954

KOTTE, W.: Krankheiten und Schädlinge im Obstbau. Berlin, Hamburg: Verlag Paul Parey 1958

KRÖBER, H.: Rinden- und Fruchtfäulen an Kern-, Stein- und Beerenobst. Nachrichtenbl. Dt. Pflanzenschutzdienst, Braunschweig 8 (1956): S. 161–164

LANÁK, J.; ŠIMKO, K.; VANEK, G.: Pflanzenschutz im Garten. Obst, Wein, Gemüse. Berlin: VEB Deutscher Landwirtschaftsverlag. 2. Aufl. 1976

MENZINGER, W.; SANFTLEBEN, H.: Parasitäre Krankheiten und Schäden an Gehölzen. Berlin, Hamburg: Verlag Paul Parey 1980

MEYER, B.; THOMAS, K. H.: *Dendromyza* sp., ein für die DDR neuer Schädling in Sauerkirschplantagen. Obstbau 7 (1967): S. 189–190

MOTTE, G.; SCHELLENBERG, G.: Die Ursachen der Fruchtberostung bei Äpfeln. Nachrichtenbl. Pflanzenschutz DDR 32 (1978): S. 168–172

MÜHLE, E.: Kartei für Pflanzenschutz und Schädlingsbekämpfung. Lieferung 1–12. Leipzig: Verlag S. Hirzel 1953–1972

MÜHLE, E.; WETZEL, T.; FRAUENSTEIN, K.; FUCHS, E.: Praktikum zur Biologie und Diagnostik der Krankheitserreger und Schädlinge unserer Kulturpflanzen. Leipzig: Verlag S. Hirzel 1977

MÜLLER, F. P.: Die San-José-Schildlaus. Biologische Zentralanstalt für Land- und Forstwirtschaft Berlin der Deutschen Akademie der Landwirtschaftswissenschaften zu Berlin. Flugblatt Nr. 7, 1952

MÜLLER, H.-J: Bestimmung wirbelloser Tiere im Gelände. Jena: VEB Gustav Fischer Verlag 1985

PIDOPLITSCHKO, N. M.: Gribi parasiti kulturnich rastenij, opredelitel' w trech tomach (Parasitische Pilze der Kulturpflanzen, Bestimmungsbuch in drei Bänden). Kiew: Naukowa Dumka 1977

ROTHMALER, W.: Exkursionsflora. Bd. 1. Niedere Pflanzen. Grundband. Berlin: Volk und Wissen Volkseigener Verlag 1983

SCHAAD, N. L. (Hrsg.): Laboratory Guide for Identification of plant pathogenic bacteria. St. Paul, Minn.: Am. Phytopathol. Soc. 1980

SCHMIDT, G.: Die deutschen Namen wichtiger Arthropoden. Mitt. Biol. Bundesanst. f. Land- und Forstwirtschaft Berlin-Dahlem, Heft 137, 1970

SCHMIDT, M.: Pflanzenschutz im Obstbau. Berlin: Deutscher Bauernverlag 1955

SCHØYEN, T. H.; JØRSTAD, I.: Skadedyr og Sykdommer i Fruktog Baerhagen. Oslo 1956

SEDLAG, U.: Ur-Insekten. Die neue Brehm-Bücherei. Leipzig: Akad.-Verlagsges. Geest & Portig KG 1953

SEIFERT, G.: Die Tausendfüßer. Die Neue Brehm-Bücherei Wittenberg-Lutherstadt: A. Ziemsen-Verlag 1961

SPAAR, D.; KLEINHEMPEL, H.: Bekämpfung von Viruskrankheiten der Kulturpflanzen. Berlin: VEB Deutscher Landwirtschaftsverlag 1985

SPAAR, D.; KLEINHEMPEL, H.; MÜLLER, H.-J.; NAUMANN, K.: Bakteriosen der Kulturpflanzen. Berlin: Akademie-Verlag 1977

STAPP, C.: Pflanzenpathogene Bakterien. Berlin und Hamburg: Verlag Paul Parey 1958

SWATSCHEK, B.: Die Larvalsystematik der Wickler. Berlin: Akademie-Verlag 1958

UECKERMANN, E.: Die Wildschadenverhütung in Wald und Feld. Hamburg, Berlin: Verlag Paul Parey, 4. Aufl. 1981

WETZEL, T.: Pflanzenschädlinge, Bekämpfung, Probleme, Lösungen. 2. Aufl. Leipzig, Jena, Berlin: Urania Verlag 1976

WETZEL, T.: Diagnosemethoden. In: SPAAR, D.; KLEINHEMPEL, H.; FRITZSCHE, R.: Diagnose von Krankheiten und Beschädigungen an Kulturpflanzen. Berlin: VEB Deutscher Landwirtschaftsverlag 1984

Für die Anfertigung der Aquarelle bzw. die Darstellung diagnostisch wichtiger Merkmale wurden neben den Abbildungsvorlagen der Autoren zu Vergleichszwecken herangezogen:

Anonym: „Bayer" Pflanzenschutz-Compendium. Leverkusen: 1962

Anonym: CMI Descriptions of Pathogenic Fungi and Bacteria. Commonwealth Mycol. Inst., Kew, Surrey, England

ARX, J. A. von: Pilzk. Lehre: Verl. J. Cramer 1968

BARNETT, H. L.: Illustrated Genera of imperfect Fungi. 2. Ed. Minneapolis: Burgess Publishing Company 1960

BERAN, F., BÖHM, H., VUKOVITS, G.: Wichtige Krankheiten und Schädlinge im Obstbau. Wien: Bundesanstalt für Pflanzenschutz 1967

BERGMANN, W.: Ernährungsstörungen bei Kulturpflanzen. Entstehung und Diagnose. Jena: VEB Gustav Fischer Verlag 1983

BESSAY, E. A.: Morphology and Taxonomy of Fungi. Philadelphia: The Blakiston Co. 1950

BILAJ, W. I.: Fusarii (*Fusarium*-Arten). Kiew: Naukowa Dumka 1977

BLUMER, S.: Echte Mehltaupilze (*Erysiphaceae*). Jena: VEB Gustav Fischer Verlag 1967

BOOTH, C.: The Genus *Fusarium*. Kew, Surrey, England: Commonwealth Mycol. Inst. 1971

DECKER, H.: *Pratylenchus penetrans* als Ursache von „Müdigkeitserscheinungen" in Baumschulen der DDR. Nematologica, Suppl. II. Leiden: 1960, S. 75

DECKER, H.: Phytonematologie. Berlin: VEB Deutscher Landwirtschaftsverlag 1969

FICKE, W.; KLEINHEMPEL, H.: Rindenkrankheiten bei Obstgehölzen. agra-buch. Landwirtschaftsausstellung der DDR, 7113 Markleeberg 1984

FICKE, W.; SCHAEFER, H.-J.; SENULA, A.: Anleitung zur Diagnose pilzlicher und bakterieller Erreger von Rindennekrosen an Obstgehölzen. Erfurt: iga Ratgeber, herausgegeben von: Internationale Gartenbauausstellung der DDR-Erfurt und Akademie der Landwirtschaftswissenschaften der DDR-Berlin 1980

FRIEDRICH, G.; NEUMANN, D.; VOGL, M.: Physiologie der Obstgehölze. Berlin: Akademie-Verlag 1978

FRIEDRICH, G.; RODE, H.; BURTH, U.: Pflanzenschutz in der Obstproduktion. Berlin: VEB Deutscher Landwirtschaftsverlag 1984

GODAN, D.: Schadschnecken. Stuttgart: Verlag Eugen Ulmer 1979

GOTTWALD, R.: Der Bodenseewickler (*Pammene rhediella* Clerck), ein neuer Schädling in Obstkulturen der DDR. Nachrichtenbl. Pflanzenschutz DDR 36 (1982): S. 88–91

HEINZE, K.: Schädlinge und Krankheiten im Obstbau. In: Leitfaden für die Schädlingsbekämpfung Bd. 2, Stuttgart: Wiss. Verlagsges. 1978

ISAEVA, E. V.: Atlas boleznej plodovych i jagodnych kul'tur. Kiew 1977

KATSCHINSKI, K.-H.; URBAN, E.; FLORSTEDT, P.: Lagerkrankheiten beim Apfel. Erfurt: iga-Ratgeber 1977

KLINKOWSKI, M.; MÜHLE, E.; REINMUTH, E.; BOCHOW, H.: Phytopathologie und Pflanzenschutz. Bd. III. Berlin: Akademie-Verlag 1976

KOTTE, W.: Krankheiten und Schädlinge im Obstbau. Berlin, Hamburg: Verlag Paul Parey 1958

LANÁK, J.; ŠIMKO, K.; VANEK, G.: Pflanzenschutz im Garten. Obst, Wein, Gemüse. Berlin: VEB Deutscher Landwirtschaftsverlag. 2. Aufl. 1976

MEYER, B.; THOMAS, K. H.: *Dendromyza* sp., ein für die DDR neuer Schädling in Sauerkirschplantagen. Obstbau 7 (1967): S. 189–190

MÜLLER, F. P.: Die San-José-Schildlaus. Biologische Zentralanstalt für Land- und Forstwirtschaft Berlin der Deutschen Akademie der

Landwirtschaftswissenschaften zu Berlin. Flugblatt Nr. 7, 1952

PIDOPLITSCHKO, N. M.: Gribi parasiti kulturnich rastenij, opredelitel' w trech tomach (Parasitische Pilze der Kulturpflanzen, Bestimmungsbuch in drei Bänden). Kiew: Naukowa Dumka 1977

SAVKOVSKIJ, P. P.: Atlas vreditelej plodovych i jagodnych kul'tur. Kiew 1969

SOLOVJOVA, M. A.: Atlas povreždelnij plodovych i jagodnych kul'tur morozami. Kiew 1976

SEDLAG, U.: Ur-Insekten. Die Neue Brehm-Bücherei, Leipzig: Akad. Verlagsges. Geest & Portig KG 1953

UECKERMANN, E.: Die Wildschadenverhütung in Wald und Feld. Hamburg, Berlin: Verlag Paul Parey, 4. Aufl. 1981

Verzeichnis der wissenschaftlichen Namen

Verzeichnis der deutschen Namen